高等院校嵌入式人才培养规划教材

Gaodeng Yuanxiao Qianrushi Rencai Peiyang Guihua Jiaocai

嵌入式系统开发技术

常本超 夏宁 但唐仁 主编

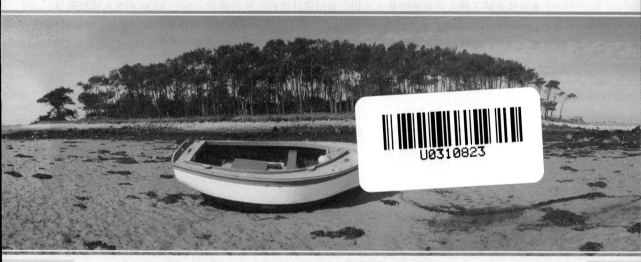

Embedded System
Development Technology

人民邮电出版社
北京

图书在版编目（ＣＩＰ）数据

嵌入式系统开发技术 / 常本超，夏宁，但唐仁主编
. -- 北京：人民邮电出版社，2015.9
高等院校嵌入式人才培养规划教材
ISBN 978-7-115-39480-4

Ⅰ. ①嵌… Ⅱ. ①常… ②夏… ③但… Ⅲ. ①微型计
算机－系统开发－高等学校－教材 Ⅳ. ①TP360.21

中国版本图书馆CIP数据核字(2015)第138163号

内 容 提 要

本书紧扣全国计算机等级考试（National Computer Rank Examination，NCRE）三级嵌入式系统开发技术考试大纲，循序渐进，由浅入深，介绍了嵌入式系统从软件到硬件各个方面的知识。

本书既介绍了嵌入式系统的基础知识，包括硬件结构、软件结构、基于 ARM 的嵌入式处理器、基于 Linux 和 μC/OS-Ⅱ的嵌入式操作系统，还介绍了和嵌入式系统息息相关的数字媒体、计算机网络等相关知识，适合作为高等院校嵌入式课程教材，也适合有一定计算机硬件基础、C 语言基础和 Linux 操作系统基础的工程师学习。

◆ 主　　编　常本超　夏　宁　但唐仁
　　责任编辑　王　威
　　责任印制　杨林杰

◆ 人民邮电出版社出版发行　　北京市丰台区成寿寺路 11 号
　　邮编　100164　　电子邮件　315@ptpress.com.cn
　　网址　http://www.ptpress.com.cn
　　北京天宇星印刷厂印刷

◆ 开本：787×1092　1/16
　　印张：21　　　　　　　　　　2015 年 9 月第 1 版
　　字数：544 千字　　　　　　　2015 年 9 月北京第 1 次印刷

定价：49.80 元

读者服务热线：(010)81055256　印装质量热线：(010)81055316
反盗版热线：(010)81055315
广告经营许可证：京崇工商广字第 0021 号

前 言

行业背景

嵌入式系统是以应用为中心，以计算机技术为基础，采用可裁剪软硬件，对功能、可靠性、成本、体积、功耗等要求严格的专用计算机系统。随着 ARM 处理器的出现，嵌入式系统应用技术得到了长足的发展。

全国计算机等级考试（National Computer Rank Examination，NCRE），是经原国家教育委员会（现教育部）批准，由教育部考试中心主办，面向社会，用于考查应试人员计算机应用知识与技能的全国性计算机水平考试体系。

关于本书

本书以全国计算机等级考试三级嵌入式系统开发技术考试大纲为骨架，基于 ARM 处理器和 Linux 操作系统，介绍了嵌入式系统的基础以及开发知识。本书共 15 章，可以分为 5 个部分，分别是嵌入式系统的基础、嵌入式系统的处理器、嵌入式系统的硬件结构、嵌入式系统的软件和嵌入式系统的开发。

- 第 1 部分：包括第 1～3 章，介绍了嵌入式系统的基础，包括其起源和发展、嵌入式系统和数字媒体、嵌入式系统和计算机网络等相关知识。
- 第 2 部分：包括第 4～6 章，介绍了嵌入式系统的处理器等相关知识，重点介绍了 ARM 处理器的编程模型、指令系统和汇编语言程序设计等。
- 第 3 部分：包括第 7～11 章，介绍了嵌入式系统的硬件结构，包括外围设备、输入输出接口、远程通信接口、S3C2440 处理器等。
- 第 4 部分：包括第 12～14 章，介绍了嵌入式系统的软件等相关知识，包括软件体系结构、嵌入式操作系统、µC/OS-Ⅱ操作系统的应用和分析等。
- 第 5 部分：包括第 15 章，介绍了嵌入式系统开发的流程和工具等。

本书特色

- 紧扣全国计算机等级考试三级教程嵌入式系统开发技术大纲。
- 基础内容丰富，循序渐进，由浅入深，涉及了嵌入式系统从软件到硬件各个方面的知识，课程知识体系完整、应用性强，兼顾课堂教学与等级考试，做到了"课证融通"。
- 重点突出，详细介绍了目前嵌入式系统中使用最为广泛的 ARM 处理器（基于 S3C2440）和 Linux、µC/OSⅡ嵌入式操作系统的相关知识。

作者介绍

本书由常本超、夏宁、但唐仁编写。同时，参与本书编写工作的还有刘艳伟等。在此，对以上人员致以诚挚的谢意。由于学识水平所限，本书的疏漏之处在所难免，请广大读者给予批评指正。

编　者

2015 年夏

目 录

第**1**章

嵌入式系统的基础

本章将介绍嵌入式系统的相关基础知识，包括嵌入式系统的特点、发展历程、组成结构等，并且还会介绍一些和嵌入式系统相关的术语。本章的考核重点如下。

- 嵌入式系统的特点、分类、发展与应用。
- 嵌入式系统的组成与微电子技术（集成电路、EDA、SoC、IP 核等技术的作用和发展）。

1.1 嵌入式系统的起源和发展

嵌入式系统（Embedded System）目前已经完全融入到了社会的各个领域中，无论是在工厂、矿山、高速铁路列车等生产场合，还是在手机、智能电饭煲、自动收货箱等生活场景，都能看到它的身影。

1.1.1 什么是嵌入式系统

1. 嵌入式系统的定义

根据英国电气工程师协会（U.K. Institution of Electrical Engineer）的定义，嵌入式系统是一种"完全嵌入受控器件内部，为特定应用而设计的专用计算机系统"。与大型机、台式机、笔记本通用计算机系统不同，嵌入式系统通常执行的是带有特定要求的预先定义的任务，是控制、监视或辅助设备、机器，或用于工厂运作的设备。

嵌入式系统更加一般的定义是以应用为中心和以计算机技术为基础的，并且软硬件是可裁减的，能满足应用系统对功能、可靠性、实时性、成本、体积、功耗等指标的严格要求的专用计算机系统。

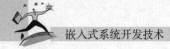

嵌入式系统通常来说是和通用计算机系统相对而言的，表 1.1 给出了这两种系统的特点对比，表 1.2 则给出了它们的模块对比（包括软件和硬件）。

表 1.1　　　　　　　　　　　　嵌入式系统和通用计算机系统的特点对比

特点	嵌入式系统	通用计算机系统
组成	采用 51 单片机、ARM 等集成了部分外部设备和总线的嵌入式处理器，或者使用定制的 SoC 芯片，硬件和软件耦合性较强	采用 Intel 或 AMD 的标准处理器，采用标准通用总线和外部设备，硬件和软件相对独立
外形特征	多"嵌入"到应用系统内部，用户不能直接观察到	用户可以直接观察和使用
开发方式	采用交叉开发方式，在通用计算机上开发，在嵌入式系统上运行	开发和运行都在通用计算机上进行
二次开发性	较高	较差

表 1.2　　　　　　　　　　　　嵌入式系统和通用计算机系统的模块对比

模块	嵌入式系统	通用计算机系统
处理器	ARM、SoC 芯片、单片机等	Intel 或 AMD 的通用处理器
内存	集成固化的 DDR/SDRAM 芯片	可插拔的 DDR 芯片电路板
存储设备	FLASH、SD 卡等	通常采用硬盘
输入设备	按键、触摸屏等定制设备	鼠标、键盘等通用设备
显示设备	LED、数码管、定制液晶屏等	显示器
发声器件	音频芯片、蜂鸣器等	声卡
接口	RS232、RS485、CAN 总线、USB 等	串口、USB 口等
其他	特定的驱动器件，如电机驱动芯片等	外部扩展卡，如 HDMI 等
引导代码	多为 Bootloader，如 U-boot	主板 BIOS 和硬盘引导区结合
操作系统	μC-OS、Linux、Vxworks、Android 等	Windows、Linux 等
驱动程序	根据硬件和操作系统自行裁剪	操作系统或者厂商提供通用的
协议栈	根据需求自行定义	操作系统或者第三方提供
开发环境	交叉编译环境	本机调试
仿真环境	需要 JTAG 仿真器等	直接本机调试

2. 嵌入式系统的特点

和普通的通用计算机系统相比，嵌入式系统集软硬件于一体，通常来说其具有如下几个特点。

- 专用性强：除了一些用于研发和教学的通用嵌入式系统（开发板），嵌入式系统通常都是面向某个特定应用进行定制的，所以其具有非常强的专用性。优点是可以非常契合面向的应用，缺点是很难转移到另外一个应用场合，如 ATM 机中使用的嵌入式系统就基本上不可能直接应用于汽车控制上。

- 实时性好：工业等场合的控制系统常常需要能对事件作出及时的响应，通用计算机系统由于功能较多所以很难达到合格的响应指标，而嵌入式系统由于其具有很强的专用性，而且系统负担较小，通常可以达到比较完美的实时性要求。例如，在一个高速实时风力测量系统中，需要达到一公里范围内多个采集点每秒上万次的数据采集，使用普通的计算机很难满足这样的需求，而使用嵌入式系统则能比较容易地实现这个目标。

- 可裁剪性好：由于嵌入式系统是专用的定制型的系统，所以可以根据目标应用的实际需求来增加或者减少系统中的软硬件模块，达到量体裁衣，从而提高实时性和降低生产成本。
- 可靠性高：由于嵌入式系统可以去除不必要的软硬件模块以减少出错的几率，并且还可以在定制中使用冗余技术来保证系统在出问题之后继续运行，所以具有较高的可靠性，可以更好地应用于涉及产品质量、人身设备安全、国家机密等重大事务或工作在长时间无人值守的场合，如危险性高的工业环境中，内嵌有嵌入式系统的仪器、仪表中，在人际罕至的气象检测系统中以及用于侦察敌方行动的小型智能装置中等。
- 功耗低：嵌入式系统的硬件模块/器件通常功耗都很低，加上其具有良好的专用性和可裁剪性，可以去掉不必要的功耗模块，所以系统整体功耗非常低，非常适合应用于电池供电等对供电功率有要求的场合。
- 可集成度好：由于嵌入式系统的专用性，所以其通常可以集成在系统内部，隐蔽而不易被发现，如冰箱、POS 机等应用中的嵌入式系统。
- 资源受限：由于嵌入式系统通常要求小型化、轻量化、低成本和功耗化，所以在设计中通常会量体裁衣，不会有太多软硬件资源富余。

3.　嵌入式系统的应用

随着电子技术的发展，嵌入式系统已经从最开始偏重于工业控制应用逐步向包括消费类电子产品在内的日常生活用品进行普及，可以说嵌入式系统的应用已经悄无声息地进入到了社会的各个方面，如图 1.1 所示。

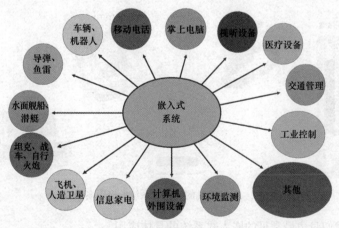

图 1.1　嵌入式系统的应用

整体来说，嵌入式系统的应用可以分为以下几个大类。

- 消费类电子产品：消费类电子产品是嵌入式系统和普通人最息息相关的应用，从空调、冰箱、微波炉等日用家电到智能手机、平板电脑、数码相机等随身数码产品，再到目前最流行的智能手表（Apple Watch、Moto360 等）、智能手环（Jawbone up、Garmin Vivosmart 等）和 Google Glass 等可穿戴设备，都离不开嵌入式系统的身影，其已经在很大程度上改变了我们的生活。
- 过程（工业）控制类产品：嵌入式系统还应用在厂矿企业中进行过程控制，如生产流水线、数控机床、汽车电子、电梯控制等。在控制类产品中引入嵌入式系统可显著提高效率和精确性。

● 信息、通信类产品：随着数字信息技术的发展，使用通信网络进行数据交互和控制已经成为生活和生产的一部分，在其中嵌入式系统也得到了大规模的应用，如路由器、交换机、调制解调器、多媒体网关等。此外，很多与通信相关的信息终端也大量采用嵌入式技术，如 POS 机、ATM 自动取款机等。使用嵌入式技术的信息类产品还包括键盘、显示器、打印机、扫描仪等计算机外部设备。

● 智能仪器、仪表产品：嵌入式系统在智能仪器、仪表产品中大量应用，其不仅能显著提高仪器、仪表的性能，还可以将模拟设备数字化，加入传统设备所不具备的功能。例如，传统的模拟示波器能显示波形，通过刻度人为计算频率、幅度等参数，而基于嵌入式计算机技术设计的数字示波器，除能更稳定地显示波形外，还能自动测量频率和幅度，甚至可以将一段时间里的波形存储起来，供事后详细分析。

● 航空、航天设备与武器系统：航空、航天设备与武器系统一向是高精尖技术集中应用的领域，如飞机、宇宙飞船、卫星、军舰、坦克、火箭、雷达、导弹、智能炮弹等，嵌入式系统则是这些设备的核心，如我国在 2013 年年底登陆月球的"玉兔"号月球车。

如图 1.2 所示为一些嵌入式系统应用的具体实例。

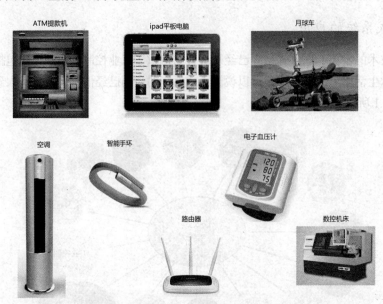

图 1.2　一些常见的嵌入式系统的应用案例

表 1.3 给出了我们身边最常见的嵌入式系统的具体应用。

表 1.3　　　　　　　　　　　常见的嵌入式系统的应用

分类	实例
银行业	ATM 机、查询系统、POS 机
工业自动化	汽车流水线、PLCs 控制器
航空电子	惯性导航系统、飞行控制系统、导弹火控系统
网络设备	路由器、交换机、NAS（网络存储器）

续表

分类	实例
办公设备	打印机、复印机、传真机、一体机
汽车行业	发动机控制器、ABS（防抱死系统）、车身稳定系统
家用电器	微波炉、滚筒洗衣机、智能电视机、机顶盒
医疗设备	X 光机、核磁共振成像仪、电子血压计
测试设备	数字示波器、逻辑分析仪、频谱分析仪
可穿戴设备	智能手表、智能手环、Google glass
消费电子设备	智能手机、平板电脑、单反相机、游戏机

【应用实例 1.1】——嵌入式系统在汽车行业中的应用

中国的汽车工业作为国家的支柱产业，发展前景非常广阔。2009 年，中国已经成为世界第一汽车生产大国。而 2015 年，国内汽车销售有望超过美国，从而使中国成为世界第一大汽车消费市场。汽车工业的飞速发展也为嵌入式系统的应用带来了极大的推动力。嵌入式产品在整车价值中的比例已经提高到了 35% 以上，涉及的部件包括车身控制系统、驾驶员信息系统、动力传动系统等，如图 1.3 所示。

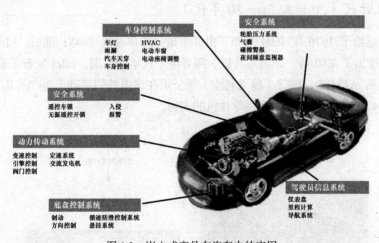

图 1.3　嵌入式产品在汽车中的应用

嵌入式系统有体积小、功耗低、集成度高、子系统间能通信融合的优点，这就决定了它非常适合应用于汽车工业领域，其经历了以下三个阶段。

● SCM（单芯片）系统：使用 4 位或者 8 位单片机对汽车的某个部件进行控制。典型实例是雨刷、车灯、仪表盘和电动门窗等。

● MCU（微控制器）系统：以 8 位或者 16 位处理器为核心，以各种通信总线进行联通，能够完成简单的实时任务，在当前汽车行业中得到了最广泛的应用。典型实例是 ABS 系统、安全气囊和发动机管理系统等。

● SoC（系统级芯片）系统：以高性能的 32 位或 64 位嵌入式处理器为核心，辅以实时嵌入式操作系统，具有多任务处理能力，并且能更好地进行网络联通。典型实例是混合动力总成、定位导航系统、车辆状态记录和监控系统等。

目前，嵌入式系统在汽车行业中的应用向着集中控制方向发展，具有以下几个趋势。

● 将发动机管理系统和自动变速器控制系统集成为动力传动系统的综合控制（PCM）。

● 将制动防抱死控制系统（ABS）、牵引力控制系统（TCS）和驱动防滑控制系统（ASR）综合在一起进行制动控制。

● 通过中央底盘控制器，将制动、悬架、转向、动力传动等控制系统用总线进行连接。控制器通过复杂的控制运算，对各子系统进行协调，将车辆行驶性能控制在最佳水平，形成一体化底盘控制系统（UCC）。

1.1.2 嵌入式系统的发展

20 世纪 60 年代初，美国的两次阿波罗登月飞行所使用的惯性导航系统都使用了基于 Intel 8086/8088 处理器所设计的控制系统，其可以看做是嵌入式系统的雏形。而在 20 世纪 60 年代中期，美军大规模列装的民兵 II 型导弹的制导系统则是嵌入式系统的第一次批量生产。而真正意义上的嵌入式系统的发展是从 20 世纪 70 年代单片机的出现开始的，至今已经迈过了 40 多个年头。随着电子和计算机技术的飞速发展，嵌入式系统也逐步得到了极大的成熟，总体来说，其可以分为单片机时代、专用处理器时代和 ARM/SoC 时代三大阶段。

1. 单片机时代（20 世纪 70—80 年代）

单片机时代起始于 1976 年 Intel 发布了世界上最早的单片机 8048；随后，Motorola 推出了 68HC05，Zilog 推出了 Z80 等一系列单片机。随着电子技术的发展，Intel 发布了著名的 MCS51 单片机内核，包括 ATMEL、NXP（前飞利浦）等公司在该内核的基础上生产的几百款不同的单片机产品。图 1.4 所示是 Z80 和 51 系列单片机的实物。

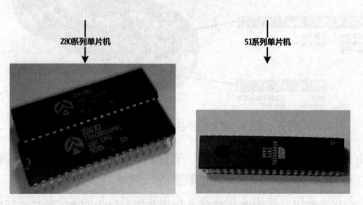

Z80系列单片机   51系列单片机

图 1.4　Z80 和 51 系列单片机实物

这些早期的单片机大多数都是 4～8 位的（有少量 16 位的）低端处理器，但是它们的出现却使得汽车、家电、工业机器、通信装置以及成千上万种产品可以通过内嵌电子装置来获得更佳的使用性能。这些产品更容易使用、处理速度更快、价格更便宜，同时正是由于这些产品的核心模块是"内嵌式的"，因此也就使得"嵌入式系统"这个初级概念深入人心。

从 20 世纪 80 年代早期开始，嵌入式系统的程序员开始用商业级的"操作系统"编写嵌入式应用软件，这使得开发周期更短、开发资金更低、开发效率更高，"嵌入式系统"真正地出现了。确切地说，这个时候的操作系统是一个实时核，这个实时核包含了许多传统操作系统的特征，包

括任务管理、任务间通信、同步与相互排斥、中断支持、内存管理等功能，其中比较著名的有
Integrated System Incorporation (ISI）的 PSOS、Ready System 公司的 VRTX、IMG 的 VxWorks 和
QNX 公司的 QNX 等。这些嵌入式操作系统都具有嵌入式的典型特征，具体如下。

- 它们的系统内核很小，具有可裁剪性、可扩充性和可移植性，可以移植到各种各样的处理器芯片上。
- 它们均采用占先式的调度，响应时间很短，任务执行的时间可以确定。
- 它们具有较强的实时性和可靠性，适合嵌入式的应用。
- 这些嵌入式实时多任务操作系统的出现，使得应用开发人员得以从小范围的开发中解放出来，同时也促使嵌入式有了更为广阔的应用空间。

但是，从整体来说，单片机时代的软件都具有"无操作系统"直接运行在处理器上、根据实际用途编写、相对简单和硬件耦合性极大不便于移植的特点。

2. 专用处理器时代（20 世纪 90—21 世纪）

进入 20 世纪 90 年代以后，随着计算机技术、微电子技术、IC 设计和 EDA 工具的发展，嵌入式处理器开始向片上系统（System on Chip，SoC）发展，出现了包括 51 单片机、AVR 单片机、MSP430 单片机、DSP 和 CPLD/FPGA 在内的一系列处理器，如图 1.5 所示。而 ARM 处理器也在此时初露头角。这个发展阶段的处理器大多数都是 8~16 位的。

此时出现的众多嵌入式操作系统大多具有跨平台的移植技术，并且在同一个系统之下也可以通过选择开发工具来使用 Java、C 或者汇编语言等开发者熟悉的语言来开发，该阶段比较常用的

图 1.5 专用处理器时代的嵌入式处理器

有 WinCE、Palm、WM、Linux、VxWorks、μC/OS-II，Symbian 等。

3. ARM 时代（21 世纪—今）

进入 21 世纪之后，集成电路的加工进入超深亚微米乃至纳米级别时代，而 SoC 的出现使得以往需要一块复杂的电路板上多个元件才能完成的功能能在一块集成芯片上实现，嵌入式处理器的相关技术得到了突飞猛进的发展，出现了 64 位的嵌入式处理器（如 Cortex-A50 系列），其处理器内核也已经实现了 8 核（目前正计划实现 16 核）。

到目前为止，嵌入式处理器可以分为三个大类，即以 MTK、高通、三星为代表支持的 ARM 架构处理器、以 Intel 为代表支持的 X86 架构处理器以及其他以 FPGA 为代表的特殊/专用处理器，如图 1.6 所示。

随着嵌入式处理器的发展，嵌入式系统的硬件性能得到了极大的提升，此时嵌入式操作系统也开始出现一些新的面孔，Android 和 IOS 就是其中的典型代表。它们从 2007 年出现开始（Android 于 2007 年 11 月正式发布，IOS 则是在 2007 年 1 月正式发布）就风卷残云般地占领了绝大多数嵌入式消费类电子产品（主要是平板电脑、手机和数字播放器）的市场；而微软公司（Microsoft Corporation）不甘落后，从 2010 年开始连续发布了 WP（Windows Phone）和 Windows RT

（RunTime）操作系统用于抢占消费类电子产品市场。而在工业控制等领域上，嵌入式操作系统本着稳定可靠的原则，依然是 Windows CE、VxWorks 和 Linux 当道。

图 1.6 进入 21 世纪之后的嵌入式处理器

随着通信技术和网络技术的飞速发展，目前嵌入式系统向着网络化方向在发展，"ARM/SoC 硬件系统+嵌入式操作系统+嵌入式 Web 服务器+无线网络模块"构成了可移动嵌入式系统的主流。

4. 展望嵌入式系统的未来

目前，嵌入式系统正处于一个蓬勃发展的阶段，各种类型的嵌入式处理器型号有上千种，分别属于 30 多种架构，覆盖了从高端到低端的完整产品需求；而嵌入式操作系统也有上百种之多，各种集成开发环境也被普遍应用于嵌入式系统的应用软件开发；此外，为嵌入式系统专门设计的图形界面、网络协议栈和数据库系统也得到了广泛的使用。

嵌入式系统是一个交叉学科，其涉及的核心学科包括微电子学、计算机科学与技术、电子工程学、自动控制学。可以预计，随着计算机、电子等技术的发展，嵌入式系统会向着性能更高、功耗更低、成本更低、体积更小、网络连通性更好的方向发展，可能会出现以下几个方面的突破。

● 极高可靠性、极低功耗的嵌入式系统会应运而生，配合电池容量的增大和快速充电技术的发展，一个独立续航时间超长的嵌入式产品会出现。

● 嵌入式系统的联网已经成为必然，包括物联网等在内的网络应用和包括分布式计算在内的科学应用都将成为主流。

● Java 虚拟机是目前最好的跨平台的解决方案，目前，一个支持嵌入式系统开发的足够小、足够快，又有足够确定性的嵌入式 Java 程序包已经出现，可以预计今后 Java 虚拟机与嵌入式 Java 将成为开发嵌入式系统的有力工具，使用其嵌入式系统可支持动态加载和升级软件的二次开发。

● 随着多媒体技术的发展，视频、音频信息的处理水平越来越高，为嵌入式系统的多媒体化创造了良好的条件，嵌入式系统的多媒体化将变成现实，包括语音操控、手势操控等在内的自然人机交互和互动的、图形化的、多媒体的嵌入式人机界面都会逐渐在嵌入式系统中得到普及。

● 嵌入式系统的智能化嵌入式系统与人工智能、模式识别技术的结合，将开发出各种更具人性化、智能化的嵌入式系统。

嵌入式系统也逐步在蚕食普通电脑的市场份额。从图 1.7 中可以看出，随着嵌入式系统的发展，越来越多的用户使用如智能手机、平板电脑等嵌入式系统设备来替代普通电脑。

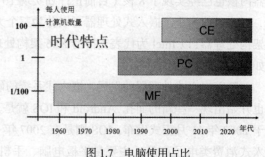

图 1.7 电脑使用占比

1.1.3　嵌入式系统的分类

对嵌入式系统进行分类是一个非常繁杂的工作，其可以按照多种形式进行分类，本小节将基于最常见的几种形式来介绍嵌入式系统的分类方法。

1. 按用途分类

按照用途，可以将嵌入式系统分为军用系统、工业用系统和民用系统。

● 军用：军用嵌入式系统的运行环境非常苛刻，对可靠性要求非常高，对外形结构和价格不敏感，如导弹和火炮的制导系统等。

● 工业用：工业用嵌入式系统的运行环境相对较苛刻，对可靠性要求较高，对外形结构和价格相对不敏感，如数控机床、流水线机器人等。

● 民用：民用嵌入式系统的运行环境一般较好，对可靠性要求不算太高，反而对外形结构、性价比较为敏感，并且要求易于使用、易维护，如平板电脑、手持血糖仪等。

2. 按实时性要求分类

按照实时性的要求，可以将嵌入式系统分为非实时系统、软实时系统和硬实时系统。实时系统（Real-time System，RTS）的正确性不仅仅和系统计算的逻辑结果相关，还依赖于产生这个结果的时间，如果系统的时间约束条件得不到满足即会出现错误。

● 非实时系统：对产生结果的时间完全无约束条件的系统，如智能手机等。

● 软实时系统：对产生的结果有一定的要求，但如果不满足仅仅出现错误但不会出现致命后果的系统，如高速风力采集系统等。

● 硬实时系统：对产生的结果有严格要求，如果不满足即会产生致命后果的系统，如自行火炮的火控系统等。

3. 按技术复杂度分类

按照嵌入式系统的复杂度，可以将其分为无操作系统控制的嵌入式系统（Non-OS control Embedded System，NOSES）、小型操作系统控制的嵌入式系统（Small OS control Embedded System，SOSES）和大型操作系统控制的嵌入式系统（Large OS control Embedded System，LOSES）。

● NOSES：嵌入式系统中没有操作系统，用户直接对处理器进行编码以实现控制目的，多用于简单的嵌入式处理器系统，如单片机等。其具有结构简单、开发容易、响应速度快、实时性好的优点，但也具有移植性和扩展性差的缺点。

● SOSES：嵌入式系统运行一个简单的轻量级操作系统，如 μC-OS、μCLinux 等，用户在该操作系统上进行编程开发，其开发难度和实时性都比无操作系统的嵌入式系统要差，但移植性和扩展性略好。采用这类嵌入式系统通常是因为硬件缺陷（如处理器没有 MMU）或者其他特定原因。目前，这类嵌入式系统应用较少。

● LOSES：在嵌入式系统上运行一个大型操作系统，如 IOS、Android、Linux 等，用户在该操作系统上编写自己的应用软件，具有移植性和扩展性好的优点，但是相对来说其实时性较差，所以目前也以在高级语言编写的代码中嵌入汇编语言等方法来加快系统的响应速度。

1.2 嵌入式系统的构成

和普通的个人电脑（PC）类似，嵌入式系统也由软件和硬件两部分组成，其结构如图 1.8 所示。

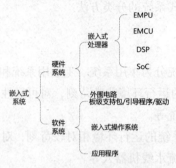

图 1.8　嵌入式系统的结构

1.2.1　嵌入式硬件系统

嵌入式系统的硬件系统以嵌入式处理器为核心，通过包括存储器（可能会内置在处理器中）在内的外部接口通道，又称为输入输出接口/通道（I/O 接口/通道），同外部进行数据、信号和动作的交互，一个典型的嵌入式系统的硬件结构如图 1.9 所示。

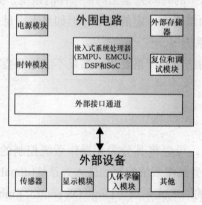

图 1.9　一个典型的嵌入式硬件系统

1.2.2　嵌入式处理器

1. 嵌入式处理器的基础

嵌入式系统的核心就是各种类型的嵌入式处理器。目前，几乎每个半导体制造商都生产嵌入式处理器，越来越多的公司拥有自己的处理器设计部门。嵌入式微处理器的体系结构经历了从 CISC 到 RISC 和 Compact RISC 的转变；位数由 4 位、8 位、16 位、32 位发展到 64 位；寻址空间一般为 64KB～16MB，处理速度为 0.1～2000MIPS；常用的封装为 8～144 个引脚。根据其现状，嵌入式处理器可以分为嵌入式微控制器（Embedded Microcontroller Unit，EMCU）、嵌入式微处理器（Embedded Microprocessor Unit，EMPU）、嵌入式数字信号处理器（Embedded Digital Signal Processor，EDSP）和嵌入式片上系统（Embedded System on Chip，ESOC）4 类。

有些嵌入式系统会有好几个嵌入式处理器，如图 1.10 所示，其中负责运行操作系统和应用软件的主处理器被称为中央处理器（Central Processing Unit，CPU），而其他负责通信、图形处理、数字信号处理等工作的处理器被称为协处理器（coprocessor），其可以减轻中央处理器特定处理任务的负担，如苹果公司（Apple Inc.）即在其智能手机和平板电脑中使用了 M7/M8 协处理器来负责收集三轴陀螺仪、加速器、电子罗盘和其他传感器的数据来保证不间断地检测用户的涌动状态。

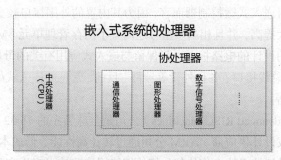

图 1.10　嵌入式系统的中央处理器和协处理器

嵌入式处理器是决定嵌入式系统系统性能的决定性因素，而决定嵌入式处理器性能的参数有如下几个。

● 字长：处理器的通用寄存器和浮点运算器的二进制宽度，单片机等低端处理器通常为 8 位或 16 位，ARM 等高端处理器通常为 32 位或 64 位。

● 工作频率：处理器的时钟频率决定了指令的执行速度，低端处理器的工作频率通常为几十兆赫，而高端的处理器的工作频率可以达到上吉赫。

● 指令系统：通常来说，按照指令系统计算机可以分为 RICS（精简指令集计算机）和 CISC（复杂指令集计算机）两个部分，指令的格式、类型、总数目等都会影响指令的执行速度，从而影响到处理器的性能。

● Cache 的容量和结果：Cache 是高速缓冲存储器，是介于中央处理器和主存储器之间的小容量存储器，有利于减少中央处理器访问主存储器的次数，通常来说如果其容量越大、级数越多，效果也就越显著。

此外，处理器中所包括的定点运算器和浮点运算器数目、流水线级数和条数、指令预测和预读等功能也都会影响到处理器的性能，有无协处理器也会影响中央处理器的性能。

随着计算机技术的发展，还出现了双核处理器和多核处理器。

● 双核（Dual Core）处理器就是在单个半导体的一个处理器芯片上拥有两颗一样功能的处理器核心，即将两颗物理处理器核心整合入一个内核中通过协同运算来提升性能。其优势在于克服了传统处理器通过提升工作频率来提升处理器性能而导致耗电量和发热量越来越大的缺点。

● 多核处理器（Multi Core）是由双核处理器发展而来的，目前有 4 核、8 核和 16 核等。此外，还有一些处理器是在一个或多个 MCU 核外加一个或多个 DSP 核，后者多用于音频或视频处理。

2. 嵌入式微控制器（EMCU）

嵌入式微控制器以各种单片机为代表，也就是在一块芯片中集成了整个计算机系统。嵌入式微控制器一般以某种微处理器内核为核心，芯片内部集成 ROM/EPROM、E^{2}PROM、Flash、RAM、总线、总线逻辑、定时/计数器、WatchDog、I/O 口、脉宽调制输出、A/D 和 D/A 等各种必要功能和外设。微控制器由于比微处理器体积小，功耗和成本低、可靠性高，因而是目前嵌入式工业的主流，品种和数量都很多。

3. 嵌入式微处理器（EMPU）

嵌入式微处理器相对嵌入式微控制器而言，因为其内置的外围接口较少，所以控制能力稍弱，但是计算能力得到了极大提高，并且相当多型号还内置了内存管理单元（MMU）以方便运行操作系统。它一般装配在专门设计的电路板上，只保留与嵌入式应用有关的母板功能，但是电路板上必须包括 ROM、RAM、总线接口、各种外设等器件。目前，常见的嵌入式处理器有 ARM、MIPS、Power PC、Intel ATOM 等。

● ARM：ARM（Advanced RISC Machines）公司是全球领先的 16/32 位 RISC(精简指令集计算机）微处理器知识产权设计供应商。ARM 公司通过转让高性能、低成本、低功耗的 RISC 微处理器、外围和系统芯片设计技术给合作伙伴，使他们能用这些技术来生产各具特色的芯片。ARM 已成为移动通信、手持设备和多媒体数字设备嵌入式解决方案的 RISC 标准。ARM 处理器体积小、功耗低、成本低、性能高，且采用 16/32 位双指令集，该公司在全球的合作伙伴众多。

● MIPS：MIPS（Microprocessor without Interlocked Pipeline Stages）是由 MIPS 技术公司开发的一种处理器内核标准。MIPS 技术公司是一家设计制造高性能、高档次的嵌入式 32 位和 64 位处理器的厂商，在 RISC 处理器方面占有重要地位。2000 年，MIPS 公司发布了针对 MIPS 32 4Kc 处理器的新版本以及未来 64 位 MIPS 64 20Kc 处理器内核。MIPS 技术公司既开发 MIPS 处理器结构，又自己生产基于 MIPS 的 32 位/64 位芯片。为了使用户更加方便地应用 MIPS 处理器，MIPS 公司推出了一套集成的开发工具，称为 MIPS IDF（Integrated Development Framework），特别适用于嵌入式系统的开发。

● Power PC：Power PC 架构的特点是可伸缩性好、方便灵活。Power PC 处理器品种很多，既有通用的处理器，又有嵌入式控制器和内核，应用范围从高端的工作站、服务器到桌面计算机系统，从消费类电子产品到大型通信设备等各个方面，非常广泛。目前 Power PC 独立微处理器与嵌入式微处理器的主频从 25～700MHz 不等，它们的能量消耗、大小、整合程度和价格差异悬殊，主要产品模块有主频 350～700MHz 的 Power PC 750CX 和 750CXe 以及主频 400MHz 的 Power PC 440GP 等。嵌入式的 Power PC 405（主频最高为 266MHz）和 Power PC 440（主频最高为 550MHz）处理器内核可以用于各种集成的系统级芯片（SoC）设备上，在电信、金融和其他许多行业具有广泛的应用。

● Intel ATOM：Intel 公司出品的 ATOM（凌动处理器）是 Intel 历史上体积最小和功耗最低的处理器，其基于新的微处理架构，专门为小型和嵌入式系统所设计。和其他嵌入式处理器相比，其最大的优势是采用了 X86 体系结构，可以运行 Windows 操作系统（也可以运行 Android 操作系统），能提供更好的通用性，所以在平板电脑等消费类电子产品中得到了广泛的应用。

4. 嵌入式数字信号处理器（DSP）

数字信号处理器对系统结构和指令进行了特殊设计，使其适合于执行 DSP 算法，编译效率较高，指令执行速度也快。DSP 应用正从在通用单片机中以普通指令实现 DSP 功能，发展到采用嵌入式数字信号处理器。嵌入式数字信号处理器的长处在于能够进行向量运算、指针线性寻址等运算量较大的数据处理。比较有代表性的产品是 Motorola 的 DSP56000 系列、Texas Instruments 的 TMS320 系列，以及 Philips 公司基于可重置嵌入式 DSP 结构制造的低成本、低功耗的 REAL DSP 处理器。

5. 嵌入式片上系统（SoC）

片上系统是在一个硅片上实现一个更为复杂的系统。各种处理器内核将作为 SoC 设计公司的标准库，成为 VLSI 设计中的一种标准器件，用标准的硬件描述语言（HDL）来描述，存储在器件库中。

1.2.3　外围电路

嵌入式系统的大部分功能都需要通过外围设备来实现，常见的外围设备包括人体输入设备（如独立按键、行列扫描键盘、拨码开关等）、显示设备（如发光二极管、液晶显示屏等）、驱动和执行设备（如三极管、达林顿管、电机、继电器、蜂鸣器等）和通信接口设备（如串口、网络接口、USB 接口模块、无线设备等），如图 1.11 所示。

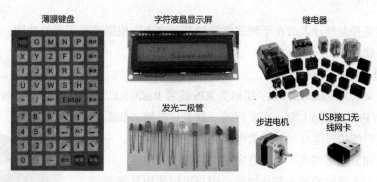

图 1.11　一些常见的嵌入式系统外围电路

1.2.4　嵌入式软件系统

嵌入式的软件系统体系结构如图 1.12 所示，其由直接架构在硬件系统上的引导驱动层、在引导驱动层之上的操作系统层以及运行在操作系统上的具体应用组成。

1. 引导驱动层

引导驱动层为硬件层与系统软件层之间的部分，有时也称为硬件抽象层（Hardware Abstract Layer，HAL）或者板级支持包（Board Support Package，BSP）。对于上层的操作系统，中间驱动层提供了操作和控制硬件的方法和规则；而对于底层的硬件，中间驱动层主要负责相关硬件设备的驱动等。

图 1.12　嵌入式系统的软件体系结构

中间驱动层将系统上层软件与底层硬件分离开来，使系统的底层驱动程序与硬件无关，上层软件开发人员无需关心底层硬件的具体情况，根据中间驱动层提供的接口即可进行开发。

中间驱动层主要包含以下几种功能。

- 底层硬件初始化操作按照自底而上、从硬件到软件的次序分为三个环节，依次是片级初始化、板级初始化和系统级初始化。
- 硬件设备配置对相关系统的硬件参数进行合理的控制以实现正常工作。
- 硬件相关的设备驱动程序的初始化通常是一个从高到低的过程。尽管中间层中包含硬件相关的设备驱动程序，但是这些设备驱动程序通常不直接由中间层使用，而是在系统初始化过程中由中间层将它们与操作系统中通用的设备驱动程序关联起来，并在随后的应用中由通用的设备驱动程序调用，实现对硬件设备的操作。

2. 操作系统层

操作系统层由实时多任务操作系统（Real-time Operation System，RTOS）及其实现辅助功能的文件系统、图形用户界面接口（Graphic User Interface，GUI）、网络系统及通用组件模块组成，其中实时多任务操作系统（RTOS）是整个嵌入式系统开发的软件基础和平台。

3. 应用软件

应用软件层是开发设计人员在系统软件层的基础之上，根据需要实现的功能，结合系统的硬件环境所开发的软件。

【应用实例1.2】——树莓派

树莓派的英文名为Raspberry Pi，简称为RPi或者RasPi/RPi，是2012年由英国的树莓派基金会（Raspberry Pi Foundation）第一次发行的一款卡片电脑，如图1.13所示。其可以使用普通显示器或者电视机作为显示设备，并且外接标准键盘和鼠标来构成一个具有完整功能的个人电脑。

图1.13　Raspberry Pi实物

树莓派具有个人电脑的绝大部分功能，用户可以使用其完成网页浏览、视频播放、文档处理等工作，可以进行 Python、C、Shell、Scratch 等编程语言的学习和应用开发；并且由于其提供了良好的可扩展性，用户可以使用其配合其他工具来进行一些自由度极高的应用或者干脆将其当做一个高级的"玩具"来实现温度监控、智能家居和微博机器人等。

树莓派就是一个典型的嵌入式系统，其硬件系统是一块信用卡大小的电路板，电路板上的这些硬件模块又可以分为主要部件和对外接口两大部分，前者包括处理器芯片（集成了CPU和GPU功能的博通Broadcom BCM2835的SoC芯片）、内存芯片、USB和网络驱动芯片、电源模块，用于驱动树莓派正常工作；后者主要包括USB接口、有线网卡接口、HDMI接口和SD卡接口，用于树莓派连接外部设备（如鼠标、键盘、显示器等）；其软件系统包括操作系统和运行在操作系统上的各种应用软件（如网络浏览器、文本编辑器等），这些操作系统包括许多种从各种Linux发行版修改得到的Linux系统（如Raspbian、Pidora），OpenELEC、RaspBMC等专用的XBMC系统以及一些如RISC OS的专用操作系统。

1.3　嵌入式系统的一些相关术语

嵌入式系统是一个复合学科，电子信息产业是其基础，本小节将介绍一些电子信息产业相关的术语。

1.3.1　集成电路及其生产过程

集成电路（Integrated Circuit，IC）是一种微型的电子器件或部件，是嵌入式系统的基础，其采用氧化、光刻、扩散、外延、蒸铝等制造工艺，把一个电路中所需的晶体管、电阻、电容和电感等元件及布线互连一起，制作在一小块或几小块半导体晶片或介质基片上，然后封装在一个管壳内，成为具有所需电路功能的微型结构。其中，所有元件在结构上已组成一个整体，使电子元件向着微小型化、低功耗、智能化和高可靠性方面迈进了一大步。

1. 集成电路的分类

和嵌入式系统类似，集成电路有多种分类方法，按照制造工艺可以分为半导体集成电路和膜集成电路，而后者又可以分为厚膜集成电路和薄膜集成电路；按照导电类型可以分为双极型集成电路和单极型集成电路；按照应用领域可以分为标准通用集成电路和专用集成电路；按照集成度高低可以分为以下几个类型，这也是最常用的分类方式。

- 小规模集成电路（Small Scale Integrated Circuits，SSIC）：逻辑门 10 个以下或者晶体管 100 个以下。
- 中规模集成电路（Medium Scale Integrated Circuits，MSIC）：逻辑门 11～100 个或者晶体管 101～1000 个。
- 大规模集成电路（Large Scale Integrated Circuits，LSIC）：逻辑门 101～1000 个或者晶体管 1001～10000 个。
- 超大规模集成电路（Very Large Scale Integrated Circuits，VLSIC）：逻辑门 1001～10000 个或者晶体管 10001～100000 个。
- 特大规模集成电路（Ultra Large Scale Integrated Circuits，ULSIC）：逻辑门 10001～100000 个或者晶体管 100001～1000000 个。
- 巨大规模集成电路/极大规模集成电路/超特大规模集成电路（Giga Scale Integration，GSI）：逻辑门 100001～1000000 个或者晶体管 1000001～10000000 个。

2. 集成电路的生产流程

集成电路的生产工艺非常复杂，需要经过几百道工艺，并且对生产环境的要求非常苛刻（无尘、恒温、恒湿等），其主要流程如图 1.14 所示。

集成电路厂所生产的产品实际上包括晶圆切片（die，也简称为晶圆）和超大规模集成电路芯片（chip，可简称为芯片）两大部分，其原材料都是如图 1.15 所示的硅锭（Silicon Ingot）。

晶圆切片（die）是如图 1.16 所示的一片像镜子一样的光滑圆形薄片，是供其后芯片生产工序深加工的原材料。

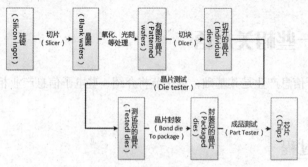

图 1.14　集成电路的主要生产流程

图 1.15　硅锭

　　一个晶圆上可以印刷多个裸晶的电路版图，芯片制造完毕后从一个晶圆上切割出许多裸晶，这些如图 1.17 所示的裸晶也被称为管芯。

图 1.16　晶圆切片

多块切开的管芯

印制好线路的单块
管芯

图 1.17　裸晶/管芯

　　将对单个裸晶进行测试得到质量合格的成品裸晶进行封装就得到芯片，而芯片经过严格的测试就得到了成品芯片。需要注意的是，多个裸晶可以被封装在一个芯片内，如在 1.2.2 小节中介绍过的双核处理器，其结构如图 1.18 所示，而图 1.19 则给出了多个处理器的芯片版图实例。

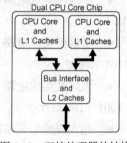

图 1.18　双核处理器的结构

3. 集成电路的发展趋势

　　1958 年美国德州仪器公司（TI）发明全球第一块集成电路之后，随着硅材料技术的发展，集成电路产业的发展如火如荼，目前以其为核心的电子信息产业已经超过了以汽车、石油、钢铁为代表的传统工业而成为第一大产业。

Sun公司的处理器UltraSparc IV+
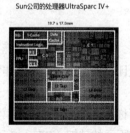

AMD公司的64位双核处理器Opteron

Intel公司的Itanium2处理器Madison

图 1.19　处理器的芯片版图实例

　　半个世纪以来，集成电路的发展始终遵循了摩尔定律，这是由英特尔（Intel）创始人之一戈登·摩尔（Gordon Moore）提出来的。其内容为：当价格不变时，集成电路上可容纳的元器件的数目每隔 18～24 个月便会增加一倍，性能也将提升一倍。

体积小、重量轻、可靠性高是集成电路的特点，其工作速度和组成逻辑门电路的晶体管的尺寸息息相关，尺寸越小则门电路的开关速度越快、极限工作频率越高，所以集成电路工业一直致力于缩小门电路的尺寸。通过上一小节关于集成电路工艺流程的介绍，我们可以知道电路元件的线条越细则同样大小的晶体切片上可容纳的晶体管数目越多，该晶体切片对应的器件则速度越快、功能越强，所以整体来说集成电路工业是向着大规模方向在发展。

目前，集成电路工业最主流的生产工艺已经达到了 45nm 或 32nm 的蚀刻宽度，晶圆大小已经可以做到 12～14 英寸，复杂的处理器芯片集成的晶体管数目已经超过了 10 亿个，并且已经可以实现数字电路、模拟电路和射频等电路的集成，可以较为完美地满足嵌入式系统对体积、速度、成本和功耗等方面的需求。表 1.4 总结了 21 世纪以来集成电路发展的过程。

表 1.4　　　　　　　　　　　　21 世纪以来集成电路的发展过程

时间 各项比较	2001 年	2004 年	2008 年	2010 年	2015 年
工艺（单位：μm）	0.13	0.09	0.0045	0.0032	0.0014
晶体管（单位：百万）	47.6	135	539	1000	3500
时钟频率（单位：GHz）	1.6	2.0	2.655	3.8	10
面积（mm^2）	340	390	468	600	901
连线层数	7	8	9	9	10
晶圆直径（单位：英寸）	12	14	16	16	18

从大方向来说，集成电路的发展方向包括 SoC（System On Chip）和微机电系统（MEMS，Micro-Electro-Mechanical System）这两个方面。MEMS 是集微型传感器、执行器以及信号处理和控制电路、接口电路、通信和电源于一体的微型机电系统，是一个独立的智能系统，其系统尺寸仅有几毫米乃至更小，其内部结构一般在微米甚至纳米量级，具有微型化、智能化、多功能、高集成度和适于大批量生产的特点。目前常见的 MEMS 产品有压力传感器、加速仪、陀螺仪等，如图 1.20 所示是一个 MEMS 的陀螺仪结构，其被广泛地应用到数码相机、导航仪和智能手机等场合。

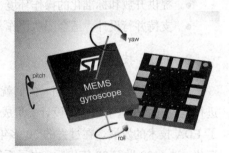

图 1.20　MEMS 的陀螺仪结构

1.3.2　EDA

进入 21 世纪以来，电子设计自动化（EDA，Electronic Design Automation）已成为现代电子系统设计和制造的主要技术手段。开发者利用 EDA 工具完成的数字系统设计最终要下载到可编程逻辑器件内部完成布局布线才能实现真正的功能，而作为现代数字电路载体的可编程逻辑器件经历了一个很长的发展过程后终于实现了单芯片系统的解决方案 SoC（System on Chip）。

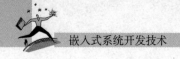

1. 什么是 EDA

EDA 技术是现代电子信息工程领域中一门发展迅速的新技术。它是以计算机为工作平台，以 EDA 软件工具为开发环境，以硬件描述语言为主要表达方式，以大规模可编程器件为设计载体，以 ASIC、SoC、FPGA 芯片为目标器件，以电子系统设计为应用方向的电子产品自动化设计过程。

EDA 技术有广义和狭义之分。

从广义来说，EDA 技术包括半导体工艺设计自动化、可编程器件设计自动化、电子系统设计自动化、印制电路板设计自动化、仿真与测试故障诊断自动化等，如 PSPICE、EWB、MATLAB 等计算机辅助分析 CAA 技术和 PROTEL、ORCAD 等印刷制版计算机辅助设计等。

从狭义来说，EDA 技术就是电子设计自动化，即通过相关的开发软件，自动完成用软件方式设计的电子系统到硬件系统的逻辑编译、化简、分割、综合、优化以及布局布线、逻辑仿真等工作，最终完成对于特定目标芯片的适配编译、逻辑映射、编程下载，从而形成集成电子系统，不包含电子生产自动化。

EDA 技术在电子系统设计中得到了广泛应用，是因为它具有以下特点。

- 用软件的方式设计硬件。
- 用软件方式设计的系统到硬件系统的转换是由相关软件自动完成的。
- 在设计过程中可以用软件进行各种仿真验证。
- 现代 EDA 工具具有高层综合和优化功能，能够在系统级进行综合、优化和仿真，从而缩短设计周期，提高工作效率。
- 系统可以现场编程、在线升级。
- 整个系统易集成、体积小、功耗低且可靠性高。
- 带有嵌入 IP 核的 ASIC 设计，提供软硬件协同设计。
- 提供开放和标准化的操作环境，容易实现资源共享和设计移植。
- 支持并行设计，适合团队协作，分工设计。

2. EDA 技术的发展

早在 20 世纪 60 年代中期，人们就开始着眼于开发各种计算机辅助设计工具来帮助设计人员进行集成电路和电子系统的设计。集成电路技术的发展不断对 EDA 技术提出新的要求，并促进了 EDA 技术的发展。在过去的 30 多年里，计算机技术迅猛发展，也给 EDA 行业带来了巨大的变化。进入 20 世纪 90 年代后，电子系统已经从电路板级系统集成发展成为包括 ASIC、FPGA 和嵌入式系统的多种模式，EDA 产业已经成为电子信息类产品的支柱产业。EDA 的蓬勃发展离不开设计方法学的进步，回顾过去几十年电子技术的发展历程，可大致将 EDA 技术的发展分为以下几个阶段。

20 世纪 70 年代，是 EDA 技术的发展初期，我们称之为计算机辅助设计 CAD（Computer Aided Design）阶段。随着集成电路的出现和应用，硬件设计开始大量选用中小规模的标准集成电路，这也使得传统的手工布线方法很难满足产品复杂性和工作效率的要求。CAD 的概念已见雏形，人们开始利用计算机替代产品设计过程中的高度重复性的复杂劳动，如利用二维图形编辑与分析工具，辅助进行集成电路版图编辑、PCB 布局布线等工作。最具代表性的产品当属美国 ACCEL 公司的 Tango 布线软件。

20 世纪 80 年代，随着集成电路设计进入 COMS 时代，EDA 技术也进入到了计算机辅助工程设计 CAE（Computer Assist Engineering Design）阶段。PAL、GAL 和 FPGA 等一系列复杂可编程逻辑器件都为电子系统的设计提供了新的平台。较之 70 年代的自动布局布线的 CAD 工具能够替代设计中绘图的重复劳动而言，80 年代出现的具有自动综合能力的 CAE 工具则代替了设计师的部分工作，它在 PCB 设计方面的原理图输入、自动布局布线及 PCB 分析，以及逻辑设计、逻辑仿真、布尔方程综合和简化等方面都担任了重要角色。

20 世纪 90 年代，以在设计前期将设计师从事的许多高层次设计交由工具来完成为目的，EDA 技术开始从以单个电子产品开发为对象转向针对系统级电子产品的设计。EDA 工具以系统级设计为核心，包括了系统行为级描述与结构综合、系统仿真与测试验证、系统划分与指标分配及系统决策与文件生成等一系列完整的功能。随着硬件描述语言标准的进一步确立，此时的 EDA 工具还具有高级抽象的设计构思手段，各 EDA 公司也致力于推出兼容各种硬件方案和支持标准硬件描述语言的 EDA 软件的研究。

21 世纪以来，EDA 技术得到了更大的发展。高速 DSP、嵌入式处理器软核的成熟令 EDA 软件的功能日益强大。电子领域各学科全方位融入 EDA 技术，除了成熟的数字技术外，模拟电路系统硬件描述语言的表达和设计的标准化、系统可编程模拟器件的出现、数字信号处理和图像处理的全硬件实现方案等，使得 EDA 工具不论是在广度上还是深度上都取得了长足的发展。现在已经出现了大量可以直接设计处理器的技术，如 Altera 公司的 Soc FPGA 技术，这些技术可以更好地应用于各种嵌入式系统中。

3. EDA 技术涉及的内容

作为一门发展迅速、有着广阔应用前景的新技术，EDA 技术涉及面广、内容丰富。其主要涉及如下 4 个方面的内容。

- 可编程逻辑器件（PLD）：可编程逻辑器件 PLD（Programmable Logic Device）是应用 EDA 设计完成的电子系统的载体，是一种通过用户编程来实现某种逻辑功能的新型逻辑器件。经过近 30 年的发展，可编程逻辑器件已经从最初简单的 PLA、PAL、GAL 发展到目前应用最为广泛的 CPLD/FPGA(Complex Programmable Logic Device 复杂的可编程逻辑器件以及 Field Programmable Gate Array 现场可编程门阵列）。

- 硬件描述语言（HDL）：硬件描述语言 HDL（Hardware Description Language）是 EDA 设计的主要表达手段，是一种对于数字电路和系统进行性能描述和模拟的语言，即利用高级语言来描述硬件电路的功能、信号连接关系以及各器件间的时序关系。其设计理念是将硬件设计软件化，即采用软件的方式来描述硬件电路。数字电路和数字系统设计者利用这种语言来描述自己的设计思想，然后利用电子设计自动化工具进行仿真、综合，最后利用专用集成电路或可编程逻辑器件来实现其设计功能。

- 集成开发环境：是 EDA 设计的开发平台，该平台除了给用户提供一个硬件描述语言的编辑环境之外，通常还集成了编译、仿真、下载等功能，用户可以在集成开发环境中完成整个项目的设计。

- 硬件开发系统：和普通的硬件系统开发类似，EDA 开发同样需要经过多次反复的实验和验证才能得到最后的产品，这就需要一个硬件开发系统来进行相应的辅助工作，这个开发系统主要包括编程器件下载和验证的工具如编程器、开发板等。

4. EDA 的开发语言

Altera 的 Quartus II 等集成开发环境为设计者提供了多种设计输入方法，通常来说包括原理图输入、状态图输入、HDL 语言描述、网络表文件输入等。目前使用最多的是原理图输入和 HDL 语言描述，而后者又包括 AHDL 语言、VerilogHDL 语言和 VHDL 语言三种。

5. EDA 的开发流程

EDA 技术研究的对象是电子设计的全过程，由上到下依次包括系统级、电路级和物理级三个层次。数字系统设计有多种方法，如模块设计法、自顶向下设计法和自底向上设计法等。

多年前，传统的电子设计的思路是选择标准的集成电路"自底向上"（Bottom-Up）地构造出一个新的系统。这种设计方法首先确定可用的元器件，然后根据这些元器件进行逻辑设计，完成各模块后进行链接，最后形成系统。自底向上的设计方法如同一砖一瓦建造楼房，不仅效率低、成本高，而且容易出错。

而基于 EDA 技术的设计思路则是采用"自顶向下"（Top-Down）。所谓"自顶向下"，就是将数字系统的整体逐步分解为各个子系统和模块，若子系统规模较大，则还需将子系统进一步分解为更小的子系统和模块，层层分解，直到整个系统中各子系统关系合理，并便于逻辑级的设计和实现为止。进行数字系统开发设计流程主要包括设计输入、综合、仿真、适配、下载、硬件测试等步骤，如图 1.21 所示。

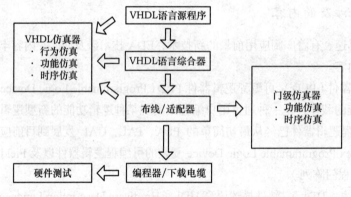

图 1.21　EDA 开发流程

还可以将通过硬件测试的设计生成芯片版面掩膜图（layout），该芯片版面掩膜图由按照半导体工艺要求分成众多层次，由多边形编辑器自动制作并由掩膜图验证工具进行验证的几何图形单元组成，排列着大量晶体管图形和连线，其可以进入集成电路生产线来试制样片和流片。

1.3.3　SoC

SoC（System on Chip）的定义多种多样，由于其具有内涵丰富、应用范围广的特点，所以很难对其给出具体的定义，通常来说可以翻译为片上系统或者系统级芯片。其以知识产权核（IP 核，Intellectual Property Core）为设计基础，在单个芯片上集成处理器、存储器、各种接口等部件，组成一个部分完整的计算机系统，可以完成特定的应用功能。SoC 是单功能集成电路芯片跨越式的发展，目前大多数高端的（32 位或 64 位）嵌入式处理器芯片都是 SoC 芯片。

1. SoC 的特点和优点

SoC 虽然很难被定义，但是一个 SoC 通常具有以下三个特征。

- 其是采用超深亚微米工艺技术来实现复杂系统功能的超大规模集成电路。
- 其使用一个以上的嵌入式处理器，这些处理器可以是 MCU、MPU，也可以是 DSP。
- 用户可以在外部对芯片实现编程操作。

SoC 包含两个方面的内容，一方面是其构成，另一方面是其形成过程。SoC 的构成包括系统级芯片控制逻辑模块、微处理器/微控制器内核模块、数字信号处理器模块、内部的存储器模块、外部通信的接口模块、含有 ADC/DAC 的模拟前端模块、电源和功耗管理模块、无线和射频模块、可供用户自定义的逻辑模块以及微电子机械模块，此外还有其支持的软件模块（系统和应用软件）。SoC 的形成或生产包括如下三个方面的内容。

- 基于单片集成系统的软硬件协同设计和验证。
- 开发和研究 IP（知识产权）核生成及复用技术，特别是大容量的存储模块嵌入的重复应用等。
- 超深亚微米（VDSM）、纳米集成电路的设计理论和技术。

SoC 的关键技术主要包括总线架构技术、IP 核可复用技术、软硬件协同设计技术、SoC 验证技术、可测性设计技术、低功耗设计技术、超深亚微米电路实现技术等，并且还包含嵌入式软件的移植和开发研究，是一门跨学科的新兴研究领域

SoC 之所以可以在单个芯片上实现一个之前需要一块或多块电路板才能实现的系统功能（如在应用实例 1.2 中介绍的树莓派中使用的 SoC 芯片即将以前需要分别实现的 CPU 和 GPU 功能集成到了一起），是因为它具有如下优点。

- 具有丰富的系统功能。
- 方便客户的各种定制。
- 可以提高系统的开发速度，降低系统的功耗，减少系统的体积。

2. SoC 的开发流程

SoC 的开发中大部分过程都是使用 EDA 工具来完成的，其可以分为总体设计、逻辑设计、综合和仿真以及芯片制造 4 个阶段，其说明如图 1.22 所示。

目前，绝大多数 SoC 的设计都采用了以 IP 核为主的方式进行设计，这可以减少研发成本、缩短研发时间、加速 SoC 的上市。

3. SoC 的分类

SoC 的分类非常复杂且没有一个统一的标准，从面向的对象而言可以分为专用 SoC 芯片和通用 SoC 芯片两种。

- 专用 SoC 芯片：是为了某一个厂商甚至某一个特定系统而设计的 SoC 芯片，具有通用性较差的缺点，但是由于其专用性，在目标系统中可以达到性能和效率的最大化，如 Philips 的 Smart XA，它将 XA 单片机内核和支持超过 2048 位复杂 RSA 算法的 CCU 单元制作在一块硅片上，形成一个可以加载 Java 或 C 语言的专用的片上系统。

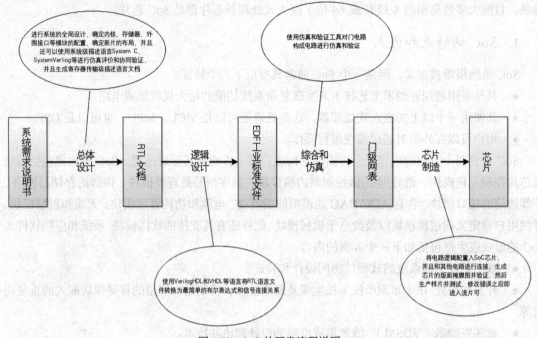

图 1.22　SoC 的开发流程说明

● 通用 SoC 芯片：相对专用 SoC 芯片而言，其面向的是一个行业或一个应用领域，通用性较强，嵌入式系统开发商可以直接购买该芯片进行开发以达到自己的目的。目前市场上大部分型号的 SoC 芯片都是通用 SoC 芯片，如 Infineon（Siemens）的 TriCore、Motorola 的 M-Core 及大部分 ARM 系列器件等。

1.3.4　IP 核

IP 核全称是知识产权核（Intellectual Property Core），是集成电路可重用设计方法的核心基础内容，是某一方提供的经过实际验证的形式为逻辑单元、芯片设计的可重用模块，通常来说包括三个层次的含义。

● 首先，其是一个设计好的功能模块，是一些设计数据，而不是实际的硬件芯片。

● 其次，其必须已经经过验证以保证性能的可靠性，最好是已经在硬件芯片中得到过实际应用。

● 最后，其必须经过一定的性能优化。

在集成电路设计过程中基于 IP 核产生了 IP 复用的概念。它是一种将目标系统中的某些模块直接使用现成的 IP 核来实现而不是重新设计的方法。这种方法可以提高设计效率、缩短设计周期。在 SoC 设计中，通常会采用基于 IP 核的设计将系统按照功能划分为多个模块，然后使用现成的 IP 核来填充这些模块并且将它们集成为具有特定功能的芯片。

1．IP 核的特点

IP 核具有通用性、正确性和可移植性三个大的特点。

● 通用性：IP 核通常都具有某个特定功能，但是可以在不同的应用方面上使用，其具有满足子功能可配置乃至可编程的特点。

● 正确性：由于 IP 核必须可复用，所以其必须通过严格的测试以保证正确性。

● 可移植性：IP 核的实现是通过行为描述或者网表文件来完成的，这些文件可以在不同的开发平台上重现，所以具有可移植性。

2．IP 核的分类

IP 核可以按照实现的设计文件的类型分为软核（Soft Cores）、硬核（Hard Cores）和固核（Firm Cores）三大类，它们的说明如下，对比如表 1.5 所示。

● 软核：其设计文件是可综合的 RTL 级描述，不依赖于最终的实现工艺，使用者完全拥有模块的最终源代码，可以通过修改代码微调模块的功能，或者进行优化，所以具有最大的灵活性；但是用户必须负责将 RTL 描述转换为版图，从而使得设计的复杂性较大，并且较难保证软核的效率和性能。

● 硬核：其设计文件是电路版图，和特定的实现工艺相关，并且模块的物理外形和对外接口已经固定，所以灵活性非常小，但是其效率和性能都很稳定，可靠性也很高。

● 固核：其设计文件以门级网表形式提交，通常对应某一种特定的实现工艺，所以其性能、效率、稳定性和灵活性都介于软核与硬核之间。

表 1.5　　　　　　　　　　　　　　　三种 IP 核特点的对比

各项比较 类型	提交文件的类型	灵活性	可靠性	实现工艺
软核	RTL 描述文件	高	低	无关
硬核	电路版图	低	高	高相关性
固核	门级网表文件	一般	一般	低相关性

3．IP 核的标准化

在制造 SoC 的过程中必须做到高效地复用 IP 核。为了解决这个问题，需要建立统一的标准和规范，所以 IP 设计标准化与 IP 使用标准化是 IP 复用的基础。IP 标准化的基本理念是，为使不同来源的 IP 核可以在 SoC 中进行有效的集成，做到即插即用，IP 核的接口应按照统一的标准进行设计。

目前，进行 IP 标准化工作的主要机构如下。

● 虚拟插座接口联盟（Virtual Socket Interface Alliance，VSIA）。

● 开放式内核协议国际同盟（Open Core Protocol International Partnership，OCP-IP）。

● 工具流内部 IP 封装集成重用结构（Structure for Packaging, Integrating and Re-using IP within Tool-flows，SPIRIT）。

● 中国的集成电路 IP 标准工作组（IPCG）。

我国于 2002 年批准成立了信息产业部集成电路 IP 标准工作组（IPCG），由 IPCG 负责制定中国的 IP 核技术标准，于 2006 年颁布了 11 个有关集成电路 IP 核的电子行业标准，涉及的内容包括 IP 核信号完整性，IP 核开发与集成的功能验证分类法，IP 核模型分类法，IP 软核/硬核的结构、性能和物理建模规范，片上总线属性规范，集成电路 IP/SoC 功能验证规范，IP 核的模拟/混合信

号规范，IP核转让规范，IP核测试数据交换格式和准则规范等，其包括的内容如图1.23所示。

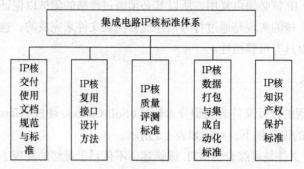

图1.23　集成电路IP核标准体系

1.4　本章小结

（1）嵌入系统（Embedded System）是一种"完全嵌入受控器件内部，为特定应用而设计的专用计算机系统"。

（2）到目前为止，嵌入式系统的发展可以分为单片机时代、专用处理器时代、ARM时代等。

（3）嵌入式系统由硬件系统和软件系统构成，前者以嵌入式处理器为核心，后者则包括了板级支持包，嵌入似乎操作系统和应用程序等。

（4）集成电路（Integrated Circuit，IC）是一种微型的电子器件或部件，是嵌入式系统的基础，其可以分为小规模集成电路、中规模集成电路、大规模集成电路、超大规模集成电路、特大规模集成电路和巨大规模集成电路等。

（5）电子设计自动化（EDA，Electronic Design Automation）已成为现代电子系统设计和制造的主要技术手段，而片上系统（SoC）成为EDA系统设计的主体。

（6）IP核全称是知识产权核（Intellectual Property Core），其是集成电路可重用设计方法的核心基础内容，是某一方提供的经过实际验证的形式为逻辑单元、芯片设计的可重用模块。

1.5　真题解析和习题

1.5.1　真题解析

【真题1】下面关于嵌入式系统逻辑组成的叙述中，错误的是（　　）。

A．嵌入式系统与通用计算机一样，也由硬件和软件两部分组成

B．硬件的主体是CPU和存储器，它们通过I/O接口和I/O设备与外部世界联系

C．嵌入式系统的CPU主要使用的是数字信号处理器

D．嵌入式系统的软件配置有些很简单，有些比较复杂

【解析】答案：C。

本题考察嵌入式系统的组成的相关知识，主要涉及本章第1.2节的内容，在其中的第1.2.2小

节中可以看到嵌入式系统的 CPU 有 EMCU、EMPU、DSP 和 SoC 4 种，数字信号处理器（DSP）只是其中一种。

【真题 2】片上系统（SoC）是嵌入式处理器芯片的一个重要品种，下列叙述中错误的是（　　　）。

A. SoC 已经成为嵌入式处理器芯片的主流发展趋势

B. 它是集成电路加工工艺进入到深亚微米时代的产物

C. 片上系统使用单个芯片进行数据的采集、转换、存储和处理，但不支持 I/O 功能

D. 片上系统能把数字电路和模拟电路都集成在单个芯片上

【解析】答案：C。

本题考察嵌入式系统处理器以及 SoC 的相关知识，主要涉及本章第 1.3.3 小节的内容，在其中可以看到片上系统支持基于各种 I/O 总线的数据交互。

【真题 3】：半导体集成电路是微电子技术的核心，下面有关集成电路的叙述中错误的是（　　　）。

A. 集成电路有小规模、中规模、大规模、超大规模和极大规模等多种，嵌入式处理器芯片一般属于大规模集成电路

B. 集成电路的制造大约需要几百道工序，工艺复杂且技术难度非常高。

C. 集成电路大多在晶圆切片上制作而成，晶圆切片是单晶硅锭经切割、研磨和抛光而成的圆形薄片

D. 集成电路中的电路及电子元件需反复交叉使用氧化、光刻、掺杂和互连等工序才能制成

【解析】答案：A。

本题考察集成电路的分类以及制造工艺流程的相关知识，主要涉及本章第 1.3.1 小节的内容，可以看到大规模集成电路仅仅支持 101～1000 个逻辑门或者 1001～10000 个晶体管，嵌入式处理器芯片的规模显然要大于这个数目。

【真题 4】所有嵌入式系统都是由硬件和软件两部分组成的，硬件部分的主体是_____和存储器，它们通过_____接口（设备）与外部世界联系。

【解析】答案：嵌入式处理器；输入输出或者 I/O。

本题考察嵌入式系统的组成，针对嵌入式硬件系统，主要涉及本章的第 1.2.1 小节，可以参考图 1.9。

【真题 5】为提高 SoC 的设计效率，减少重复开发，通常以 IP 核为基础，在单个芯片上集成处理器、存储器和各种接口等组件，组成一个相当完整的计算机系统。按照 IC 设计文件的类型，IP 核通常分为_____核、固核和_____核三种。

【解析】答案：软核；硬核（答案也可以交换）。

本题考察 IP 核的分类，涉及本章的第 1.3.4 小节，可以参考表 1.5。

1.5.2　本章习题

1. 与个人计算机（PC）相比，嵌入式系统具有许多不同的特点，下面不属于嵌入式系统特点的是（　　　）。

A. 与具体应用紧密结合，具有很强的专用性

B. 以硬件为主，软件只起辅助作用

C. 软硬件资源往往受到严格的限制

D. 软件大多固化在只读存储器中

2. 嵌入式系统中的 CPU 具有一些与通用计算机所使用的 CPU 不同的特点，下面不是其特点的是（　　　）。

   A. 支持实时处理　　　　　　　　　　　B. 低功耗

   C. 高主频　　　　　　　　　　　　　　D. 集成了测试电路

3. 根据技术复杂程度，可以把嵌入式系统分为低端系统、中端系统和高端系统三大类，下面关于高端嵌入式系统特性的叙述中错误的是（　　　）。

   A. 其硬件的核心大多是 32 位/64 位处理器

   B. 操作系统功能齐全，大多使用 Windows 系统

   C. 应用软件可更新和扩展

   D. 智能手机、路由器等产品中使用的大多是高端嵌入式系统

4. 集成电路制造技术是嵌入式系统发展的重要基础，下面关于集成电路技术发展的叙述中，错误的是（　　　）。

   A. 目前已经可以将数字电路、模拟电路和射频电路等集成在同一芯片上了

   B. 当前最复杂的 CPU 芯片所集成的晶体管数目已多达 10 亿个

   C. 当前速度最快的 CPU 芯片时钟频率已经高达 10GHz

   D. 微机电系统（MEMS）在芯片上融合了光、机、电等多种不同类型的构件。

5. 按照实时性的要求可以将嵌入式系统分为_____、软实时系统和_____。

第2章

嵌入式系统和数字媒体

本章介绍了嵌入式系统中常见的数字媒体的相关知识，包括文本、图像、音频和视频，重点介绍了它们的获取方法和存储结果，以及它们在嵌入式系统中的应用等。本章的考核重点如下。

- 嵌入式系统与数字媒体（文本、图像和音频/ 视频等数字媒体的表示与处理）。

2.1　信息和数字媒体

信息可以分为视频信息、声频信息、超视声频信息等，如图 2.1 所示。数字媒体是指以二进制格式来产生、记录、处理、传播和获取有意义信息的媒体，这些有意义的信息通常包括文字、图像、音频和视频。

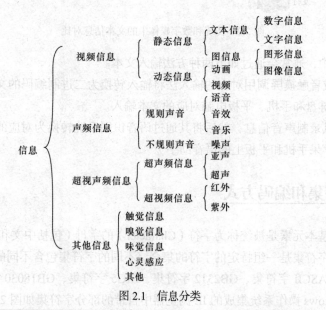

图 2.1　信息分类

对于数字媒体而言，bit（比特）是信息的最小单位，所有信息都可以以"0"和"1"的组合来进行表示，如"数字媒体"这4个汉字即可以用"0xCAFD（对应比特表示为1100101011111101）、0xD7D6（对应比特表示为1101011111010110）、0xC3BD（对应比特表示为1100001110111101）、0xCCE5（对应比特表示为1100110011100101）"来表示（注：对应GBK编码）。

用比特来表示信息易于复制，并且这种复制质量不随着复制数量的增加而下降，所以其可以以极大的速度传播，并且不受到时空距离的影响。

2.2 文本

文本（Text）是文字信息所对应的数字媒体，是文字信息在嵌入式系统（计算机系统）中的名称，所有的文本都是以比特为最小单元的基于特定字符编码集的一个字符子集（流），对文本的处理是各种计算机应用的基础。

2.2.1 文本基础

传统的文字信息处理过程和数字媒体中的文本处理过程对比如图2.2所示，可以看到数字化的文字信息（文本）的灵活性更高，且传输和修改能力大大提高。

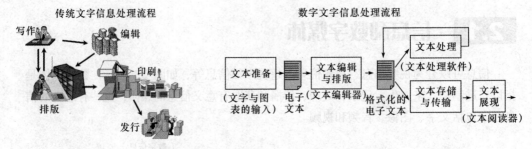

图2.2 传统和数字媒体中的文本信息对比

在嵌入式系统中，通常会通过如下两种方法输入文本。

● 使用键盘或者触摸屏调用对应的输入法将输入转换为二进制编码的文本，典型实例是工控系统的行列扫描键盘和手机、平板电脑对应的文本输入。

● 使用麦克风录制声音信息，然后将其通过语音识别系统转换为对应的二进制编码文本，典型实例是Siri（苹果手机和平板上的语音助手）。

2.2.2 字符集和编码方式

文字信息的最基本元素是被统称为字符（Character）的字母（包括中文和西文）、数字、标点符号和图形符号。字符集是一组特定的字符的集合，不同的字符集包含不同的字符数目和内容。常见的字符集包括ASCII字符集、GB2312字符集、BIG5字符集、GB18030字符集、Unicode字符集等。中文Windows操作系统集成的IE浏览器中自带的部分字符集如图2.3所示。

字符集中的每个字符都使用二进制位的比特来表示，称为该字符的编码（Character Encoding）。相同的字符在不同的字符集中的编码会有差异，如在前面介绍过的“数字媒体”中“数”字在 GBK 编码字符集中对应的编码即为 0xCAFD。把字符集中所有字符的编码集合起来的一览表被称为该字符集的码表。

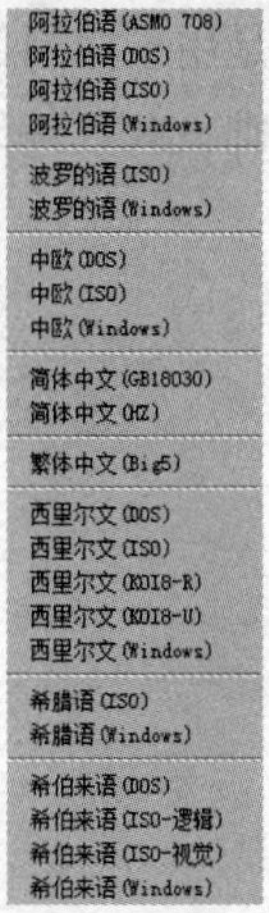

图 2.3　IE 浏览器自带的部分字符集

1. 西文字符编码方式

西文是由拉丁字母、数字、标点和其他一些特定符号组成的表音文字（拼音文字），其常用的字符编码有大型机采用的 EBCDIC 码和个人计算机（PC）采用的 ASCII 码。

ASCII 码（American Standard Code for Information Interchange，美国标准信息交换码）于 1961 年提出，其目的是为了在不同的计算机硬件和软件系统中实现数据的传输标准化，到目前为止包括嵌入式系统在内的大多数个人计算机都使用此编码方式，其也被国际标准化组织（ISO，International Organization for Standardization）列为标准。

ASCII 码使用指定的 7 位或 8 位二进制数组合来表示 128（标准 ASCII 编码）或 256（扩展 ASCII 编码）种可能的字符。标准 ASCII 编码也叫基础 ASCII 码，其使用 7 位二进制数来表示 96 个可打印字符和 32 个控制字符，其码表如图 2.4 所示，可以分为如下 4 类。

- 所有的大写和小写字母。
- 数字 0~9。
- 西文标点符号。
- 一些控制字符。

高四位		ASCII非打印控制字符										ASCII 打印字符												
		0000					0001					0010		0011		0100		0101		0110		0111		
		0					1					2		3		4		5		6		7		
低四位		十进制	字符	ctrl	代码	字符解释	十进制	字符	ctrl	代码	字符解释	十进制	字符	十进制	字符	十进制	字符	十进制	字符	十进制	字符	十进制	字符	ctrl
0000	0	0	BLANK NULL	^@	NUL	空	16	►	^P	DLE	数据链路转意	32		48	0	64	@	80	P	96	`	112	p	
0001	1	1	☺	^A	SOH	头标开始	17	◄	^Q	DC1	设备控制 1	33	!	49	1	65	A	81	Q	97	a	113	q	
0010	2	2	☻	^B	STX	正文开始	18	↕	^R	DC2	设备控制 2	34	"	50	2	66	B	82	R	98	b	114	r	
0011	3	3	♥	^C	ETX	正文结束	19	‼	^S	DC3	设备控制 3	35	#	51	3	67	C	83	S	99	c	115	s	
0100	4	4	♦	^D	EOT	传输结束	20	¶	^T	DC4	设备控制 4	36	$	52	4	68	D	84	T	100	d	116	t	
0101	5	5	♣	^E	ENQ	查询	21	§	^U	NAK	反确认	37	%	53	5	69	E	85	U	101	e	117	u	
0110	6	6	♠	^F	ACK	确认	22	■	^V	SYN	同步空闲	38	&	54	6	70	F	86	V	102	f	118	v	
0111	7	7	●	^G	BEL	震铃	23	↨	^W	ETB	传输块结束	39	'	55	7	71	G	87	w	103	g	119	w	
1000	8	8	◘	^H	BS	退格	24	↑	^X	CAN	取消	40	(	56	8	72	H	88	X	104	h	120	x	
1001	9	9	○	^I	TAB	水平制表符	25	↓	^Y	EM	媒体结束	41	)	57	9	73	I	89	Y	105	i	121	y	
1010	A	10	◙	^J	LF	换行/新行	26	→	^Z	SUB	替换	42	*	58	:	74	J	90	Z	106	j	122	z	
1011	B	11	♂	^K	VT	竖直制表符	27	←	^[	ESC	转意	43	+	59	;	75	K	91	[	107	k	123	{	
1100	C	12	♀	^L	FF	换页/新页	28	∟	^\	FS	文件分隔符	44	,	60	<	76	L	92	\	108	l	124	|	
1101	D	13	♪	^M	CR	回车	29	↔	^]	GS	组分隔符	45	-	61	=	77	M	93	]	109	m	125	}	
1110	E	14	♫	^N	SO	移出	30	▲	^6	RS	记录分隔符	46	.	62	>	78	N	94	^	110	n	126	~	
1111	F	15	☼	^O	SI	移入	31	▼	^-	US	单元分隔符	47	/	63	?	79	O	95	_	111	o	127	Δ	^Back space

图 2.4　基础 ASCII 码表

由于基础 ASCII 编码只有 128 个，不能满足实际的需求，所以在其基础上发展出了扩展 ASCII 编码（又被称为 EASCII）。这些扩展编码的最高位都是“1”，所以也有 128 个字符编码，它们通常都是用于控制目的，并不是用于显示目的，其码表如图 2.5 所示。需要注意的是，无论是 7 位的基础 ASCII 编码还是 8 位的扩展编码，在实际存储和传输中都要占用 1 字节（8 位）的空间。

高四位 低四位		1000 8 +进制	字符	1001 9 +进制	字符	1010 A/10 +进制	字符	1011 B/16 +进制	字符	1100 C/32 +进制	字符	1101 D/48 +进制	字符	1110 E/64 +进制	字符	1111 F/80 +进制	字符
0000	0	128	Ç	144	É	160	á	176	░	192	└	208	╨	224	α	240	≡
0001	1	129	ü	145	æ	161	í	177	▒	193	┴	209	╤	225	ß	241	±
0010	2	130	é	146	Æ	162	ó	178	▓	194	┬	210	╥	226	Γ	242	≥
0011	3	131	â	147	ô	163	ú	179	│	195	├	211	╙	227	π	243	≤
0100	4	132	ä	148	ö	164	ñ	180	┤	196	─	212	Ô	228	Σ	244	⌠
0101	5	133	à	149	ò	165	Ñ	181	╡	197	┼	213	╒	229	σ	245	⌡
0110	6	134	å	150	û	166	ª	182	╢	198	╞	214	╓	230	µ	246	÷
0111	7	135	ç	151	ù	167	º	183	╖	199	╟	215	╫	231	τ	247	≈
1000	8	136	ê	152	ÿ	168	¿	184	╕	200	╚	216	╪	232	Φ	248	°
1001	9	137	ë	153	Ö	169	⌐	185	╣	201	╔	217	┘	233	Θ	249	∙
1010	A	138	è	154	Ü	170	¬	186	║	202	╩	218	┌	234	Ω	250	·
1011	B	139	ï	155	¢	171	½	187	╗	203	╦	219	█	235	δ	251	√
1100	C	140	î	156	£	172	¼	188	╝	204	╠	220	▄	236	∞	252	ⁿ
1101	D	141	ì	157	¥	173	¡	189	╜	205	═	221	▌	237	φ	253	²
1110	E	142	Ä	158	₧	174	«	190	╛	206	╬	222	▐	238	ε	254	■
1111	F	143	Å	159	ƒ	175	»	191	┐	207	╧	223	▀	239	∩	255	BLANK FF

图 2.5　扩展 ASCII 的码表

ASCII 编码方式的最大缺点是其只包含了 26 个基本拉丁字母、阿拉伯数字和英式标点符号，因此只能用于显示现代英语，对于带重音等符号的一些西欧语言则会出现显示不完整的情况；而扩展 ASCII 编码虽然解决了部分西欧语言的显示问题，但对更多其他语言依然无能为力，所以出现了 Unicode（统一码、万国码、单一码）的编码方式。

2. 汉字的编码方式

和西文不同，汉字是用符号直接表达词或者词素的表意文字，其具有数量大、使用者覆盖率大、字形复杂、同音字和异体字多的特点，所以汉字的编码方式和西文的编码方式必须有所差异。

汉字编码方式是在 ASCII 编码方式上发展起来的，其去掉了扩展 ASCII 编码，然后规定编码值小于 127（0x7F）的字符意义保持不变，而用两个编码值大于 127（0x7F）的字符连接到一起来表示一个汉字，如图 2.6 所示，其中第一个字节被称为高字节，取值范围为 0xA1～0xF7，第二个字节被称为低字节，取值范围为 0xA1～0xFE，这样即可对 7000 多个汉字进行编码操作。

第一个字节（高字节）　　　　第二个字节（低字节）

图 2.6　汉字字符的编码结构

在汉字字符编码表中还编入了一些数学符号、希腊字符、日文假名以及 ASCII 原有的数字、标点和字母（这些被称为全角字符，而 ASCII 字符集中原有的被称为半角字符）。这个编码规则即为中文的 GB2312 编码方式，是中国国家标准简体中文字符集（全称是《信息交换用汉字编码字符集·基本集》）的一种，其覆盖了 99%以上的常用汉字，通行于中国大陆以及新加坡等地。常用的汉字编码字符集包括如下几种。

● 国家标准 GB2312，发布于 1980 年，故又称为 GB1232-1980。其收录了 6763 个汉字，其中包括 3755 个一级常用汉字和 3008 个二级常用汉字，此外还有包括拉丁字母、俄文、日文假名、拼音等在内的 682 个图形符号。图 2.7 所示的左侧是 GB2312 简体中文编码表的部分内容，展示了全角英文字符和假名对应的编码；右侧是字符集的组成。

● 汉字扩充规范 GBK，这是微软利用 GB2312 未使用的编码空间对其进行的扩展，最先在 Windows 95 操作系统中使用。需要注意的是 GBK 并不是中国国家标准。

● 国家标准 GB18030，其有两个版本，分别为 GB18030-2000 和 GB18030-2005，是 GBK 的取代版本，在 GBK 的标准上扩展了 CJK（中日韩统一表意文字）中的汉字，和 GB2312 完全兼容，和 GBK 基本兼容并且支持 Unicode 编码。其收录了大约 11 万个字符，其中包括汉字 70244 个，具有编码空间庞大、支持中国少数民族文字、支持繁体汉字和日韩汉字的特点，每个字符可以由 1、2 或 4 个字节编码组成。

● 台湾地区的标准汉字字符集 CNS 11643，即俗称大五码的 BIG 5，其收录了 13060 个汉字。

● 日本工业标准汉字字符集 JIS X 0208-90。

● 韩国国家标准汉字字符集 KSC 5601-87。

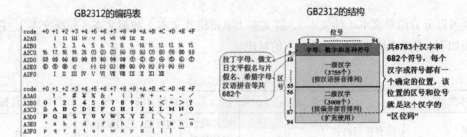

图 2.7　GB2312 编码表

表 2.1 给出了几种汉字字符集对应的汉字数据和表示方法的对比。

表 2.1　　　　　　　　　　　　　　　　　汉字编码的对比

各项比较 \ 类型	GB2312	GBK	GB18030	Unicode
数目	6753 个汉字	21003 个汉字	70244 个汉字	CJK 区基本汉字 20940 个，包括 4 个扩展区在内—共有 88962 个汉字
存储方式	双字节	双字节	双字节和四字节	三种编码方式，即单字节、双字节和四字节

3. Unicode 编码和 UCS（通用字符集）

由于 ASCII、GB18030 等编码方式都不是世界性的，所以在实际应用中容易出现不兼容的情况，此时在计算机领域就出现了 Unicode 编码方式，其是为了解决传统编码方案的不统一局限性产生的，为世界上常用的每种语言中的每个字符都设定了统一并且唯一的二进制编码，以满足跨语言、跨平台进行文本转换和处理的要求。其于 1994 年正式公布并且不断更新，目前最新版是 2013 年发布的 Unicode 6.3。

Unicode 编码方式是所有其他字符集的超集，有包括拉丁字母、音节文字、标点符号、数学符号、集合形状、CJK 汉字等在内的大概 11 万个字符，其有 UTF-32、UTF-16 和 UTF-8 三种编码方式。

● UTF-32 是使用占用 4 个字节空间的数字来表示字符的编码方式，每个数字代表唯一的至少在某种语言中使用的符号。这种编码方式虽然有可以在常数时间内定位字符串中第 N 个字符的优点，但是其具有占用存储空间较大的缺点，所以目前已经基本上不被使用。

● UTF-16 是只使用占用 2 个字节空间的数字（0～65535）来表示常用字符的编码方式，如果超过了这个范围的非常用字符则使用 4 个字节编码，并且对这个编码值进行一定的处理（如将某些位的数值做逻辑或操作）。这种编码方式在 Windows XP 等环境中得到了广泛应用。

● UTF-8 是目前应用最为广泛的编码方式，其使用可变长度字节空间来进行编码操作，其中和 ASCII 编码方式兼容的字符使用 1 个字节，带有如重音符号等附加符号的拉丁文、希腊文、阿拉伯文等字符使用 2 个字节，CJK 汉字使用 3 个字节，而某些极少使用的字符使用 4 个字节。这种编码方式非常有利于各种网络应用。

2.2.3 文本的分类

文本可以分为简单文本（纯文本）、富文本（丰富格式文本）和超文本（超级文本），它们的特点说明如下，表 2.2 给出了这三种文本的对比。

表 2.2   文本类型对比

文本类型	特点	存储方法	常见文件格式
简单文本	没有任何格式	按照线性结构存储，只有文本本身的信息	txt
富文本	有格式，还可能有包括图片、表格、音频或视频在内的其他元素	按照线格式存储，除了文本本身的信息之外还应该包括控制格式的信息以及其他元素的信息	doc rtf htm pdf
超文本	是富文本的一种，还含有可以跳转的超链接	除了文本、格式控制以及其他元素的信息之外，还应该包括链接相关的信息	doc rtf htm pdf hlp

● 简单文本：其是没有任何格式和结构信息的一连串用于表达意义的字符的集合。其没有字体、字号的区别，不含有除了字符之外的任何信息，呈现一种线性的结构。在嵌入式系统中对应的文件后缀名往往是"txt"。

● 富文本：其在简单文本的基础上加入了对文本的格式控制，如字体、字号、颜色、段落等，此外还可以加入图片、声音、视频等内容，如 Word 软件编辑的文档即为富文本，带文字的手机彩信也是富文本。在嵌入式系统中的富文本可以根据制作和浏览工具的差别而使用不同的后缀名，如"doc"（Word）、"pdf"（Adobe Reader）等。

● 超文本：其是超级文本（Hypertext）的缩写，其将不同空间的文件信息按照一定关系以网状形式组织到一起，每个文本模块之间以超链来连接（超链接，Hyperlink），其结构如图 2.8 所示。其实，超文本也是富文本的一种，最常见的格式是网站。

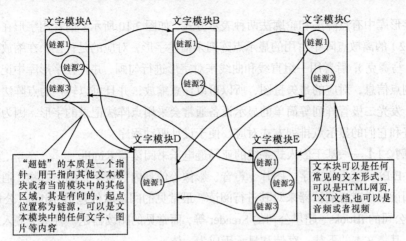

图 2.8 超文本的结构

2.2.4 文本的处理和展示

文本的处理过程包括文本的编辑和排版（格式化）两大部分，前者用于确保文本的内容没有错误，通常涉及对文本的字、词、句以及其他元素进行添加、删除和修改等操作；而后者则是为了使文本更加清晰、美观和便于阅读，通常涉及对字符格式、段落格式或者页面进行设置。

提供文本处理功能的软件被称为文字处理工具。常见的文字处理工具包括微软的 Office 套件、金山公司的 WPS、VIM（在 Vi 基础上扩展出来的一种主要应用于 Linux 和 Unix 操作系统下的文本编辑器，也是嵌入式系统中非常重要的一个编辑器）等。

文本在计算机系统中以数据的形式保存，在阅读或编辑的时候需要将其展示出来。通常来说，文本的展示过程就是将文本图片化的过程，其展示的载体可以是实物（纸张、塑料模板等），也可以是电子屏幕（显示器、嵌入式系统的显示屏、电子书阅读器的电子墨水屏幕等）。

文本可以在文字处理工具中进行展示，如 Office 套件在对文本编辑的同时也可以进行展示，也可以在某些专门的展示软件中进行展示，如 Adobe 公司的 Acrobat Reader（某些版本也可以进行文本编辑）。文本从数据到输出的过程如图 2.9 所示，其中最关键的步骤是生成文本的字符形状，其步骤详细描述如下。

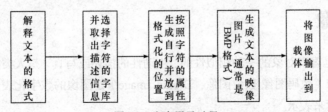

图 2.9 文本展示过程

（1）根据字符的字体确定对应的字形库，也就是常说的 Font，并且按照字体对应的编码从字形库中取出对应的形状描述信息。

（2）按照字符形状的描述信息生成具体的字形，并且按照字号的大小和属性对字形进行变换。

（3）将生成的字形放到显示页面的指定位置。

字形在字形库中有点阵法和轮廓法两种表示方式，如图 2.10 所示。前者用字形在一定行列数目（如 32×32）的离散点阵中占用的显示点阵列来描述字形，对应的是位图，在缩放过程中可能会出现失真（马赛克）；后者用一组直线和曲线来对字形进行勾画，并且在字形库中记录这些线条的端点和控制点信息，对应的是矢量图，所以可以任意缩放，并且可以转换为点阵法表示。在嵌入式系统中，发光二极管阵列等简单的显示设备通常会采用点阵法记录的字形，因为离散点阵的记录方法正好和它们的显示点排列方式对应，便于设计驱动程序。

【应用实例 2.1】——基于嵌入式系统的亚马逊电子书阅读器 Kindle

电子书（E-Book）是将文字、图片、声音、影像等信息内容数字化的出版物，通常来说必须通过特定的阅读软件或者阅读器来对其进行阅读。最常见的阅读软件包括 Adobe 公司的 Adobe Reader、苹果公司的 iBooks、超星公司的 Sreader 等，而常见的阅读器是一种基于嵌入式系统的手持电子设备，其集文本的下载、存储和显示于成为一体。

Kindle 是美国亚马逊（Amazon）公司生产的一系列基于嵌入式系统的电子书阅读器，其最基本的功能就是对文本（支持富文本和超文本）的内容进行显示，通常用于阅读各种电子版的书籍。如图 2.11 所示是 Kindle3，这是 2010 年中旬的产品，目前最新的版本是 Voyage，其采用了飞思卡尔公司的 SoC 芯片 i.MX 6 SoloLite，这是工作频率为 1GHz 的 ARM Cortex-A9 架构单核处理器，并且集成了 512Mbytes 的工作内存和 4G 的闪存芯片，使用 300 PPI 的 eInk Carta 电子墨水屏作为显示载体。

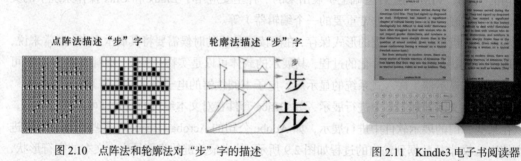

图 2.10　点阵法和轮廓法对"步"字的描述　　　　图 2.11　Kindle3 电子书阅读器

2.3　图像

图像（Image）是客观对象的一种相似性的、生动性的描述或写真，是人类能获取的最主要的信息源；而数字图像（数码图像/数位图像，Digital Image）是图像的数字化表达，其将二维图像用有限数字数值像素来表示。

　　注意：数字图像按照其生成方式可以分为图像（Image，通过数字化设备如数码相机、扫描仪等获得图像）和图形（Graphics，通过计算机合成的矢量图形）两大类。它们都是点阵图像，但是具有许多不同的属性，需要使用不同的软件进行处理。本小节介绍的内容基本都是基于图像（Image）的。

2.3.1　图像的获取

从现实世界获取连续色调的模拟图像，经过采样量化然后转化为数字图像的过程称为图像的"获取"，其使用的工具通常来说有数码相机（摄像头）、扫描仪等，其过程如图 2.12 所示可以分为扫描、分色、采样、量化和压缩编码这 5 个步骤，其详细描述说明如下。

图 2.12　图像的获取过程

（1）扫描。模拟图像被分为 $M \times N$ 个点阵，每个点都会被采样。

（2）分色。有颜色的图像点都可以被分为 R、G、B（红、绿、蓝）这三个基础颜色，而无颜色的黑白图像点（灰度图像点）则不需要再进行分色。

（3）采样。采样的实质是对描述和分色的数字化过程，是用多个点来描述一副图像的过程，图 2.13 所示的右侧则为对左侧图像进行采样的过程，也就是确定 M 和 N 值的过程。简单来说，如果这两个值越大，则数字图像的还原性就越强。这些点被称为像素点，$M \times N$ 被称为分辨率，如一个 640×480 分辨率的图像其就是由 307 200 个像素点所组成的。

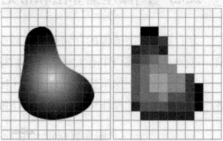

图 2.13　图像的采样

（4）量化。量化决定了使用多大范围的数值来描述一个图像的采样点。这个数值反应了采样的质量，表明了该图像点能容纳的颜色总数。数值越大则表明能容纳的颜色总数越多，N 位存储空间能表达 2^N 种颜色，一个字节（8 位）则可以表达 256 种颜色。常说的高彩色是 16 位，真彩色是 24 位，而 Windows 操作系统中的 32 位真彩色不是 2^{32} 种颜色，而是在 24 位的真彩色基础上加上了 8 位透明度，其也只有 1600 万种颜色。

（5）压缩编码。压缩编码对采样和量化结果得到的数据进行压缩以减小其存储空间。

综上所述，可以得到如下结论。

● 黑白图像（灰度图像）：黑白图像由多个像素组成，且每个像素只用一个二进制位的分量表示，取值有黑（0）和白（1）两种；灰度图像则是有亮度差别的黑白图像，也就是说该点是由深浅不同的黑色/白色构成的，其也只有一个分量，但是这个分量有 N 位，对照 $0 \sim 2^N-1$ 种亮度，通常来说 N 为 8～12 的一个值。

● 彩色图像：彩色图像由多个像素组成，每个像素有三个分量，分别表示三个基色的亮度，每个分量可以有 i、j、k 位，共可以表示 2^{i+j+k} 种不同的色彩。

2.3.2 数字图像的参数

当描述数字图像时，有分辨率、色彩空间类型、像素深度、位平面数目以及采用的压缩编码算法等需要主要关注的参数，它们的说明如下。

- 分辨率：图像包含的像素数目，用一个行列矩阵来表示，也就是 $M \times N$ 的值。
- 色彩空间类型：彩色图像所使用的颜色描述方法，通常来说有显示器使用的 RGB（红、绿、蓝）模型，打印机使用的 CMYK（青、品红、黄、黑）模型、用户界面使用的 HSB（色彩、饱和度、亮度）模型以及彩色电视信号传输中使用的 YUV（亮度、色度）模型。
- 像素深度：每个像素点的所有颜色分量的位数总和，黑白和灰度图像通常为 1~12 位，彩色图像为 8~36 位。
- 位平面数目：每个像素点的颜色分量数目，黑白和灰度图像为 1，彩色为 3。
- 压缩编码算法：对图像编码的编码进行压缩以减少数据量的算法，在下一小节中有详细介绍。

2.3.3 图像压缩算法和常见文件的类型

为了节省数字图像的存储空间，减少在网络传输中所需要的时间，可以对图像的编码进行压缩，这是因为其编码中有大量的冗余数据，而且通常来说人眼允许一定范围内的图像失真。

对一个数字图像来说，其数据量（字节）可以按照如下公式进行计算。对这个原始数据可以进行压缩操作，此操作可以分为无损压缩和有损压缩两种。

$$图像数据量 = \frac{水平分辨率M \times 垂直分辨率N \times 像素深度}{8}$$

- 无损压缩：使用压缩后的数据可以毫无误差地还原原始图像。
- 有损压缩：使用压缩后的数据在还原原始图像的时候会有一些误差，但是这些误差不影响观察者对图像的理解和使用。为了提高压缩率，这是最常用压缩方法。

一个压缩操作算法的好坏可以从压缩倍数的高低、重建图像的质量以及算法的复杂度这三个方面来评价。不同的压缩算法对应不同的图像文件格式，常用的图像文件格式有 BMP、GIF、JPG/JPEG、PNG、WMF 等。

- BMP（Bitmap）：BMP 是 Windows 操作系统中的标准图像文件格式，可以分成设备相关位图（DDB）和设备无关位图（DIB）。其采用位映射存储格式，除了图像深度可选以外，不采用其他任何压缩，因此所占用的空间很大。其像素深度可选 1、4、8 或 24 位，也即是支持单色、16色、256 色和真彩色。
- GIF（Graphics Interchange Format）：图像互换格式，是 CompuServe 公司在 1987 年开发的图像文件格式，其压缩率通常在 50%左右，具有体积小且成像相对清晰的特点，通常使用 256种色彩（像素深度为 8），可以分为静态 GIF 和动态 GIF。其还支持交织处理使得图像可以以低清晰度全部下载，然后慢慢变清晰，这种特征使得其被广泛应用于微博等网络社交平台上。
- JPG/JPEG（Joint Photographic Experts Group）：JPEG 是联合图像专家小组推出的第一个国际图像压缩标准，其可以在提供良好压缩性能的同时具有比较好的重建质量，是目前应用最为广泛的一种压缩算法，特别适合处理具有丰富色彩的图像。采用 JPEG 压缩算法生成的文件扩展名是 JPG。JPEG 最新标准是 JPEG200，对应的文件扩展名是 JP2。

● PNG（Portable Network Graphic Format）：可移植网络图形格式，其目的是试图取代 GIF，所以在保留 GIF 特点的基础上增加了一些 GIP 没有的特性。其采用了无损压缩算法，也支持交织处理，还支持透明效果和 Alpha 通道透明度，主要应用于网络应用。

● WMF（Windows Metafile）：图元文件，是微软公司定义的一种 Windows 平台下的图形文件格式，其是由简单线条或封闭线条组成的矢量类型图形，可以任意缩放而不影响图像质量。其输出特性是不依赖于具体的输出设备，占用的存储空间比其他任何图形文件都小。

【应用实例 2.2】——基于嵌入式系统的数码相机

目前，数码相机已经在日常生活中得到了普及，其结构原理如图 2.14 所示。整体来说，它由光学部件和嵌入式系统部件组成，最后得到的是数字图像。通常来说，图像的文件格式（编码压缩方法）是可以由用户选择的。

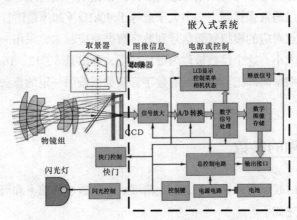

图 2.14　数码相机结构

目前的数码相机大多数都需要采用外部的存储卡（如 SD 卡、CF 卡等），此外有部分数码相机使用 Flash 芯片作为内置存储器，高端的数码相机（如单反相机）都内置了一个缓冲区以临时保存图片信息，其大小决定了连拍的张数。假设一台相机的缓冲区大小为 20MBytes，连拍时图像分辨率为 1024 像素 × 1024 像素，使用 16 位色彩，图像的压缩率为 4，可以算出其最大的连拍张数为 40。

2.4　音频

音频（Audio）是指包括噪声在内的人类能听到的声音信号，通常来说频率为 20Hz～20kHz（语音信号为 300Hz～3400Hz），其可以以一个图 2.15 所示的连续模拟波形来描述。如果将该波形数字化后以数据的形式存储下来即成为数字音频。

图 2.15　音频信号的模拟波形

> 注意：和图像类似，音频信号也可以由计算机合成，尤其是数字音乐，其对应的描述标准是 MIDI，其规定了音乐乐谱中音符的属性（音调、音色、音强、旋律）在计算机内部的数字表示方法，对应的文件格式是 mid，但是本小节中涉及的内容不包括计算合成音频。

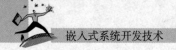
2.4.1 音频的获取

音频的数字化过程可以分为如图 2.16 所示的电信号化、采样、量化和编码压缩这 4 个步骤，其详细说明描述如下。

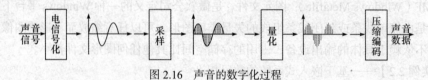

图 2.16 声音的数字化过程

（1）电信号化。使用传声器（麦克风）等采样设备将音频信号转换为模拟电信号，目前使用最为广泛的麦克风是电容式和驻极式的，也出现了 MEMS（微机电系统）的麦克风。

（2）采样。按照采样频率来对音频信号进行采样，根据奈科斯特定理，采样频率必须大于音频信号频率的 2 倍，所以通常采样频率必须大于或等于 40kHz（如果是语音信号则 8kHz 足够）。

（3）量化。将采样点对应的模拟音频信号和数字数据对应起来，采用一定位数的二进制数据来表示该点音频信号的大小，这个位数被称为量化精度，可以是 8、12、16 或者 24 位。

（4）压缩编码。压缩编码即把量化得到的数字音频数据按照一定的算法进行压缩以减少其数据量。

2.4.2 数字音频的参数

当描述数字音频的时候，有采样频率、量化精度、声道数、压缩率和码率（比特率）等需要考虑的参数，其详细描述如下。

- 采样频率：进行音频数据采集的频率。原则上来说采样率越高，得到的数字音频数据质量越高。
- 量化精度：用多少个位来描述音频数据，其也是数字音频质量的量化指标，精度越高越好。标准 CD 音乐使用的是 16 位量化标准、44.1kHz 采样频率。
- 声道数：声道是声音在录制或播放时在不同空间位置采集或回放的相互独立的音频信号，所以声道数也就是声音录制时的音源数量或回放时相应的扬声器数量。最原始的是单声道，后来发展出来双声道和多声道，目前最多的是 7.1 声道，这是环绕立体声声道系统，其中 ".1" 是一个专门设计的可以产生 20～120HZ 的超低音声道。
- 码率：也称为比特率，是记录音频数据每秒钟所需要的平均位数，通常使用 kbit/s（1024bit 每秒）作为单位，其计算公式如下。

$$码率 = 采样频率 \times 量化精度 \times 声道数$$

例如，标准 CD 音乐的码率计算如下。

$$44.1kHz \times 16bit \times 2 = 1441.2kbit/s$$

也就是说，1 秒钟的 CD 音乐对应 1441.2×1024 比特的数据。

- 压缩率：音频数据和图像数据一样要经过压缩，压缩率是按照压缩算法对音频原始数据压缩之后和原始数据的比值。

对于最常见的应用于通信的语音音频来说，由于人声具有频率范围小（300～3400Hz）的特点，所以其采样频率较低（8KHz 足够），产生的数据量也较小，而且同样也可以使用压缩编码算法。例如，固定电话通常使用码率为 64Kbps 的脉冲编码（PCM）或者码率为 32Kbps 的自适应差分脉冲编码调制（ADPCM），而在手机中可以使用混合编码算法将码率降低到 16kbit/s 乃至更低。

2.4.3　音频压缩算法和常见文件的类型

音频数字化之后的数据量非常大，如标准 CD 音乐 1 小时的数据量大概是 635MBytes。为了降低对存储空间的占用以及缩短网络传输的时间，基于音频和图像中同样包含了大量冗余信息且人耳的灵敏度有限允许一定失真的原理，对音频也可以进行压缩，并且存在多种音频压缩算法。

音频压缩算法有两个目标：一个是降低资料率、提高压缩比，通常用于要求性价比而可以忍受低保真的场合，如手机；另外一个是用复杂的压缩技术来追求高保真度，如 CD。音频压缩算法可以分为波形编码、参数编码和混合编码三大类。

- 波形编码：是将时间域信号直接变换为数字编码的编码方式。其在时间轴上对语音信号进行采样，然后将幅度样本分层量化并且编码。其特点是音频高质量、高码率，适合高保真的音乐或者语音。常见的波形编码方式有脉冲编码调制（PCM）、差分脉冲编码调制、自适应差分脉冲编码调制、增量调制（DM）等。
- 参数编码：又称为声源编码，是将音频信号在频率域或其他正交变化域提取特征参数并将其变化为数字编码。其是对音频信号特征参数的提取和编码，但是恢复出来的音频信号和原语音信号比会有较大差别。其特点是压缩比大、计算量大，音质不高，但是性价比一流。常见的参数编码方式有线性预测编码（LPC）及其各种改进型。
- 混合编码：集成了参数编码技术和波形编码技术的特点，力图保持波形编码的高质量和参数编码的低速率。常见的编码方式有多脉冲激励线性预测编码（MPLPC）、规划脉冲激励线性预测编码（KPELPC）和码本激励线性预测编码（CELP）。

音频压缩算法的衡量标准通常可以从编码质量、编码速率、编解码复杂度以及编解码时延这几个方面的来衡量。常见的音频格式文件包括 CDA 文件、WAV 文件、MP3 文件、WMA 文件、APE 文件、AC3 文件、FLAC 文件、ACC 文件等，其说明如下。

- CDA 文件：即为常说的 CD 音轨，是 CD 光盘中的文件格式，其近似无损，需要注意的是，这个文件只是包含了对应音频信息的索引，所以不能简单地进行复制操作。
- WAV 文件：这是微软公司开发的一种音频格式文件，支持多种压缩编码算法，支持不同的采样频率和声道。标准格式的 WAV 文件的采样率和量化精度与 CD 文件相同，所以也有较高的保真度。
- MP3 文件：这是一种采用 MPEG-1 层 3 编码的高质量音频文件格式，其能以 10 倍左右的压缩比降低高保真数字声音的存储量，是目前使用最为广泛的音频格式。
- WMA 文件：其也是微软公司开发的一种音频格式文件，在压缩比和保真度方面都超过了MP3，并且支持网络在线播放，同时可以根据网络带宽的不同调节声音的质量。
- APE 文件：这是 Monkey's Audio 软件压缩得到的一种无损压缩格式文件，压缩率大概为

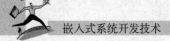

55%，非常适用于各种对保真度要求高的场合。

- AC3 文件和 AAC 文件：它们都是美国杜比实验室（Dolby）开发的多声道全频带声音编码算法，其提供 5 个或者 7 个全频带声道加一个超低音声道的环绕立体声对应的有损压缩算法。
- FLAC 文件：其和 APE 文件一样也是一种无损压缩格式文件，其格式是自由且免费的，支持包括 Windows、Linux 在内的多种操作系统。

2.5 视频

人类接受的信息 70%来自视觉，其中活动图像是信息量最丰富、直观、生动、具体的一种承载信息的媒体，这种随时间变化其内容的一组图像被称为视频。视频的特点是内容随时间变化，同时通常伴随有与画面动作同步的声音。

2.5.1 视频的获取

视频可以分为模拟视频和数字视频。模拟视频是数字视频的基础，早期的电视使用的都是模拟视频，其传输过程如图 2.17 所示。需要注意的是，使用逐行倒向（Phase Alteration Line，PAL）制的彩色电视在视频信号传输中并不使用图像中常用的 RGB 基色，而是将其转换为使用亮度信号 Y 和两个色度信号 U、V 的 YUV 颜色编码方式来表示，而在显示的时候需要将其反转为 RGB 基色表示方法。

图 2.17　模拟视频信号的远程传输

视频信号的数字化过程和图像、音频很类似，但是更复杂一些，如图 2.18 所示。其输入的是模拟信号的 YUV 分量，得到的也是对应分量的编码。

图 2.18　视频信号的数字化过程

最常见的视频采集设备包括摄像头、摄影机、带视频功能的数码相机等。数字视频所涉及的参数较多，其中最常用的有分辨率、码率、帧数以及压缩编码算法。

2.5.2 视频压缩算法和常见文件的类型

数字视频的数据量非常大,通常来说未经过压缩的码率都在 20MBytes/秒以上,并且其画面内部信息的相关性非常强,同时相邻画面的内容具有高度的连贯性,且人眼存在视觉残留效应,所以其也可以按照一定的算法进行编码压缩,其压缩率可以高达几百倍。

视频压缩是指通过特定的压缩算法将某个格式的视频文件转换为另外一种视频格式文件的方法,其中应用最广泛的有 MPEG 和 H.26x 两种,它们的说明如下,对应的分辨率和码率如表 2.3 所示。

- MPEG:ISO(国际标准组织结构)活动图像专家组(Moving Picture Experts Group)提出了 MPEG-1、MPEG-2、MPEG-4、MPEG-7 和 MPEG-21 标准。在音频领域得到了广泛应用的 MP3 即为 MPEG Audio Layer3。
- H.26x:由 ITU(图集电传视讯联盟)主导,侧重网络传输的编码算法,包括 H.261、H.262、H.263(+和++)、H.264 以及 H.265 等。

表 2.3　　　　　　　　　　　常见编码算法的分辨率和码率

算法	分辨率	码率	用途
MPEG-1	360×288	1.2Mbit/s~1.5Mbit/s	VCD、数码相机
MPEG-2	720×576	5Mbit/s~15Mbit/s	DVD、卫星电视直播、数字有线电视
MPEG-2 的高清格式	1440×1152 或者 1920×1152	80Mbit/s~100Mbit/s	高清晰度电视(HDTV)
MPEG-4	多种不同的分辨率	和 MPEG-1、-2 相同,但是最低达到 64kbit/s	移动网络应用
H.264	多种不同的分辨率	可变	高清晰度视频
H.265	多种不同的分辨率,最高可以支持 4K 即 4096×2160 和 8K 即 8192×4320 分辨率	可变	高清晰度视频

常见的视频文件格式包括 MP4、AVI、WMV、RM/RMVB 和 MOV 等,说明如下。

- MP4 文件:使用 MPGE-4 编码的视频文件。
- AVI 文件:微软公司的视频剪辑文件。
- WMV 文件:微软公司的流式视频文件。
- RM/RMVB 文件:RealNetworks 公司的视频文件。
- MOV 文件:苹果公司的流式视频文件。

此外,在日常生活中还经常会听到 720P、1080P、4K 等对视频清晰度的描述方法,其是一种视频的显示格式,其中 P 代表逐行扫描(Progressive Scan);1080P 是美国电影电视工程师协会(SMPTE)制定的最高等级高清电视的标准格式,表示在水平方向有 1080 条水平扫描线,对应 1920×1080 分辨率;而 720P 则是对应 720 条水平扫描线;4K 则是将 1080P 格式视频分辨率再次提高的产品,其分辨率达到了 4096 像素×2160 像素。

2.6 本章小结

（1）嵌入式系统中最常用的信息包括文本、图像、音频和视频，它们都可以数字化成为数字媒体。

（2）文本的数字化需要涉及编码，以前西文字符通常采用 ASCII 编码或者扩展 ASCII 编码，而中文字符有多重编码方式，目前最新的是 GB18030，其以双字节或者四字节编码了 70244 个汉字。为了将世界上所有的字符都统一编码，出现了 Unicode 编码方式。按照文本文件包含的内容，文本可以分为简单文本、富文本和超文本。文字处理软件是对文件进行编辑的应用软件。

（3）数字图像是将二维图像用有线数字数值像素表达的方式，其数字化过程可以分为扫描、分色、采样、量化和压缩编码，不同的编码方式对应了不同的图像文件格式。

（4）数字音频是对音频信号数字化的产物，其过程包括电信号化、采样、量化和压缩编码。音频文件的常见参数有采样频率、量化精度、声道数、码率和压缩率。

（5）数字视频是对视频信号数字化的产物，其对颜色的描述和图像不同，使用的是 YUV 编码。常见的视频文件格式包括 MP4、AVI、WMV、RM/RMVB 和 MOV 文件等，也对应不同的编码方式。

2.7 真题解析和习题

2.7.1 真题解析

【真题 1】在数字音频信息数字化的过程中，正确的处理顺序是（　　）。

A. 量化、取样、编码

B. 取样、编码、量化

C. 取样、量化、编码

D. 编码、取样、量化

【解析】答案：C。

本题考查音频数字化的相关知识，主要涉及本章第 2.4.1 小节的内容，在所有的信息数字化的过程中，编码/压缩编码都是最后一个步骤。

【真题 2】数字视频（及其伴音）在嵌入式系统中使用或在互联网上传输时，其文件格式有多种，下面几种文件格式中不属于数字视频文件格式的是（　　）。

A. WAV 文件

B. AVI 文件

C. MOV 文件

D. RMVB 文件

【解析】答案：A。

本题考查视频和音频的常用文件格式，主要涉及本章第 2.4.3 和 2.5.2 小节的内容，WAV 文件是音频文件格式而不是视频文件格式。

【真题 3】数字文本（也称电子文本）是以文字及符号为主的一种数字媒体，下面关于数字文本的有关叙述中，错误的是（　　）。

A. 简单文本仅由字符（包括汉字）的编码所组成，其文件后缀名是 txt

B. WWW 网页是一种典型的超文本

C. 数字文本阅读器可以是软件，也可以是一种被称为"电子书阅读器"的嵌入式应用产品

D. PDF 文件格式是电子文档交换与保存的国际标准，它还不是我国的国家标准

【解析】答案：D。

本题考查文字的分类，主要设计本章第 2.2.3 小节的内容，PDF 文件格式仅仅是 Adobe 公司提出的一种文件格式，不是我国的国家标准，也不是国际标准。

【真题 4】一幅分辨率为 1024×768 的彩色图像，每个像素使用 16 位表示，采用压缩比为 5 倍的算法压缩图像数据之后，其数据量大约是（　）MB。

A. 0.3

B. 0.5

C. 1

D. 1.5

【解析】答案：A。

本题考查对图像数字构成方式的理解，主要涉及本章第 2.3.2 小节的内容，一幅图像的原始数据量可以按照如下的公式进行计算。

$$图像数据量 = \frac{水平分辨率M×垂直分辨率N×像素深度}{8} = \frac{1024×768×16}{8} = 1572864 字节$$

1572864 字节=1536K 字节（除以 1024），由于压缩比为 5，则该数据还要除以 5，则为 307.2K 字节，也即略等于 0.3M 字节。

此类计算文本、图像、音频的数据量的题是考察重点，基本上必考，必须重点掌握。

【真题 5】我国大陆地区目前广泛使用的汉字编码国家标准有＿＿＿＿＿和 GB18030 两种，常用汉字采用＿＿＿＿＿个字节表示。

【解析】答案：GB2312；2。

本题考察汉字字符的编码规范，涉及本章第 2.2.2 小节的内容。

2.7.2　本章习题

1. 电子书阅读器中存储的一本中文长篇小说，大小为 128KB，文件格式为 txt，试问该小说包含的汉字大约有（　　）万字。

A. 6 万字　　　　　　　　　　　　　　B. 12 万字

C. 25 万字　　　　　　　　　　　　　　D. 40 万字

2. 大多数嵌入式系统都必须处理汉字信息，下面关于汉字在系统中表示方法的叙述错误的是（　　）。

A. GB2312 采用双字节存储和传输汉字

B. GB18030 采用双字节或四字节存储和传输汉字

C. Unicode/UTF-8 采用三个字节存储和传输汉字

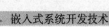

D. Unicode/UTF-16 采用四个字节存储和传输汉字

3. 数字视频信息的数据量相当大，通常需要进行压缩处理之后才进行传输和存储。目前，数字有线电视所传输的数字视频采用的压缩编码标准是（　　）。

 A. MPEG-1　　　　　　　B. MPEG-2　　　　　　　C. MPEG-4　　　　　　D. MPEG-7

4. 数字图像的文件格式有多种，不同的文件格式采用不同的编码方法，具有不同的特点，适合不同的应用。通常，数码相机中大多使用_____图像文件格式，WWW 网页中具有动画效果的插图或剪贴画其文件格式是_____。

5. 目前，数码相机中用于存储所拍摄相片的大多是_____存储器。假设一台数码相机一次可连续拍摄 65536 色的 1024×1024 的彩色相片 80 张，数据压缩比平均是 4，则它使用的存储器容量大约是_____MB。

第3章

数字通信及计算机网络

随着通信技术和网络技术的发展，目前嵌入式系统大多数都已经支持网络连接，包括智能手机等在内的嵌入式设备本身就是通信设备，而现阶段的通信技术已经基本摒弃了模拟通信技术而采用了数字通信技术，计算机网络即是数字通信技术的产品。本章将介绍嵌入式系统和通信以及计算机网络通信的相关知识，包括通信的基本原理以及分类，计算机网络的构成、分类、基础协议以及接入方法。本章的考核重点如下。

● 嵌入式系统与网络通信技术（数字通信与计算机网络、TCP/IP协议、互联网接入技术等）。

3.1 通信和通信系统

通信是为了传递消息中所包含的信息；消息是物质或精神状态的一种反应，如语音、文字、图像或者视频等；而信息则是消息中包含的有效内容。

通信系统的一般模型如图3.1所示，其中信息的发送者被称为信源，而信息的接收者被称为信宿（受信者），信号传输的载体被称为信道，携带信息的信号通常为光信号或者电信号。以两个用户A、B使用移动电话进行通信为例，在用户A说话的时候，用户A及其移动电话为信源，用户B及其移动电话为信宿，包括无线电波、基站、中转站等在内的物体或设备是信道，其中信息通过无线电波传输，而移动电话也常常被称为通信终端。目前基本所有的通信终端都是基于嵌入式系统构建的。

图3.1 通信系统模型

3.1.1　通信系统的分类

通信系统的分类方式多种多样，其可以按照传输载体分为有线通信和无线通信，可以按照承载信息的信号分为模拟通信和数字通信，还可以按照信宿的特点分为移动通信和固定通信。

1．有线通信和无线通信

有线通信是指传输介质为实体导线的通信方式，其实体导线可以是架空明线、电缆、光缆以及波导等，还可以按照导线的材质分为电缆通信、光纤通信等。目前常用的实体导线为双绞线、同轴电缆和光缆，如图3.2所示。

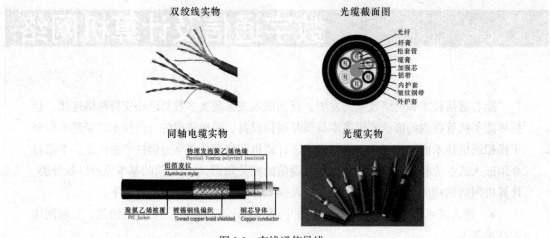

图 3.2　有线通信导线

● 双绞线（Twisted Pair）：是由一对或者一对以上相互绝缘的导线按照一定的规格互相缠绕（一般以逆时针缠绕）在一起而制成的一种传输介质。其可以用于模拟信号或者数字信号传输，按照规格参数可以分为三类线、五类线和超五类线等，用于固定电话（电话线）、计算机有线局域网（网线）等场合。

● 同轴电缆（Coaxial Cable）：是有两个同心导体，而导体和屏蔽层又共用同一轴心的电缆，其由里到外分为中心铜线（单股的实心线或多股绞合线）、塑料绝缘体、网状导电层和电线外皮。其可以用于模拟信号或者数字信号传输，可以分为基带同轴电缆和宽带同轴电缆，还可以按照直径分为细缆和粗缆，目前主要用于有线电视网络（电视线）。

● 光缆（Optical Fiber Cable）：光缆是为了满足光学、机械或环境的性能规范而在光纤外覆盖保护结构之后的缆线，其基本结构是光纤缆芯、加强钢丝、填充物和护套。其中，光纤是光导纤维的简写，这是一种由玻璃或塑料制成的纤维，可作为光传导工具，其传输原理是光的全反射，将微细的光纤封装在塑料保护套中，使得它能够弯曲而不至于断裂。通常来说，光纤的一端的发射装置使用发光二极管或一束激光将光脉冲传送至光纤，另一端的接收装置使用光敏元件检测脉冲。光缆具有频带宽、衰减小、电磁绝缘性好等优点，目前已经在通信领域得到了最为广泛的应用。

无线通信是指利用频段在 3Hz～3000GHz 的无线电波为载体，可以在包括空气和真空的自由空间中传播的通信方式。无线电波按照频率（波长）可以分为中波、短波、超短波和微波，完整的波段划分如表 3.1 所示。

表 3.1　　　　　　　　　　　　　　　　无线通信的波段划分

频段名称	频率范围（Hz）	波段名称	波长范围（m）
甚低频（VLF）	3k～30k	超长波	1000000～10000
低频（LF）	30k～300k	长波	10000～1000
中频（MF）	300k～3000k	中波	1000～100
高频（HF）	3m～30m	短波	100～10
甚高频（VHF）	30m～300m	米波	10～1
特高频（UHF）	300m～3000m	分米波	1～0.1
超高频（SHF）	3g～30g	厘米波	0.1～0.01
极高频（EHF）	30g～300g	毫米波	0.01～0.001

目前，手机已经发展到了智能机时代，所有的智能机中都有着嵌入式系统的身影（功能机其实也基于嵌入式系统），其就是嵌入式系统和无线通信技术的最完美结合体。

2. 模拟通信和数字通信

从通信信号的形式可以将其分为模拟信号通信和数字信号通信两大类。模拟信号通信的信号参量取值连续，而数字信号通信的信号参量则是取值为有限个（通常来说只有 "1" 和 "0" 两个）。使用模拟信号进行通信的系统被称为模拟通信系统，其模型如图 3.3 上方所示；使用数字信号进行通信的系统被称为数字通信系统，其模型如图 3.3 下方所示。数字通信系统具有抗干扰能力强、传输差错可控、便于处理、变换、存储的优点，所以在目前得到了极大的应用。

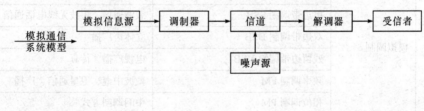

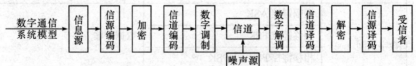

图 3.3　模拟通信和数字通信模型

3. 移动通信和固定通信

按信息源（信源）和受信者（信宿）是否运动/可运动可以将通信分为移动通信和固定通信。前者是指通信双方至少有一方在运动中进行信息交换的通信，最常见的是智能手机，以及如城市内覆盖的 Wi-Fi 网络等。随着嵌入式系统的发展以及电信网络的建设，移动通信已经渐渐地在取代固定通信方式。

3.1.2　几个数字通信中涉及的关键技术

在数字通信中有几个关键技术，它们是调制和解调、多路复用以及交换。

1.　调制和解调

调制是在通信系统的发送端（信源）将待传输的模拟信号或者数字信号变换为适合信道传输的信号的过程。通常来说，会使用信源的原始信息信号（被称为基带信号）去调整改变高频振荡的正弦波（具有在长距离通信中比其他信号传送得更远的特点，被称为载波）或者脉冲的幅度、频率或相位（分别称为幅度调制、频率调制和相位调制），进行调制工作的设备被称为调制器。解调则是调制的反相，把载波中的基带信号恢复出来的过程，进行解调工作的设备被称为解调器。通常来说，调制器和解调器都是集成在一起的，被称为调制解调器。

图 3.4 是加入了调制解调的通信系统模型。需要注意的是，在实际应用中信源和信宿都应该是双向的。在表 3.2 中例举出了常见的调制技术及其具体应用实例。

图 3.4　带调制解调的通信模型

表 3.2　　　　　　　　　　　常见的调制技术及其应用实例

调制技术		应用实例
使用正弦波作为载波	模拟调制	常规双边带调幅 AM	广播
		单边带调制 SSB	载波通信、短波无线电话通信
		双边带调制 DSB	立体声广播
		残留边带调制 VSB	电视广播、传真
		频率调制 FM	微波中继、卫星通信、广播
		相位调制 PM	中间调制方式
	数字调制	振幅键控 ASK	数据传输
		频移键控 FSK	
		相移键控 PSK、DPSK	
		其他高效率调制，如 MSK 等	数字微波、空间通信
使用脉冲进行调制	模拟调制	脉冲幅度调制 PAM	中间调制方式
		脉冲宽度调制 PDM	
		脉冲相位调制 PPM	遥测、光纤通信
	脉冲数字调制	脉码调制 PCM	卫星、空间通信
		增量调制 DM	数字电话
		差分脉码调制 DPCM	电视电话、图像编码等
		ADPCM 等其他方式	中继数字电话

2．多路复用

从通信线路成本建设和维护等因素的角度出发，为了提高传输线路的利用率，在实际应用中常常让多路信号同时共用一条传输线进行传输，到接收端再用专门的设备将信号分离开，这就是多路复用技术，其结构如图 3.5 所示。

常用的多路复用技术包括频分多路复用（FDM）、时分多路复用（TDM）、波分多路复用（WDM）和码分多址（CDMA）。

频分多路复用（Frequency Division Multiplexing，FDM）是指当传输介质的可用带宽超过各路给定信号所需带宽的总和时，可以把多个信号调制在不同的载波频率上，从而在一个介质上实现同时传送多路信号。

时分多路复用（Time Division Multiplexing，TDM）是指当传输介质所能达到的数据传输速率超过各路信号传输速率的总和时，可以将物理信道按时间分成若干时间片轮换地分配给多路信号使用，每一路信号在自己的时间片内督战信号传输，其可以分为同步时分多路复用和异步时分多路复用。

波分多路复用（Wave Division Multiplexing，WDM）是在频分多路复用技术上基于光纤通信介质发展起来的，光纤具有高达 10Gbps 的带宽，所以可以将作为不同信源的不同波长载波的光信号通过棱镜（衍射光栅）合成起来在光纤上传输，其模型如图 3.6 所示。

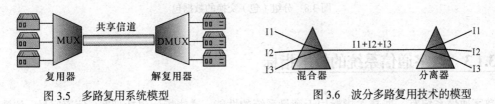

图 3.5　多路复用系统模型　　　　　　　　图 3.6　波分多路复用技术的模型

码分多址（Code Division Multiple Access，CDMA）是将每个 bit 时间分成 m 个码片，每个信源分配一个唯一的 bit 码片序列，当该信源需要发送"1"时即发送该码片序列，而需要发送"0"时即发送该码片序列的反码的通信方式。在这种方式下，原始数字信号频率被扩展，所以这种通信方式又叫做扩频通信。需要注意的是，这些码片序列之间必须相互正交。

3．交换

交换是随着通信技术的发展逐步走上历史舞台的。最开始的通信线路采用的是全互联方式，这种方式能完成任意两个用户之间的通信，但是具有线路利用率低、安装维护困难的缺点，于是就引入了交换方式。其将多个通信终端（即信源/信宿）通过一些交换节点连接到一起，当需要进行通信时通过交换节点来临时构建一条通信终端之间的通道，而当完成通信之后取消这条通道。这两种通信模型的对比如图 3.7 所示。

随着数字通信，尤其是计算机网络通信技术的发展，交换技术又发展出了分组交换（包交换）技术，其将需要传输的信息封装成分组（包），以分组（包）为单位在新岛上进行传输。如图 3.8 所示的每个数据包除了包含规定长度的信息数据之外还要加上分组头等信息。

分组交换技术的好处是通信终端再也不需要一直占用通信信道，从而可以大大提高线路的利用率。由于数据包通常来说都比较小，所以从宏观上来看通信网络中的所有通信终端都会及时得到响应，而且即使出现错误，需要重新发送的数据包也不会太大；其缺点是需要在有效的通信信息之外附加额外的信息，从而大大地加大了整体数据量。

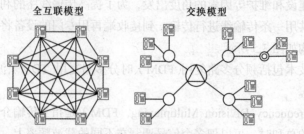

图 3.7 全互联模型和交换模型

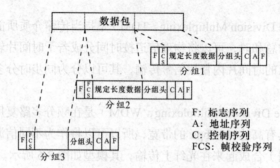

图 3.8 分组（包）交换的数据包

3.1.3 数字通信系统的技术指标

数字通信系统有一些技术指标用于衡量系统的性能，这些指标包括带宽、信道容量、位速率、波特率和误码率。

- 带宽：信号在通信线路上传输时最高频率与最低频率之差叫信号的频带宽度，简称带宽或通频带。
- 信道容量：即单位时间内最大可传输信息的位数，是信道传输信息的最大能力的指标。
- 位速率：也称信号速率，常用 S 表示，其是数字信号的传输速率。它用单位时间内传输的二进制代码的有效位数来表示，其单位为 bps（比特每秒）。
- 波特率：也称调制速率、码元速率。
- 误码率：指信息传输的错误率，是衡量传输系统可靠性的指标。误码率以在接收的码元中的错误码元占总传输码元的比例来衡量，通常应低于 6%～10%。

3.2 计算机网络

计算机网络是指把若干台地理位置不同且具有独立功能的计算机利用通信线路作为载体互相连接起来，以实现彼此之间数据通信和资源共享的一种计算机系统。从本质上来说，计算机网络也是一种数据通信系统，其基本目的是实现网络上的数据通信和资源共享，是计算机技术和通信技术结合起来的产物。一方面，通信技术的发展为计算机之间的数据传输和交换提供了必要的手段；另一方面，计算机技术的发展渗透到通信技术中也促进了通信技术性能的提高。

3.2.1 计算机网络的组成

计算机网络从 20 世纪 60 年代发展到现在，经历了远程连接、多级互连、标准化网络以及互联高速网络 4 个阶段，其网络结构也在逐步发生变化，但是其大体组成还是如图 3.9 所示，由网络通信终端、网络通信链路和运行在主机、终端、节点等之上的网络软件组成。

网络通信终端是一台具有独立功能的计算机，这台计算机可以是服务器、个人电脑，也可以是嵌入式设备，其能独立完成相应的功能。随着嵌入式系统技术的发展，越来越多的网络通信终端变成了嵌入式设备，除了智能手机、平板电脑之外，最典型的例子就是智能电视和网络视频播放器，它们都可以连接到计算机网络，实现在线视频播放等功能。

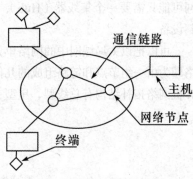

图 3.9 计算机网络的组成

网络通信链路承担了把网络通信终端连接到一起的功能，其包括了数据的各种传输载体如光纤、双绞线、无线电波，也包括了路由器、光猫、交换机等通信控制设备。

网络软件包括两部分内容，一部分是运行在通信终端上的应用软件，另外一部分则是集成在网络通信终端以及网络通信控制设备之中的通信协议（Protocol），这是网络中参与通信的设备必须遵循的规程和规则。TCP/IP 是目前应用得最为广泛的网络通信协议。

3.2.2 计算机网络的分类

计算机网络也有多种分类方式，如可以根据通信介质的不同分为有线网络和无线网络；可以根据网络使用性质分为公用网和专用网等，但是通常来说，可以按照网络覆盖的范围将其分为局域网（LAN）和广域网（WAN）。

1．局域网

局域网（Local Area Network，LAN）是指在一个较小的范围内的各种计算机（包括嵌入式设备）和通信控制设备（如路由器、交换机等）连接起来形成的计算机网络，其具有如下特点。
- 覆盖范围比较小。
- 网络内计算机数目有效。
- 通常由某个组织单独拥有。
- 局域网内部的数据传输率通常来说较高。

图 3.10 所示为一个单位架构的局域网结构示意。

局域网通常来说可以分为令牌环（Token Ring）网、ATM（Asynchronous Transfer Mode，异步传输方式）、以太网（Ethernet）这几种，其中应用最为广泛的当属以太网。以太局域网是由 Xerox 公司创建并由 Xerox、Intel 和 DEC 公司联合开发的基带局域网规范，已经发展了许多代，采用分组交换技术，可以使用多种介质作为传输载体。目前使用最为广泛的局域网是通过有线网线或者

Wi-Fi（Wireless-Fidelity）无线网络将个人计算机、服务器、打印机等应用设备和路由器、交换机等网络控制设备连接起来。以太局域网中拥有的计算机和网络控制设备的总数可以根据网络规模的大小而不同。但是，每台计算机都必须拥有可以和外部连接的网络接口芯片（NIC），其可以是有线网卡，也可以是无线网卡。该网卡中还会绑定一个用于在网络上辨识该计算机身份的 MAC（Media Access Control）地址，其是 48 位（6 个字节）的十六进制编码。小规模的局域网可能只需要一个集线器（Hub），而大规模的局域网则需要多级交换机和路由器来作为网络控制设备。

可以把以太局域网中的网络单元定义为节点，两个节点之间的连线称为链路，这样计算机网络即为由一组节点和链路组成的几何图形，这个图形被称为该计算机网络的拓补结构。常见的计算机网络拓补结构有总线型、星型、树型、环型等，如图 3.11 所示。

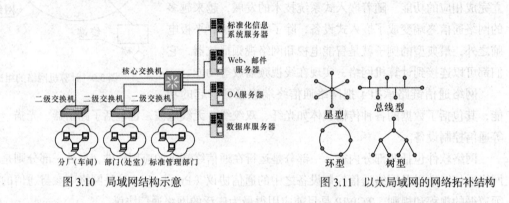

图 3.10　局域网结构示意　　　　图 3.11　以太局域网的网络拓补结构

在局域网基础上又发展出了城域网（Metropolitan Area Network，MAN），其是一个覆盖更大范围（通常来说可以覆盖一个城市）的局域网。其典型应用是宽带城域网，是在城市范围内，以 IP 和 ATM 典型技术为基础，以光纤为传输媒介，集数据、语音、视频服务于一体的高宽带、多功能、多业务接入的多媒体通信网络。

在局域网应用中最重要的网络控制设备是交换机（Switch）和路由器（Router）。

● 交换机：用于计算机网络数字链路层（参考 3.3.3 小节中图 3.17）的连接，用于信号转发，其可以为接入交换机的任何两个网络节点提供数据交互通道。

● 路由器：作用于计算机网络的网络层，和交换机在数据交互中需要使用不同的控制信息，用于连接多个在逻辑上分开的网络，具有判断网络地址和选择 IP 路径的功能，能在多网络互联环境中建立灵活的连接，可用完全不同的数据分组和介质访问方法连接各种子网。需要注意的是，其只能接受源站或其他路由器的信息，属网络层的一种互联设备。

2．广域网

广域网（Wide Area Network，WAN）是覆盖更大范围的计算机网络。目前最大的广域网是因特网（Internet），其基于 TCP/IP 协议，覆盖了全球范围，起始于 20 世纪 60 年代的美国国防部开发的 ARPAnet（阿帕网），其具有开放性、共享性、平等性和低廉性的特点，在 20 世纪 90 年代开始逐步得到了广泛的应用。一个广域网/因特网的模型示意如图 3.12 所示。

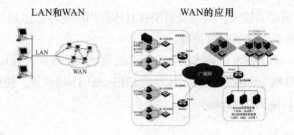

图 3.12 广域网的模型

局域网通常会通过路由器、交换机等接口接入广域网/因特网，图 3.13 是将图 3.10 示意的局域网接入到广域网的模型示意。

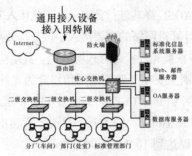

图 3.13 将局域网接入广域网

3. 无线网络

无线网络并不是网络的覆盖分类，其本质是网络的接入方法分类，是针对使用双绞线（普通网线）、光纤等有线网络而言的，目前已经被广泛地应用到了计算机网络的各个方面，在相当的场合已经取代了有线网络。

无线网络接入技术（Wi-Fi）可以将个人电脑、嵌入式设备等通过高频无线信号（主要是 3.4GHz 和 5.8GHz 频段）互联起来，其使用 IEEE 803.11 协议族，这是国际电工电子工程学会（Institute of Electronics Engineers，IEEE）为无线局域网（Wireless Local Area Network，WLAN）制定的标准，有多个分支，目前使用得最为广泛的分支包括 803.11a、803.11b、803.11n 等，它们的特点可以参考表 3.3。

表 3.3 IEEE 803.11 协议族对比

协议族	频段	传输速度	备注
803.11a	5GHz	54Mbps	
803.11b	3.4GHz	11Mbps	和 803.11a 不兼容
803.11g	3.4GHz	54Mbps/108Mbps	向下兼容 803.11b
803.11n	3.4GHz	300Mbps	
803.11ac	5GHz	最高达到 1Gbps	

无线局域网中使用的网络控制设备通常被称为 AP（无线访问接入点，Wireless Access Point），其实质是一个提供无线信号的路由器或者交换机，能支持多台（几十至几百台）终端设备（包括

计算机、手机、平板电脑等）接入，其覆盖范围视具体使用环境可以达到几十到几百米，而且支持多台 AP 之间的联合覆盖以增加有效范围。

此外，蓝牙（Bluetooth）技术在某些场合也用于组建无线局域网，通常用于近距离（10 米范围内）的手机、平板、耳机、音箱等设备，其对应 IEEE 803.15 协议族，使用 3.4GHz 频段的无线电波，最高通信速率可以达到 721kpbs。

4. 计算机网络的接入

目前计算机网络的接入方法主要有 ADSL 接入、光纤接入、Wi-Fi 接入和手机信号接入 4 种。

ADSL（Asymmetric Digital Subscriber Line，非对称数字用户线路）是 DSL 技术的一类，其下行和上行带宽不对称，通常采用铜缆双绞线作为媒介，在铜缆双绞线上同时传送语音信号（电话）和网络信号，然后在用户处通过 ADSL 终端进行分离。由于此接入方式可以充分利用已有的电话网络，所以在很长一段时间内都是计算机网络的主要接入手段。其最高网络速度可以达到 8Mbps（通常最高是 4Mbps），目前已经逐步在被光纤接入方式所取代。其结构如图 3.33 左侧所示。

光纤接入和 ADSL 接入的区别主要在于使用的通信媒介为光纤，其可以分为光纤到路边（Fiber To The Curb，FTTC）、光纤到小区（Fiber To The Zone，FTTZ）、光纤到楼（Fiber To The Building，FTTB）和光纤到户（Fiber To The Home，FTTH）。目前，我国正在普及光纤到户，其结构如图 3.14 右侧所示，最高通信速率可以达到 100Mbps 乃至更高。

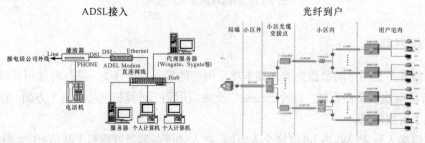

图 3.14　光纤到户网络结构

Wi-Fi 接入是指使用通信终端、803.11 系列协议族，通过 Wi-Fi 信号连接到计算机网络，目前大多数餐馆、商场等室内场合都已经提供了无线接入信号，而公交车、高速铁路列车乃至飞机上也逐步开始提供无线接入信号，无线城市（Wireless City）的概念正在逐步实现。

手机信号接入也是一种无线接入方式，其同样也被囊括到了无线城市的概念中。随着通信技术的发展，手机信号网络接入已经到了第四代，其对比如表 3.4 所示。目前，我国大部分城市已经覆盖了 3G 信号，4G 信号也正在逐步覆盖中。

表 3.4　手机信号网络接入

发展历程	通信特点	标准
第一代	模拟通信技术	GSM、CDMA 等
第二代（2G）	数字通信技术、数字语音技术，通信速度为 9.6～171.2kbps	GPRS、EDGE 等
第三代（3G）	下行速度最高可达 3.6Mbps，上下行速率不对称	WCDMA、CDMA2000 和 TD-SCDMA
第四代（4G）	下行速度最高可达 100Mbps	TD-LTE 和 FDD-LTE

3.2.3　计算机网络模型和协议 TCP/IP

计算机网络模型是为了简化网络的研究、设计与实现而抽象出来的一种结构模型，通常采用层次模型。在每个层次模型中，往往将系统所要实现的复杂功能分化为若干个相对简单的细小功能，每一项分功能以相对独立的方式去实现。

开放系统互联参考模型（Open System Interconnection Reference Mode，OSI）是国际标准化组织（ISO）提出的一个设计和描述网络通信的基本框架，其结构如图 3.15 所示，包括了物理层、数据链路层、网络层、传输层、会话层、表示层和应用层共 7 层，各层的详细说明如下。

图 3.15　OSI 的网络结构模型

● 物理层（Physical Layer）：这是计算机网络的最底层，也是最基础层，是有关物理设备通过物理媒体进行互连的描述和规定。物理层协议定义了接口的机械特性、电气特性、功能特性、规程特性；其以比特流的方式传送来自数据链路层的数据，而不去理会数据的含义或格式。

● 数据链路层（Data Link Layer）：该层承担了两个数据设备（计算机等）通过物理层进行无差错传输数据帧的工作，通常来说这些数据帧的传输都需要等待接收方的确认，有错误或者丢失的数据帧必须重新传送。

● 网络层（Network Layer）：该层负责信息寻址和将逻辑地址与名字转换为物理地址。在网络层中传输的是数据包，其需要选择合适的路径和转发数据包，使发送方的数据包能够正确无误地按地址寻找到接收方的路径，并将数据包交给接收方。网络层通常还需要对数据包进行重组以满足数据链路层对数据帧大小的要求，并且还需要考虑不同协议之间的互联问题。

● 传输层（Transport Layer）：该层负责在不同子网中的两个数据设备之间数据包可以可靠、顺序、无错地传输。在该层中传输的是数据段，其向高层用户提供端到端的可靠的透明传输服务，为不同进程间的数据交换提供可靠的传送手段。

● 会话层（Session Layer）：其是利用传输层提供的端到端的服务，向表示层或会话层用户提供会话服务。会话层的主要功能是在两个节点间建立、维护和释放面向用户的连接，并对会话进行管理和控制，保证会话数据被可靠地传送。

● 表示层（Presentation Layer）：其负责在不同的数据格式之间进行转换操作，以实现不同计算机系统间的信息交换，以及负责编码、加密、压缩等操作。

● 应用层（Application Layer）：其直接和用户以及应用程序进行数据交互，包括大量的应用协议，如 Telnet、SSH、DNS、HTTP 等。

通常来说，可以把 OSI 网络模型的低四层（物理层、数据链路层、网络层和传输层）称为数据流层，而把高三层（会话层、表示层和应用层）称为应用层。

协议是指两个通信实体之间完成通信或服务所必须遵循的规则和约定，其通常分为对等层间对话协议和相邻层间的接口协议两大类。协议通常由语法、语义和时序这三个部分组成。

TCP/IP（Transmission Control Protocol/Internet Protocol）是由美国国防部创建的模型，是发展至今最成功的通信协议，被应用于架构互联网（Internet）。

1. TCP/IP 协议的分层

TCP/IP 是一组在网络中提供可靠数据传输和无连接数据服务的协议。其中，提供可靠数据传输的协议称为传输控制协议（TCP），而提供无连接数据包服务的协议叫做网际协议（IP）。IP 有多个版本，目前应用最为广泛的是 IPv4（IP 协议第 4 版），但是 IPv6（IP 协议第 6 版）也正在慢慢地普及。两者最大的区别是 IPv4 使用的 32 位长度的地址编码，而 IPv6 使用的是 128 位长度的地址编码，可以在计算机网络上容纳更多数目计算机。

注意：TCP/IP 协议并不是只有 TCP 和 IP 两个协议，而是包含很多其他协议的一个网络协议的集合。

TCP/IP 出现得比 OSI 更早，其也有自己的网络模型，但是并不存在和 OSI 的 7 层严格的一一对应关系，主要是并不存在物理层和数据链路层，可以分为网络接口层、网络层、传输层和应用层 4 个部分。图 3.16 给出了其和 OSI 模型的对应比较关系。

图 3.16　TCP/IP 协议模型和 OSI 模型的比较

TCP/IP 是一系列（到目前为止有 100 多个）协议的集合，这些协议分别对应 TCP/IP 的每个层次，如图 3.17 所示。这些层次和协议的说明如下。

● 应用层：其提供各种常用的高层协议，包括 FTP（文件传输）、TELNET（远程登录）、SMTP（简单邮件传送）、HTTP（超文本传输）、DNS（域名服务）等。

● 传输层：其提供了从发送方端口到接收方端口的数据传输协议，最常用的协议是 TCP 和 UDP 协议。前者是一个面向连接的协议，提供无差错的字节流的可靠传输；而后者是一个不面对连接的协议。

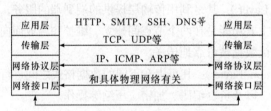

图 3.17　TCP/IP 的模型层次和对应的协议

● 网络协议层：其在功能上非常类似于 OSI 模型中的网络层，负责检查网络拓扑结构，以决定传输数据的最佳路由。其最重要的功能是实现 IP 地址和主机的对应，最常用的协议包括 IP（网际协议）、ICMP（因特网控制消息协议）、ARP（地址解释协议）等。

● 网络接口层：其类似于 OSI 模型中的物理层和数据链路层的集合，主要用于实现数据在物理上的传输即正确地发送和接收 IP 的分组，其涉及的协议和具体网络相关，如令牌网、分组交换网的相关协议等。

2. IP 协议中规定的 IP 地址

网络（该网络是指宏观的因特网，也即该地址指独立 IP）中任何一台数据设备都必须有一个独一无二的 IP 地址。IP 协议中规定，一个 IP 地址由 4 个字节组成，如 159.77.16.17，其对应的二进制为 10011111.01001101.00010000.00010111。

在 IP 协议中定义了 A、B、C、D 4 种主要的地址类。

● A 类地址：第一位固定为 0，第一个字节（前 8 位）为网络标识符，用来标识网络，其余三个字节用来标识网络中的主机。因此，最多有 127 个 A 类网络，每个 A 类网络可以容纳 1700万台主机。

● B 类地址：前两位固定为 10，第一个和第二个字节（前 16 位）为网络标识符，用来标识网络，其余两个字节用来标识网络中的主机。因此，最多有 16000 个 B 类网络，每个 B 类网络可以容纳 65000 台主机。

● C 类地址：前三位固定为 110，前三个字节（前 24 位）为网络标识符，用来标识网络，最后一个字节用来标识网络中的主机。因此，最多有 200 万个 C 类网络，每个 C 类网络可以容纳254 台主机。

● D 类地址：前四位固定为 1110，D 类地址是多目地址，标识在网络上运行分布式应用的一群主机。因此，D 类主机并不标识一个在线的主机。

3. TCP 中规定的传输过程

同其他任何协议栈一样，TCP 向相邻的高层提供服务。因为 TCP 的上一层就是应用层，所以TCP 数据传输实现了从一个应用程序到另一个应用程序的数据传递。应用程序通过编程调用 TCP并使用 TCP 服务，提供需要准备发送的数据，用来区分接收数据应用的目的地址和端口号。

通常应用程序通过打开一个 socket 来使用 TCP 服务，TCP 管理到其他 socket 的数据传递。可以说，通过 IP 的源/目的可以唯一地区分网络中两个设备的连接，通过 socket 的源/目的可以唯一地区分网络中两个应用程序的连接。

TCP 对话通过"三次握手"来进行初始化。"三次握手"的目的是使数据段的发送和接收同步，告诉其他主机其一次可接收的数据量，并建立虚连接。

图 3.18 描述了这"三次握手"的简单过程。

（1）初始化主机通过一个同步标志置位的数据段发出会话请求。

（2）接收主机通过发回具有以下项目的数据段表示回复：同步标志置位、即将发送的数据段的起始字节的顺序号、应答并带有将收到的下一个数据段的字节顺序号。

（3）请求主机再回送一个数据段，并带有确认顺序号和确认号。

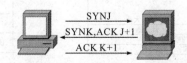

图 3.18 TCP 的"三次握手"过程示意

TCP 实体所采用的基本协议是滑动窗口协议。当发送方传送一个数据包时，它将启动计时器。当该数据报到达目的地后，接收方的 TCP 实体往回发送一个数据包，其中包含有一个确认序号，它表示希望收到的下一个数据包的顺序号。如果发送方的定时器在确认信息到达之前超时，那么发送方会重发该数据包。

如图 3.19 所示是 TCP 的数据包头格式，其各个部分说明如下。

- 源端口、目的端口：16 位长，标识出远端和本地的端口号。
- 序号：32 位长，标识出发送的数据报的顺序。
- 确认号：32 位长，希望收到的下一个数据包的序列号。
- TCP 头长：4 位长，表明 TCP 头中包含多少个 32 位字。
- 6 位未用。
- ACK：如果 ACK 为 1 则表明确认号是合法的；如果 ACK 为 0，那么数据包不包含确认信息，确认字段被省略。
- PSH：表示是带有 PUSH 标志的数据，接收方因此请求数据包一到便将其送往应用程序而不必等到缓冲区装满时才传送。
- RST：用于复位由于主机崩溃或其他原因而出现的错误连接，还可以用于拒绝非法的数据包或拒绝连接请求。
- SYN：用于建立连接。
- FIN：用于释放连接。
- 窗口大小：16 位长，窗口大小字段表示在确认了字节之后还可以发送多少个字节。
- 校验和：16 位长，是为了确保高可靠性而设置的。它校验头部、数据和伪 TCP 头部之和。
- 可选项：0 个或多个 32 位字，包括最大 TCP 载荷、滑动窗口比例以及选择重发数据包等选项。

4. UDP 中规定的传输过程

UDP 和 TCP 不同，其是一个无连接的协议，所以建立起来相对非常简单，不需要进行"三次握手"等操作，但是也具有相对不够安全的缺点。

UDP 协议从问世至今已经被使用了很多年，虽然其最初的光彩已经被一些类似协议所掩盖，但是在网络质量越来越高的今天，UDP 的应用得到了大大的推广。它比 TCP 协议更为高效，也能更好地解决实时性的问题。如今，包括网络视频会议系统在内的众多客户/服务器模式的网络应用都使用 UDP 协议。

UDP 的数据报头如图 3.20 所示，其各个部分说明如下。

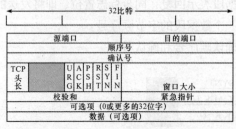

图 3.19 TCP 的数据包格式

图 3.20 UDP 的数据包头

- 源地址、目的地址：16 位长，标识出远端和本地的端口号。
- 数据包的长度：是指包括包头和数据部分在内的总的字节数。因为包头的长度是固定的，所以该域主要用来计算可变长度的数据部分（又称为数据负载）。

协议的选择应该考虑到以下三个方面。

● 数据的可靠性：对数据要求高可靠性的应用需选择 TCP 协议，如验证、密码字段的传送都是不允许出错的，而对数据的可靠性要求不那么高的应用可选择 UDP 传送。

● 应用的实时性：TCP 协议在传送过程中要使用"三次握手"、重传确认等手段来保证数据传输的可靠性。使用 TCP 协议会有较大的时延，因此不适合于对实时性要求较高的应用，如 VoIP、视频监控等；相反，UDP 协议则在这些应用中能发挥很好的作用。

● 网络可靠性：由于 TCP 协议的提出主要是解决网络的可靠性问题，它通过各种机制来减少错误发生的概率。因此，在网络状况不是很好的情况下需选用 TCP 协议（如在广域网等情况），但是若在网络状况很好的情况下（如局域网等）就不需要再采用 TCP 协议，而建议选择 UDP 协议来减少网络负荷。

5. 应用层中的几个常用协议

在计算机网络的应用层中有如下几个最常使用的协议。

● Telnet（Remote Login）：远程登录协议，是因特网上远程登录服务的标准协议和主要方式，其为用户提供了在本地计算机上完成远程主机工作的能力，通常用于远程登录后对网络服务器进行操作。

● SSH（Secure Shell）：安全外壳协议，是可靠的专为远程登录会话和其他网络服务提供安全性的协议，利用其可以有效地避免远程登录管理过程中的信息泄露问题。

● SMTP（Simple Mail Transfer Protocol）：简单邮件传输协议，是一组用于由源地址到目的地址传送邮件的规则，用于控制信件的中转方式。

● POP3（Post Office Protocol 3）：第三代邮局协议，主要用于支持使用客户端远程管理在服务器上的电子邮件。

● HTTP（Hyper Text Transfer Protocol）：超文本传输协议，定义了浏览器怎样向网络服务器请求文档，以及服务器怎样把文档传送给浏览器，是目前应用得最广的协议。

3.3 本章小结

（1）一个完整的通信系统模型包括信源、信道和信宿。

（2）通信系统可以分为有线通信和无线通信、模拟通信和数字通信、移动通信和固定通信，在通信过程中涉及调制解调、多路复用和交换这三个关键技术。

（3）数字通信系统的技术指标包括带宽、信道容量、位速率、波特率和误码率。

（4）计算机网络是在通信技术基础上发展起来的，其把若干台计算机（包括嵌入式系统构成的计算机）利用通信线路连接到一起，可以分为局域网和广域网两大类。

（5）目前，基于 803.11 协议族的无线网络已经逐步开始取代有线网络成为计算机接入网络的主要方式，此外还有 ADSL、光纤以及手机信号接入方式。

（6）计算机网络遵循 OSI 开放系统互连模型，目前使用的计算机网络基本都支持 TCP/IP 协议族，其是由一系列协议组成的，包括定义了计算机 IP 地址的 IP 协议以及传输方式的 TCP/UDP 协议等，还有诸如 Telnet、SSH、HTTP 等应用层上的协议。

3.4 真题解析和习题

3.4.1 真题解析

【真题1】调制是在通信系统的发送端（信源）将待传输的信号变换为适合信道传输的信号的过程，以下说法不正确的是（　　）。

A. 待调制的信号既可以是数字信号，也可以是模拟信号

B. 只能使用正弦波来作为调制的载波

C. 调制可以分为幅度调制、频率调制和相位调制

D. 通常来说会把调制设备和解调设备集合在一起，称为调制解调器

【解析】答案：B。

本题考察调制解调的基础知识，主要涉及第3.1.2小节的内容，调制既可以使用正弦波作为载波，也可以使用脉冲信号作为载波。

【真题2】计算机网络借助TCP/IP协议把许多同构或异构的计算机网络互相连接起来，实现了遍布全球的计算机的互连、互通和互操作，其中的IP协议起着关键性的作用。下面有关IP协议的叙述中，错误的是（　　）。

A. IP地址解决了网络中所有计算机的统一编址问题

B. IP数据报是一种独立于各种物理网络的数据包格式

C. 目前广泛使用的是IP协议的第6版（IPv6），IPv4已经很少使用

D. 路由器（Router）是实现网络与网络互连的关键设备

【解析】答案：C。

本题重点考察计算机网络的基础知识，涉及本章第3.2节的有关内容。虽然当前IPv6得到了极大的发展，但是目前使用最广泛的还是IPv4。

【真题3】IP协议在计算机网络的互连中起着重要的作用，下面有关IP地址的叙述中，错误的是（　　）。

A. 任何连接到互联网的终端设备都必须有一个IP地址

B. 每个终端设备的IP地址都是始终固定不变的

C. IPv4协议规定IP地址用32位二进制表示

D. 为方便使用IP地址也可以使用"点分十进制"表示

【解析】答案：B。

本题考查对IP协议的理解，涉及本章第3.3.3小节的内容。在不同的网络中终端设备的IP地址是可以不同的，在同一个网络中终端设备的IP地址也可以根据实际情况进行修改。

【真题4】无线局域网（WLAN）是以太网与无线通信技术相结合的产物。它借助无线电波进行数据传输，所采用的通信协议主要是＿＿＿＿＿，数据传输速率可以达到11Mbps、54Mbps、＿＿＿＿Mbps甚至更高。

【解析】答案：802.11x或者802.11；108/300。

本题主要考察对无线网络协议的了解，主要涉及本章第3.3.3小节的内容，可以参考表3.3。

3.4.2　本章习题

1. 下面是 IP 协议中 A 类 IP 地址有关规定的叙述，其中正确的是（　　）。
   A. 它适用于中型网络
   B. 它适用的网络最多只能连接 65534 台主机
   C. 它不能用于多目的地址发送（组播）
   D. 它的二进制表示中最高位一定是 "0"

2. 路由器是互联网中重要的网络设备，它的主要功能是（　　）。
   A. 将有线通信网络与无线网络进行互连
   B. 将多个异构或同构的物理网络进行互连
   C. 放大传输信号，实现远距离数据传输
   D. 用于传输层及以上各层的协议转换

3. 具有 Wi-Fi 功能的手机、平板电脑、笔记本电脑等终端设备，需要在有 "热点" 的地方才可能接入无线网络。所谓 "热点" 其正式的名称是＿＿＿＿＿＿，它实际上是一个无线交换机或无线＿＿＿＿＿＿，室内覆盖距离一般仅为 30m 左右，室外通常可达 100～300m。

4. 在 Internet 中负责选择合适的路由，使发送的数据分组（packet）能够正确无误地按照地址找到目的计算机所使用的是＿＿＿＿＿＿协议族中的＿＿＿＿＿＿协议。

第4章

嵌入式处理器的基础及 ARM

嵌入式处理器是嵌入式系统的核心部件，它随着电子技术的发展而发展，从 4 位到 64 位，从 MCS-51 单片机到 ARM 系列处理器。本章将介绍嵌入式处理器的分类、典型的嵌入式处理器内核特点、ARM 系列处理器的特点及其发展分类。本章的考核重点如下。

- 嵌入式处理器的结构、特点与分类（不同类型的典型嵌入式处理器及其特点、嵌入式处理器的分类等）。
- 典型 ARM 处理器内核（ARM9、Cortex-A、Cortex-M、Cortex-R 等的技术特点与应用领域）。

4.1 嵌入式系统处理器的结构

在第 1 章的 1.2.2 小节中介绍了嵌入式系统处理器按照发展现状的分类方法（EMCU、EMPU、DSP 和 SoC），它们还可以按照指令结构、存储结构和 I/O 端口编址方式进行分类。

4.1.1 指令结构

计算机指令（Computer Instruction）就是指挥机器工作的指示和命令，程序（Program）就是一系列按一定顺序排列的指令，执行程序的过程就是处理器的工作过程。一条指令就是机器语言的一个语句，其是一组有意义的二进制代码。指令的基本格式是"操作码 + 地址码"，其中操作码指明了指令的操作性质及功能，地址码则给出了操作数或操作数的地址。

指令集（Instruction Set）也被称为指令系统，是处理器的操作指令的集合，其表征了处理器的基本功能和能力，也决定了处理器的结构。按照指令集来对处理器进行分类的方法被称为指令集架构（Instruction Set Architecture，ISA）。

目前，可以按照处理器的指令集将计算机分为复杂指令计算机（Complex Instruction Set Computer，CISC）和精简指令计算机（Reduced Instruction Set Computing，RISC）。

1. 复杂指令集架构

由于早期的计算机部件昂贵且工作频率低，为了能提高运算速度，设计者就不得不将各种复杂的指令加入到处理器的指令系统中，其目的是为了使用最少的指令来完成所需的工作，所以指令系统中就有了许多很少使用的专用指令。而且不同指令的长度并不相同，执行时间也不同，这就逐步形成了复杂指令集处理器架构。

复杂指令集为了在有限的指令长度内实现更多的指令设计了操作码扩展，然后为了达到减少地址码这个操作码扩展的先决条件，又设计了各种寻址方式，如基址寻址、相对寻址等，以最大限度地压缩地址长度，为操作码留出空间。此外，随着处理器的推陈出新，每一代新的处理器都有一些属于自己的新的指令，并且为了兼容以前的处理器必须保留所有老的指令，所以指令集就变得越来越大。

典型的复杂指令集架构的处理器包括 MCS-51 系列单片机以及最常用 X86 结构处理器，其具有如下的特点。

● 指令长度不相同，顺序执行。

● 可以有效地减少编译代码中指令的数目，使取指操作所需要的内存访问数量达到最小化。

● 在处理器指令集中包含了类似于程序设计语言结构的复杂指令，这些复杂指令减少了程序设计语言和机器语言之间的语义差别，而且简化了编译器的结构。

但是，在复杂指令集处理器中很难实现指令流水操作；此外，工作频率较慢的处理器指令需要一个较长的时钟周期，由于指令流水和短的时钟周期都是快速执行程序的必要条件，因此其不太适合于需要高效的处理器架构。

2. 精简指令集架构

精简指令集架构处理器是在复杂指令集处理器基础上发展起来的。设计者对指令数目和寻址方式都进行了精简，指令数目少，且每条指令都采用标准字长，使得处理器架构更容易实现，指令并行执行得更好，编译器效率更高。

精简指令集架构的特点决定了其在嵌入式处理器应用中大行其道。目前，大部分嵌入式处理器都采用了该架构，包括 ARM 系列、AVR 系列、MSP430 系列、MIPS 系列等处理器，其具有如下特点。

● 指令格式和长度通常是固定的，大多数指令在一个周期内就能执行完成。

● 采用高效的流水线操作，使指令在流水线中并行操作，从而提高数据处理和指令执行的速度。

● 采用了加载/存储指令结构，只有加载和存储两条指令可以访问存储器，其他指令都只能在寄存器中对数据进行处理，从而减少了指令需要访问寄存器所导致的速度降低。

● 注重编译的优化，力求有效地支撑高级语言程序。

精简指令集架构的缺点是由于指令的功能过于简单，复杂指令集架构处理器中用一条指令就能完成的操作在精简指令集架构处理器中需要使用一系列指令来实现，此时从存储器读入的指令总数会增加，从而也需要更多的时间。

精简指令集和复杂指令集是目前处理器的两种典型架构，它们都试图在体系结构、操作运行、软硬件、编译时间和运行时间之间达到平衡以实现高效。其主要差别在指令系统导致存储器操作方法、程序设计方法、中断实现方法、处理器结构、设计周期长度和应用方法的不同。但是，它们也不是完全对立的，一方面，目前精简指令集架构处理器的指令数目也在不断地增加，单条指令执行的时间也不一定完全固定；另一方面，复杂指令集架构处理器对于简单的指令会以硬连线的逻辑进行加速，而复杂的指令则会使用微指令编写的微程序来实现。微程序是实现程序的一种手段，其将一条机器指令编写成一段微程序，每一个微程序包含若干条微指令，每一条微指令对应一条或多条微操作，处理器内部有一个控制存储器用于存放各种机器指令对应的微程序段，当执行机器指令时会在控制存储器里寻找与该机器指令对应的微程序，取出相应的微指令来控制执行各个微操作，从而完成该程序语句的功能。在某种意义上，可以将微指令看做精简指令集架构处理器中的精简指令。

4.1.2　存储结构

计算机处理器按照存储器的结构可以分为冯·诺依曼存储结构和哈佛存储结构。

1.　冯·诺依曼存储结构

1945 年，冯·诺依曼率先提出了"存储程序"的概念和二进制原理，利用这种概念和原理设计的计算机系统都被称为"冯·诺依曼结构"类型计算机，其必须由最少一个控制器、一个运算器、一个存储器和输入输出设备组成。

冯·诺依曼存储结构又被称为普林斯顿存储结构，其核心是处理器和存储器只使用一套总线进行连接，如图 4.1 所示。也就是说，数据线、控制线和地址线使用同一套总线，数据和程序代码在同一个存储器中存储，使用相同的指令进行访问。

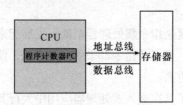

图 4.1　冯·诺依曼存储结构

冯·诺依曼存储结构是计算机体系结构的主流，包括 X86 系列、低端 ARM（ARM7）系列以及 MIPS 系列等处理器都使用了该结构。但是，这种指令和数据共享同一总线的结构由于取指令和操作数据需要在一个存储空间中进行，经由同一总线传输，所以信息流的传输成为限制计算机性能的瓶颈，影响了数据处理速度的提高。

2.　哈佛存储结构

哈佛存储结构是一种将程序指令存储和数据存储分开的存储器结构，如图 4.2 所示。它的主要特点是将程序和数据存储在不同的存储空间中，即程序存储器和数据存储器是两个独立的存储器，每个存储器独立编址、独立访问，目的是减轻程序运行时的访存瓶颈。

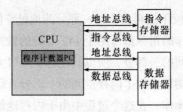

图 4.2　哈佛存储结构

哈佛存储结构通常在嵌入式处理器中应用，包括 AVR 系列、PIC 系列、高端 ARM（ARM9 及其以后）的处理器都使用了该结构，其主要特点如下。

- 程序指令存储器和数据存储器分开，采用不同的总线和指令。
- 指令和数据可以有不同的数据宽度。
- 具有较高的执行效率和数据吞吐率。

如图 4.3 所示是一个典型的使用哈佛存储结构的嵌入式处理器的内部结构，是 Motorola 公司的 DSP56311 数字信号存储器。可以看到，其程序存储器（程序 RAM Bank）和数据存储器（X 数据 RAM Bank 和 Y 数据 RAM Bank）是分开的。

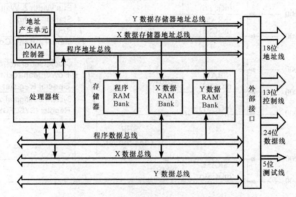

图 4.3　哈佛存储结构的 DSP 处理器

哈佛存储结构较复杂，数据存储器与程序代码存储器分开，各自有自己的数据总线与地址总线，取操作数与取指令能同时进行，但这需要在处理器中提供大量的数据线通道，所以在实际应用中其和冯·诺依曼存储结构也不是完全对立的。目前，许多处理器都采用了在处理器内部使用不同的数据和指令高速缓存（Cache）的哈佛存储结构来提高指令执行的效率，而在外部使用冯·诺依曼存储结构来降低系统复杂度。在有多级高速缓存的结构中，常常是第一级使用哈佛存储结构，而后面的都使用冯·诺依曼存储结构。

4.1.3　I/O 端口编址方式

计算机的 I/O 端口地址编码方式还可以分为统一编址和独立编址两种。

1．统一编址

统一编址又被称为存储器映像编址，存储器和 I/O 端口共用统一的地址空间，当一个地址空间分配给 I/O 端口以后，存储器就不能再占有这一部分的地址空间。其优点是不需要专用的 I/O 指令，任何对存储器数据进行操作的指令都可用于 I/O 端口的数据操作，程序设计比较灵活。由于 I/O 端口的地址空间是内存空间的一部分，所以其地址空间可大可小，从而使得外设的数量几乎不受限制。其缺点是由于 I/O 端口占用了内存空间的一部分，影响了系统的内存容量，并且访问 I/O 端口也要和访问内存一样操作，在这个过程中由于内存地址通常会较长，从而会导致执行时间增加。

在统一编址中通常会使用特殊功能寄存器（Special Function Register，SFR）来对 I/O 端口进行控制，这些特殊功能寄存器会映射为处理器的存储器上的地址。许多嵌入式处理器都会采用统一编址的方法，如 MCS-51 系列和 ARM 系列处理器。如图 4.4 所示是三星公司的 ARM 结构 S3C44B0X 处理器的存储器地址映射示意，可以看到在 256MB 的存储空间中地址为 0x01c00000～0x02000000 的 4M 字节空间被用于控制外部端口的特殊功能寄存器所占用。

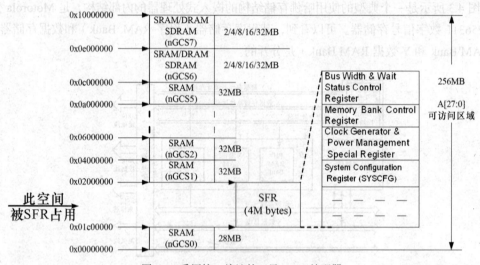

图 4.4　采用统一编址的三星 ARM 处理器

2．独立编址

独立编址又被称为专用的 I/O 端口编址，存储器和 I/O 端口分别位于两个独立的地址空间中。其优点是，由于 I/O 端口的地址码较短，译码电路简单，且存储器同 I/O 端口的操作指令不同，程序比较清晰，此外存储器和 I/O 端口的控制结构相互独立，可以分别设计。其缺点是，需要有专用的 I/O 指令，所以程序设计的灵活性较差。

X86 系列处理器使用的是独立编址方法，这是因为其存储器空间通常来说会比较大，如果使用统一编址可能会降低访问效率。

4.2　常见嵌入式处理器内核

嵌入式系统处理器和普通个人电脑的处理器有一些区别，其生产厂商也繁多（个人电脑通常来说只有 Intel 和 AMD 两家），不同的生产厂商可以在相同的处理器内核基础上添加不同的外围模块来组成不同型号的处理器，其关系如图 4.5 所示。

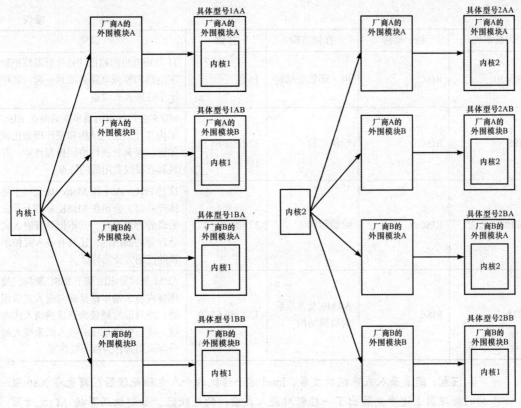

图 4.5　嵌入式处理器内核与型号的关系

目前常见的嵌入式处理器内核包括 MCS-51 系列、AVR 系列、PIC 系列、MSP430 系列、MIPS 系列、Coldfire 系列和 ARM 系列，覆盖了从低端到高端的各个应用领域。表 4.1 是这些处理器内核的特点对比。

表 4.1　　　　　　　　　　　　　　　　常见的嵌入式处理器内核对比

内核系列	指令架构	存储结构	位数	说明
MCS-51	CISC	哈佛结构	8 位	这是 Intel 公司推出的历史最为悠久的单片机内核，被许多厂商和自己的外部模块结合在一起构建了各种型号的芯片，具有成本低、开发简单等优势，被广泛应用于各个行业，是目前应用最为广泛的嵌入式处理器
AVR	RISC	哈佛结构	8 位、16 位和 32 位	ATMEL 公司推出的精简指令集单片机具有高性能、高速度、低功耗和高可靠性的特点，开发较为简单，成本较为低廉，某些型号体积特别小，常常被用于取代 51 单片机
PIC	RISC	哈佛结构	8 位、16 位和 32 位	Microchip 公司推出的主要针对工业控制场合的单片机具有抗干扰能力特别好的特点

续表

内核系列	指令架构	存储结构	位数	说明
MSP430	RISC	冯·诺依曼结构	16 位	TI 公司推出的超低功耗处理器核把数字电路和模拟电路集成到一起，常用于手持嵌入式设备
MIPS	RISC	哈佛结构	32 位和 64 位	MIPS 公司推出的最早期的商业 RISC 架构芯片，系统结构和设计理念比较先进，强调软硬件协同提高性能，并且具有授权费用低的特点
Coldfire	RISC	哈佛结构	32 位	这是 Freescale（原 Motorola 公司半导体产品部）公司在 M68K 基础上开发的微处理器芯片，其不但具有嵌入式处理器的高速性，还具有嵌入式控制器的使用方便等特征
ARM	RISC	ARM9 及其以后为哈佛结构	32 位和 64 位	ARM 公司推出的基于 RISC 架构的处理器内核，基本都是面向嵌入式应用的，是目前发展最为迅速的嵌入式内核。带有操作系统的嵌入式系统大部分都采用其作为核心处理器

注意：随着嵌入式系统的发展，Intel 这个传统的个人电脑处理器厂商也在 X86 架构的处理器上逐步发展出了一些针对嵌入式应用的处理器，如超低压赛扬 M 处理器 373 等。

4.3　ARM 处理器的基础

ARM（Advanced RISC Machines）是 ARM（安谋国际科技）公司设计的处理器核心，是目前最广为使用的嵌入式系统处理器。

ARM 公司是业界领先的微处理器技术提供商，其提供最广泛的微处理器内核，可满足几乎所有应用市场对性能、功耗及成本的要求；再加上一个富有活力的生态系统（拥有 1000 多家可提供芯片、开发工具和软件的合作伙伴），ARM 已售出超过 300 亿个处理器，每天的销量超过 1600 万，是真正意义上的"The Architecture for the Digital World"（面向数字世界的体系结构）。

4.3.1　ARM 处理器的发展

安谋国际科技公司前身为艾康电脑，于 1978 年在英国剑桥（Cambridge）创立。20 世纪 80 年代晚期，苹果电脑开始与艾康电脑合作开发新版的 ARM 核心。1985 年，艾康电脑研发出采用精简指令集的新处理器，名为 ARM（Acorn RISC Machine），又称为 ARM 1。因为艾康电脑的财务出现状况，1990 年 11 月 27 日，获得 Apple 与 VLSI 科技的资助，分割出安谋国际科技公司，成为独立的子公司，其运作模式主要是涉及 IP 的设计和许可，并不生产和销售实际的半导体芯片，也就是说其只提供一些对应的 ARM 核心架构，而由不同的半导体公司根据这些核心架构来加上其他外围部件来形成具体型号的芯片。除了处理器内核之外，ARM 公司还提供了一系列用于优化片上系统设计的工具、物理和系统 IP。

ARM 的发展里程碑如下，可以看到几乎是每一年都有创新性产品被推出。

- 1985 年：Acorn Computer Group 开发出全球第一款商业 RISC（Reduced Instruction Set Computer，精简指令集）处理器。
- 1987 年：Acorn 的 ARM 处理器作为低成本 PC 的第一款 RISC 处理器亮相。
- 1990 年：ARM 无需同 Acorn 和 Apple Computer 合作即可独立制定新的微处理器标准章程，VLSI Technology 成为投资商和第一个授权使用方。
- 1991 年：ARM 推出第一款 RISC 核心，即 ARM6 解决方案。
- 1993 年：ARM 推出 ARM7 解决方案。
- 1995 年：ARM 发布 Thumb 架构扩展，以在 16 位系统成本的基础上提供 32 位的 RISC 性能，并且提供业界领先的代码；StrongARM 核心发布。
- 1996 年：ARM 推出 ARM810 微处理器；Windows CE 被扩展到 ARM 架构上。
- 1997 年：ARM 发布 ARM9TDMI 系列处理器；JavaOS 被扩展到 ARM 架构上。
- 1998 年：ARM 发布 ARM7TDMI 核心。
- 1999 年：ARM 发布提高了信号处理能力的 ARM9E 核心。
- 2000 年：ARM 发布 SecurCore 智能卡系列核心。
- 2001 年：ARM 发布 ARMv6 架构。
- 2002 年：ARM 发布 ARM11 微架构；发布 RealView 开发工具系列。
- 2003 年：ARM 发布针对多核心筒的 CoreSight 实时调试和跟踪解决方案；与 Nokia、STM、TI 城里 MIPI 联盟，为移动应用处理器指定开放性标准；发布为 ARM 核心提供了安全平台的 TrustZone 技术。
- 2004 年：ARM 发布了基于 ARMv7 架构的 ARM Cortex 系列处理器，并且发布了首款产品 Cortex-M3；发布了第一款集成多处理器 MPCore；发布了具有开创性的嵌入式信号处理核心 OptimeoDe。
- 2005 年：ARM 收购了 Keil Software 公司；发布了 Cortex-A8 处理器。
- 2007 年：ARM 推出了针对智能卡应用的 SecurCore SC300 处理器；推出了实现可扩展性和低功耗设计的 Cortex-A9 处理器。
- 2008 年：ARM 发布了全球第一个实现在 1080 HDTV 分辨率下符合 Khronos Open GL ES 2.0 标准的 Mali-200 GPU；同年，ARM 处理器销售量已经达到了 100 亿台。
- 2009 年：ARM 推出体积最小、功耗最低和能效最高的处理器 Cortex-M0；宣布实现具有 2GHz 频率的 Coretx-A9 双核处理器。
- 2010 年：ARM 推出符合 AMBA 4 协议的系统 IP Corelink 400 系列；推出 ARM Mali-T604 图形处理单元，同时 ARM Mali 成为被最广泛授权的嵌入式 GPU 架构；推出 Cortex-A15 MPCore 处理器；微软公司（Microsoft）成为 ARM 架构授权使用方；推出 Cortex-M4 处理器。
- 2011 年：ARM 和 Cadence、TSMC 合力推出第一款 20nm Cortex-A15 多核处理器；发布了嵌入式软件库 ESS；发布了 ARM Mali-T658 GPU；推出了 ARMv8 架构；发布了 Cortex-A7 处理器；微软公司提出了基于 ARM 的 Windows 产品 Windows RT。
- 2012 年：第一代 Windows RT 产品问世。

4.3.2 ARM 处理器的架构、类型和型号

ARM 处理器的分类是一个比较复杂的过程，需要区分不同的架构、类型（系列）和具体的芯片型号，其中架构和类型（系列）是 ARM 公司提供的，而芯片型号则是由生产厂商所提供的。

ARM 公司提供了 ARMv1、ARMv2、ARMv3、ARMv4、ARMv5、ARMv6、ARMv7 和 ARMv8 共 8 种不同的架构，其中 ARMv1 和 ARMv2 都没有太大的实际使用价值，从 ARMv3 开始才逐步开始正式商用。

从 ARMv3 架构开始，ARM 推出了对应的 ARM6、ARM7 处理器类型（系列）。目前常见的 ARM 处理器类型（系列）有 ARM7、ARM9、ARM10、ARM11 和 Cortex。而每个系列的处理器中又有许多不同的类型，如 ARM9 系列就有 ARM9E-S、ARM966E-S 等类型。

表 4.2 给出了 ARM 体系架构和具体的产品类型（系列）的对应关系，其中后缀"E"表明支持增强型 DSP 指令集、"J"表明支持新的 Java。

表 4.2　　　　　　　　　　　　　　　ARM 体系架构和对应的类型（系列）

体系架构	具体处理器类型（系列）
ARMv1	ARM1
ARMv2	ARM2、ARM3
ARMv3	ARM6、ARM7
ARMv4	SrongARM、ARM7TDMI、ARM9TDMI、ARM940T、ARM920T、ARM720T
ARMv5	ARM9E-S、ARM966E-S、ARM1020E、ARM 1022E、XScale、ARM9EJ-S、ARM926EJ-S、ARM7EJ-S、ARM1026EJ-S、ARM10
ARMv6	ARM11 系列（ARM1136J(F)-S、ARM1156T2(F)-S、ARM1176JZ(F)-S 和 ARM11 MPCore）、ARM Cortex-M
ARMv7	ARM Cortex-A、ARM Cortex-M、ARM Cortex-R
ARMv8	Cortex-A50

具体的产品型号则是得到授权的生产厂商根据 ARM 公司提供的具体处理器类型生产的芯片。例如，高通公司（Qualcomm）的处理器 MSM7201A 即是 ARM11 系列处理器，其对应的具体 ARM 类型是 ARM1136J(F)-S,使用的是 ARMv6 架构，这块处理器应用在 HTC 公司的 Dream、Magic 等手机上。

目前，在消费类电子产品中应用得最为广泛的 ARM 处理器是 Cortex-A 系列，采用了 ARMv7 架构，包括了 Cortex-A8 和 Cortex-A9 等子系列。

4.3.3 ARM 处理器的一些相关术语

以下是一些 ARM 处理器所涉及的专用技术和术语。

● ARM 32-bit ISA：基于 RISC 原理的 32 位 ARM 指令集。

● Thumb 16-Bit ISA：Thumb 技术是对 32 位 ARM 体系结构的扩展，Thumb 指令集是已压缩至 16 位宽操作码的、最常用 32 位 ARM 指令的子集。在执行时，这些 16 位指令实时、透明地

解压缩为完整 32 位 ARM 指令，且无性能损失。卓越的代码密度可尽量减小系统内存大小和降低成本。

● Thumb-2：以 ARM Cortex 体系结构为基础的指令集，其提升了众多嵌入式应用的性能、能效和代码密度，可以提供最佳代码大小和性能。其是以获得成功的 Thumb（ARM 微处理器内核的创新型高代码密度指令集）为基础进行构建的，用于增强 ARM 微处理器内核的功能，从而使开发人员能够开发出低成本且高性能的系统。

● VFP：浮点体系结构（Vector Floating Point，VFP）为半精度、单精度和双精度浮点运算中的浮点操作提供硬件支持，可以为汽车动力系统、车身控制应用和图像应用（如打印中的缩放、转换和字体生成以及图形中的 3D 转换、FFT 和过滤）中使用的浮点运算提供增强的性能。

● Jazelle 技术：可以用于提高执行环境（如 Java、.Net、MSIL、Python 和 Perl）速度。Jazelle 技术是 ARM 提供的组合型硬件和软件解决方案。ARM Jazelle 技术软件是功能丰富的多任务 Java 虚拟机（JVM），经过高度优化，可应用许多 ARM 处理器内核中提供的 Jazelle 技术体系结构进行扩展；还包括功能丰富的多任务虚拟机（MVM），领先的手机供应商和 Java 平台软件供应商提供的许多 Java 平台中均集成了此类虚拟机。通过利用基础 Jazelle 技术体系结构扩展，ARM MVM 软件解决方案可提供高性能的应用程序和游戏，可快速启动和进行应用程序切换，并且使用的内存和功耗预算非常低。

● TrustZone：安全扩展，提供可信计算，是系统范围的安全方法，针对高性能计算平台上的大量应用，包括安全支付、数字版权管理（DRM）和基于 Web 的服务。TrustZone 技术与 Cortex-A 处理器紧密集成，并通过 AMBA AXI 总线和特定 TrustZone 系统 IP 块在系统中进行扩展。此系统方法意味着，现在可保护外设（包括处理器旁边的键盘和屏幕），以确保恶意软件无法记录安全域中的个人数据、安全密钥或应用程序，或与其进行交互。用例包括：实现安全 PIN 输入、在移动支付和银行业务中加强用户身份验证、安全 NFC 通信通道、数字版权管理、基于忠诚度的应用、基于云的文档的访问控制、电子售票移动电视等。

● SIMD：单指令多数据，当前的智能手机和 Internet 设备必须提供高级媒体和图形性能，才具有竞争力。ARMv6 和 ARMv7 体系结构中的 SIMD 扩展改进了此类性能。SIMD 扩展已经过优化，可适用于众多软件应用领域，包括视频和音频编解码器，这些扩展将性能提高了将近 75%或更多。

● NEON：通用 SIMD 引擎可有效地处理当前和将来的多媒体格式，从而改善用户体验；可加速多媒体和信号处理算法（如视频编码/解码、2D/3D 图形、游戏、音频和语音处理、图像处理技术、电话和声音合成）；可增强许多多媒体用户体验（观看任意格式的任意视频、编辑和强化捕获的视频-视频稳定性、游戏处理、快速处理几百万像素的照片、语音识别）。

● Virtualization：随着软件复杂性的提高，对于在同一个物理处理器上提供多种软件环境的要求也同时增多。因为隔离、可靠性或不同实时特征而要求分隔的软件应用程序需要一个具备所需功能的虚拟处理器。通过高能效方式提供虚拟处理器要求组合利用硬件加速和高效的软件虚拟机监控程序。云计算和其他面向数据或内容的解决方案增加了对于每个虚拟机的物理内存系统的需求。

● 多核技术 ARM MPCore：除了 Cortex-A8 外，其他（A5、A9、A15）都支持 ARM 的第二代多核技术，由单核到四核，支持面向性能的应用领域，支持对称和非对称的操作系统。技术允许设计时可配置的处理器支持 1～4 个处理器一起运行，同时保持集成的高速缓存的一致性。这些多核处理器群集在 1 级高速缓存边界内完全一致，而且可通过加速器一致性端口（ACP）配置为将有限的一致性扩展到其余的片上系统（SoC）中。ACP 允许系统中外设和带有未经缓存的内存视图的加速器（如 DMA 引擎或加密加速器内核）共享处理器的高速缓存，同时保持高速缓存完全一致。多核群集包括一个与全局中断控制器（GIC）体系结构兼容的带专用外设的集成中断和通信系统，因此可提高性能和简化软件的可移植性。此 GIC 可配置为支持 0（旧版 Bypass 模式）至 224 个独立中断源，以此为大量设备提供低延迟中断途径。该处理器可支持单核或双核 64 位 AMBA 3AXI 互连接口，以及 SoC 内不同地址空间之间的全速过滤选项。

4.4　ARM 处理器的分类和特点

目前，ARM 处理器有 Classic（传统）系列、Cortex-M 系列、Cortex-R 系列、Cortex-A 系列和 Cortex-A50 系列 5 个大类。

4.4.1　Classic 系列

Classic（传统）系列处理器上市已经超过 15 年，其中的 ARM7TDMI 依然是市场占有率最高的 32 位处理器，该系列处理器由 3 个子系列 9 种处理器组成。

- ARM7 系列：基于 ARMv3 或者 ARMv4 架构，包括 ARM7TDMI-S 和 ARM7EJ-S 处理器。
- ARM9 系列：基于 ARMv5 架构，包括 ARM926EJ-S、ARM946E-S 和 ARM968E-S 处理器。
- ARM11 系列：基于 ARMv 架构，包括 ARM1136J(F)-S、ARM1156T2(F)-S、ARM1176JZ(F)-S 和 ARM11MPCore 处理器。

ARM 的 Classic（传统）系列内核主要基于三种主要技术产品而构建，可以用于各种应用领域，表 4.3 给出了它们的技术说明。

表 4.3　　　　　　　　　　　　　　ARM 的 Classic 系列内核

技术	ARM7 ARMv4T 架构	ARM9 ARMv5TE 架构	ARM11 ARMv6 架构
ARM ISA（指令集架构）	√	√	√
Thumb ISA	√	√	√
Thumb-2 ISA	×	×	√（仅 ARM1156T2-S）
DSP 扩展	×	×	√
SIMD 扩展	×	×	√
Jazelle 字节码支持	×	√（仅 ARM926EJ-S）	√（ARM1156T2-S 除外）
浮点支持	×	√（VFP9）	√（VFP11）
TrustZone 安全扩展	×	×	√（仅 ARM1176JZ(F)-S）
cache 支持	×	√	√
TCM（紧密耦合内存）支持	×	√	√

ARM 的 Classic 系列处理器具有经济实惠的特点，其可以以多种形式进行授权，可以提供单

次使用许可、多年期许可和永久使用许可，并且其中多种处理器可用作硬核从而降低设计风险并且缩短上市时间。在 ARM 的 Connected Community（合作伙伴联盟）中有 650 多家成员支持 ARM 处理器，提供了专门针对 ARM 指令集架构的关键开放源项目；提供了行业中最广泛的编译器、调试器、RTOS 工具体系和大量可以与处理器集成的第三方 IP。

4.4.2　Cortex–M 系列

Cortex-M 系列处理器包括 Cortex-M0、Cortex-M0+、Cortex-M1、Cortex-M3、Cortex-M4 和 Cortex-M7 共 5 个子系列，该系列主要针对对成本和功耗敏感的应用，如智能测量、人机接口设备、汽车和工业控制系统、家用电器、消费性产品和医疗器械等。

1.　Cortex–M 系列处理器概述

整体来说，Cortex-M 系列处理器偏重于工业控制，其提供了更低的功耗和更长的电池寿命，提供了更小的代码和更高的性能，并且提供了兼容性的代码、统一的工具和操作系统支持，具有如下优点。

● Cortex-M 系列处理器为 8 位和 16 位体系结构提供了极佳的代码密度，在对内存大小要求苛刻的应用中具有很大的优势。

● Cortex-M 系列处理器虽然使用 32 位的指令，但是其使用了可提供极佳代码密度的 ARM Thumb-2 技术，也可以支持 16 位的 Thumb 指令，其对应的 C 编译器也会使用 16 位版本的指令，除非 32 位的版本可以更加有效地执行运算。

● Cortex-M 系列处理器采用了 8 位和 16 位的数据传输，从而可以高效地利用数据内存，同时开发者可以使用其在面向 8/16 位系统的应用代码中的相同的数据类型。

● Cortex-M 系列处理器提供了较大的能效优势，面对如 USB、蓝牙、Wi-Fi 等连接以及如加速计和触摸屏等复杂模拟传感器且成本日益降低的产品需求时有极大的优势。

● Cortex-M 处理器完全可以通过 C 语言编程，并且附带了各种高级调试功能，能帮助定位软件中的问题，同时网上具有大量的应用实例可以参考。

表 4.4 给出了 Cortex-M 系列处理器的对比，所有的 Cortex-M 系列处理器都是二进制向上兼容的，可以很方便地重用软件以及从一个 Cortex 处理器无缝发展到另外一个，其应用升级关系如图 4.6 所示。可以看到，由 Cortex-M3 开始，从 8/16 位应用逐步过渡到了 32 位应用。

表 4.4　　　　　　　　　　　　　　Cortex–M 系列处理器的对比

Cortex-M0	Coretx-M0+	Cortex-M3	Cortex-M4	Cortex-M7
8/16 位应用	8/16 位应用	16/32 位应用	32 位/DSC 应用	32 位/DSC 应用
低成本和简单性	低成本，最佳性能	高性能，通用	有效的数字信号控制	超高性能

2.　Cortex–M0

Cortex-M0 是最小的 ARM 处理器，体积极小、能耗很低，且编程所需要的代码占用量极少，其具有低功耗（90LP 工艺的最低配置下门数低于 12K 的时候能耗只有 16μW/MHz）、简单（只有 56 个指令且架构对 C 语言友好，提供了可供选择的具有完全确定性的指令和中断计时使得计算响应时间十分短）和优化的连接性（支持实现低能耗网络互连设备）等特点，其结构如图4.7所示。可以看到，其提供了调试接口（Debug Access Port）、中断唤醒控制接口（Wake Up Interrupt Controller Interface）和AHB总线接口（AHB-lite Interface）等。常见的Cortex-M0处理器有NXP的LPC1100系列、意法半导体的STM32F0系列。

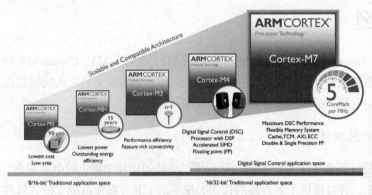

图4.6　Cortex-M系列处理器升级图

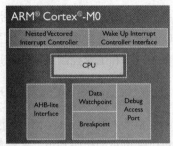

图4.7　Cortex-M0处理器框图

3.　Cortex-M0+

Cortex-M0+是在Cortex-M0基础上开发的能效极高的处理器，其保留了Cortex-M的全部指令集和数据兼容性，同时进一步降低了能耗。其和Cortex-M一样，芯片面积很小、功耗极低，所需的代码量极少，使得开发人员可以直接跳过16位系统以接近8位系统的成本开销获取32位系统的性能。

其具有一个只有2级的流水线，具有低功耗（90LP工艺的最低配置下门数低于12K的时候功耗只有11.2μW/MHz）、简单（保留了Cortex-M0的56个指令）和多功能性（如内存保护单元、可重定位的矢量表、用于提高控制速度的单周期I/O接口和用于增强调试的Micro Trace Buffer）等特点，其结构如图4.8所示。可以看到，和Cortex-M0相比，Cortex-M0+增加了内存保护单元（Memory Protection Unit）等。常见的Cortex-M0+处理器有NXP的LPC1100系列和Atmel的SAM D20系列。

图4.8　Cortex-M0+处理器框图

4.　Cortex-M1

Cortex-M1类型的ARM处理器是为了在FPGA中应用而设计的，其支持包括Actel、Altera和Xilinx公司的FPGA设备，可以满足FPGA应用的高质量、标准处理器架构的需要，开发人员可以在受行业中最大体系支持的单个架构标准上进行以降低其硬件和软件工程成本，所以在通信、广播、汽车等行业得到了广泛应用。

其可以实现常用高密度Thumb-2指令集的最新型三阶段32位RISC处理器；可以使处理器和软件占用空间都满足最小FPGA设备的面积预算，同时保留与ARM7TDMI处理器上任何ARM处理器Thumb代码的兼容性；可以提供0.8DMIPS/MHz。其对应的FPGA芯片兼容性和实现工具兼容性如表4.5所示。

表 4.5　　　　　　　　　　　　Cortex-M 处理器的芯片兼容性和实现工具兼容性

FPGA 设备兼容性	实现工具兼容性
Actel ProASIS3L 和 ProASIS3/E	Actel Libero
Actel Fusion	
Actel IGLOO/e	
Altera Cyclone-II	Altera Quartus-II
Altera Cyclone-III	
Altera Stratix-II	Synopsys Synplify Pro
Altera Stratix-III	
Xilinx Spartan-3	Mentor Precision
Xilinx Virtex-2	
Xilinx Virtex-3	Xilinx ISE
Xilinx Virtex-4	

需要注意的是，在实际应用中的结果取决于使用的综合工具、布局布线工具以及所选的配置选项，在最小 Cortex-M1 配置（0K TCM，不调试）和最快的商业运转速率等级下所对应的频率和面积关系如表 4.6 所示。

表 4.6　　　　　　　　　　　　　　Cortex-M1 的频率和面积

FPGA 类型	型号示例	频率（MHz）	面积（LUTS）
65nm	Altera Stratix-III，Xilinx Virtex-5	200	1900
90nm	Altera Stratix-II，Xilinx Virtex-4	150	2300
65nm	Altera Cyclone-III	100	2900
90nm	Altera Cyclone-II，Xilinx Spartan-3	80	2600
130nm	Actel ProASIS3，Actel Fusion	70	4300 个板块

5. Cortex-M3

Cortex-M3 处理器是行业领先的 32 位处理器，适用于具有较高确定性的实时应用，如汽车车身系统、工业控制、无线网络和传感器等，其具有出色的计算性能以及对事件的优异系统的响应能力。其具有较高的性能和较低的动态功耗，支持硬件除法、单周期乘法和位字段操作在内的 Thumb-2 指令集，最多可以提供 240 个具有单独优先级、动态重设优先级功能和集成系统时钟的系统中断。

Cortex-M3 相比 Cortex-M0 来说，提供了更高的性能和更丰富的功能，于 2004 年被推出，将集成的睡眠模式与可选的状态保留功能相结合，具有较高的性能和较低的动态功耗，所以可以提供领先的能效。其提供了包括硬件除法、单周期乘法和位字段操作在内的 Thumb-2 指令集以获取最佳的性能和代码大小；还可以高效地处理多个 I/O 通道和类似 USB OTG 的协议标准。

Cortex-M3 的结构如图 4.9 所示。可以看到，和 Cortex-M0 相比，其增加了代码接口（Code-Interface）和 ITM 接口等模块。常见的 Cortex-M3 型号有 Atmel 的 SAM3N（无与伦比的性能和易用性）、SAM3S（低功耗和简化的 PCB 应用）、SAM3U（带高速 USB 接口）、SAM3A（CAN 总线应用）、SAM3X（增强型网络应用）；NXP 的 LPC1300 系列和 LPC1700 系列；德州仪器（TI）的 TMS470M 系列、Stellaris 系列、C2000 Concerto 28x 系列；意法半导体的 STM32F1 和 STM32F2 系列。

6. Cortex-M4

Cortex-M4 是 Cortex-M3 的升级版，其提供了无可比拟的功能，将 32 位控制与领先的数字信号处理技术集成来满足需要很高能效级别的市场，曾经在 Elektra2010（European Electronics Industry Awards 2012）上获得了大奖。如图 4.10 所示是其内部结构，可以看到处理器内部增加了 DSP 扩展，并且提供浮点运算单元（FPU）等模块。其主要实际应用型号包括 Atmel 的 SAM4L 和 SAM4S、德州仪器（TI）的 TM4C 系列和意法半导体的 STM32F3 系列。

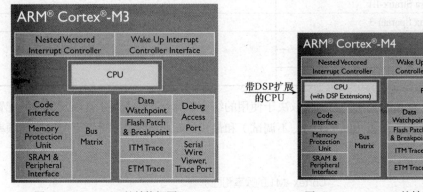

图 4.9　Cortex-M3 的结构框图　　　　图 4.10　Cortex-M4 的结构框图

7. Cortex-M7

Cortex-M7 是目前 Cortex-M 系列处理器中性能最高的型号，其保持了 ARMv7-M 架构的卓越响应性和易用性，并且拥有业内领先的高性能和灵活的系统接口，是汽车电子、工业自动化、冶疗设备、高端音频等领域的理想之选。

4.4.3　Cortex-R 系列

Cortex-R 系列处理器包括 Cortex-R4、Cortex-R5、Cortex-R7 共 3 个子系列，其对低功耗、良好的中断行为、卓越性能以及与现有平台的高兼容性这些需求进行了平衡考虑，具有高性能、实时、安全和经济实惠的特点，面向如汽车制动系统、动力传动解决方案、大容量存储控制器等深层嵌入式的实时应用。

1. Cortex-R 系列处理器的概述

Cortex-R 系列处理器使用了深度流水化微架构和包括指令预取、分支预测和超标量执行等性能的增强技术，提供了硬件除法、浮点单元（FPU）选项和硬件 SIM DSP，采用了可以在不牺牲性能的前提下实现高密度代码的带 Thumb-2 指令的 ARMv7-R 架构和带指令、指令 cache 控制器的哈佛架构，并且拥有获得快速响应代码和数据处理器本地的紧密耦合内存（TCM）和高性能 AMBA3 的 AXI 总线接口，其具有如下特点。

● 高性能：可以快速地执行复杂代码和 DSP 功能，其使用了高性能、高时钟频率、深度流水化的微架构；使用了双核多处理（AMP/SMP）配置；使用了可以用于超高性能 DSP 和媒体功能的硬件 SIMD 指令。

● 实时性：可以保证响应速度和高吞吐量的确定性操作；其有快速、有界且确定性的中断响应；有用于获得快速响应代码/数据的处理器本地的紧密耦合内存（TCM）；有可加快终端进入速度的低延迟中断模式（LLIM）。

● 安全性：可以检测错误并保证可靠的系统运行，其具有内存保护单元（MPU）的用户和授权软件操作模式；有用于 1 级内存系统及总线的 ECC 和奇偶校验错误检测/更正；有双核锁步（DCLS）冗余内核配置。

● 经济实惠。

Cortex-R 系列处理器与 Cortex-M 和 Cortex-A 系列处理器都不相同，其提供的性能比 Cortex-M 系列要高得多，可以作为 Classic 系列处理器中的 ARM9、ARM11 系列处理器的升级产品；而其与 Cortex-A 系列的区别在于其处理器更偏重于面向必须使用虚拟内存管理技术的具有复杂软件操作系统。从图 4.11 中可以看出它们的升级关系。

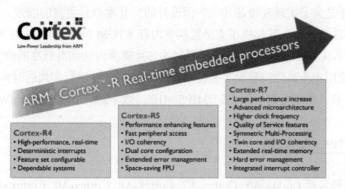

图 4.11　Cortex-R 系列处理器的升级关系

图 4.12 给出了 Cortex-R4、Cortex-R5 和 Cortex-R7 的结构框图对比。

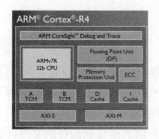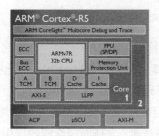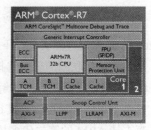

图 4.12　Cortex-R 处理器的结构框图对比

2. Cortex-R4

Cortex-R4 处理器是第一款基于 ARMv7-R 架构的深度嵌入式实时处理器，主要用于高产量、深入嵌入式的片上系统应用，如硬盘驱动控制器、无线基带处理器、消费类产品和汽车系统的电控单元等。其能提供更高的性能、实时的响应速度、可靠性和高容错性。

Cortex-R4 在使用主流低功耗工艺技术（40 纳米 LP）进行实现的时候，可以做到 600MHz 以上的最大时钟频率，性能可以达到 1.66 DMIPS/MHz，效率达到 24 DMIPS/mW 以上。

3. Cortex-R5

Cortex-R5 处理器是在 Cortex-R4 基础上扩展了功能集得到的，支持在可靠的实时系统中获得更高级别的系统性能，提高效率和可靠性并加强错误管理，提供了一种从 Cortex-R4 处理器向上迁移到更高性能的 Cortex-R7 处理器的简单迁移途径；通常用于为市场上的实时应用提供高性能解决方案，包括移动基带、汽车、大容量存储、工业和医疗市场。

Cortex-R5 是为了实现高级芯片工艺而设计的，其重点是更高的能效、实时的响应速度、高级功能和简单的系统设计。其提供了高度灵活且有效的双周期本地内存接口，并且集成了包括 LLPP（低延迟外设端口）在内的许多高级系统级功能以帮助进行软件开发。

Cortex-R5 在使用主流低功耗工艺技术（40 纳米 LP）进行实现的时候，可以做到 600MHz 以上的最大时钟频率，性能可以达到 1.66 DMIPS/MHz，效率达到 24 DMIPS/mW 以上。

4. Cortex-R7

Cortex-R7 同样是为了实现高级芯片工艺而设计的，其重点是更高的能效、实时的响应速度、高级功能和简单的系统设计。其提供了支持紧耦合内存（TCM）本地共享内存和外设端口的灵活本地内存系统，使 SoC 设计人员可以在受到限制的芯片资源内达到高标准的硬实时要求。

Cortex-R7 在使用主流高性能移动工艺技术（28 纳米 HPM）进行实现的时候，可以做到 1GHz 以上的最大时钟频率，性能可以达到 2.5 DMIPS/MHz，效率达到 27 DMIPS/mW 以上。

4.4.4 Cortex-A 系列

Cortex-A 处理器包括 Cortex-A5、Cortex-A7、Cortex-A8、Cortex-A9、Cortex-A12 和 Cortex-A15 这 6 个子系列，用于具有高计算要求、运行丰富操作系统以及提供交互媒体和图形体验的应用领域，如智能手机、平板电脑、汽车娱乐系统、数字电视等。

1. Cortex-A 系列处理器的概述

Cortex-A 系列处理器具有以下特点。

● 其是移动互联网的理想选择，为 Adobe Flash10.1 以上版本提供了原生支持；提供了高性能的 NEON 引擎，广泛支持媒体解码器；采用了低功耗设计，支持全天浏览和连接。

● 其具有高性能，可以为其目标应用领域提供各种可伸缩的能效性能点。

● 都支持 ARM 的第二代多核技术；支持面向性能的应用领域的单核到四核的实现；支持对称和非对称的操作系统的实现；并且可以通过加速器一致性端口（ACP）在导出到系统的整个处理器中保持一致性。并且，Cortex-A5 和 Cortex-A15 将多核一致性扩展至 AMBA ACE 的 1～4 核群集以上，支持 big LITTLE（ARM big.LITTLE™ 处理是一项节能技术，它将最高性能的 ARM 处理器与最高效的 ARM 处理器结合到一个处理器子系统中，与当今业内最优秀的系统相比，不仅性能更高，能耗也更低）处理。

● 除了具有与上一代经典 ARM 和 Thumb 架构的二进制兼容性之外，Cortex-A 类处理器还可以通过 Thumb-2、TrustZone 安全扩展、Jazelle 技术扩展来提供更多的优势。

Cortex-A 系列处理器均适用于各种不同的性能应用领域，其共享共同 ARMv7-A 的架构和功能集，成为开放式平台设计的最佳解决方案；并且可以为不同设计之间的软件提供兼容性和可移植性，其提供了 ARM、Thumb-2、Thumb、Jazelle、DSP 的指令集支持、TrustZone 安全扩展、高级单精度和双精度浮点支持、NEON 媒体处理引擎以及对包括 Linux 全部分发版本（Android、Chrome、Ubuntu 和 Debian）、Linux 第三方（MontaVista、QNX、Wind River、Symbian、Windows CE）、需要使用内存管理单元的其他操作系统支持。Cortex-A 系列处理器也具有各种显著不同的特点，如表 4.7 所示。

表 4.7　Cortex-A 系列处理器比较

内核	Cortex -A5	Cortex -A5 多核	Cortex -A8	Cortex -A9	Cortex -A9 多核	Cortex -A9 硬核	Cortex -A15 多核	Cortex -A7 多核
架构	ARMv7	ARMv7 + MP	ARMv7	ARMv7	ARMv7 + MP	ARMv7 +MP	ARMv7 +MP +LPAE	ARMv7 +MP +LPAE
中断控制器	GIC-390	已集成 -GIC	GIC-390	GIC-390	已集成 -GIC	已集成 -GIC	已集成 -GIG	GIC-400
L2 cache 控制器	L2C-310	L2C-310	已集成	L2C-310	L2C-310	L2C-310	已集成	已集成
预期实现	300～800MHz	300～800MHz	600～1000MHz	600～1000MHz	600～1000MHz	800～2000MHz	1000～2500MHz	800～1500MHz
DMIPS/MHz	1.6	1.6/处理器	2.0	2.5	2.5/处理器	5.0/双核	TBC	1.9/处理器

图 4.13 给出了 Cortex-A 全系列处理器结构框图对比。

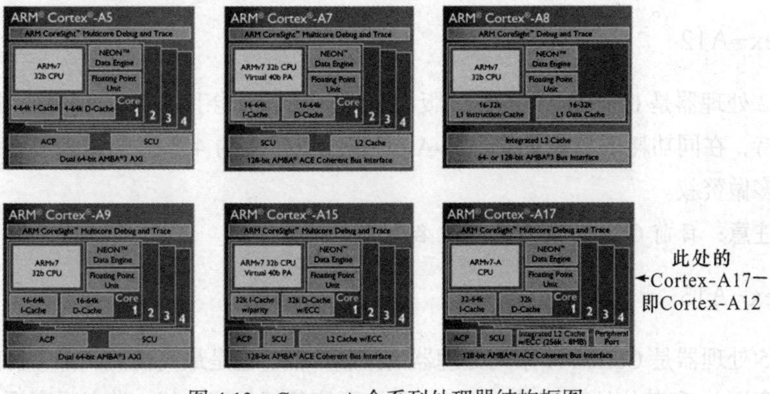

图 4.13　Cortex-A 全系列处理器结构框图

2. Cortex-A5

Cortex-A5 处理器是体积最小、功耗最低的应用型处理器，并且可以带来完整的 Internet 体验，可为现有的 ARM926EJ-S 和 ARM1176JZ-S 处理器设计提供高价值的迁移途径。它可实现比 ARM1176JZ-S 更好的性能、比 ARM926EJ-S 更好的功效和能效，以及 100%的 Cortex-A 兼容性。

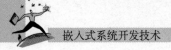

3. Cortex-A7

Cortex-A7 处理器是一种高能效应用处理器，除了低功耗应用外，还支持低成本、全功能入门级智能手机。该处理器与其他 Cortex-A 系列处理器完全兼容并整合了高性能 Cortex-A15 处理器的所有功能，包括虚拟化、大物理地址扩展 (LPAE)、NEON 高级 SIMD 和 AMBA 4 ACE 一致性。单个 Cortex-A7 处理器的能效是 ARM Cortex-A8 处理器的 5 倍，性能提升 50%，而尺寸仅为后者的五分之一，支持如今的许多主流智能手机。

目前提供 Cortex-A7 的厂商包括德州仪器（TI）、三星（SAMSUNG）、飞思卡尔（Freescale）、博通（Broadcom）、海思半导体（HISILICON）和 LG。

4. Cortex-A8

Cortex-A8 处理器基于 ARMv7 架构，支持 1GHz 以上的工作频率，采用了高性能、超标量微架构以及用于多媒体和 SIMD 处理的 NEOD 技术，可以满足 300Mw 以下运行的移动设备的低功耗要求，并且与 ARM926、ARM1136 和 ARM1176 处理器的二进制兼容。目前提供 Cortex-A8 的厂商有德州仪器（TI）、三星（SAMSUNG）、飞思卡尔（Freescale）、博通（Broadcom）和 ST（意法半导体）。

5. Cortex-A9

Cortex-A9 处理器是低功耗或散热受限的成本敏感型设备的首选处理器。其支持多核，在用作单核心的时候性能比 Cortex-A8 提升 50%以上，主要用于主流智能手机、平板电脑、多媒体播放器等。其还可以提供多达 4 个处理器集成，在必要的时候能实现轻量级的工作量以及峰值性能。

6. Cortex-A12

Cortex-A12 处理器是 Cortex-A9 的升级版，专注应用于智能手机和平板电脑，提供了对 1TB 存储空间的支持，在同功耗下其相对 Cortex-A9 性能提升了大约 40%。通常来说，该芯片使用较少，故在此不多做赘叙。

注意： 目前 Cortex-A12 已经改名为 Cortex-A17。

7. Cortex-A15

Cortex-A15 处理器是 Cortex-A 系列处理器的最新产品，也是最高性能产品（目前 Cortex-A17 还未正式投入商用），和其他处理器系列兼容，具有无序超标量流水线，带有紧密耦合的大小可以达到 4MB 的低延迟 2 级 cache；改进后的浮点和 NEON 媒体性能可以给用户提供下一代的体验并且为 Web 基础结构应用提供高性能计算。其通常应用于移动计算、高端数码家电、服务器和无线基础架构。

Cortex-A15 是基于 ARMv7 架构的处理器，其和 Cortex-A 系列的其他处理器完全兼容，所以支持相当多的成熟的开发平台和软件体系，包括 Android、AFP（Adobe Flash Player）、Java Platform Standard Edition（Java SE）、JavaFX、Linux、Microsoft Windows Embedded、Symbian 和 Ubuntu 等。

Cortex-A15 还支持 big.LITTLE 技术，可以和 Cortex-A7 处理器配对并且确保将合适的工作分配给合适的处理器，以达到合适的性能和功耗的平衡。

4.4.5　Cortex-A50 系列

Cortex-A50 系列处理器基于 ARMv8 架构，可以在 AArch32 执行状态下为 ARMv7 的 32 位代码提供更好的性能，也可以在 AArch64 执行状态下支持 64 位数据和更大的虚拟寻址空间，其允许 32 位和 64 位之间进行完全的交互操作，因此可以从运行 32 位 ARMv7 应用程序的 64 位操作系统开始，迁移到在同一系统中混合运行 32 位应用程序和 64 位应用程序，最终一步步迁移到 64 位系统。其提供了 A53 和 A57 两种型号的处理器。由于该系列处理器刚刚发展起来，还没有大规模实际应用，在此不多做赘述。

4.4.6　ARM 处理器的总结

通常来说，作为工业控制处理器，可以选择 Cortex-M 系列，其中 M0 比较简单、便宜，适合用于替代 51 单片机，其缺点是不带 MMU，需要直接编写/运行控制代码；Cortex-R 系列可以取代 ARM9 作为具有带操作系统的控制系统；Cortex-A 系列更加常用于消费类电子产品，但是其中的 Cortex-A5 处理器也经常用于工业控制场合。

4.5　本章小结

（1）计算机按照指令集可以分为复杂指令计算机（CISC）和精简指令计算机（RICS）。目前在高端嵌入式处理器中应用最为广泛的 ARM 处理器即为精简指令集架构。

（2）计算机处理器按照存储结构可以分为冯·诺依曼存储结构和哈佛存储结构，高端的 ARM 处理器（ARM9 之后）采用的就是哈佛存储结构。

（3）常见的嵌入式处理器内核包括 MCS-51、AVR、PIC、MSP430、ARM 等。

（4）ARM 公司提供的 ARM 是内核系列，不同的厂商会基于这些内核生产不同型号的处理器。

（5）目前常见的 ARM 处理器包括 Classic（已经逐步被淘汰）、Cortex-M、Cortex-R 和 Cortex-A 系列。

4.6　真题解析和习题

4.6.1　真题解析

【真题 1】对于嵌入式处理器内核的分类，以下说法正确的是（　　）。

A. 按照字长可分为 8 位结构和 32 位结构

B. 按照存储结构可分为 RISC 结构和哈佛结构

C. 按照体系结构可分为 CISC 结构和 RISC 结构

D. 按照指令结构可分为冯·诺依曼结构和哈佛结构

【解析】答案：C。

本题考察嵌入式处理器结构分类的相关知识，主要涉及第 4.1 节的相关知识。答案 A 的错误在于按照字长宽度划分还有 16 位、64 位等；答案 B 的错误在于按照存储结构划分应该是哈佛结构和冯·诺依曼结构；答案 D 的错误则是混淆了指令结构分类方法和存储结构分类方法。

【真题 2】不属于 ARM 内核主要特点的是（   ）。

    A. 功耗低

    B. 功能强大

    C. 采用 RISC 结构

    D. 全部采用哈佛结构

【解析】答案：D。

本题考查对 ARM 处理器结构的理解，主要涉及第 4.1 节和第 4.3 节的内容。在 ARM9 之后的 ARM 处理器采用的才是哈佛结构。

【真题 3】以下关于 ARM 处理器的叙述中，错误的是（   ）。

    A. ARM7～ARM11 为经典 ARM 处理器

    B. Cortex-A 系列为应用 Cortex 处理器，主要面向高端应用

    C. Cortex-M 系列为面向移动计算领域的嵌入式处理器

    D. Cortex-R 系列应用于实时应用的场合

【解析】答案：C。

本题考查对 ARM 处理器分类及各类处理器特点的理解，主要涉及第 4.4 节的内容。Cortex-M 系列处理器主要偏重于工业控制。

4.6.2　本章习题

1. 以下关于嵌入式处理器说法正确的是（   ）。

    A. 按照字长可分为 8 位、16 位、32 位和 64 位嵌入式处理器

    B. 按照存储结构可分为 RISC 结构和 CISC 结构

    C. 按照内核可分为哈佛结构和冯·诺依曼结构

    D. 所有 ARM 处理器均是 RISC 结构且为哈佛结构

2. 以下关于嵌入式处理器的说法正确的是（   ）。

    A. RISC 是复杂指令集结构计算机

    B. 哈佛结构是程序与数据统一的存储结构

    C. ARM 处理器的指令编码全部为 32 位

    D. ARM 的 Cortex-M 系列是面向控制的嵌入式 Cortex 处理器

3. 以下关于 ARM 处理器内核说法正确的是（   ）。

    A. 经典 ARM 处理器包括 Cortex-M、Cortex-R 和 Cortex-A 三大类

    B. Cortex-A 系列为应用 Cortex 处理器，主要面向高端应用设计

    C. Cortex-M 系列为面向控制领域的实时嵌入式处理器

    D. ARM11 性能优于 Cortex-A5，但低于 Cortex-A15

第5章

ARM 处理器编程模型

本章将基于 v4T~v7 架构的 ARM 处理器内核以及三星的 S3C2440/S3C2410 处理器来介绍 ARM 处理器的编程基础知识。编程模型是指 ARM 处理器的工作状态、工作模式、寄存器、异常处理、数据类型和存储格式等。本章的考核重点如下。

● ARM 处理器内核的体系结构（工作状态、工作模式、寄存器组织、异常、数据类型与存储格式等）。

5.1 ARM 处理器的工作状态

从编程角度来说，ARM 处理器有两种工作状态，即 ARM 状态和 Thumb/Thumb-2 状态。此外，在实际应用中还有调试状态。

5.1.1 ARM 状态和 Thumb/Thumb-2 状态

在 ARM 处理器结构中，ARM 指令集中的指令是 32 位的指令，其执行效率非常高。对于存储系统数据总线为 16 位的应用系统，ARM 处理器还提供了 Thumb 指令集，这是对 ARM 指令集的一个子集重新编码得到的，指令长度为 16 位。Thumb 指令集并没有改动 ARM 处理器的编程模型，只是在该模型上加上了一些限制条件，其中的数据处理指令的操作数仍然为 32 位，指令寻址地址也是 32 位的。ARM 状态和 Thumb 状态的关系如图 5.1 所示。

ARM 状态是 ARM 处理器在开始执行代码时的状态，此时处理器执行 32 位的字对齐 ARM 指令；在 Thumb 状态下 ARM 处理器执行 16 位的半字对齐的 Thumb 指令，由于指令更短，所以可以提供更好的代码密度。

需要注意的是，ARM 指令集只能在 ARM 状态下执行，而 Thumb 指令集只能在 Thumb 状态下执行，不能混用。

图 5.1　ARM 状态和 Thumb 状态

通常来说，Thumb 状态下的程序比 ARM 状态下的程序更加紧凑，而且对于内存为 8 位或 16 位的系统来说，使用 Thumb 状态会带来更高的效率。但是，在某些应用场合（如异常处理）下，ARM 处理器必须运行在 ARM 状态下，此时就必须混合使用 ARM 状态和 Thumb 状态。

ARM7TDMI 之后版本内核的 ARM 处理器具有 Thumb 工作状态，而 Cortex-M 等处理器具有 Thumb-2 工作状态。可以将 Thumb 指令集视为 ARM 指令集的一个子集，其特点说明如下，和 ARM 指令集的差异在表 5.1 列出。

- Thumb 指令集的分支指令跳转的范围小，除 B 指令外，都执行无条件跳转。
- Thumb 指令集的指令只有 2 个操作数，而 ARM 指令集的指令使用 3 个操作数。
- Thumb 指令集不能直接访问所有的寄存器，有的是限制访问的，有的是间接访问的，SPSR 是不能访问的，只有 R0～R7 是可以任意访问的。
- Thumb 指令集所特有的指令 PUSH 和 POP 只能作用于寄存器 R13。
- Thumb 指令的源寄存器和目标寄存器经常是相同的。
- Thumb 指令的常数值通常会比较小。
- Thumb 指令通常不会使用桶形移位器（Barrel Shifter）。

表 5.1　　　　　　　　　　　　Thumb 指令集和 ARM 指令集的差别

各项差异	Thumb 指令集	ARM 指令集
工作标识	CPSR 的 T 位=1	CPSR 的 T 位=0
操作数寻址方式	大多数为 2 地址	大多数为 3 地址
指令长度	16 位	32 位
指令数目	30 条	58 条
条件指令	只有分支指令	均可
数据处理器指令	独立的 ALU 指令和桶形移位器指令	访问桶形移位器和 ALU 指令
寄存器	8 个通用寄存器、7 个高位寄存器和 PC 指针	15 个通用寄存器和 PC 指针
程序状态寄存器	不能直接访问	特权模式下可读可写
异常处理	不能处理	可以处理

通常的移位寄存器都是在一个时钟脉冲的激励下进行向左移位或者向右移位，而 ARM 处理器中的桶形移位器采用了如图 5.2 所示的开关矩阵电路，可以在时钟脉冲激励下移动任意位。

Thumb-2 是在 ARMv6T2 和 ARMv7M 体系结构中定义的 Thumb 指令集的一项增强功能，其扩充了受限的 16 位 Thumb 指令集，以额外的 32 位指令让指令集的使用更广泛。在 Cortex-M 等处理器系列中（Cortex-M 系列处理器只有 Thumb-2 指令集和 Thumb-2 状态）使用，提供了与 ARM

指令集类似的性能，但是其代码密度和 Thumb 代码类似。

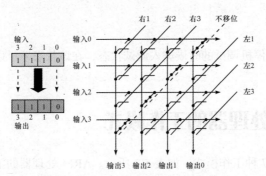

图 5.2　矩阵开关电路构成的桶形移位器

在 Thumb-2 的基础上，ARM 又发展出了 Thumb EE 技术，也就是所谓的 Thumb-2EE，业界称为 Jazelle RCT 技术。其扩充了 Thumb-2 指令集，能特别适用于执行阶段（Runtime）的编码产生（如即时编译），是专为一些语言如 Java、C#、Perl 和 Python 等设计的，能让即时编译器输出更小的编译码而不影响到效能。

5.1.2　ARM 状态和 Thumb 状态的切换

在某些应用场合需要将 ARM 处理器的工作状态在 ARM 状态和 Thumb 状态之间进行切换。ARM 指令集和 Thumb 指令集均提供了切换处理器状态的指令。

● 从 ARM 状态进入 Thumb 状态：当操作数寄存器的状态位（位 0）为 1 时，执行 BX 指令的方法，使 ARM 处理器从 ARM 状态切换到 Thumb 状态；此外，当 ARM 处理器处于 Thumb 状态时如果发生异常（如 IRQ、FIQ、Undef、Abort、SWI 等），则在完成异常处理返回时，会自动切换到 Thumb 状态。

● 从 Thumb 状态进入 ARM 状态：当操作数寄存器的状态位为 0 时，执行 BX 指令时可以使 ARM 处理器从 Thumb 状态切换到 ARM 状态；此外，在 ARM 处理器进行异常处理时，如果把 PC 指针放入异常模式链接寄存器中，并从异常向量地址开始执行程序，也可以切换到 ARM 状态。

图 5.3 给出了从 ARM 状态切换到 Thumb 状态以及从 Thumb 状态切换。ARM 状态的代码块分析。从图中可以看到，如果"R0[0] = 1"，则执行"BX R0"指令即可进入 Thumb 状态；如果"R0[0] = 0"，则执行"BX R0"指令会进入 ARM 状态。

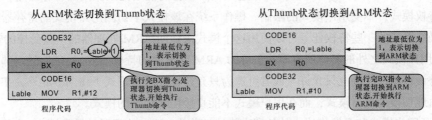

图 5.3　ARM 处理器的状态切换

5.1.3 调试状态

当 ARM 处理器位于停机调试的时候进入调试状态，在该状态下可以对 ARM 处理器的当前状态进行调试。

5.2 ARM 处理器的工作模式

ARM 处理器一共有 7 种工作模式，如表 5.2 所示。ARM 处理器的工作模式是可以互相转换的，但是需要一定的条件。通常来说，用户的应用代码会运行在用户模式下，此时该代码不能访问一些受操作系统保护的系统资源，同时也不能直接进行处理器模式的切换。当应用程序发生异常中断时，ARM 处理器进入相应的异常模式。在每一种异常模式中都有一组属于自己的寄存器，供相应的异常处理程序使用，这样可以保证异常模式时，用户程序下的寄存器值不被破坏。

表 5.2   ARM 处理器的工作模式

工作模式	简称	CPSR 寄存器低五位的值	说明
用户模式	USR，user mode	10000	正常的程序执行模式，不能直接切换到其他模式
系统模式	SYS，system mode	11111	用于支持操作系统的特权任务操作，和用户模式类似，但是其可以直接切换到其他模式
快速中断模式	FIQ，fast interrupt mode	10001	支持高速数据传输和通道处理，当出现快速中断异常响应时进入此模式
中断模式	IRQ，interrupt mode	10010	用于通用中断处理，当出现通用中断异常响应时进入此模式
管理模式	SVC，supervisor mode	10011	用于运行操作系统保护代码，当系统复位和出现软件中断响应时进入此模式
中止模式	ABT，abort mode	10111	用于支持虚拟内存和存储器保护
未定义模式	UND，undefined mode	11011	支持硬件协处理器的软件仿真，当检查到未定义指令异常响应时进入此模式

ARM 处理器的 7 种模式又可以分为如图 5.4 所示的特权模式和非特权模式以及异常模式和非异常模式进行分组，其具有以下特点。

● 用户模式和系统模式都不能由异常进入，而且它们使用完全相同的寄存器组，其中系统模式属于特权模式，不受用户模式的限制。操作系统在该模式下访问用户模式的寄存器就比较方便，而且操作系统的一些特权任务可以使用这个模式来访问 ARM 处理器的一些受控的资源。

● 除用户模式之外的其他所有模式被称为 ARM 处理器的特权模式。处理器的内部寄存器和一些片内外设在硬件设计上只允许（或者可选为只允许）在特权模式下访问。此外，在特权模式下可以自由地切换处理器模式，而在用户模式不能直接切换到别的模式。

● 除了用户模式和系统模式之外的所有模式被称为 ARM 处理器的异常模式。这些模式除了可以通过程序切换进入外，也可以由特定的异常进入。当有特定的异常出现时，处理器进入相应的模式。每种异常模式都有一些独立的寄存器，以避免异常退出时用户模式的状态不可靠。

在 ARM 处理器的启动过程中会经历一个如图 5.5 所示的模式转换过程。其中，管理模式是处理器复位之后的确实模式，而在各种特权模式变化过程中主要完成各个模式的堆栈设置，最后才进入用户模式来执行应用代码。

图 5.4　ARM 处理器工作模式的划分　　　　图 5.5　ARM 处理器启动过程中的模式转换过程

5.3　ARM 处理器的寄存器组织

ARM 处理器共有 37 个寄存器，其中有 31 个通用寄存器和 6 个状态寄存器。这些寄存器不能同时被访问，能访问的部分取决于处理器的具体工作状态和工作模式，可以分为在 ARM 状态下和在 Thumb 状态下两大类。

5.3.1　ARM 状态下的寄存器组织及其应用

ARM 状态的各个工作模式下可供访问的寄存器如表 5.3 所示，共有 37 个 32 位的寄存器，包括 31 个通用寄存器和 1 个当前程序状态寄存器（Current Program Status Register，CPSR）和 5 个备份的程序状态寄存器（Saved Program Status Register，SPSR），每种工作模式所对应的可以访问的寄存器不同。

表 5.3　　　　　　　　　　　　　ARM 状态下的寄存器

寄存器类别	寄存器在汇编中的名称	各模式下实际访问的寄存器						
		用户	系统	管理	中止	未定义	中断	快中断
通用寄存器和程序计数器	R0（a1）	R0						
	R1（a2）	R1						
	R2（a3）	R2						
	R3（a4）	R3						
	R4（v1）	R4						
	R5（v2）	R5						
	R6（v3）	R6						
	R7（v4）	R7						
	R8（v5）	R8						R8_fiq
	R9（SB，v6）	R9						R9_fiq
	R10（SL，v7）	R10						R10_fiq

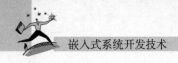

续表

寄存器类别	寄存器在汇编中的名称	各模式下实际访问的寄存器					
		用户	系统	管理	中止	未定义	中断	快中断
	R11（FP, v8）	R11						R11_fiq
	R12（IP）	R12						R12_fiq
	R13（SP）	R13		R13_svc	R13_abt	R13_und	R13_irq	R13_fiq
	R14（LR）	R14		R14_svc	R14_abt	R14_und	R14_irq	R14_fiq
	R15（PC）	R15						
状态寄存器	CPSR	CPSR						
	SPSR	无		SPSR_abt	SPSR_abt	SPSR_und	SPSR_irq	SPSR_fiq

1. 通用寄存器

ARM 状态下的通用寄存器包括 R0～R15，可以分为未分组寄存器（R0～R7）、分组寄存器（R8～R14）以及程序计数器（PC/R15）三大类。

在所有工作模式下，未分组寄存器都指向同一个物理寄存器，它们未被系统用作特殊的用途。因此，在中断或异常处理进行工作模式转换时，由于处理器不同的工作模式均使用相同的物理寄存器，可能会造成寄存器中数据的破坏。

对于分组寄存器而言，其每一次所访问的物理寄存器与处理器当前的运行模式有关。对于寄存器 R8～R12 来说，每个寄存器对应两个不同的物理寄存器，当进入快速中断请求（FIQ）模式时，访问寄存器 R8_fiq～R12_fiq；当进入其他工作模式时，访问寄存器 R8_usr～R12_usr，这样可以加快在快速中断请求模式下的处理速度。

对于寄存器 R13～R14 来说，每个寄存器对应 6 个不同的物理寄存器，其中的一个是用户模式（USR）与系统模式（SYS）共用，另外 5 个物理寄存器分别对应其他 5 种不同的工作模式。采用以下的记号来区分不同的物理寄存器。

```
R13_<mode>
R14_<mode>
mode = usr/fiq/irq/svc/abt/und
```

2. 通用寄存器 R13 的应用

寄存器 R13 常被用作堆栈指针（SP）。在 ARM 指令集中，没有以特殊方式使用 R13 的指令或其他功能，只是习惯上都这样使用，但是 Thumb 指令集中的某些指令会强制使用 R13 作为堆栈指针。由于 ARM 处理器的每种工作模式均有自己独立的物理寄存器 R13，所以在用户应用程序的初始化部分都要对每种工作模式下的 R13 进行初始化使其指向该工作模式下的堆栈空间。这样做的目的是，当用户程序进入异常模式之后，可以将需要保护的寄存器内容放入 R13 所指向的堆栈空间中，而当异常处理返回时则从堆栈中恢复寄存器的内容以保证异常发生后程序的正常运行。

3. 通用寄存器 R14 的应用

寄存器 R14 也被称为子程序链接寄存器（Subroutine Link Register）或链接寄存器（LR）。当执行分支指令（BL）时或者进入异常工作模式时，可以将程序计数器（PC）的内容备份到 R14 中，也就是在 ARM 处理器的每一种工作模式下都可以用 R14 来保存子程序的返回地址。

4. 状态寄存器

状态寄存器由 1 个当前状态寄存器 CPSR 和 5 个备份程序状态寄存器 SPSR 组成。前者用于标识当前运行的结果、中断使能设置、处理器状态、当前运行模式等；后者用于当异常发生后保存通用寄存器的当前值，以便从异常退出时恢复当前状态寄存器的值。

ARM 处理器在所有工作模式下都可以访问状态寄存器，不同工作模式下的状态寄存器对应同一个物理寄存器；而在每一种异常工作模式下的备份程序状态寄存器对应不同的物理寄存器（一共为 5 个）。由于用户工作模式和系统工作模式不属于异常工作模式，所以其没有备份程序状态寄存器。如果在这两种工作状态下访问备份程序状态寄存器，得到的结果是未知的。

当前状态寄存器 CPSR 反应了当前 ARM 处理器的状态，其由如图 5.6 所示的 5 个条件代码标志、1 个状态位、2 个中断控制位、5 个工作模式位和 19 个保留位组成。备份程序状态寄存器 SPSR 的结构和当前状态寄存器完全相同，其中各组状态位说明如下。

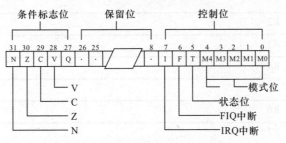

图 5.6　ARM 处理器的状态寄存器

- 条件代码标志（N、Z、C、V、Q, negative、zero、carry、overflow 和 DSP overflow）分别对应负数标志位、全零标志位、进借位标志、溢出标志位和 DSP 溢出标志位。这些位有效的时候为 1，无效的时候为 0，其内容可以被算术或者逻辑运算的结果改变。ARM 处理器可以根据这些标志位来进行条件执行。

- 中断控制位（I、F, IRQ 和 FRQ）分别对应外部中断和快速中断的控制。当该位为"1"时允许外部中断，当该位为"0"时禁止外部中断。

- 状态位（T）用于反映处理器的当前运行状态，不同版本的 ARM 处理器其含义不同。对于支持 Thumb 工作模式的处理器而言，当该位为"1"时执行 Thumb 指令。

- 工作模式位（M4~M0）用于管理处理器的当前工作模式，不同取值对应的工作模式可以参考表 5.3。需要注意的是，不是所有的模式位组合都对应了有效的处理器模式。如果使用了错误的组合来设置工作模式，可能会导致未知的结果。

状态寄存器的保留位被保留将来使用。为了提高程序的可移植性，用户在修改 CPSR 的标志和控制位时需要注意保护它们的值，并且为了兼容性应该确保用户程序的运行不受保留位的值影响，因为将来的处理器可能会使用这些位。

5. 程序计数器

ARM 的程序计数器 PC（Program Counter）对应寄存器 R15。在 ARM 状态下，所有指令都是 32 位的，所以该寄存器的值由 R15[31～2]位的值来决定，R15[1～0]位的值始终为 0。

此外，需要注意的是，程序计数器也可以用作通用寄存器，但是通常来说不会这样使用，因为其值通常是下一条要取出的指令的地址。

5.3.2　Thumb 状态下的寄存器组织

ARM 处理器的 Thumb 状态下的寄存器组织是 ARM 状态下组织的子集，其中可以直接访问的寄存器如表 5.4 所示，包括 8 个通用寄存器 R0～R7、程序计数器（PC）、堆栈指针（SP/R13）和链接寄存器（LR/R14），并且可以在一定条件下访问程序状态寄存器（CPSR）。

表 5.4　　　　　　　　　　　　　　　Thumb 状态下的寄存器组织

寄存器类别	寄存器在汇编中的名称	各模式下实际访问的寄存器						
		用户	系统	管理	中止	未定义	中断	快中断
通用寄存器和程序计数器	R0（a1）	R0						
	R1（a2）	R1						
	R2（a3）	R2						
	R3（a4）	R3						
	R4（v1）	R4						
	R5（v2）	R5						
	R6（v3）	R6						
	R7（v4，wr）	R7						
	R13（SP）	R13		R13_svc	R13_abt	R13_und	R13_irq	R13_fiq
	R14（LR）	R14		R14_svc	R14_abt	R14_und	R14_irq	R14_fiq
	R15（PC）	R15						
状态寄存器	CPSR	CPSR						

ARM 状态和 Thumb 状态之间寄存器的关系映射如图 5.7 所示，可以总结如下。

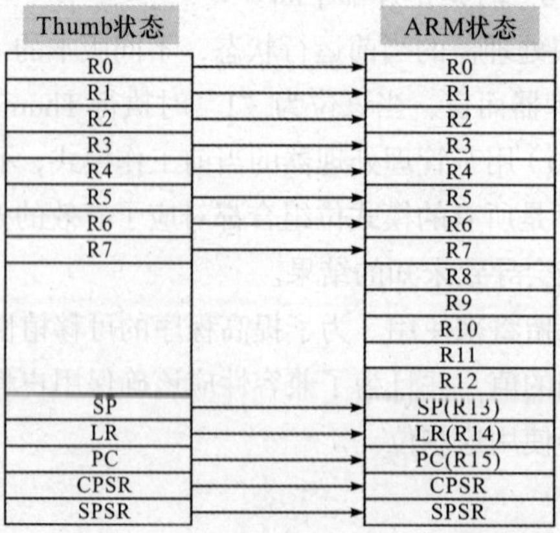

图 5.7　ARM 状态和 Thumb 状态之间的关系映射

- Thumb 状态下的 R0～R7 寄存器与 ARM 状态下 R0～R7 寄存器完全相同。
- Thumb 状态下的当前状态寄存器和备份状态寄存器与 ARM 状态下的当前状态寄存器和备份状态寄存器完全相同。
- Thumb 状态下的堆栈指针 SP 对应到 ARM 状态下的 R13 寄存器。
- Thumb 状态下的链接寄存器 LR 映射到 ARM 状态下 R14 寄存器。
- Thumb 状态下的程序计数器 PC 对应 ARM 状态下的程序寄存器 PC（R15）。

5.4 ARM 处理器的异常处理

异常是由 ARM 处理器内部或外部源产生并引起处理器停止当前正在进行的正常程序执行流程转而处理的一个事件，包括但不仅限于外部的硬件中断、内部的程序跳转失败等。理解异常处理是理解 ARM 处理器结构的一个重要途径，因为异常处理中涉及了相当多的 ARM 处理器结构的相关知识。

5.4.1　ARM 处理器支持的异常类型

ARM 处理器支持多种类型的异常，并且允许多个异常同时发生。表 5.5 中列举了 ARM 支持的异常类型及其对应的异常模式、向量地址和优先级。

表 5.5　　　　　　　　　　　　　　　　ARM 处理器支持的异常类型

异常类型	异常模式	向量地址	优先级	说明
复位（Reset）	管理模式（SUV）	0x0000 0000	1	当处理器的复位电平有效时，产生复位异常，程序跳转到复位异常处理程序处执行
未定义指令（UND）	未定义模式（UND）	0x0000 0004	6	当 ARM 处理器或协处理器遇到不能处理的指令时，产生未定义指令异常。可使用该异常机制进行软件仿真
软件中断（SWI）	管理模式（SUV）	0x0000 0008	6	该异常由执行 SWI 指令产生，可用于用户模式下的程序调用特权操作指令。可使用该异常机制实现系统功能调用
指令预取中止（PABT）	中止模式（ABT）	0x0000 000C	5	若处理器预取指令的地址不存在，或该地址不允许当前指令访问，存储器会向处理器发出中止信号；但当预取的指令被执行时，才会产生指令预取中止异常
数据中止（DABT）	中止模式（ABT）	0x0000 0010	2	若处理器数据访问指令的地址不存在，或该地址不允许当前指令访问时，产生数据中止异常
外部中断请求（IRQ）	中断模式（IRQ）	0x0000 0018	4	当处理器的外部中断请求引脚有效，且 CPSR 中的 I 位为 0 时，产生 IRQ 异常。系统的外设可通过该异常请求中断服务
快速中断请求（FIQ）	快速中断模式（FIQ）	0x0000 001C	3	当处理器的快速中断请求引脚有效，且 CPSR 中的 F 位为 0 时，产生 FIQ 异常
保留		0x0000 0014		保留向量备用

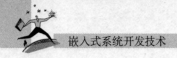

5.4.2　ARM 处理器的异常向量表和优先级

ARM 处理器的异常向量表是由一组跳转指令构成的连续地址上的指令集合，可以参考表 5.5 的"向量地址"列，在其中指定了各异常模式及其处理程序的对应关系，它通常存放在存储器地址的低端起始地址上（有的内核型号支持将该表放置在特定的高地址）。当 ARM 处理器在 Thumb 状态下发生异常时，其会自动切换回 ARM 工模式，然后跳转到对应的地址上去。

在 ARM 处理器中，异常向量表的大小为 32 字节。其中，每个异常占据 4 个字节大小，保留了 4 个字节空间，每 4 个字节空间存放一个跳转指令或者一个向 PC 寄存器中赋值的数据访问指令。通过这两种指令，用户程序将跳转到相应的异常处理程序处执行，其形式通常如下。

```
B    FIQHandler              ;处理函数名称，代表其存放地址
```

可以把 ARM 处理器的异常向量表理解为对于发生某种特定情况时，开始执行的程序代码的入口地址列表，其占据了 ARM 处理器的一块特殊的地址空间，使得硬件只要判断出异常类型，然后跳到对应地址即可，接下来的工作会交给对应的异常响应代码来完成。

ARM 处理器支持多个异常同时发生。当多个异常同时发生时，ARM 处理器会根据固定的优先级决定异常的处理次序并且进入对应的异常模式。这些异常的优先级别可以参考表 5.5 的"优先级"列，其中数字"1"为最高优先级，"6"为最低优先级，其降序排列如表 5.6 所示。可以看到，复位的优先级是最高的，当产生该异常之后 ARM 处理器将无条件将程序计数器跳转到 0x0000 0000 地址处去执行第一条语句，此外其中未定义指令和软件中断异常是互斥的，它们不可能同时发生，所以可以拥有相同的优先级而不冲突。

表 5.6　　　　　　　　　　　　　　　ARM 处理器的异常优先级别列表

复位（Reset）	1（最高优先级）
数据中止（DABT）	2
快速中断请求（FIQ）	3
外部中断请求（IRQ）	4
指令预取中止（PABT）	5
未定义指令（UND）	6
软件中断（SWI）	6（最低优先级）

5.4.3　ARM 处理器对异常的处理和返回

异常发生会使得当前 ARM 处理器正在执行的正常的程序流程被暂时停止，此时应该首先保存处理器的当前状态（通常称为现场保护），以便当异常处理程序完成后处理器能回到原来程序的断点处继续执行。然后，ARM 处理器进入异常处理程序。需要注意的是，除了复位异常会导致处理器立刻终止当前指令之外，其余情况都是当处理器完成当前指令才进入异常处理程序。

ARM 处理器的异常处理是硬件和软件协同工作完成的。硬件可以实现部分的现场保护，而软件则会实现其他的现场保护（通常是寄存器值）。在通常的现场保护过程中，会保护所有要处理

的异常模式对应的通用寄存器。如果涉及工作模式的再次切换或者重入，那么状态寄存器、连接寄存器也要作保护。

1. ARM 处理器的硬件异常响应

ARM 处理器硬件的异常处理过程可以分为如下几个步骤。

（1）将下一条指令的地址存入相应的链接寄存器 LR，以便程序在处理异常返回时能从正确的位置重新开始执行。若异常是从 ARM 状态进入的，则 LR 寄存器中保存的是下一条指令的地址（当前 PC + 4 或 PC + 8，与异常的类型有关）；若异常是从 Thumb 状态进入的，则在 LR 寄存器中保存当前 PC 的偏移量。这样，异常处理程序就不需要确定异常是从何种状态进入的。

（2）将 CPSR 寄存器的值复制到相应的 SPSR 寄存器中。

（3）根据发生的异常类型，设置 CPSR 寄存器的运行模式位以使得处理器进入对应的异常工作模式对异常情况进行处理，同时屏蔽中断以禁止新的中断发生。如果 ARM 处理器原先处于 Thumb 状态则会自动切换到 ARM 状态，使得在接下来的软件处理中总能以字符为单位取到新执行的指令，而不至于因为状态未知而导致取值宽度不确定。

（4）将程序计数器跳转到存放着对应异常处理程序的异常向量地址，ARM 处理器硬件对异常的自动响应到此结束，后续操作则有异常处理程序进行。

2. ARM 处理器的硬件异常返回

除了复位异常会自动使得处理器从地址 0x0000 0000 开始执行代码而不需要硬件异常返回之外，其他所有异常处理完毕后都必须回到原先的程序处继续向下执行，其可以分为如下几个步骤。

（1）将链接寄存器 LR 的值减去相应的偏移量后送到 PC 中。需要注意的是，从不同异常返回时需要减去的偏移量是不同的。表 5.7 总结了进入异常处理时保存在相应 R14 中的 PC 值，及在退出异常处理时推荐使用的指令。

（2）将 SPSR 寄存器的值复制回 CPSR 寄存器中。

（3）清除在进入异常处理时设置的中断禁止位。

表 5.7　　　　　　　　　　　　推荐使用的指令和需要保存在 R14 中的 PC 值

异常	返回指令	以前的状态	
		ARM　R14_x	Thumb R14_x
BL	MOV PC，R14	PC + 4	PC + 2
SWI	MOVS PC，R14_svc	PC + 4	PC + 2
UDEF	MOVS PC，R14_und	PC + 4	PC + 2
FIQ	SUBS PC，R14_fiq，#4	PC + 4	PC + 4
IRQ	SUBS PC，R14_irq，#4	PC + 4	PC + 4
PABT	SUBS PC，R14_abt，#4	PC + 4	PC + 4
DABT	SUBS PC，R14_abt，#8	PC + 8	PC + 8
RESET	N/A	-	-

当一个异常处理返回时，需要恢复通用寄存器、状态寄存器和程序计数器。其中，通用寄存器的恢复采用一般的堆栈操作指令，而状态寄存器和程序指针的恢复可以通过一条指令来实现。

异常返回时另一个非常重要的问题是返回地址的确定。进入异常时，处理器会有一个保存 LR 寄存器的动作，但是该保存值并不一定是正确中断的返回地址。图 5.8 以一个简单的三级流水线情况下指令执行流水状态来说明了为什么保存值不正确。

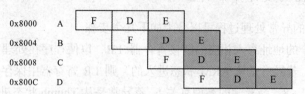

图 5.8　ARM 状态下的三级指令流水线执行说明

3. 在应用程序中处理异常

当 ARM 系统运行时，异常可能会随时发生。为保证在 ARM 处理器发生异常时不至于处于未知状态，在应用程序的设计中，首先要进行异常处理。采用的方式是在异常向量表中的特定位置放置一条跳转指令，跳转到异常处理程序。当 ARM 处理器发生异常时，程序计数器 PC 会被强制设置为对应的异常向量，从而跳转到异常处理程序。当异常处理完成以后，返回到主程序继续执行。

图 5.9 以外部中断异常为例解析了异常从发生到处理、返回的具体过程。假设在地址 A+4 处发生了一次外部中断异常，则 ARM 处理器会按照如图 5.9 所示的顺序进行处理。

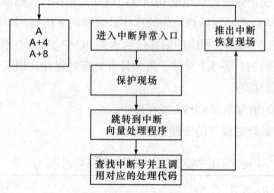

图 5.9　处理外部中断异常

5.5　ARM 处理器的数据类型和存储格式

5.5.1　ARM 处理器支持的数据类型

目前，绝大多数 ARM 处理器都是 32 位的，其支持字节（8 位）、半字（16）和字（32 位）三种数据类型。其中，字需要 4 字节对齐（存放地址的低两位为 0），半字需要 2 字节对齐（地址的最低位为 0）。由于字节、字和半字都可以分为带符号和不带符号两种，所以就形成了带符号字节、不带符号字节、带符号半字、不带符号半字、带符号字和不带符号字共 6 种数据类型。

此外，在 ARM 处理器所对应的编译器中通常还支持如表 5.8 所示的一些数据类型，可以看到它们都是以字节为最小单位的。

表 5.8　　　　　　　　　　　　　ARM 处理器的编译器支持的数据类型

数据类型	位数	字节数	对齐方式
字符型（Char）	8	1	字节对齐
短长整型（Short）	16	2	半字对齐
整型（Int）	32	4	字对齐
长整型（Long）	32	4	字对齐
长长整型（Longlong）	64	4	字对齐
浮点型（Float）	32	4	字对齐
双精度浮点型（Double）	64	4	字对齐
长精度浮点型（Long Double）	64	4	字对齐
指针类型（Pointer）	32	4	字对齐

5.5.2　ARM 处理器的存储格式

作为 32 位的微处理器，ARM 处理器所支持的最大寻址空间为 4G（2^{32}）字节，其将存储器空间视为从零地址（0x0000 0000）开始的字节的线性组合。其中，从 0 字节到第 3 个字节放置第一个存储字数据，从第 4 个字节到第 7 个字节放置第二个存储的字数据，依次排列。在一个字的存储空间中有两种数据存储格法，分别被称为大端格式（Big Endian）和小端格式（Little Endian），ARM 处理器默认采用的存储格式是小端格式。

1. 大端格式

在大端格式中，字数据的高字节存储在低地址中，而字数据的低字节则存储在高地址中，如图 5.10 所示。

2. 小端格式

在小端格式中，字数据的高字节存储在高地址中，而字数据的低字节则存储在低地址中，如图 5.11 所示。

高地址	31	24	23	16	15	8	7	0	字地址
	8		9		10		11		8
	4		5		6		7		4
低地址	0		1		2		3		0

图 5.10　大端格式数据存储格式

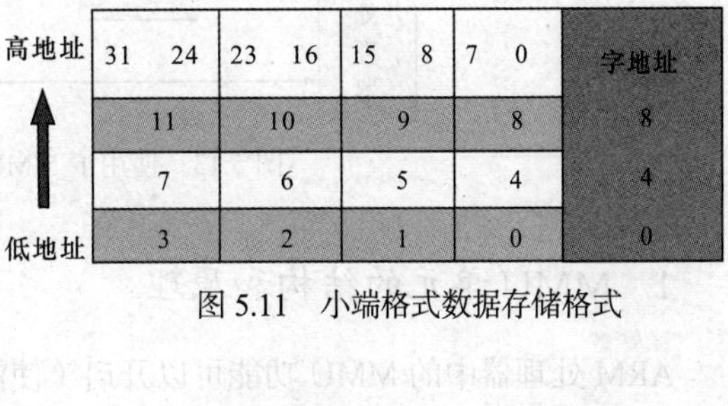

高地址	31	24	23	16	15	8	7	0	字地址
	11		10		9		8		8
	7		6		5		4		4
低地址	3		2		1		0		0

图 5.11　小端格式数据存储格式

3. 存储格式的应用

当用户储存一个 32 位数据 0x1122 3344 到地址 0x0000 0100 的存储空间时，如果采用小端字节,那么存储在 0x0000 0100 地址上的字节应该为 0x44 这个数据,0x0000 0101 为 0x33、0x0000 0102 为 0x22、0x0000 0103 为 0x11,也就是高位数据放在高位地址,低位数据放在低位地址;而大端字节序则正好相反。

字节序确定了储存的基本方式,特别是在对半字和字节为宽度的数据操作时,需要特别注意。如图 5.12 所示,使用 LDRB 指令(以字节为单位装载寄存器)时,不同格式所获得的数据结果是不一样的。

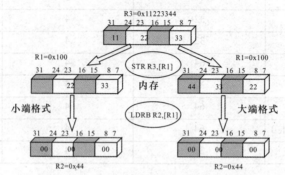

图 5.12　不同存储格式下的存储空间内容

5.6　ARM 处理器的存储器管理单元和存储器保护单元

在进行较为复杂的嵌入式系统设计时,存储器管理将成为一个难点,尤其是需要移植 Linux 等较为高级的操作系统时,从 ARM720T 开始,ARM 处理器开始提供存储器管理单元(MMU)。

5.6.1　存储器管理单元

存储器管理单元(Memory Management Unit,MMU)可以将嵌入式系统中不同类型的存储器(如 Flash、RAM、SD 卡等)进行统一管理,其通过地址映射来完成将主存地址从虚拟存储空间映射到物理存储空间,并且还可以设置存储器访问权限控制,设置虚拟存储空间的缓冲特性等。使用了存储器管理单元的 ARM 处理器虚拟地址系统结构如图 5.13 所示。

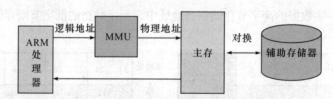

图 5.13　使用了 MMU 的虚拟地址系统结构

1.　MMU 单元的结构和原理

ARM 处理器中的 MMU 功能可以开启(使能)或者关闭(禁止)。开启后处理器使用的地址将是虚拟地址,如 ARM920T 处理器的 MMU 会把虚拟存储空间分成一个个固定大小的页,把物理主存储的空间也分成同样大小的一个个页,通过查询存放在主存中的页表,来实现虚拟地址到物理地址的转换。但由于页表存储在主存储中，查询页表所花的代价很大，因此，通常又采用快表技术（Translation Lookaside Buffer，TLB）来提高地址变换效率，其 MMU 的内部结构如图 5.14 所示。

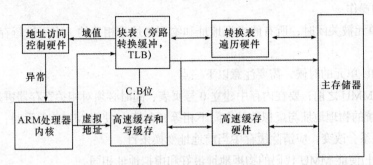

图 5.14　MMU 的内部结构

快表技术将当前需要访问的地址变换条目存储在一个容量较小（通常为 8～16 个字）、访问速度更快（与微处理器中通用寄存器的速度相当）的存储器件中。当微处理器访问主存时，先在 TLB 中查找需要的地址变换条目，如果该条目不存在，再从存储在主存中的页表中查询，并添加到 TLB 中。这样，当处理器下一次又需要该地址变换条目时，可以从 TLB 中直接得到，从而提高了地址变换速度。

由于从虚拟地址到物理地址的变换过程其实就是查询页表的过程，而页表是存放在主存储器中的，所以这个查询代价很大。而程序在执行时其过程具有局部性，对页表中各存储单元的访问并不是随机的，在一段时间内，只局限在少数几个单元中，因此采用 TLB 技术可以提高存储系统的整体性能。

2.　MMU 单元的控制

ARM 处理器提供了相应的寄存器用于对 MMU 单元进行控制，以 ARM920T 内核的处理器为例，其相应的控制寄存器及其对应的功能如表 5.9 所示。

表 5.9　　　　　　　　　　　　　　MMU 单元对应的控制寄存器

寄存器	说明
寄存器 C1（部分位）	用于配置 MMU 单元中的某些操作
寄存器 C2	保存主存中页表的基地址
寄存器 C3	设置访问控制属性
寄存器 C4	保留
寄存器 C5	主存访问失效状态指示
寄存器 C6	主存访问失效时的地址
寄存器 C8	控制与清除快表内容相关的操作
寄存器 C10	控制与锁定快表内容相关的操作

其中，寄存器 C1 的第 "0" 位用于操作是否开启/关闭 MMU 单元。当该位为 "0" 时，关闭 MMU 单元；当该位为 "1" 时，开启 MMU 单元。

当 MMU 单元开启之后，如果有访问存储器的操作则处理器首先在 TLB 中查找虚拟地址；如果该虚拟地址对应的地址变换条目不在 TLB 中，则到页表中查询对应的地址变换条目，并把该结果添加到 TLB 中；如果 TLB 已满，还需根据一定的淘汰算法进行替换，得到地址变换条目后，再进行下一步的操作。

当 MMU 单元被关闭时，所有的虚拟地址和物理地址是相等的，也不进行存储访问权限的控制。

在操作 MMU 单元的时候，需要注意以下三点。

* 在使能 MMU 之前，要在内存中建立 0 号页表，同时必须对相关寄存器进行初始化操作。
* 如果系统的物理地址与虚拟地址空间不相等，在禁止/使能 MMU 单元时，虚拟地址和物理地址的对应关系会改变，应清除缓存中当前地址变换条目。
* 完成禁止/使能 MMU 代码的物理地址最好和虚拟地址相同。

3. MMU 单元的地址映射和域控制

虚拟存储空间到物理存储空间的映射是以内存块为单位进行的，在页表或 TLB 中，每个地址变换条目记录了一个虚拟存储空间的存储块的基地址与物理存储空间的一个存储块基地址的对应关系。

以 ARM920T 处理器为例，其支持的存储块大小有以下 4 种。

* 段（Section）：大小为 1MB 的存储块。
* 大页（Large Pages）：大小为 64KB 的存储块。
* 小页（Small Pages）：大小为 4KB 的存储块。
* 极小页（Tiny Pages）：大小为 1KB 的存储块。

段、大页和小页的集合被称为 MMU 中的域。ARM 处理器支持的域数量是有上限的（通常为 16），每个域的访问控制特性可以由 32 位寄存器 C3 中的两位一组来控制（所以最大为 16 个域），其取值和对应的特性说明如下。

* 0b00：不能访问域，如果对域进行访问将会出现访问失效。
* 0b01：客户类型访问，根据页表中地址变换条目中的访问权限控制位来决定是否允许特定的存储访问。
* 0b10：保留。
* 0b11：管理者权限访问，此时不考虑页表中地址变换条件目中的访问权限控制位。

4. MMU 单元的存储访问权限控制

MMU 控制寄存器 C1 的 R、S 控制位和页表中地址转换条目中的访问权限控制位联合作用控制存储访问权限，其具体规则如表 5.10 所示。

表 5.10　　　　　　　　　　MMU 单元的访问权限控制

AP	S	R	特权级时访问权限	用户级时访问权限
0b00	0	0	无访问权限	无访问权限
0b00	1	0	只读	无访问权限
0b00	0	1	只读	只读

AP	S	R	特权级时访问权限	用户级时访问权限
0b00	1	1	不可预知	不可预知
0b01	X	X	读/写	无访问权限
0b10	X	X	读/写	只读
0b11	X	X	读/写	读/写

5. MMU 单元的存储访问失效

对于 ARM 处理器来说，MMU 单元可以产生访问失效。以 ARM920T 为例，其可以产生地址对齐失效、地址变换失效、域控制失效和访问权限控制失效。当发生存储访问失效时，存储系统可以中止 3 种存储访问，即 cache 内容预取、非缓冲的存储器访问操作和页表访问。

ARM 处理器提供了 MMU 单元失效和外部存储访问中止这两种机制来检测存储访问失效并中止处理器的执行，并且提供了寄存器 C5（失效状态寄存器）和 C6（失效地址寄存器）来处理访问失效相关事宜。

- MMU 单元失效是指当 MMU 单元检测到存储访问失效时，其可以 ARM 微处理器报告该情况，并将存储访问失效的相关信息保存到寄存器 C5 和 C6 中。
- 外部存储访问中止（External Abort）是指存储系统向 ARM 处理器报告存储访问失效。

如果存储访问发生在数据访问周期，则微处理器将产生数据访问中止异常；如果存储访问发生在指令预取周期，则当该指令执行时，微处理器将产生指令预取异常。

5.6.2 存储器保护单元

存储器保护单元（Memory Protection Unit，MPU）是 MMU 单元的简化版本，其提供了简单替代 MMU 单元的方法来管理 ARM 系统的存储器体系，可以简化没有 MMU 单元的 ARM 处理器系统的软件和硬件设计。其利用 4GBytes 的地址空间定义了 8 对首地址和长度都可以编程的域，分别用于控制 8 个指令和 8 个数据内存区域。

5.7 本章小结

（1）从编程角度来说，ARM 处理器可以分为 ARM 状态和 Thumb 状态（Cortex-M 系列处理器是 Thumb-2 状态）。其中，Thumb 状态下指令为 16 位，ARM 状态下指令为 32 位，可以使用 BX 系列指令进行切换。

（2）ARM 处理器有用户模式、系统模式、快速中断模式、中断模式、管理模式、中止模式和未定义模式共 7 种工作模式，每种工作模式下都有对应的寄存器。

（3）ARM 状态的各个工作模式下共有 37 个 32 位的寄存器，其中包括 31 个通用寄存器、1 个当前程序状态寄存器（CPSR）和 5 个备份的程序状态寄存器（SPSR），每种工作模式所对应的可以访问的寄存器不同。

（4）Thumb 状态下的寄存器组织是 ARM 状态下组织的子集，包括 8 个通用寄存器（R0～

R7)、程序计数器（PC）、堆栈指针（SP/R13）、链接寄存器（LR/R14），并且可以在一定条件下访问程序状态寄存器（CPSR）。

（5）ARM 处理器支持多种类型的异常，并且允许多个异常同时发生，这些异常包括复位、未定义指令、软件中断、指令预取中止、数据中止、外部中断请求和快速中断请求。

（6）ARM 处理器支持字节（8 位）、半字（16 位）和字（32 位），支持大端格式存放和小端格式存放。

（7）ARM 处理器开始在内部集成了内存管理单元（MMU）和存储器保护单元（MPU）来对存储空间进行管理和操作。

5.8　真题解析和习题

5.8.1　真题解析

【真题 1】关于 ARM 嵌入式处理器的工作状态，以下说法错误的是（　　）。

A．ARM 状态仅支持 32 位指令编码

B．Thumb 状态仅支持 16 位指令编码

C．Thumb-2 状态仅支持 32 位指令编码

D．ARM 状态和 Thumb 状态是可以相互切换的

【解析】答案：C。

本题重点考查 ARM 处理器的各种工作状态，主要涉及第 5.1 节的内容。其中，Thumb-2 是 Cortex-M 系列处理器的工作状态，其扩充了受限的 16 位 Thumb 指令集，以额外的 32 位指令让指令集的使用更广泛，所以其还是支持 16 位指令编码的。

【真题 2】以下关于 ARM 处理器寄存器说法错误的是（　　）。

A．CPSR 为程序状态寄存器，存放各种标志和状态

B．SPSR 为备份程序状态寄存器

C．R13 为链接寄存器 LR

D．R15 为程序计数器 PC

【解析】答案：C。

本题重点考查 ARM 处理器的寄存器组织，主要涉及第 5.3.1 小节的内容。R13 寄存器不是链接寄存器，而是堆栈指针，链接寄存器 LR 是 R14。

【真题 3】以下关于 ARM 处理器的说法正确的是（　　）。

A．小端格式是指字数据的高字节存储在高字节地址中，字数据的低字节存储在低字节地址中

B．ARM 处理器支持 8 位、16 位、24 位和 32 位数据处理

C．MPU 为 ARM 处理器的存储器管理单元

D．MMU 为 ARM 处理器的存储器保护单元

【解析】答案：A。

本题重点考查 ARM 处理器支持的数据类型、存储格式以及存储器的相关知识，涉及第 5.5 和 5.6 节的内容。其中，答案 B 的错误在于 ARM 处理器不支持 24 位数据处理；答案 C 和答案 D

则把 MPU 和 MMU 的定义弄反了。

【真题 4】以下关于 ARM 处理器 CPSR 寄存器的说法错误的是（　　　）。

A. CPSR 记录 ARM 的工作状态

B. CPSR 决定 ARM 的工作模式

C. CPSR 可设定是否允许外部中断和快速中断

D. CPSR 是 ARM 的控制寄存器

【解析】答案：D。

本题重点考查 ARM 处理器的当前状态寄存器（CPSR）的相关内容，主要涉及第 5.3.1 小节的内容。答案 D 的错误在于 CPSR 不是控制寄存器而是当前状态寄存器。

【真题 5】经典 ARM 处理器有 7 种异常：主要包括复位（RESET）、未定义指令（UND）、软件中断（SWI）、指令预取中止（PABT）、数据访问中止（DABT）、外部中断请求（IRQ）以及_____，其中优先级最高的异常是_____。

【解析】答案：快速中断（FIQ）；复位（RESET）。

本题主要考察 ARM 处理器支持的异常类型，主要涉及第 5.4 节的内容。

5.8.2　本章习题

1. 已知内存 0x80000000 中的内容为 0x33，0x80000001 中的内容为 0x31，0x80000002 中的内容为 0x30，0x80000003 中的内容为 0x32，则 ARM 在大端模式下地址 0x80000000 所指示的一个字为（　　　）。

A. 0x33303132　　　　　　　　　　B. 0x32303133

C. 0x32303331　　　　　　　　　　D. 0x33313032

2. 以下关于 ARM 处理器工作状态的说法错误的是（　　　）。

A. 工作状态包括 ARM 状态、Thumb（或 Thumb-2）状态和调试状态三种

B. ARM 状态既支持 16 位指令宽度也支持 32 位指令宽度

C. Thumb 状态或 Thumb-2 状态下代码密度大于 ARM 状态，占用存储空间较小

D. ARM 处理器复位后总处于 ARM 状态

3. 如果要选择 ARM 处理器工作在外部中断模式，允许外部中断 IRQ，禁止快速中断 FIQ，使用 Thumb 工作状态，则需要设置的寄存器是（　　　）。

A. PSP　　　　　　　　　　　　　　B. MSP

C. CPSR　　　　　　　　　　　　　D. SPSR

4. 关于 ARM 处理器的异常，以下说法错误的是（　　　）。

A. 复位异常级别最高

B. FIQ 是外部中断异常

C. 每个异常中断向量占据 4 个字节

D. 不同类型的异常中断其中断服务程序入口地址不同

5. 在 ARM 处理器中，用于记录程序状态的寄存器是_____，其中状态位 T 的作用是在 ARM 状态与 Thumb 状态间进行切换。当 T = 1 时，处理器处于_____状态。

第6章

ARM 处理器的指令系统和汇编语言程序设计

ARM 处理器是目前嵌入式系统中最常用的处理器，其也是通过执行相应的指令来实现用户的功能。本章在第 5 章的基础上基于 v4T～v7 架构的 ARM 处理器核以及三星的 S3C2440/S3C2410 处理器来介绍 ARM 处理器的指令系统和汇编语言程序设计方法。本章的考核重点如下。

● ARM 处理器指令系统及汇编语言程序设计（指令格式、寻址方式、指令集、伪指令、语句格式与程序结构、ARM 汇编语言与 C 的混合编程等）。

6.1 ARM 处理器的指令分类和指令集

ARM 处理器的指令可以分为 6 大类，和 X86 体系结构的处理器相比，其有一些独特之处。

6.1.1 ARM 处理器指令集的特点

ARM 处理器是 RISC 结构的处理器，其指令系统和普通的 X86 处理器的指令系统相比具有如表 6.1 所示的特点。

表 6.1   X86 处理器和 ARM 处理器指令集的特点对比

X86 处理器指令集	ARM 处理器指令集
非正交指令格式	正交指令格式
二地址指令	三地址指令
有 6 位状态标志位	只有 4 位地址标志位和条件标志位
指令隐含决定运算完毕后是否改变状态标志	由指令的附加位决定运算完毕后是否改变状态标志
指令密度单一	有两种不同的指令密度

x86 处理器指令集	ARM 处理器指令集
有整数除法指令	无整数除法指令
使用专用指令判断程序分支	绝大多数指令都可以条件执行
没有适合 DSP 处理的乘加指令	有适合 DSP 处理的乘加指令
指令直接访问存储器	必须使用 Load 和 Store 指令访问存储器

6.1.2　ARM 处理器指令的分类

ARM 处理器的所有指令都是加载/存储型（Load/Store）的，这也就意味着 ARM 指令仅能处理寄存器中的数据，而且处理结果要放回寄存器中，对系统存储器的访问需要通过专门的加载/存储指令来完成。ARM 处理器的指令集可以分为下列 6 大类。

- 数据处理指令。
- 分支指令。
- 程序状态寄存器指令。
- 加载/存储指令。
- 协处理器指令。
- 异常中断处理指令。

1. 数据处理指令

数据处理指令又可以分为数据传输指令、算术运算指令、逻辑预算指令、比较指令、乘法指令和测试指令 6 大类。数据处理指令只能对寄存器的内容进行操作。ARM 处理器的所有数据处理指令均可选择使用后缀 "S" 以影响状态标志；而比较指令 CMP、CMN、TST 和 TEQ 则不需要后缀 "S" 即可直接影响状态标志。表 6.2 给出了数据处理指令集的说明。

表 6.2　　　　　　　　　　　　数据处理指令集说明

助记符	说明	操作	条件码位置
MOV　Rd，operand2	数据传送指令	Rd←operand2	MOV{cond}{S}
MVN　Rd，operand2	数据非传送指令	Rd←（～operand2）	MVN{cond}{S}
ADD　Rd，Rn，operand2	加法运算指令	Rd←Rn + operand2	ADD{cond}{S}
SUB　Rd，Rn，operand2	减法运算指令	Rd←Rn-operand2	SUB{cond}{S}
RSB　Rd，Rn，operand2	逆向减法指令	Rd←operand2-Rn	RSB{cond}{S}
ADC　Rd，Rn，operand2	带进位加法指令	Rd←Rn + operand2 + Carry	ADC{cond}{S}
SBC　Rd，Rn，operand2	带进位减法指令	Rd←Rn-operand2-(NOT）Carry	SBC{cond}{S}
RSC　Rd，Rn，operand2	带进位逆向减法指令	Rd←operand2-Rn-(NOT）Carry	RSC{cond}{S}
AND　Rd，Rn，operand2	逻辑"与"操作指令	Rd←Rn & operand2	AND{cond}{S}
ORR　Rd，Rn，operand2	逻辑"或"操作指令	Rd←Rn | operand2	ORR{cond}{S}
EOR　Rd，Rn，operand2	逻辑"异或"操作指令	Rd←Rn^operand2	EOR{cond}{S}
BIC　Rd，Rn，operand2	位清除指令	Rd←Rn&（～operand2）	BIC{cond}{S}

助记符	说明	操作	条件码位置
CMP　　Rn，operand2	比较指令	标志 N，Z，C，V←Rn-operand2	CMP{cond}
CMN　　Rn，operand2	负数比较指令	标志 N，Z，C，V←Rn + operand2	CMN{cond}
TST　　Rn，operand2	位测试指令	标志 N，Z，C，V←Rn&operand2	TST{cond}
TEQ　　Rn，operand2	相等测试指令	标志 N，Z，C，V←Rn^operand2	TEQ{cond}
MUL　　Rd,Rm,Rs	32 位乘法指令	Rd + Rm × Rs (Rd!=Rm)	MUL{Cond}{S}
MLA　　Rd,Rm,Rs,Rn	32 位乘加指令	Rd←Rm × Rs + Rn (Rd!=Rm)	MLA{cond}{S}
UMULL RdLo,RdHi,Rm,Rs	64 位无符号乘法指令	(RdLo，RdHi) ←Rm × Rs	UMULL{cond}{S}
UMLAL RdLo,RdHi,Rm,Rs	64 位无符号乘加指令	(RdLo，RdHi) ←Rm × Rs + (RdLo，RdHi)	UMLAL{cond}{S}
SMULL RdLo,RdHi,Rm,Rs	64 位有符号乘法指令	(RdLo，RdHi) ←Rm × Rs	SMULL{cond}{S}
SMLAL RdLo,RdHi,Rm,Rs	64 位有符号乘加指令	(RdLo，RdHi←Rm × Rs + (RdLo，RdHi)	SMLAL{cond}{S}

2. 分支指令

分支指令又被称为跳转指令，ARM 处理器提供了普通跳转和长跳转（直接向 PC 寄存器 R15 中写入目标地址可以实现 4G 字节空间中的任意跳转）用于实现程序分支转移，其包括了如下 4 种。

● B 分支指令：其标准调用格式为 "B{cond} label"。

● BL 带链接分支指令：用于分支并链接，其标准调用格式为 "BL{cond} label"。

● BX 分支并可选择地交换指令：该指令可以让 ARM 处理器内核工作状态在 ARM 状态和 Thumb 状态之间进行切换，其标准调用格式为 "BX{cond} Rm"。

● BLX 带链接分支并可选择地交换指令：BLX{cond} label | Rm

【应用实例 6.1】——BL 指令

```
……
bl MyPro              ;调用子程序 MyPro
……

MyPro                 ;子程序 MyPro 本体
……
mov PC, LR            ;将 R14 的值送入 R15，返回
……
```

【应用实例 6.2】——BX 指令

```
;从 ARM 状态转变为 Thumb 状态
LDR R0, =Sub_Routine+1
BX   R0
;从 Thumb 状态转变为 ARM 状态
LDR R0, =Sub_Routine
BX   R0
```

【应用实例 6.3】——长跳转

```
MOV LR, PC
```

```
;保存返回地址
MOV R15, #0x00110000
;无条件转向绝对地址 0x110000
;此 32 位立即数地址应满足单字节循环右移偶数次
```

3. 程序状态寄存器指令

程序状态寄存器（PSR）指令用于对程序状态寄存器进行操作，包括读状态寄存器（MRS）指令和写状态寄存器（MSR）指令。

MRS 指令用于将状态寄存器 CPSR 或 SPSR 读出到通用寄存器中，其标准调用格式为"MRS{cond} Rd，psr"。

MSR 指令用于直接设置状态寄存器 CPSR 或 SPSR，其标准调用格式为"MSR{cond} psr_fields, #immed_8r"或"MSR{cond} psr_fields, Rm"，其中"psr"为 CPSR 或者 SPSR 寄存器，"immed_8r"为要传递到状态寄存器指定域的 8 位立即数，"Rm"为要传递到状态寄存器指定域数据的源寄存器，"fields"为指定传送的区域，其可以是如下一种或多种字母组合。

- c：控制域屏蔽字节（psr[7..0]）。
- x：扩展域屏蔽字节（psr[15..8]）。
- s：状态域屏蔽字节（psr[23..16]）。
- f：标志域屏蔽字节（psr[31]..24）。

【应用实例 6.4】——MSR 和 MRS

```
MRS  R1, CPSR        ; 将 CPSR 状态寄存器读取，保存到 R1 中
MRS  R2, SPSR        ; 将 SPSR 状态寄存器读取，保存到 R2 中
MSR  CPSR_c, #0xD3   ; CPSR[7…0]=0xD3，即切换到管理模式，0b11010011
MSR  CPSR_cxsf, R3   ; CPSR=R3
```

需要注意的是，在程序中不能通过 MSR 指令直接修改 CPSR 寄存器中的 T 控制位来实现 ARM 状态和 Thumb 状态的切换。因为 BX 指令属分支指令，其会打断流水线状态，实现处理器状态切换，所以必须使用 BX 指令完成处理器状态的切换。如果 MRS 指令与 MSR 指令配合使用，则可以实现 CPSR 或 SPSR 寄存器的读、修改和写操作，该系列操作可用来进行处理器模式切换、允许/禁止中断（IRQ/FIQ）等设置。

【应用实例 6.5】——开/关中断

```
ENABLE_IRQ
;I = 0, 打开中断
  MRS   R0, CPSR
  BIC   R0, R0, #0x80
  MSR   CPSR_c, R0
  MOV   PC, LR
DISABLE_IRQ
;I = 1, 关闭中断
  MRS   R0 CPSR
  ORR   R0, R0, #0x80
  MSR   CPSR_c, R0
  MOV   PC, LR
```

4. 加载/存储指令

加载/存储（Load/Store）指令用于对存储器进行访问。前者用于将内存中的数据装载到存储器中，后者用于将寄存器中的数据写入内存，其可以分为单寄存器传输指令、多寄存器传输指令和交换指令。

5. 协处理器指令

ARM 处理器使用协处理器指令来支持协处理器操作，这些协处理器指令如表 6.3 所示。

表 6.3   ARM 的协处理器指令

助记符	说明	操作	条件码
CDP coproc,opcode1,CRd,CRn,CRm{,opcode2}	协处理器数据操作指令	取决于协处理器	CDP{cond}
LDC{1} coproc,CRd,<地址>	协处理器数据读取指令	取决于协处理器	LDC{cond}{L}
STC{1} coproc,CRd,<地址>	协处理器数据写入指令	取决于协处理器	STC{cond}{L}
MCR coproc,opcode1,Rd,CRn,CRm{,opcode2}	ARM 寄存器到协处理器寄存器的数据传送指令	取决于协处理器	MCR{cond}
MRC coproc,opcode1,Rd,CRn,CRm{,opcode2）	协处理器寄存器到 ARM 寄存器的数据传送指令	取决于协处理器	MRC{cond}

6. 异常中断处理指令

异常中断处理（SWI）指令用于处理 ARM 处理器的异常中断事宜，通常又被称为软中断指令。其用于产生软件中断，从而实现从用户模式变换到管理模式，并且将 CPSR 寄存器的内容保存到管理模式的 SPSR 寄存器中，执行转移到 SWI 向量。如果在其他工作模式下使用 SWI 指令，ARM 处理器同样会切换到管理模式。

SWI 指令的标准调用格式为 "SWI{cond} immed_24/immed_8"，其中 "immed_24" 是 24 位立即数，值为 0～16 777 215 的整数，其取出 SWI 立即数的步骤如下。

（1）确定引起软件中断的 SWI 指令是 ARM 指令还是 Thumb 指令，这可通过对 SPSR 访问得到。

（2）取得该 SWI 指令的地址，这可通过访问 LR 寄存器得到。

（3）读出指令，分解出立即数。

6.1.3   ARM 处理器的指令集

表 6.4 给出了 ARM 处理器的所有指令列表。

表 6.4   ARM 处理器的指令列表

ARM 指令	功能描述
ADC	带进位加法指令
ADD	加法指令
AND	逻辑与指令
B	跳转指令

续表

ARM 指令	功能描述
BIC	位清零指令
BL	带返回的跳转指令
BLX	带返回和状态切换的跳转指令
BX	带状态切换的跳转指令
CDP	协处理器数据操作指令
CMN	比较反值指令
CMP	比较指令
EOR	异或指令
LDC	存储器到协处理器的数据传输指令
LDM	加载多个寄存器指令
LDR	存储器到寄存器的数据传输指令
MCR	从 ARM 寄存器到协处理器寄存器的数据传输指令
MLA	乘加运算指令
MOV	数据传送指令
MRC	从协处理器寄存器到 ARM 寄存器的数据传输指令
MRS	传送 CPSR 或 SPSR 的内容到通用寄存器的指令
MSR	传送通用寄存器到 CPSR 或 SPSR 的指令
MUL	32 位乘法指令
MVN	数据取反传送指令
ORR	逻辑或指令
RSB	逆向减法指令
RSC	带借位的逆向减法指令
SBC	带借位的减法指令
STC	协处理器数据写入指令
STM	批量内存字写入指令
STR	寄存器到存储器的数据传输指令
SUB	减法指令
SWI	软件中断指令
SWP	交换指令
TEQ	相等测试指令
TST	位测试指令

6.2 ARM 处理器的指令格式

ARM 处理器的所有指令都采用了相同长度的指令格式，其中包括一个用于判断的条件域和一个使用非常灵活的第二操作数。

6.2.1 ARM 处理器指令的组成

ARM 处理器的指令均为 32 位长度，采用助记符表示，如表 6.5 所示，可以分为 Cond、Reserve、Opcode、S、Rn、Rd 和 Op2 这 7 个部分。通常来说，其格式如下。

`<Opcode>{<Cond>}{S}<Rd>,<Rn>,<Op2>`

表 6.5   ARM 处理器的指令格式

31~28	27~25	24~21	20	19~16	15~12	11~0
Cond	Reserve	Opcode	S	Rn	Rd	Op2
0000	001	0100	1	0001	0000	0000 0000 0010

- Cond：决定指令执行的条件域，是一个可选项。
- Opcode：操作码，决定了指令的操作，是必须项。
- S：决定指令执行是否影响 CPSR 寄存器的值，是一个可选项。
- Rd：目的寄存器，是必须项。
- Rn：第一个操作数，当只需要一个源操作数的时候可以省略。
- Op2：第二个操作数。
- Reserve：保留位。

图 6.1 给出了更加详细的 ARM 处理器指令的格式说明，需要注意的是其中第二操作数 Op2 具有非常灵活的使用方法。

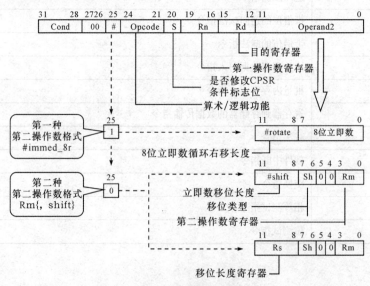

图 6.1   ARM 处理器指令的格式说明

6.2.2　ARM 处理器指令的条件域

ARM 处理器指令的条件域（Cond）用于引导处理器执行相应的操作。当指令的执行满足该条件时，指令被执行；否则，指令被忽略。

由于条件域有 4 位，所以对应 16 种不同的条件，但是其中"1111"为系统保留暂时不能使用。其对应的条件说明如表 6.6 所示。

表 6.6　　　　　　　　　　　　　　ARM 处理器的条件域

编码	助记符	标志	说明
0000	EQ	Z = 1	相等/等于 0
0001	NE	Z = 0	不相等
0010	CS/HS	C = 1	进位/无符号高于或者等于
0011	CC/LO	C = 0	无进位/无符号低于
0100	MI	N = 1	负数
0101	PL	N = 0	非负数
0110	VS	V = 1	溢出
0111	VC	V = 0	无溢出
1000	HI	C = 1 且 Z = 0	无符号高于
1001	LS	C = 0 且 Z = 1	无符号低于或者等于
1010	GE	N = V	有符号大于或者等于
1011	LT	N ≠ V	有符号小于
1100	GT	Z = 0 且 N = V	有符号大于
1101	LE	Z = 1 且 N ≠ V	有符号小于或者等于
1110	AL	任何状态	总是
1111	NV	保留	保留

6.3　ARM 处理器的寻址方式

寻址方式就是处理器根据指令中给出的地址信息来寻找物理地址的方式。目前，ARM 指令系统支持 8 种常见的寻址方式。

6.3.1　立即寻址

立即寻址也叫立即数寻址，是一种特殊的寻址方式，操作数本身就在指令中给出，只要取出指令也就取到了操作数。该操作数被称为立即数，对应的寻址方式也就叫做立即寻址。立即数并不是随意大小的数字，而是需要满足一定的规则：必须是能够由一个 8 位数字通过偶数位的移位得到。这一点是由 ARM 指令本身是 32 位的特点决定的。在一条 32 位指令中，无法放置过多位

数作为操作数的表示。如果操作数不满足上述规则，则可以在数字前添加"＝"号，告诉编译器需要编译成多句语句，当然，那样就已经不是立即数寻址的方式了。

【应用实例6.6】——立即寻址

```
SUBS R0,R0,#1        ;R0 减 1，结果放入 R0，并且影响标志位
MOV  R0,#0xFF000     ;将立即数 0xFF000 装入 R0 寄存器
```

在以上两条指令中，第二个源操作数为立即数，要求以"#"为前缀。

6.3.2　寄存器寻址

寄存器寻址就是利用寄存器中的数值作为操作数。这种寻址方式是各类微处理器经常采用的一种方式，也是一种执行效率较高的寻址方式。

【应用实例6.7】——寄存器寻址

```
MOV  R1, R2        ;读取 R2 的值送到 R1
MOV  R0, R0        ;R0=R0，相当于无操作
SUB  R0, R1, R2    ;R0←R1-R2，将 R1 的值减去 R2 的值，结果保存到 R0
ADD  R0, R1, R2    ;R0←R1+R2，
```

最后一条指令将两个寄存器（R1 和 R2）的内容相加的结果放入第三个寄存器 R0 中。必须注意写操作数的顺序：第一个是结果寄存器，然后是第一操作数寄存器，最后是第二操作数寄存器。

6.3.3　寄存器间接寻址

寄存器间接寻址就是以寄存器中的值作为操作数的地址，而操作数本身存放在存储器中。

【应用实例6.8】——寄存器间接寻址

```
ADD R0, R1, [R2]        ;R0←R1 + [R2]
LDR R3, [R4]            ;R3←[R4]
STR R5, [R6]            ;[R6]←R5
SWP R1, R1, [R2]        ;将寄存器 R1 的值与 R2 指定的存储单元的内容交换
```

在第一条指令中，以寄存器 R2 的值作为地址，在存储器中取得一个 32 位的操作数后与 R1 中的数值相加，结果存入寄存器 R0 中。第二条指令将以 R4 的值为地址的存储器中的数据传送到 R3 中。第三条指令将 R5 的值传送到以 R6 的值为地址的存储器中。LDR 和 STR 指令是唯一能够访问储存器的指令（当然它们的扩展指令如 LDMIA 等也可以）。上述两条语句是非常典型的读写寄存器、存储器的方式。

在第四条语句中涉及了 SWP 指令的交换操作，其操作流程如图 6.2 所示，可以分为普通操作和当 Rm 和 Rd 相等时的操作两种。

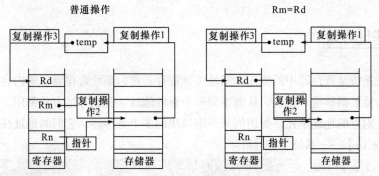

图 6.2　SWP 指令的交换操作流程

6.3.4　寄存器偏移寻址

寄存器偏移寻址是 ARM 指令集特有的寻址方式。当第二操作数是寄存器偏移方式时，第二个寄存器操作数在与第 1 操作数结合之前，选择进行移位操作。其可以采用的移位操作包括 LSL、LSR、ASR、ROR 和 RRX 这 5 种，对应的操作流程如图 6.3 所示。

- LSL（Logical Shift Left）：逻辑左移，低端空出位补 0。
- LSR（Logical Shift Right）：逻辑右移，高端空出位补 0。
- ASR（Arithmetic Shift Right）：算术右移，移位过程中保持符号位不变，即若源操作数为正数，则字的高端空出的位补 0；否则补 1。
- ROR（Rotate Right）：循环右移，由字低端移出的位填入字高端空出的位。
- RRX（Rotate Right extended by l place）：带扩展的循环右移，操作数右移 1 位，高端空出的位用原 C 标志值填充。如果指定后缀 "S"，则将 Rm 原值的位[0]移到进位标志。

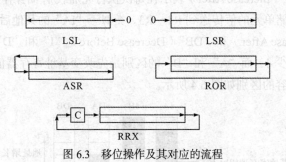

图 6.3　移位操作及其对应的流程

【应用实例 6.9】——寄存器偏移寻址

```
MOV  R0, R2, LSL  #3
;R2 的值左移 3 位，结果放入 R0，即 R0 = R2 × 8
ANDS  R1, R1, R2, LSL  R3
;R2 的值左移 R3 位，然后与 R1 相 "与"，结果放入 R1，并且影响标志位
SUB  R11, R12, R3, ASR #5
;R12 ̄ R3 ÷ 32，然后存入 R11
```

6.3.5　基址寻址

基址寻址就是将某寄存器中的值作为基址（该寄存器称为基址寄存器）的内容与指令中给出的操作数（作为地址偏移量）相加，从而得到一个有效地址。变址寻址方式常用于一段代码内经常访问的某地址附近的地址单元，如访问某外围模块的多个寄存器，它们的地址往往靠得很近。

【应用实例 6.10】——基址变址寻址

```
LDR R0, [R1, # 4]            ; R0←[R1+4]
LDR R0, [R1, # 4] !          ; R0←[R1+4]、R1←R1+4
LDR R0, [R1], # 4            ; R0←[R1]、R1←R1+4
```

在第一条指令中，将寄存器 R1 的内容加上 4 形成操作数的有效地址，从而取得操作数存入寄存器 R0 中。在第二条指令中，将寄存器 R1 的内容加上 4 形成操作数的有效地址，从而取得操作数存入寄存器 R0 中，然后，R1 的内容自增 4。请注意这里的 "!" 的用法，它表示操作完成后刷新 "!" 号前的寄存器的数值。在第三条指令中，以寄存器 R1 的内容作为操作数的有效地址，从而取得操作数存入寄存器 R0 中，然后，R1 的内容自增 4。

6.3.6　多寄存器寻址

多寄存器寻址往往用在连续地址的内容拷贝中，一条指令可以完成多个寄存器值的传送，最多可以传送 16 个通用寄存器的值。

【应用实例 6.11】——多寄存器寻址

```
LDMIA R10, {R0, R1, R4}; R1←[R0]; R2←[R0+4]; R3←[R0+8]; R4←[R0+12]
```

该指令的后缀 "IA"（Increase After）表示在每次执行完加载/存储操作后，R0 按字长度增加，因此，指令可将连续存储单元的值传送到 R1～R3。类似于 "IA" 的其他后缀还有 "IB"（Increase Before）、"DA"（Decrease After）和 "DB"（Decrease Before）。"I" 和 "D" 的区别在于每次基址寄存器是增加 4 还是减少 4，而 "A" 和 "B" 的区别是先改变基址寄存器值还是先取/装载值。不同的后缀导致寄存器内容的区别如图 6.4 所示。

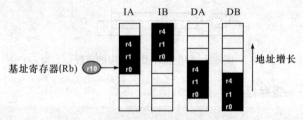

图 6.4　不同后缀导致的寄存器内容的区别

需要注意的是，多寄存器指令的执行顺序与寄存器列表次序无关，而与寄存器的序号保持一致，如应用实例 6.12 所示。其中，寄存器列表 {R0, R2, R5} 与 {R2, R0, R5} 等效

【应用实例 6.12】——多寄存器寻址

```
LDMIA R1!, {R2～R7, R12}
; 将 R1 指向的单元中的数据读出到 R2～R7、R12 中
```

```
; (R1 自动增加)
STMIA  R0!, {R2～R7, R12}
; 将寄存器 R2～R7、R12 的值保存到 R0 指向的存储单元中,
; (R0 自动增加)
LDMIA R1!, {R0, R2, R5} ;
;R0←[R1]
;R2←[R1+4]
;R5←[R1+8]
;R1 保持自动增值
```

6.3.7　相对寻址

与基址变址寻址方式类似,相对寻址以程序计数器 PC 的当前值为基地址,指令中的地址标号作为偏移量,将两者相加之后得到操作数的有效地址。应用实例 6.6 完成了子程序的调用和返回,跳转指令 BL 采用了相对寻址方式.

【应用实例 6.13】——相对寻址

```
BL NEXT                    ;跳转到子程序 NEXT 处执行
......
NEXT                       ;注意该名称应该顶格写, 表示是一个地址
......
MOV PC, LR                 ;从子程序返回
```

6.3.8　堆栈寻址

堆和栈其实是两种数据结构,只是一般习惯性地称栈为堆栈。栈是一种数据结构,本质上是内存中一段连续的地址,对其最常见的操作为"压栈"(PUSH)和"出栈"(POP),用于临时保存一些数据。栈按先进后出(First In Last Out, FILO)的方式工作,使用一个被称为堆栈指针(Stack Point)的专用寄存器来指示当前的操作位置,堆栈指针总是指向栈顶。

对于栈的分类,可以从两个层面来进行。当堆栈指针指向最后压入堆栈的数据时,称为满堆栈(Full Stack);而当堆栈指针指向下一个将要放入数据的空位置时,称为空堆栈(Empty Stack)。另外,压栈后地址增长的,称为递增堆栈(Ascending Stack);反之,称为递减堆栈(Decending Stack)。这样,就有 4 种类型的堆栈工作方式,ARM 微处理器支持以下 4 种类型的堆栈工作方式。

- 满递增堆栈。
- 满递减堆栈。
- 空递增堆栈。
- 空递减堆栈。

ARM 体系架构中,默认的堆栈格式为满递减堆栈,采用 STMFD 和 LDMFD 对其进行压栈和出栈操作。压栈和出栈的具体过程很类似于多寄存器寻址方式,多寄存器寻址使用一个通用寄存器作为基址寄存器,而堆栈寻址指令使用 R13(SP)作为专用的堆栈指针。

值得注意的是。ARM 有 7 种工作模式,37 个寄存器被分成 6 组,内核或者软件可以切换 ARM 的工作状态。在这种切换过程中,需要有保护现场、恢复现场的过程,通用寄存器可以由各个模

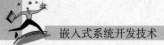
式共同使用。而保护现场、恢复现场则是通过堆栈指令来实现的。

【应用实例 6.14】——堆栈寻址

```
STMFD  SP!, {R1～R7, LR}
; 将 R1～R7、LR 入栈（push），满递减堆栈
LDMFD  SP!, {R1～R7, LR}
; 数据出栈（pop），放入 R1～R7、LR 寄存器
; 满递减堆栈
```

6.4 ARM 处理器的伪指令

ARM 处理器的伪指令伪指令不是 ARM 指令集中的指令，而是一些特殊的指令助记符，这些助记符与指令系统的助记符不同，没有相对应的操作码，且它们并不是在运行期间由机器执行，而是在汇编程序对源程序汇编期间由汇编程序处理，这些特殊指令助记符就被称为伪指令。伪指令可以和普通 ARM 指令一样使用，但是在编译时这些指令将被等效的 ARM 指令所取代，其在源程序中的作用是为完成汇编程序做各种准备工作。也就是说，这些伪指令仅在汇编过程中起作用。ARM 的伪指令可以分为如下 5 大类。

- 符号定义伪指令。
- 数据定义伪指令。
- 汇编控制伪指令指令。
- 宏指令。
- 其他。

6.4.1 符号定义伪指令

符号定义伪指令（Symbol Definition）用于定义 ARM 汇编程序中的变量、对变量赋值以及定义寄存器的别名等。常见的符号定义伪指令根据用途可以分为定义全局变量伪指令、定义局部变量伪指令、对变量赋值伪指令和为通用寄存器列表定义名称伪指令。

1. 定义全局变量伪指令

定义全局变量伪指令用于定义全局变量，并且将其进行初始化，包括 GBLA、GBLL 和 GBLS，其说明如下。

- GBLA：用于定义一个全局的数字变量并将其初始化为 0。
- GBLL：用于定义一个全局的逻辑变量并将其初始化为 FALSE（假）。
- GBLS：用于定义一个全局的字符串变量并将其初始化为 NULL（空）。
定义全局变量伪指令的语法如下。

```
GBLA/GBLL/GBLS 全局变量名
```

【应用实例 6.15】——全局变量伪指令

```
GBLA  num              ;定义一个名称为 num 的全局数字变量
num SETA  0x0a         ;将该变量赋值为 0x0a
GBLS str               ;定义一个变量名为 str 的全局字符串变量
```

```
str SETS "HELLO"            ;将该字符串变量赋值为 HELLO
```

2．定义局部变量伪指令

定义局部变量伪指令用于定义局部变量，并且将其进行初始化，包括 LCLA、LCLL 和 LCLS，其说明如下。

- LCLA：用于定义一个局部的数字变量，并将其初始化为 0。
- LCLL：用于定义一个局部的逻辑变量，并将其初始化为 FALSE（假）。
- LCLS：用于定义一个局部的字符串变量，并将其初始化为 NULL（空）。

定义局部变量伪指令的语法如下。

```
LCLA/LCLL/LCLS 局部变量名
```

【应用实例 6.16】——全局变量伪指令

```
LCLA  num               ;定义一个名称为 num 的局部数字变量
num  SETA  0x0a         ;将该变量赋值为 0x0a
LCLS str                ;定义一个变量名为 str 的局部字符串变量
str SETS "HELLO"        ;将该字符串变量赋值为 HELLO
```

3．对变量赋值伪指令

对变量赋值伪指令用于给一个已经定义的全局变量或者局部变量赋值，包括 SETA、SETL 和 SETS，其说明如下。

- SETA：用于给一个数学变量赋值。
- SETL：用于给一个逻辑变量赋值。
- SETS：用于给一个字符串变量赋值。

对变量赋值伪指令的语法如下。

```
变量名 SETA/SETL/SETS 表达式
```

4．通用寄存器列表定义名称伪指令

通用寄存器列表定义名称伪指令用于为一个通用寄存器列表定义名称，其对应的指令为 RLIST，其语法如下。

```
名称  RLIST  {寄存器列表}
```

【应用实例 6.17】——通用寄存器列表定义名称伪指令

```
RegLst  RLIST  {R0~R5,R8,R10}
;将寄存器列表 R0~R5、R8、R10 定义为 RegLst
```

6.4.2　数据定义伪指令

数据定义伪指令用于数据表定义、文字池和数据空间分配，同时可完成已分配存储单元的初始化。常见的数据定义伪指令包括 DCB、DCW、DCQ 等，其说明如下。

- DCB：分配一片连续的字节存储单元并用指定的数据初始化。
- DCW（DCWU）：分配一片连续的半字存储单元并用指定的数据初始化。
- DCD（DCDU）：分配一片连续的字存储单元并用指定的数据初始化。

- DCFD（DCFDU）：为双精度的浮点数分配一片连续的字存储单元并用指定的数据初始化。
- DCFS（DCFSU）：为单精度的浮点数分配一片连续的字存储单元并用指定的数据初始化。
- DCQ（DCQU）：分配一片以 8 字节为单位的连续的存储单元并用指定的数据初始化。
- SPACE：分配一片连续的存储单元。
- MAP：定义一个结构化的内存表的首地址。
- FIELD：定义一个结构化的内存表的数据域。

6.4.3 汇编控制伪指令

汇编控制伪指令用于控制 ARM 汇编程序的执行流程，其中应用最多是条件伪指令和循环伪指令。

1. 条件伪指令

条件伪指令包括 IF、ELSE、ENDIF 等，其根据条件的成立与否决定是否执行某个指令系列。如果 IF 后面的逻辑表达式为真，则执行指令序列 1；否则，执行指令序列 2。其中，ELSE 及指令序列 2 可以没有。此时，若 IF 后面的逻辑表达式为真，则执行指令序列 1；否则，继续执行后面的指令。其标准调用语法如下。

```
IF       逻辑表达式
         指令序列 1
ELSE
         指令序列 2
ENDIF
```

2. 循环伪指令

循环伪指令包括 WHILE、WEND 等，其根据条件的成立与否来决定是否循环执行某个指令序列。当 WHILE 后面的逻辑表达式为真，则执行指令序列，该指令序列执行完毕后，再判断逻辑表达式的值，若为真则继续执行，一直到逻辑表达式的值为假。其标准调用语法如下。

```
WHILE    逻辑表达式
         指令序列
WEND
```

6.4.4 宏指令

宏指令包括 MACRO 和 MEND，其用于将一段代码定义为一个整体，其后即可在程序中通过宏指令多次调用这段代码。其中，"$标号" 在宏指令被展开时，会被替换为用户定义的符号，宏指令可以使用一个或多个参数，当宏指令被展开时，这些参数被相应的值替换。其标准调用语法如下。

```
MACRO
$标号 宏名 $参数 1,$参数 2, ……
指令序列
MEND
```

注意：MACRO 和 MEND 的关键字可以嵌套使用。

包含在 MACRO 和 MEND 之间的指令序列称为宏定义体。在宏定义体的第一行应声明宏的原型（包括宏名、所需参数），然后就可以在汇编程序中通过宏名来调用该指令序列。在源程序被编译时，ARM 的汇编器会将宏调用展开，用宏定义中的指令序列代替程序中的宏调用，并将参数的值传递给宏定义中的形式参数。

6.4.5　其他

ARM 的汇编器还提供了一些其他伪指令，如段定义伪指令、入口点设置伪指令、包含文件伪指令、标号导出或导入声明伪指令等，其说明如下。

- ALIGN：可通过添加填充字节的方式，使当前位置满足一定的对齐方式。
- CODE16、CODE32：CODE16 伪指令通知编译器，其后的指令序列为 16 位的 Thumb 指令；CODE32 伪指令通知编译器，其后的指令序列为 32 位的 ARM 指令。
- ENTRY：用于指定汇编程序的入口点，在一个完整的汇编程序中至少要有一个 ENTRY（也可以有多个，当有多个 ENTRY 时，程序的真正入口点由链接器指定），但在一个源文件里最多只能有一个 ENTRY（也可以没有）。
- END：用于通知编译器已经到了源程序的结尾。
- EQU：用于为程序中的常量、标号等定义一个等效的字符名称，类似于 C 语言中的 #define。
- EXPORT（或 GLOBAL）：用于在程序中声明一个全局的标号，该标号可在其他的文件中引用。
- IMPORT：用于通知编译器要使用的标号在其他源文件中定义，但要在当前源文件中引用，而且无论当前源文件是否引用该标号，该标号均会被加入到当前源文件符号表中。
- EXTERN：用于通知编译器要使用的标号在其他源文件中定义，但要在当前源文件中引用，如果当前源文件实际并未引用该标号，该标号不会被加入到当前源文件符号表中。

6.5　ARM 处理器的汇编程序设计

虽然目前在嵌入式系统的开发应用中 C 语言和 Java 语言已经成为了主流，但是汇编语言程序设计依然是 ARM 处理器程序设计的基础，因为其具有极高的效率，在底层硬件开发以及操作系统移植中都具有不可替代的作用。

6.5.1　ARM 汇编语言的程序结构

在 ARM 的汇编语言程序中，程序是以程序段（Section）的形式呈现的，是具有特定名称的相对独立的指令或数据序列，可以分为代码段和数据段。

- 代码段（Code Section）：主要内容为执行代码，一个汇编语言程序最少包括一个代码段。
- 数据段（Data Section）：存放代码运行时需要用到的数据。

当汇编程序较长时，可以将一个长的代码段或者数据段分割为多个代码段或者多个数据段，然后通过程序编译链接（Link）最终形成一个可执行的映像文件。其通常由以下几个部分构成。

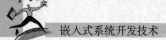

- 一个或多个代码段，代码段的属性为只读（RO）。
- 零个或多个包含初始化数据的数据段，数据段的属性为可读写（RW）。
- 零个或多个不包含初始化数据的数据段，数据段的属性为可读写（RW）。

链接器（Linker）根据系统默认或用户设定的规则，将各个段安排在存储器中的相应位置。因此，源程序中段之间的相对位置与可执行的映像文件中段的相对位置一般不会相同。应用实例6.18 是一个典型的汇编语言应用程序，其中使用了 AREA 伪指令来定义一个段，使用了 ENTRY 伪指令来标识程序的入口，使用了 END 伪指令来指示代码段的结束。

【应用实例 6.18】——一个典型的汇编语言程序

```
        AREA Init, CODE, READONLY      ;定义一个名为 Init 的只读代码段
        ENTRY                          ;标识程序的入口点
start
        LDR R0, =0x31000000            ;加载地址到 R0
        LDR R1,0xff                    ;加载数据到 R1
        STR R1,[R0]                    ;存储 R1 中的数据到 R0 中的地址
        LDR R0, =0x31000008            ;加载地址到 R0
        LDR R1,0x01                    ;加载数据到 R1
        STR R1,[R0]                    ;存储 R1 中的数据到 R0 中的地址
        ......
        END                            ;代码段结束
```

注意：代码的编写格式要规范，通过设置相应的缩进格式，可以方便我们阅读代码。实例中，所有的指令必须有缩进，为了程序美观只是一个方面的原因，另一个方面的原因是在汇编语言中，任何顶格编写的单词或者助记符都会被编译器当成一个地址标识而不是汇编指令。例如，实例中的 start，它不是伪指令，而是下面一段代码的地址标识符。

6.5.2 ARM 汇编语言的语句格式

虽然 ARM 汇编指令比较多，但是其指令操作通常有如下的固定格式。

{标号}　　{指令或伪指令助记符} {;注释}

需要注意的是，指令的助记符写法要么全部大写要么全部小写，不可以在一条指令中既有大写又有小写，不可以大小写混合使用；此外，如果一条语句太长，可以拆分成若干行来写，但需要在行末尾用续行符"\"来标识下一行与本行同属于一条语句。

在 ARM 的汇编程序组成中，除了指令和伪指令之外，还会有一些符号、常量、变量和变量代换等字符串，这些字符串的要求如下。

- 符号主要用来代替地址、变量或者常量，但是其不应与指令或者伪指令同名，并且它们是区分大小写的，不能与系统的保留字相冲突。
- 常量包括逻辑常量、字符串常量和数字常量。逻辑常量只取两种值（真或者假）；字符串常量保存一固定的字符串，用于保存程序运行时的信息；数字常量一般为 32 位的整数，无符号时可表示范围为 $0\sim2^{32}$ 2，有符号时可表示范围为 $2^{31}\sim2^{31}$ 1；
- 变量包括逻辑变量、字符串变量和数字变量，其中逻辑变量用于在程序运行中保存逻辑

值（真或者假）；字符串变量保存字符串，但字符串的长度不能超出字符串变量所能表示的范围；数字变量保存数字值，但数字大小不能超出变量的表示范围。

● 变量可以通过代换取得一个常量，代换的操作符为 "$"。如果 "$" 在逻辑变量前面，编译器会将该逻辑变量代换为它的取值（真或者假）；如果 "$" 在字符串变量前面，编译器会将该字符串变量的值代换为 "$" 后的字符串变量；如果 "$" 在数字变量前面，编译器会将该数字变量的值转换为十六进制的字符串，并将该十六进制的字符串代换为 "$" 后面的变量。

6.5.3 ARM 处理器汇编程序设计实例

ARM 处理器的汇编程序有顺序、分支、循环和子程序 4 种结构，其中最常用的是顺序结构，这是完全按顺序逐条执行的指令序列。

1. 顺序程序设计

最简单的汇编语言程序是没有分支、没有循环的，所有的语句都是顺序执行的，应用实例 6.19 是一个算术运算程序，其通过查表操作实现数组中的第 1 项和第 5 项数据相加，然后将结果保存到数组中，代码首先读取数组的第 1 项数据，然后读取第 5 项数据，之后将结果相加，最后保留结果，其流程如图 6.5 所示。

【应用实例 6.19】——顺序结构程序

```
AREA Buf,DATA,READWRITE              ;定义数据段 Buf
Array        DCD  0x11,0x22,0x33,0x44  ;定义 12 个字的数组
             DCD  0x11,0x22,0x33,0x44
             DCD  0x00,0x00,0x00,0x00
AREA Example,CODE,READONLY
ENTRY
CODE32
    LDR  R0,=Array                   ;取得数组 Array 的首地址
    LDR  R2,[R0]                     ;装载数据第 1 项字数据给 R2
    MOV  R1,#4
    LDR  R3,[R0,R1,LSL #2]           ;装载数据第 5 项字数据给 R3
    ADD  R2,R2,R3                    ;R2+R3->R2
    MOV  R1,#8                       ;R1=8
    STR  R2,[R0,R1,LSL #2]           ;保存结果到数组第 9 项
END
```

2. 分支程序设计

在实际应用中，常常需要根据当前的条件来决定程序的不同执行状态，也就是分支。在 ARM 汇编程序中，通常会使用条件后缀来实现程序分支。应用实例 6.20 是一个实现判断分支的程序，其流程如图 6.6 所示，变量 X、Y、Z 均为无符号整数，分别使用寄存器 R0、R1 和 R2 来保存变量的值，通过判断 X 和 Y 的大小来决定 Z 的值。

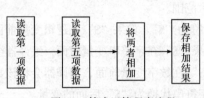

图 6.5　算术运算程序流程

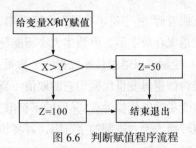

图 6.6　判断赋值程序流程

【应用实例 6.20】——分支程序设计

```
......
MOV R0,#76              ;初始化 R0 寄存器的值
MOV R1,#89              ;初始化 R1 寄存器的值
CMP R0,R1               ;判断寄存器 R0 和 R1 中值的大小
MOVHI R2,#100           ;当 R0>R1 时执行
MOVLS R2,#50
......
```

ARM 指令中的 B 和 BL 指令可以很方便地实现分支，应用实例 6.21 是一个使用 B 指令实现在汇编程序设计中最常见的散转的程序结构。

【应用实例 6.21】——使用 B 指令实现散转

```
CMP R0,#MAX INDEX         ;判断索引号是否超出最大索引值
ADDLO PC,PC,R0,LSL #2     ;如果索引号没有超出则跳转到相应的位置
BHI  ERROR               ;如果索引号超出则跳转到 ERROR 错误处理

B    FUN1                ;第一个程序
B    FUN2                ;第二个程序
B    FUN3                ;第三个程序
```

3. 循环程序设计

如果要求某一段程序重复执行多次，则应该使用循环程序结构。一个典型的循环程序结构应该由循环体和循环结束条件组成。

- 循环体：待重复执行的程序段。
- 循环结束条件：判断是否继续循环执行的条件，通常有计数循环和条件循环两种。前者当循环到了一定次数即停止循环，后者通过判断当前条件来决定是否停止执行。

应用实例 6.22～6.24 是三个循环程序的实例，分别为计数循环、条件循环和使用循环来实现数据块复制。

【应用实例 6.22】——使用计数循环实现数据块复制

```
......
MOV R0, #0         ;初始化 R0 = 0
MOV R2, #0         ;设置 R2 = 0, R2 控制循环次数
FOR CMP R2, #10    ;判断 R2 是否小于 10
BCS FOR_E          ;若条件失败（即 R2≥10），则退出循环
ADD R0, R0, #1     ;循环体, R0 = R0 +1
ADD R2, R2, #1     ;R2 = R2+1
```

```
B FOR
FOR_E .....
```

【应用实例 6.23】——使用条件循环实现数据块复制

```
......
MOV R0, #1                   ;初始化 R0 = 1
MOV R1, #20                  ;初始化 R1 = 20
B W_2                        ;首先要判断条件
W_1 MOV R0, R0, LSL #1       ;循环体，R0 *= 2
W_2 CMP R0, R1               ;判断 R0≤R1？，即 x≤y？
BLS W_1                      ;若 R0≤R1，继续循环
W_END
......
```

【应用实例 6.24】——使用循环实现数据块复制

```
LDR R0, =DATA_DST            ;指向数据目标地址
LDR R1, =DATA_SRC            ;指向数据源地址
MOV R10, #20                 ;赋值数据个数 20×N 个，N 为 LDM 指令操作数据个数
LOOP LDMIA R1!, {R2-R9}      ;从数据源读取 8 个字到 R2~R9
STMIA R0!, {R2-R9}           ;将 R2~R9 的数据保存到目标地址
SUBS R10, R10, #1            ;R10-1，并改变程序状态寄存器
BNE LOOP
```

4. 子程序设计

在同一个汇编程序的不同部分往往要用到类似的程序段，这些程序段的功能和结构形式都相同，只是某些变量的赋值不同，此时可以将其设计为子程序以便需要时调用。调用子程序时，经常需要传送一些参数给子程序，子程序运行完后也经常要回送结果给调用程序。这种调用程序和子程序之间的信息传送称为参数传送。参数传送有以下两种方法。

- 当参数比较少时，可以通过寄存器传送参数。
- 当参数比较多时，可以通过内存块或堆栈传送参数。

由于子程序的正确执行是由子程序的正确调用及正确返回来保证的，所以其要求调用程序在调用子程序时必须保存其正确的返回地址，这个地址通常是当前 PC 值减去一个偏移量，可以保存到寄存器 R14 中，也可以保存到堆栈中，其对应的返回语句如下。

```
MOV PC,LR                    ;从寄存器返回
STMFD    SP!,{R0~R7,PC}      ;从堆栈返回
```

使用堆栈来恢复处理器的状态时，要注意 STMFD 与 LDMFD 的配合使用。一般来讲，在 ARM 汇编语言程序中，子程序的调用是通过 BL 指令来实现的。该指令在执行时完成如下操作：将子程序的返回地址存放在链接寄存器 LR 中（针对流水线特性，已经减去偏移量了），同时将程序计数器 PC 指向子程序的入口点，当子程序执行完毕需要返回调用处时，只需要将存放在 LR 中的返回地址重新拷贝给程序计数器 PC 即可。

应用实例 6.25 是一个将比较两个数大小的汇编代码设置为子程序 MAX，然后在主程序中调用的应用，子程序和调用主程序通过寄存器 R0、R1 和 R2 传递参数。

【应用实例 6.25】——子程序及其调用

```
X EQU 19                                    ;定义 X 的值为 19
```

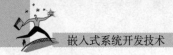

```
    N EQU 20                               ;定义 N 的值为 20
        AREA Example4, CODE, READONLY      ;声明代码段 Example4
        ENTRY                              ;标识程序入口
        CODE32                             ;声明 32 位 ARM 指令
START       LDR R0, =X                     ;给 R0、R1 赋初值
            LDR R1, =N
            BL MAX                         ;调用子程序 MAX, 返回值为 R2
            HALT B HALT                    ;死循环

MAX                                        ;声明子程序 MAX
            CMP R0, R1                     ;比较 R0 与 R1, R2 等于最大值
            MOVHI R2, R0
            MOVLS R2, R1
            MOV PC, LR                     ;返回语句
MAX_END
            END
```

6.6 汇编语言和 C 语言混合设计

由于 ARM 处理器的汇编语言相对于高级语言（C、Java 等）来说具有高效性，常常会在底层编程中被大量采用，但是如果整个应用都使用汇编语言来设计的话会降低设计效率且不利于系统的移植与升级，所以对于系统设计比较好的选择是两种语言的结合，即汇编语言加上高级语言，让其各自发挥优势，相互补充。在 ARM 体系结构的程序设计中，一般会采用汇编语言与 C 语言的混合编程。在一个完整的程序设计中，底层的部分（如初始化、异常处理部分）用汇编语言完成，其他的主要编程则一般用 C 语言来完成。汇编语言与 C 语言的混合设计通常有以下几种方式。

- 在 C 语言代码中嵌入汇编指令。
- 在汇编语言程序和 C 语言程序之间进行变量的互访。
- 汇编语言程序、C 语言程序间的相互调用。

在以上几种混合编程技术中，子程序之间的调用必须遵循一定的规则，如寄存器的使用、参数的传递等，这些规则统称为 ATPCS（ARM Thumb Procedure Call Standard），其是 ARM 汇编语言程序中子程序调用以及汇编语言程序与 C 语言程序之间相互调用的基本规则。

6.6.1 ARM 处理器的 ATPCS 规则介绍

ATPCS 规则主要包括了 ARM 的各寄存器的名称及其使用规则、数据堆栈的使用规则、参数传递规则和子程序调用规则。

1. 寄存器的名称及其使用规则

在 ARM 的汇编语言和 C 语言混合编程中，寄存器的使用必须满足以下规则。

- 子程序间通过寄存器 R0～R3 来传递参数，被调用的子程序在返回前无需恢复寄存器 R0～R3 的内容。

● 在子程序中，使用寄存器 R4～R11 保存局部变量，这时寄存器可以记作 V1～V8。如果在子程序中用到了寄存器 V1～V8 中的某些寄存器，子程序进入时必须保存这些寄存器的值，在返回前必须恢复这些寄存器的值；对于子程序中没有用到的寄存器则不必进行这些操作。

● 寄存器 R12 用作子程序间的 Scratch 寄存器（用于保存 SP，在函数返回时使用该寄存器出栈），记作 IP。

● 寄存器 R13 用作数据栈指针，记作 SP，在子程序中寄存器 R13 不能用作其他用途。寄存器 SP 在进入子程序时的值和退出子程序时的值必须相等。

● 寄存器 R14 称为连接寄存器，记作 LR，其用于保存子程序的返回地址。如果在子程序中保存了返回地址，寄存器 R14 则可以用作其他用途。

● 寄存器 R15 是程序计数器，记作 PC，其不能用作其他用途。

需要注意的是，ATPCS 规则中的各寄存器在 ARM 编译器和汇编器中都是有预定义而可以直接使用的。ATPCS 规则中 ARM 的各寄存器及其使用如表 6.7 所示。

表 6.7　　　　　　　　　ATPCS 规则中 ARM 的各寄存器的名称和使用规则

寄存器	别名	特殊名称	使用规则
R15		PC	程序计数器
R14		LR	连接寄存器
R13		SP	数据栈指针
R12		IP	子程序内部调用的 Scratch 寄存器
R11	V8		ARM 状态局部变量寄存器 8
R10	V7	Sl	ARM 状态局部变量寄存器 7 在支持数据检查的 ATPCS 中为数据栈限制指针
R9	V6	SB	ARM 状态局部变量寄存器 6 在支持 RWPI 的 ATPCS 中为静态基址寄存器
R8	V5		ARM 状态局部变量寄存器 5
R7	V4	WR	ARM 状态局部变量寄存器 4 Thumb 状态工作寄存器
R6	V3		局部变量寄存器 3
R5	V2		局部变量寄存器 2
R4	V1		局部变量寄存器 1
R3	A4		参数/结果/Scratch 寄存器 4
R2	A3		参数/结果/Scratch 寄存器 3
R1	A2		参数/结果/Scratch 寄存器 2
R0	A1		参数/结果/Scratch 寄存器 1

2. 数据堆栈使用规则

ARM 处理器的数据堆栈指针是保存了堆栈顶地址的寄存器值，通常可以指向不同的位置，常见数据堆栈有满递减堆栈（Full Descending，FD）、满递增堆栈（Full Ascending，FA）、空递减堆栈（Empty Descending，ED）和空递增堆栈（Empty Ascending，EA）4 种，其说明如下。在 ATPCS 规则中默认使用的是满递减堆栈，并且对数据栈的操作是 8 字节对齐的。

- 满递减堆栈：堆栈首部是高地址，堆栈向低地址增长。栈指针总是指向堆栈最后一个元素（最后一个元素是最后压入的数据）。
- 满递增堆栈：堆栈首部是低地址，堆栈向高地址增长。栈指针总是指向堆栈最后一个元素（最后一个元素是最后压入的数据）。
- 空递减堆栈：堆栈首部是低地址，堆栈向高地址增长。栈指针总是指向下一个将要放入数据的空位置。
- 空递增堆栈：堆栈首部是高地址，堆栈向低地址增长。栈指针总是指向下一个将要放入数据的空位置。

3．参数传递规则

参数传递规则可以分为参数个数可变和不可变两种，它们的传递规则说明如下。

- 对于参数个数可变的子程序，但参数不超过 4 个时，可以使用寄存器 R0～R3 来传递参数；当参数超过 4 个时，还可以使用数据栈来传递参数。在传递参数时，将所有参数视为存放在连续的内存单元中的字数据。然后，依次将各字数据传送到寄存器 R0、R1、R2、R3 中，如果参数多于 4 个，则将剩余的字数据传送到数据栈中，入栈的顺序与参数顺序相反，即最后一个字数据先入栈。
- 对于参数个数固定的子程序，参数传递与参数个数可变的子程序参数传递的规则不同。如果系统包含浮点运算的硬件部件，浮点参数将按各个浮点参数按顺序处理和为每个浮点参数分配 FP 寄存器的规则进行传递。分配的方法是，满足该浮点参数需要的且编号最小的一组连续的 FP 寄存器中，第一个整数参数，通过寄存器 R0～R3 来传递，其他参数通过数据栈来传递。

4．子程序调用返回规则

子程序在执行结束之后会有一个返回值，其规则说明如下。

- 如果结果为一个 32 位的整数，可以通过寄存器返回。
- 如果结果为一个 64 位的整数，可以通过寄存器 R0 和 R1 返回，依此类推。
- 如果结果为一个浮点数，可以通过浮点运算的寄存器 F0、D0 或 S0 返回。
- 如果结果为复合型的浮点数（如复数），可以通过寄存器 F0～FN 或者 D0～DN 返回。
- 对于为数更多的结果，需要通过内存来传递。

6.6.2　在 C 语言中使用汇编语言

在 C 语言中使用汇编语言是最常见的混合编程应用，其可以分为内联汇编（Inline Assemble）和嵌入式汇编（Embedded Assemble）两种。

1．内联汇编

内联汇编是指在 C 语言的函数中使用关键字 "_asm" 或者 "asm" 来定义汇编语言代码的方法。其缺点是不支持 Thumb 模式且和真实的汇编语言有一些区别。其标准调用格式如下。

```
__asm
{
instruction[; instruction]
… …
[instruction]
}
```

或

```
asm("instruction[; instruction]");
```

应用实例 6.26 是一个在 C 语言应用程序中使用内联汇编来执行一个汇编循环语句的应用。

【应用实例 6.26】——使用内联汇编来执行汇编循环语句

```
#include<stdio.h>
void my_story(const char *src, char *dest)
//函数定义，参数为一个常量字符指针 src 和一个变量字符指针 dest，功能将 src 复制到 dest
{
char ch;                          ;定义一个字符变量
__asm                            ;内嵌汇编代码标识
    {
    loop:                        ;循环体
        ldrb ch,[src],#1         ;ch=[src+1]
        strb ch,[dest],#1        ;[dest+1]=ch
        cmp  ch,#0              ;判断字符串是否结束，结束 ch=0
        bne  loop               ;不为 0，则跳转到 loop 继续循环
    }
}
int main()                         //主函数
{
char *a="hello, arm";             //定义字符串常量 a="hello, arm"
char b[64];                        //定义字符串变量
my_strcpy(a, b);                   //调用 my_strcpy 函数
printf("original:%s",a);           //输出结果
printf("copyed:%s",b);
return 0;                          //退出
}
```

2. 嵌入式汇编

嵌入式汇编具有真实汇编的所有特性，同时支持 ARM 和 Thumb 模式，但是不能直接引用 C 语言的变量定义，数据交换必须通过 ATPCS 进行。嵌入式汇编在形式上表现为独立定义的函数体。在应用实例 6.27 中就使用了一个名称为 add 的 int 型函数用于内嵌汇编语句。

【应用实例 6.27】——使用嵌入式汇编

```
_asm int add(int i, int j)           //定义嵌入式汇编
{
 ADD R0,R0,R1                        //R0=R0+R1
    MOV PC,LR
}
void main()
{
   printf("12345+6789=%d\n", add(12345, 6789));
}
```

3. 在 C 语言中使用汇编语言的限制

在 C 程序中内嵌的汇编代码指令支持大部分的 ARM 和 Thumb 指令，不过其使用与汇编文件中的指令有些不同，主要存在以下几个方面的限制。

- 在使用物理寄存器时，不要使用过于复杂的 C 表达式，避免物理寄存器冲突。
- 不能直接向 PC 寄存器赋值，程序跳转要使用 B 或者 BL 指令。
- R12 和 R13 可能被编译器用来存放中间编译结果，计算表达式的值时又能将 R0～R3、R12 及 R14 用于子程序调用，因此要避免直接使用这些物理寄存器。
- 通常不要直接指定物理寄存器，而要让编译器进行分配。

4. 在 C 语言代码中调用汇编语言函数

在 C 语言代码中调用汇编语言函数的关键点是参数传递和函数返回，其处理方式说明如下。

- 参数传递：在编译时，编译器将会对 C 函数的实参使用 R0～R3 进行传递（如果超过 4 个参数，则其余的参数使用栈进行传递），因此汇编函数可以直接使用 R0～R3 寄存器进行计算。
- 函数返回：由于汇编代码是不经过编译器处理的代码，所以现场保护和返回都必须由程序员自己完成。通常情况下，现场保护代码就是将函数内用到的 R4～R12 寄存器压栈保护，并且将 R14 寄存器压栈保护，汇编函数返回时将栈中保护的数据弹出。

应用实例 6.28 是一个使用 C 语言来调用汇编语言设计的函数的应用，其使用 R7 和 R8 寄存器来完成两整数相减的操作。

【应用实例 6.28】——在 C 语言代码中调用汇编语言函数

```
;汇编代码文件
;asses.S
EXPORT sub1 ;声明该函数
… …
AREA Init,CODE,READONLY
ENTRY
… …
sub1
STMFD sp!,{R7～R8,lr};保存现场
MOV R7,R0      ;通过R0,R1寄存器传送参数
MOV R8,R1
SUB R7,R8
MOV R0,R7
LDMFD sp!, {R7～R8,pc};返回
… …
END
//C 文件
//main.c
int sub1(int,int);//函数声明
… …
int Main( )
{
    int x=20,y=10;
```

```
        sub1(x,y) ;
}
… …
```

6.6.3　在汇编语言中使用 C 语言

在汇编语言中使用 C 语言主要包括在汇编语言中访问 C 语言的变量以及在汇编语言中调用 C 语言的函数。

1．在汇编语言中访问 C 语言的变量

在 C 语言程序中声明的全局变量可以被汇编语言程序用 LDR 指令和 IMPORT 伪指令来通过地址间接访问，具体访问操作步骤如下。

（1）使用 IMPORT 伪指令声明该全局变量。

（2）使用 LDR 指令读取该全局变量的内存地址。通常该全局变量的内存地址值存放在程序的数据缓冲区中。

（3）根据该数据的类型，使用相应的 LDR 指令读取该全局变量的值，使用相应的 STR 指令修改该全局变量的值。

如表 6.8 所示是各数据类型及其对应的指令说明。应用实例 6.29 给出了一个在汇编语言中访问 C 语言全局变量的应用。变量 globv 是在 C 语言中声明的全局变量，在汇编语言中首先使用 IMPORT 伪指令声明该变量，再将其内存地址读入到寄存器 R1 中，将其值读入到寄存器 R0 中，修改后再将寄存器 R0 的值赋给变量 globv。

表 6.8　　　　　　　　　　　　　数据类型和对应的指令

数据类型	对应指令	数据类型	对应指令
unsigned char	LDRB/STRB	unsigned short	LDRH/STRH
int	LDR/STR	signed char	LDRSB
signed short	LDRSH	signed short	STRH
小于 8 字节的结构型变量	LDM/STM	结构型变量的数据成员（知道成员相对于起始位置的偏移量）	LDR/STM

【应用实例 6.29】——使用汇编语言访问 C 语言的全局变量

```
AREA global_exp, CODE, READONLY
EXPORT    asmsub
IMPORT    globv                 ;声明全局变量
asmsub
LDR       r1,=globv             ;将内存地址读入到 R1 中
LDR       r0,[r1]               ;将数据读入到 R0 中
ADD       r0,r0,#2
STR       r0,[r1]               ;修改后再将值赋给变量
MOV pc,lr
END
```

2. 在汇编语言中调用 C 语言的函数

在汇编语言中调用 C 语言的函数同样是要解决参数传递和函数返回值的问题，其处理方式说明如下。

- 参数传递：如果所传递的参数少于 4 个，则直接使用 R0～R3 来进行传递；如果参数多于 4 个，则必须使用栈来传递多余的参数。

- 函数返回：因为在编译 C 语言的函数时，编译器会自动在函数入口处加上现场保护的代码（如部分寄存器入栈、返回地址入栈等），在函数出口处加入现场恢复的代码（即出栈代码）。

应用实例 6.30 是一个使用汇编代码调用有 4 个参数的 C 语言函数的实例。代码由一个名称为 asm_test1.asm 的汇编语言程序和两个分别命名为 c_test1.c 和 main.c 的 C 语言函数组成。程序从 main 函数开始执行，main 调用了 asm_test1，asm_test1 调用了 c_test1，最后从 asm_test1 返回 main。这里面有两个函数：一个是用 ARM 汇编语言写的 arm_test1.asm 程序；另一个是用 C 语言写的 c_test1.c 程序。其中，汇编语言 asm_test1.asm 调用了 C 函数 c_test1.c。这里的参数个数没有超过 4 个，所以只用了 R0～R3 这 4 个寄存器进行传递。需要注意的是，asm_test1.asm 中"asm_test1"标记下第一行代码，在调用 c_test1 之前必须把当前的 lr 保存到堆栈；在调用完 c_test1 之后，再把刚才保存在堆栈中的 lr 写入到 pc 中去，这样才能返回到 main 函数中。

【应用实例 6.30】——使用汇编语言调用 C 语言函数

asm_test1.asm 文件代码：

```
        IMPORT c_test1                          ;声明 c_test1 函数
        AREA TEST_ASM,CODE,READONLY    ;定义代码段 TEST_ASM，属性只读
        EXPORT asm_test1
asm_test1
        str lr,[sp, #-4]!                       ;保存当前 lr
        ldr r0, =0x01                           ;第 1 个参数 r0
        ldr r1, =0x02                           ;第 2 个参数 r1
        ldr r2, =0x03                           ;第 3 个参数 r2
        ldr r3, =0x04                           ;第 4 个参数 r3
        bl c_test1                              ;调用 C 函数
        LDR pc, [sp], #4                        ;将 lr 装进 pc，返回 main 函数
        END
```

c_test1.c 文件代码：

```
void c_test1(int a, int b, int c, int d)
{
        printk(" c_test1:\n");                 //输出结果到内核缓冲区
        printk("%0x %0x %0x %0x\n", a, b, c, d);
}
```

main.c 文件代码：

```
int main()
{
        asm_test1();                            //调用汇编程序
        for(;;);
}
```

当需要传递的参数多于 4 个时则需要使用堆栈来传递。应用实例 6.31 的代码功能和应用实例 6.30 是基本相同的，区别在于传递了 8 个参数，其中第 1 个到第 4 个参数还是通过 R0～R3 这 4 个寄存器进行传递的；第 5 个到第 8 个参数则是通过把其压入堆栈的方式进行传递的。不过要注意，第 5 个到第 8 个这 4 个入栈参数的入栈顺序，是以第 8 个参数、第 7 个参数、第 6 个参数、第 5 个参数的顺序入栈；出栈的顺序则正好相反，依次为第 5 个参数、第 6 个参数、第 7 个参数、第 8 个参数。

【应用实例 6.31】——使用汇编语言调用 C 语言函数

arm_test.asm 代码如下：

```
        IMPORT c_test2  ;声明 c_test2 函数
        AREA TEST_ASM, CODE, READONLY
        EXPORT arm_test2
arm_test
        str lr,[sp, #-4]!        ;保存当前 lr
        ldr r0,=0x01            ;第 1 个参数 r0
        ldr r1,=0x02            ;第 2 个参数 r1
        ldr r2,=0x03            ;第 3 个参数 r2
        ldr r3,=0x04            ;第 4 个参数 r3
        ldr r4,=0x08
        str r4,[sp, #-4]!        ;第 8 个参数，压入堆栈
        ldr r4,=0x07
        str r4,[sp, #-4]!        ;第 7 个参数，压入堆栈
        ldr r4,=0x06
        str r4,[sp, #-4]!        ;第 6 个参数，压入堆栈
        ldr r4,=0x05
        str r4,[sp, #-4]!        ;第 5 个参数，压入堆栈
        bl c_test2              ;调用 C 函数
        add sp,sp, #4           ;清除栈中第 5 个参数，执行完后 sp 指向第 6 个参数
        add sp,sp, #4           ;清除栈中第 6 个参数，执行完后 sp 指向第 7 个参数
        add sp,sp, #4           ;清除栈中第 7 个参数，执行完后 sp 指向第 8 个参数
        add sp,sp, #4           ;清除栈中第 8 个参数，执行完后 sp 指向 lr
        ldr pc,[sp], #4         ;将 lr 装进 pc，返回 main 函数
        END
```

c_test.c 文件代码如下：

```
void c_test(int a, int b, int c, int d, int e, int f, int g, int h)
{
    printk( "c_test_lots:\n" );                    //输出结果到内核缓冲区
    printk( "%0x %0x %0x %0x %0x %0x %0x %0x\n",
        a, b, c, d, e, f, g, h);
}
```

main.c 文件代码如下：

```
int main()
{
    arm_test();                                //调用汇编程序
    for(;;);
}
```

6.7 本章小结

（1）ARM 处理器的指令集可以分为数据处理指令、分支指令、程序状态器指令、加载/存储指令、协处理器指令和异常中断指令。

（2）ARM 处理器的长度均为 32 位，其中包括一个用于判断的条件域和一个使用非常灵活的第二操作数。

（3）ARM 处理器支持 8 种常见的寻址方式，包括立即寻址、寄存器寻址、寄存器间接寻址、基址变址寻址、多寄存器寻址、相对寻址和堆栈寻址。

（4）ARM 处理器的汇编语言编译器使用伪指令来为完成汇编程序的准备工作，其可以分为符号定义伪指令、数据定义伪指令、汇编控制伪指令、宏指令和其他 5 大类。

（5）ARM 处理器的汇编语言可以分为代码段和数据段，其标准格式如下。

{标号}{指令或伪指令助记符}{;注释}

（6）当使用汇编语言和 C 语言混合设计的时候，必须遵循 ATPCS 规则，其主要包括 ARM 的各寄存器的名称及其使用规则、数据堆栈的使用规则、参数传递规则和子程序调用规则 4 大部分。

6.8 真题解析和习题

6.8.1 真题解析

【真题 1】关于 ARM 指令中的条件域，以下表述正确的是（   ）。

A. HI 为无符号数小于
B. CS 为无符号数小于
C. GT 为带符号数小于
D. LT 为带符号数小于

【解析】答案：D。

本题重点考查 ARM 指令条件域的用法，主要涉及第 6.2.2 小节，具体说明可以参考表 6.4。

【真题 2】某 ARM 指令完成的功能是"如果相等，则进行带进位的加法"，该指令是（   ）。

A. ADC NE R1,R2,R3
B. ADD EQ R1,R2,R3
C. AND EQ R1,R2,R3
D. ADC EQ R1,R2,R3

【解析】答案：D。

本题重点考查 ARM 指令的使用，主要涉及第 6.1~6.3 节。

【真题 3】以下 ARM 指令中属于寄存器间接寻址指令的是（   ）。

A. TST R1,#0xFE
B. LDRB R1,[R2]
C. MOV R1,R0,LSL#3
D. BIC R0,R0,#0x0B

【解析】答案：B。

本题重点考查 ARM 的寻址方法，主要涉及第 6.3 节。其中，答案 A 为立即寻址，答案 C 为寄存器偏移寻址，答案 D 为基址寻址。

【真题 4】以下对伪指令的解释错误的是（   ）。

A. DCD 0x12；在内存区域分配一个 32 位字的内存空间并初始化为 0x00000012

B. CODE 16；伪指令通知编译器，其后的指令序列为 16 位的 Thumb 指令

C.　Test EQU 50；定义一个常量 Test 值为 50，不能定义 32 位常数

D.　IMPORT　Main；该伪指令通知编译器当前文件要引用标号 Main，但 Main 在其他源文件中定义

【解析】答案：C。

本题重点考查伪指令的使用方法，主要涉及第 6.4 节的内容，答案 C 的错误在于 EQU 伪指令可以定义 32 位常量。

【真题 5】在 ARM 汇编语言程序设计中常有分支和循环程序的设计，下面指令中应用于分支和循环的指令操作码是（　　　　）。

①B；②ADD；③AND；④LDR；⑤STR；⑥MOV；⑦EOR；⑧CMP；⑨BX；⑩TEQ。

A.　①和⑨　　　　　　　　　　　　B.　①和⑧

C.　④和⑤　　　　　　　　　　　　D.　⑧和⑩

【解析】答案：A。

本题重点考查在 ARM 汇编语言程序设计中的分支和循环程序的设计方法，主要涉及 6.5 小节的内容。

6.8.2　本章习题

1.　ARM 指令完成的功能是当条件为 "带符号数小于" 时，将 R2 和 R3 进行逻辑或操作，结果存放在 R1 中，正确的指令是（　　　　）。

A.　ORRMIR1,R2,R3　　　　　　　B.　ORREQ R1,R2,R3

C.　ORRLT R1,R2,R3　　　　　　　D.　ORRNE R1,R2,R3

2.　以下 ARM 指令中源操作数属于寄存器寻址的指令是（　　　　）。

A.　AND R1,R2,R3　　　　　　　　B.　STRH R1,[R2]

C.　SWI 0x01　　　　　　　　　　D.　MOV R1,#0x0B

3.　以下指令中不属于逻辑移位的指令是（　　　　）。

A.　LSLR0,R1　　　　　　　　　　B.　LSR R2,R3,3

C.　ASR R4,R5　　　　　　　　　　D.　LSR R6,R7

4.　在 ARM 汇编语言程序设计中，经常用到子程序设计及调用，与子程序设计与调用无关的指令或伪指令是（　　　　）。

A.　BL SerchMin　　　　　　　　　B.　IMPORT SerchMin

C.　MOV PC,LR　　　　　　　　　　D.　B SerchMin

5.　以下对伪指令的解释错误的是（　　　　）。

A.　DCB 0x56；在内存区域分配一个字的内存空间并初始化为 0x56

B.　CODE32；伪指令通知编译器，其后的指令序列为 32 位的 Thumb 指令

C.　MyTest EQU 15000；为定义一个常量 MyTest 值为 15000，最大数为 32 位

D.　EXPORT 伪指令用于在程序中声明一个全局的标号，该标号可在其他文件中引用

6.　已知 R1 = 0x12345678,R2=0x80000101,则执行指令 AND R0,R1,R2 后，寄存器 R0 = ＿＿＿＿＿，R2 = ＿＿＿＿＿。

7.　已知 R2 = 1000,R3 = 200，执行指令 MOV R2,R3, LSL#2 后，R2 = ＿＿＿＿＿，R3=＿＿＿＿＿。

第7章

嵌入式系统的硬件结构

本章主要介绍嵌入式系统的硬件结构，包括片上总线的分类以及 AMBA 总线的发展、基于 ARM 处理器的嵌入式系统核心结构、常见的 ARM 处理器型号的选择以及存储器体系结构。本章的考核重点如下。

● 嵌入式硬件组成与嵌入式处理芯片（组成、特点、类型、ARM 的 AMBA 总线、嵌入式处理芯片的选型）。

● 嵌入式系统的存储器（层次结构、分类、性能指标、片内存储器、片外存储器、外部存储设备等）。

7.1 SoC 的片上总线

在第 1 章的 1.3 小节中已经介绍过 SoC（System On Chip）技术。SoC 是目前嵌入式处理器的主流芯片，其核心设计技术是 IP 核（Intellectual Property Core）的复用，而 IP 核的连接方法是生成 SoC 芯片的关键。通常来说，SoC 上的 IP 核是通过片上总线（On-Chip Bus，OCB）来连接的，其以总线方式来实现 IP 核之间的数据通信。

7.1.1 SoC 片上总线的特点和分类

片上总线（OCB）主要需要定义片上各个模块之间的初始化、仲裁、请求传输、响应、发送接收等过程中的驱动、时序、策略等关系，其和电路板上的总线不同，不用驱动电路板上的信号和连接器，所以速度更快，使用方法也更加简单。

1. 片上总线的特点

片上总线具有简单、高灵活性和低功耗的特点，所以片上总线的输入输出数据线都是独立的，且都不使用信号复用。

片上总线的简单包括结构简单、时序简单和接口简单三个方面。

- 结构简单：占用更少的逻辑单元。
- 时序简单：加快总线的速度。
- 接口简单：降低与 IP 核连接的复杂程度。

由于 SoC 芯片应用广泛，不同的应用对总线的要求差异较大，所以片上总线通常具有较大的灵活性，具体如下。

- 多数片上总线的数据和地址宽度都可变，如 AMBA 总线的 AHB 标准支持 32～128 位数据总线宽度。
- 部分片上总线的互连结构可变，如 Wishbone 总线可以支持点到点、数据流、共享总线和交叉开关 4 种互连方式。
- 部分片上总线的仲裁机制灵活可变，如 Wishbone 总线的仲裁机制可以完全由用户定制。

此外，由于片上总线要尽可能地降低功耗，所以在实际应用中总线上各种信号尽量保持不变，并且多采用单向信号线，降低功耗的同时也可以简化时序。

在设计 SoC 芯片的过程中可以选用国际上公开通用的总线结构，也可以根据具体应用自行定义片上总线。目前应用最广泛的三种片上总线分别是 ARM 公司的 AMBA 总线、Silicore 公司的 Wishbone 总线和 Altera 公司的 Avalon 总线。

2. AMBA 总线简介

AMBA（Advanced Microcontroller Bus Architecture）总线规范是 ARM 公司设计的一种用于高性能嵌入式系统的总线标准，其独立于处理器和制造工艺的技术增强了各种应用中的外设和系统宏单元的可重用性。AMBA 总线规范是一个可以免费从 ARM 公司获取的开放标准。目前，AMBA 总线拥有众多第三方支持，被 ARM 公司 90%以上的合作伙伴所采用，在基于 ARM 处理器内核的 SoC 设计中，已经成为被广泛支持的现有互联标准之一，其具体介绍可以参考 7.1.2 小节。

3. Wishbone 总线简介

Wishbone 总线最先是由 Silicore 公司提出的，现在已被移交给 OpenCores 组织进行维护。由于其开放性，现在已有不少的用户群体，特别是一些免费的 IP 核，大多数都采用该总线。

Wishbone 总线规范是一种片上系统 IP 核互连体系结构，其定义了一种 IP 核之间公共的逻辑接口，减轻了系统组件集成的难度，提高了系统组件的可重用性、可靠性和可移植性，加快了产品市场化的速度。其可用于软核、固核和硬核，对开发工具和目标硬件没有特殊要求，并且几乎兼容已存在的所有综合工具，可以用多种硬件描述语言来实现。

Wishbone 总线规范的目的是作为 IP 核之间的一种通用接口，因此它定义了一套标准的信号和总线周期，以连接不同的模块，而不是试图去规范 IP 核的功能和接口，所以其结构十分简单，仅仅定义了一条高速总线。在一个复杂的系统中，可以采用两条 Wishbone 总线的多级总线结构，一条用于高性能系统部分，另外一条用于低速外设部分，两者之间需要一个接口，这个接口虽然占用一些电路资源，但比设计并连接两种不同的总线要简单得多。此外，用户可以按需要自定义 Wishbone 标准，如字节对齐方式和标志位（TAG）的含义等，还可以加上一些其他的特性。

Wishbone 总线的主要特点说明如下，其典型互连结构如图 7.1 所示。

- 所有应用都适用于同一种总线体系结构。

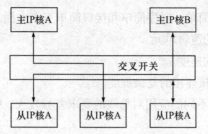

图 7.1　Wishbone 总线的典型互连结构（交叉开关）

- 其是一种简单、紧凑的逻辑 IP 核硬件接口，只需很少的逻辑单元即可实现。
- 时序非常简单。
- 主/从结构的总线，支持多个总线主设备。
- 8～64 位数据总线（可扩充）。
- 单周期读写。
- 支持所有常用的总线数据传输协议，如单字节读写周期、块传输周期、控制操作及其他的总线事务等。
- 支持多种 IP 核互连网络，如单向总线、双向总线、基于多路互用的互连网络和基于三态的互连网络等。
- 支持总线周期的正常结束、重试结束和错误结束。
- 使用用户自定义标记（TAG），确定数据传输类型、中断向量等。
- 仲裁器机制由用户自定义。
- 独立于硬件技术（FPGA、ASIC、bipolar、MOS 等）、IP 核类型（软核、固核或硬核）、综合工具、布局和布线技术等。

由于 IP 核种类多样，其间并没有一种统一的间接方式，为满足不同系统的需要，Wishbone 总线提供了如下 4 种不同的 IP 核互连方式；此外，还提供了一种片外连接方式，可以将外部芯片连接到这 4 种不同的网络中。

- 点到点（Point-to-Point），用于两个 IP 核直接互连。
- 数据流（Data Flow），用于多个串行 IP 核之间的数据并发传输。
- 共享总线（Shared Bus），多个 IP 核共享一条总线。
- 交叉开关（Crossbar Switch），同时连接多个主从部件，提高系统的吞吐量。

4. Avalon 总线简介

Avalon 总线由 Altera 公司开发，其是用于在可编程片上系统（System On Programmable Chip，SOPC）中连接片上处理器和其他 IP 模块的总线协议，规定了主部件和从部件之间进行连接的端口和通信的时序。

Avalon 总线的主要设计思想是简单、优化和同步操作，其提供了一种非常易于理解的协议，将逻辑单元保存在可编程逻辑器件（Programmable Logic Device，PLD）中，并且使用了同步操作的方式将其他的逻辑单元很好地集中到了同一个可编程逻辑器件中来避免复杂的时序，其主要特点说明如下。

- 支持 32 位寻址空间。

- 支持字节、半字和字传输。
- 采用同步接口。
- 采用独立的地址线、数据线和控制线。
- 设备内嵌译码部件。
- 支持多个总线主设备，Avalon 总线会自动生成仲裁机制。
- 多个主设备可同时操作使用一条总线。
- 可变的总线宽度，即可自动调整总线宽度，以适应尺寸不匹配的数据。
- 提供了基于图形界面的总线配置向导，简单易用。

在传统的总线结构中会使用一个中心仲裁器来控制多个主设备和从设备之间的通信，这种结构会产生一个瓶颈，因为任何时候只有一个主设备能访问系统总线，而 Avalon 总线的开关构造使用一种被称之为从设备仲裁（Slave-side arbitration）的技术，允许多个主设备控制器真正地同步操作。当有多个主设备访问同一个从设备时，从设备仲裁器将决定哪个主设备获得访问权。Avalon 总线提供的这种开关结构优化了数据流，从而提高了系统的吞吐量。图 7.2 所示是一个使用 Avalon 总线的多主设备同时访问存储器的结构。在此系统中，高带宽外设，如 100M 以太网卡，可以不需暂停 CPU 而直接访问存储器通过允许存储访问独立于处理器。

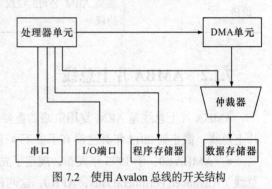

图 7.2　使用 Avalon 总线的开关结构

5．三种片上总线对比总结

AMBA 总线规范拥有众多第三方支持，被 ARM 公司 90%以上的合作伙伴所采用，已成为广泛支持的现有互连标准之一；Wishbone 异军突起，其简单性和灵活性受到广大 SoC 设计者的青睐，由于它是完全免费的，并有丰富的免费 IP 核资源，因此它有可能成为未来的片上系统总线互连标准；而 Avalon 主要用于 Altera 公司系列 PLD 中，最大的优点在于其配置的简单性，可由 EDA 工具快速生成，受 PLD 厂商巨头 Altera 极力推荐，其影响范围也不可忽视，表 7.1 从特点和应用方面综合对比了这三种总线。

表 7.1　　　　　　　　　　　　三种片上总线的对比

特点和应用	AMBA 总线	Wishbone 总线	Avalon 总线
互连方式	共享总线	交叉开关/共享总线/数据流/点对点	共享总线/总线开关
支持的主控制器	多个	多个	多个
数据总线宽度	32～128	8～64	32
地址空间位	32	64	32
数据传输方式	字节/半字/字	字节/半字/字	字节/半字/字
事务传输方式	流水/分裂/突发传输	流水/分裂/突发传输	流水/分裂/突发传输
数据对齐方式	大端对齐/小端对齐	大端对齐/小端对齐	大端对齐/小端对齐
仲裁规则	系统定义	用户自定义	系统生成

特点和应用	AMBA 总线	Wishbone 总线	Avalon 总线
独立性	硬件技术/IP 核类型/综合工具无关	硬件技术/IP 核类型/综合工具无关	硬件技术/IP 核类型
适用器件	PLD、ASIC	PLD、ASIC	Altera 系列 PLD
应用范围	高性能嵌入式系统	高性能嵌入式系统、小型嵌入式系统	Altera 公司提供的软核系统
可用资源	和 ARM 合作工作提供的第三方 IP 核	有许多免费的 IP 核	Altera 公司建立的 AMPP 组织提供了大量的 IP 核
价格	需要 ARM 公司的授权协议	免费	需要 Altera 公司的授权协议

7.1.2 AMBA 片上总线

AMBA 片上总线是 ARM 复用策略的重要组件，其不是芯片与外设的接口，而是 SoC 芯片的片上总线，截止到 2014 年其已经有了如下 4 个版本。

- AMBA1.0：于 1995 年发布，规定了先进系统总线（Advanced System Bus，ASB）和外围总线（Advanced Peripheral Bus，APB），这两种总线之间通过桥（Bridge）进行连接。
- AMBA2.0：于 1999 年发布，将系统总线更改为先进高性能总线（Advanced High-performance Bus，AHB），其可以用于连接高性能的系统组件或高带宽组件，并且发布了 APB2 总线以及测试方法。
- AMBA3.0：于 2003 年发布，包括先进的可扩展接口（Advanced eXtensible Interface，AXI）、先进的跟踪总线（Advanced Trace Bus，ATB）、AHB-Lite 以及 APB3 这 4 个总线标准。
- AMBA4.0：于 2010~2011 年发布，在 ATB 总线基础上增加了 5 个接口协议，包括 AXI 一致性扩展（AXI Coherency Extensions，ACE）、ACE-Lite、AXI4、AXI4-Lite 以及 AXI4-Stream 等。

目前，AMBA 的核心还是基于 AMBA2.0 建立的，其提供了 AHB、ASB 和 APB 三组总线，并且在系统总线和外设总线之间的桥接器提供 AHB/ASB 部件与 APB 部件之间的访问代理与缓冲。

- AHB（AMBA 高性能总线）：用于高性能、高数据吞吐部件，如 CPU、DMA 和 DSP 等之间的连接。
- ASB（AMBA 系统总线）：用来进行处理器与外设之间的互连，将被 AHB 取代。
- APB（AMBA 外设总线）：为系统的低速外部设备提供低功耗的简易互连。

1. AHB 总线

AHB（Advanced High-performance Bus）总线主要用于高性能模块（如 CPU、DMA 和 DSP 等）之间的连接，作为 SoC 的片上系统总线。它包括以下一些特性。

- 单个时钟边沿操作。
- 非三态的实现方式。
- 支持突发传输和分段传输。

- 支持多个主控制器。
- 可配置 32～128 位总线宽度。
- 支持字节、半字节和字的传输。

AHB 总线系统由主模块、从模块和基础结构（Infrastructure）这三个部分组成，整个 AHB 总线上的传输都由主模块发出，由从模块负责回应。基础结构则由仲裁器（Arbiter）、主模块到从模块的多路器、从模块到主模块的多路器、译码器（Decoder）、虚拟从模块（Dummy Slave）、虚拟主模块（Dummy Master）所组成。

2．ASB 总线

ASB（Advanced System Bus）总线适用于连接较高性能的系统模块，其读/写数据总线采用的是同一条双向数据总线，可以在某些高速且不必要使用 AHB 总线的场合作为系统总线，通常用于处理器、片上存储器和片外处理器接口及与低功耗外部宏单元之间的连接。

3．APB 总线

APB（Advanced Peripheral Bus）总线主要用于串口等低带宽的周边外设之间的连接，其总线架构不像 AHB 总线一样支持多个主模块，APB 总线里面唯一的主模块就是 APB 桥，其特性如下。

- 两个时钟周期传输。
- 无需等待周期和回应信号。
- 控制逻辑简单，只有 4 个控制信号。

7.1.3　基于 AMBA 片上总线的 SoC 芯片结构

一个典型的基于 AMBA 片上总线的 SoC 芯片通常包含 AHB 总线或 ASB 总线，用于支持 CPU、内存、DMA 等设备。这种总线架构为上述各种设备提供了高带宽接口用于数据的传输和控制，并且通过桥接方式将它们和 APB 总线上的慢速设备连接起来，进行与慢速设备的数据传输和控制，其结构如图 7.3 所示，其中各个模块可以以 IP 核的形式存在，通过 AMBA 片上总线将它们连接到一起。

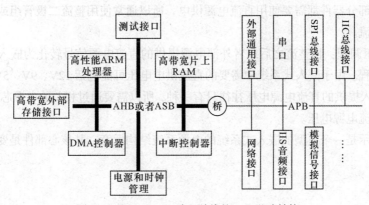

图 7.3　基于 AMBA 片上总线的 SoC 芯片结构

7.2　ARM 嵌入式系统的核心结构

ARM 嵌入式处理器需要一些外围器件才能配合工作，这些外围部件包括由电源芯片和电容等组成的电源系统、由复位芯片和电阻电容组成的复位系统、由晶体和电容等组成的时钟系统等。一个典型的 ARM 嵌入式系统的核心结构如图 7.4 所示，这也是 ARM 处理器能工作的"最小系统"。

图 7.4　典型的 ARM 嵌入系统的核心结构

7.2.1　电源系统

电源系统用于给 ARM 嵌入式系统提供相应的电压或者电流，是应用系统的重要组成部分，关系到应用系统是否能正常稳定地运行。电源模块包括交流-直流变换、整流部分、直流电压调理部分、电源保护和监控部分等。

1.　电源系统的组成

电源系统的主要功能是将外部供电电源转化为嵌入式系统所需要的供电电源。通常来说，外部电源有交流电源和直流电源两种。对于外部电源是交流电源的系统来说，其一般采用 220V 市电或者 380V 工业用电直接供电，需要进行交流电压调理、整流和直流电压调理三个步骤才能得到嵌入式系统所需要的供电电源；而对于外部电源是直流电源的应用系统来说，只需要进行直流电压调理就可以得到嵌入式系统所需的供电电源，这三个部分的详细说明如下。

● 交流电压调理：将较高的交流电压变成较低的交流电压的过程。由于外部交流电源通常是 220V 市电或者 380V 工业用电，为了能适应嵌入式系统所需要的电压，通常使用变压器将这些高压交流电转换为 12V、15V、24V 等电压的交流电，具体电压由系统的具体情况决定，一般来说要略高于嵌入式系统所需要的电源最高电压。

● 整流：将交流电变成脉动的直流电，再经过滤波电路得到平滑的直流电的过程。由于嵌入式系统中绝大部分器件都需要使用直流电源供电，所以通常使用整流二极管组或者整流桥将交流电信号变成直流。

● 直流电压调理：将整流之后或者外部电源提供的直流电源信号转化为嵌入式系统所需要的直流电压的过程。由于嵌入式系统中需要的直流供电电压可能包括 12V、9V、5V、3.3V、1.8V 等很多种，而输入提供的直流电源电压往往只有一种，所以需要通过相关的电源芯片/模块转化出所需要的全部直流电源电压。

如图 7.5 所示是一个典型的嵌入式系统的电源系统结构示意，其核心部件是变压器、整流桥和电源芯片。

2.　变压器

变压器是利用电磁感应的原理来改变交流电压的装置，主要构件是初级线圈、次级线圈和铁心（磁芯），常被用作升降电压、匹配阻抗、安全隔离等用途。变压器的实物和典型应用电路如

图 7.6 所示。

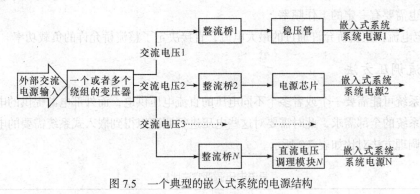

图 7.5　一个典型的嵌入式系统的电源结构

嵌入式系统使用的变压器主要需要考虑的参数有输入电压、输出电压、输出组数、输出功率/输出电流，其详细说明如下。

- 输入电压：变压器的交流输入电压。
- 输出电压：变压器的输出电压。
- 输出组数：变压器的输出可以是很多组，这些输出组从电源上是隔离的。
- 输出功率/输出电流：变压器能提供的最大功率或者说能提供的最大输出电流，不同的输出组可以提供不同大小的输出功率/输出电流。

图 7.6 中是 220～15V 单组输出的变压器应用电路，220V 交流电压加在变压的输入线圈上，耦合的 15V 交流电压从输出线圈上给出。

3．整流二极管和整流桥

整流是将交流电压转化为直流电压的过程，一般使用整流二极管或者整流桥来完成。整流二极管是一种能将交流电能转变为直流电能的半导体器件，通常它包含一个 PN 结，有阳极和阴极两个端子，能使得符合相位的交流电流通过二极管而阻止反向的交流电流通过二极管。整流桥是将多个（一般是 2 个或者 4 个）整流二极管封在一个器件里的设备，可以分为全桥和半桥的整流电路。全桥是将连接好的全波桥式整流电路的 4 个二极管封在一起，而半桥是将连接好的两个二极管桥式半波整流电路封在一起。用两个半桥可组成一个桥式整流电路，而使用单个半桥也可以组成变压器带中心抽头的全波整流电路，整流桥通常需要考虑的参数是截止电压、工作频率和额定电流。如图 7.7 所示是一个焊接在电路板上的小功率整流桥的实物。

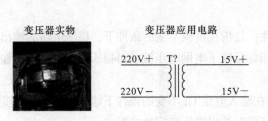

图 7.6　变压器的实物和应用电路

图 7.7　小功率整流桥实物

- 截止电压：整流电压反向加在整流桥上整流二极管上允许的最高电压，决定整流桥允许整流的电压最大值。

● 工作频率：由于交流电都是周期性的变化相位的，也就是常说的交流电的频率，所以对应的整流桥也需要有一定的工作频率。

● 额定电流：整流桥允许通过的最大电流，直接决定了整流桥允许的负载功率。

4. 直流调压方法

嵌入式系统可能需要一个或者多个不同电压的直流电压供电，而外部电源提供的电压未必能满足嵌入式系统的全部需求，此时需要对这些电压进行调理以得到嵌入式系统需要的电源。常见的直流电源调理方法对比如表 7.2 所示。

表 7.2 直流电压调理方法比较

各项对比	稳压二极管	电源模块	电源芯片
成本	低	高	中等
电路设计	简单	非常简单	一般
功率/电流	较小	大	比较大
稳定性	差	好	普通
外围/辅助器件	几乎不需要	不需要	需要

● 稳压二极管：又叫齐纳二极管、稳压管，是一种由硅材料制成的面接触型晶体二极管。稳压管在反向击穿时，在一定的电流范围内端电压几乎不变，表现出稳压特性，因而被广泛应用于稳压电源与限幅电路之中。稳压二极管可以串联起来以便在较高的电压上使用，通过串联就可获得更多的稳定电压。

● 电源芯片：是一种可以将一种电压电源转化为另外一种电压电源的集成电路芯片，一般需要添加外部电阻电容电感进行辅助滤波等工作。在嵌入式系统中使用得最为广泛的电源芯片是 78××（正电压）、79××（负电压）系列以及 1117 系列等。

● 电源模块：是可以直接贴装在印刷电路板上的电源供应器，其实质是集成了电源芯片和电源芯片外围器件的电路模块，有开关和线性两种。

最常见的直流电源调理芯片是稳压集成电路，其用半导体工艺和薄膜工艺将稳压电路中的二极管、三极管、电阻、电容等元件制作在同一半导体或绝缘基片上，形成具有稳压功能的固体电路。

稳压电路的技术指标分为两类：一类是特性指标，用来表示稳压电源的规格，包括输入电压、输出功率、输出直流电压和电流范围等；另一类是质量指标，用以表示稳压性能，包括稳压系数、负载调整特性等。

● 稳压系数（S_r）：其又称电压调整特性，是指在负载不变的条件下，稳压电路的输出电压相对变化量与输入电压相对变化量之比；该指标反映了电网电压波动对稳压电路输出电压稳定性的影响。

● 负载调整特性（S_I）：这是指稳压电路在输入电压 UI 不变的条件下输出电压的相对变化量与负载电流变化量之比；该指标反映了负载变化对输出电压稳定性的影响。

● 输出电阻（R_O）：其是指输入电压 UI 不变时，输出电压的变化量与负载电流变化量之比；输出电阻越小，负载变化对输出电压变化的影响越小，其所带的负载能力也就越强。

- 纹波抑制比（S_R）：是稳压电路输入纹波电压峰值 UIP 与输出纹波电压峰值 UOP 之比，并取电压增益表示式；该指标反映了稳压电路输入电压中含有 100Hz 交流分量峰值或纹波电压的有效值经稳压后的减小程度。

5．直流稳压电源芯片

78/79 系列电源调理芯片是最常见的三端稳压集成电路，其中，78 系列为正电压调理芯片，有 7805、7809、7812 等，78 后面的参数表明其输出电压，如 7805 表明输出为+5V 直流电压；79 系列则为负电压调理输出，有 7905、7909 等，79 后面的参数同样表明其输出电压，如 7905 表明输出为-5V 直流电压。78/79 系列电源调理芯片具有如下特点。

- 有多种输出电压型号可选。
- 输出电流比较大，可以达到 1A 或者 1A 以上。
- 具有过热保护和短路保护功能。
- 具有输出晶体管 SOA 保护。
- 价格低廉、应用简单。

如图 7.8 所示是 78/79 系列芯片的典型应用电路，C1～C3 为滤波电容，其引脚说明如下（编号从左到右）。

- 引脚 1：输入电源引脚。
- 引脚 2：电源公共端信号引脚（通常为地信号）。
- 引脚 3：输出电源引脚。
- 背部：电源公共端信号引脚（通常为地信号）。

在使用 78/79 系列芯片的时候需要注意以下几个问题。

- 芯片的输入输出压差不能太大，太大则转换效率急速降低，而且容易击穿损坏。

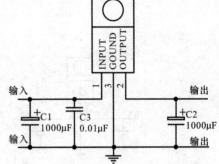

图 7.8　78/79 系列芯片的典型应用电路

- 输出电流不能太大，1.5A 是其极限值，如果电流的输出比较大，必须在芯片的后背上加上足够大尺寸的散热片，否则会导致高温保护或热击穿。

- 输入输出压差也不能太小，否则会导致效率很低，而且当输入和输出的压差低于 2V～3V 的时候，可能导致芯片不能正常工作。

AS1117 是一款低压差的线性稳压器，当输出 1A 电流时，其输入输出的电压差典型值仅为 1.2V，所以比 78/79 系列芯片具有更广泛的应用环境，其主要特点如下。

- 包括三端可调输出和固定电压输出两个版本，其中固定电压包括 1.8V、2.5V、2.85V、3.3V 和 5V 输出版本，其对比如表 7.3 所示。
- 最大输出电流为 1A。
- 输出电压精度高达 ± 1%。
- 稳定工作电压范围为高达 15V。
- 电压线性度为 0.2%。
- 负载线性度为 0.4%。
- 环境温度范围为-50℃～140℃。

表 7.3   AS1117 芯片对比

芯片类型	引脚编号	符号	说明
固定电压输出型	1	GND	接地引脚
	2	Vout	输出引脚
	3	Vin	输入引脚
电压可调型	1	Adj	可调引脚
	2	Vout	输出引脚
	3	Vin	输入引脚

图 7.9 所示是固定电压输出型 AS1117 的典型应用电路，可以看到其和 78/79 系列芯片的应用电路几乎一致，只是引脚的顺序有所差异。

在实际使用中，应注意以下两点。

- 对于所有应用电路均推荐使用输入旁路电容 C1 为 10μF 钽电容。
- 为保证电路的稳定性，在输出端接 22μF 钽电容 C2。

图 7.10 所示是电压可调型 AS1117 的应用电路，其在输出端和可调端之间可以提供 1.25V 的参考电压，用户可以根据需要通过电阻倍压的方式调整出所需要的电压，图中 R1 和 R2 即为倍增电阻。

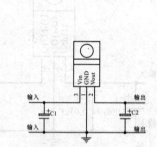

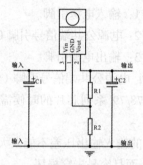

图 7.9　固定电压输出型 AS1117 的应用电路　　　　图 7.10　电压可调型 AS1117 的应用电路

可调版本 AS1117 的的输出电压可以按照如下公式进行计算：

$$V_{\text{out}} = V_{\text{ref}} \times (1 + \frac{R_2}{R_1}) + I_{\text{Adj}} \times R_2$$

由于 I_{Adj} 通常比较小（50μA 左右），远小于流过 R_1 的电流（4mA 左右），因此通常可以忽略。

为了保证可调版本电路的正常工作，R_1 值应在 200～350Ω 之间，此时电路能提供的最小工作电流约为 0mA，最佳工作点所对应的最小工作电流大于 5mA。若 R_1 值过大，则电路正常工作的最小工作电流为 4mA，最佳工作点所对应的最小工作电流大于 10mA。

6. 电源保护和监控芯片

在嵌入式系统中，常常可能出现电源上的扰动以导致误操作，如雷击、用户接入电源极性错误等情况。为了避免这种情况对系统带来的损伤，应该在应用系统的电源设计上加上相应的保护和监控芯片，如 MAX8438～MAX8442 系列过压保护芯片、AAT4610A 过流保护芯片以及 MAX8215 电源监控芯片等。

电源过压保护芯片用于避免在外加电压过大时对嵌入式系统硬件部件的损伤。最常用的电源过压保护芯片是美信公司的 MAX8438～MAX8442 系列，其可对低压系统提供高达 28V 的过压保护。如果输入电压超过过压触发电平，MAX4838-MAX4842 会关闭低成本的外部 N 沟道 FET，以防止那些受保护的元件损坏。内部电荷泵无需外部电容，可非常简单地驱动 FET 栅极，构成一个简单、高度可靠的方案。其具体特点如下。

- 提供高达 28V 的过压保护。
- 有预设 7.4V、5.8V 或 4.7V 过压门限电平芯片可选。
- 提供低欠压锁定待机电流（10uA）。
- 内置驱动低成本 N 沟道 MOSFET。
- 内置 50ms 启动延时。
- 内置电荷泵。
- 内置过压故障 FLAG 指示器。

如图 7.11 所示是 MAX8438～MAX8442 系列芯片引脚封装示意，其详细说明如下。

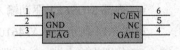

图 7.11　MAX8438～MAX8442 系列芯片引脚封装

- IN：电压输入引脚，同时作为电源输入和过压检测输入，应该使用一个 1μF 或更大的电容将该引脚旁路至地。
- GND：地信号引脚。
- /FLAG：故障指示输出引脚，在欠压锁定和过压锁定的情况下，/FLAG 输出一个高电平；在正常工作期间，/FLAG 为低电平，该引脚为漏极开路输出。
- GATE：栅极驱动输出引脚，其为片内电荷泵输出，当输入电压处在欠压锁定门限与过压锁定门限之间时，GATE 拉高以打开外部 N 沟道 MOSFET。
- NC：未使用引脚。

MAX8438～MAX8442 系列芯片的典型应用电路如图 7.12 所示。

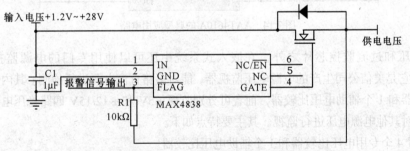

图 7.12　MAX8438～MAX8442 系列芯片的典型应用电路

保护芯片处在输入电源与负载供电电源之间，正常情况下外部 MOSFET 导通，不影响负载工作，当过压现象发生时，电路断开部 MOSFET，从而实现过压保护。在应用过程中，需要在输入电压端接 1μF 的滤波电容，避免受输入电压信号波动的影响。和 MOS 管并接的二极管 D1 可以防止电压反向造成的损害。

在嵌入式系统考虑过压保护的同时，也需要考虑过流保护。在某些场合下，供电电源容易产生异常大的电流，对应用系统带来危害，此时可以使用电源过流保护芯片。AAT4610A 是美国先进模拟科技公司（AATI）生产的一种过电流保护电路，其主要特点如下。

- 支持 2.4～5.5V 输入电压。

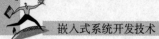

- 支持可编程过流门限。
- 提供 400ns 快速瞬态响应。
- 提供 1μA 最大关断电流、9μA 典型静态电流。
- 典型最大等效内阻为 145Ω。
- 提供欠压锁定和热关断功能。

图 7.13 所示是 AAT4610 的引脚封装示意，其详细说明如下。

- 内部 MOSFET 驱动输出引脚。
- 地信号引脚。
- 电流门限设置引脚，用以设置保护电流。
- 芯片使能引脚。
- 内部 MOSFET 驱动输入引脚。

图 7.13　AAT4610 的引脚封装示意

如图 7.14 所示是 AAT4610A 典型应用电路，供电电源从 IN 引脚流入，从 OUT 引脚流出。C1、C2 分别为输入端、输出端的滤波电容，宜采用陶瓷电容。RSET 为极限电流设定电阻，其电阻值取决于所需极限电流 ILIMIT，设定范围是 130 mA～1A。在决定 RSET 的阻值时，必须考虑 ILIMIT 的变化。造成 ILIMIT 变化的原因有以下三种可能。

- 从输入端到输出端的电压变化，这是由于 P 沟道功率 MOSFET 的压降而造成的。
- 极限电流随温度而变化。
- 极限电流还受输出电流的影响。

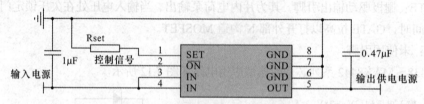

图 7.14　AAT4610A 的典型应用电路

除了过压和过流监控芯片之外，在嵌入式系统中还可以使用专门的电源监控芯片，如 MAX8215。它是美信公司生产的电源电压监视器，能对多路直流电源进行检测。其内部有 4 个专用电压比较器和 1 个辅助电压比较器，前者可分别监视 ±5V 和 ±12/15V 四路稳压电源的欠压状态，后者可对其他电源电压进行监视。其主要特点如下。

- 内置 4 个专用电压比较器和 1 个辅助电压比较器。
- 支持监视+5V 电源时误差为 ±1.25%，其他电压的监视误差为 ±1.5%。
- 支持过压欠压自动监视，采用辅助电压比较器时延迟可编程。
- 内置 ±1%精度的 1.24V 参考电压。
- 支持 2.7～11V 宽电源供电、250μA 最大耗电。
- 引脚都是开漏输出。

MAX8215 的引脚封装如图 7.15 所示，其详细说明如表 7.4 所示。

图 7.15　MAX8215 的引脚封装

表 7.4　　　　　　　　　　　　　MAX8215 的引脚封装说明

引脚编号	引脚符号	引脚功能
1	VREF	内部 1.24V 参考电源输出端
2	GND	接地端
3	+5V	+5V 监视电源输入端
4	−5V	−5V 监视电源输入端
5	+12 +15	+12V 或者+15V 监视电源输入端
6	−12 −15	−12V 或者−15V 监视电源输入端
7	DIN	辅助比较器正极输入端
8	PGND	接地端
9	DOUT	辅助比较器输出端
10～13	OUT1～OUT4	4 个独立比较器的输出端
VDD		电源输入端

如图 7.16 所示是 MAX8215 的典型应用电路,其 4 个独立电压比较器分别监视+5V 和+12/15V 的电源;而辅助比较器则是可编程的, 在其输入引脚上连接适当的编程电阻,可以给嵌入式处理器提供上电复位信号。

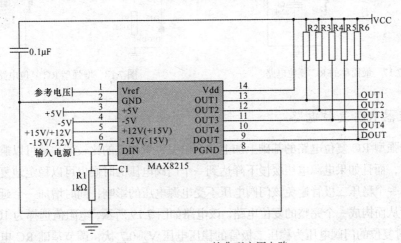

图 7.16　MAX8215 的典型应用电路

7.2.2　复位系统

复位电路是影响嵌入式系统运行稳定性的最主要的内部因素之一, 根据不同的系统要求,嵌入式系统的复位电路有不同的设计方法。

嵌入式系统的基本复位电路的主要功能是在应用系统上电时给嵌入式处理器提供一个复位信号让其进入复位状态;当应用系统的电源稳定后,撤销该复位信号。需要注意的是,在应用系统上电完成后,这个复位信号还需要维持一段时间才能够撤销,这是为了防止在上电过程中电源上的电压抖动影响应用系统的复位过程。

145

1. 最简单的 RC 复位电路

最简单的电阻和电容搭建的 RC 高电平和低电平复位电路如图 7.17 所示，其具体的复位时间长度可以根据电阻和电容的大小计算。其能够满足嵌入式系统的最基本的复位需求，其中按键允许应用系统进行手动复位，右边的无极性电容则可以避免高频谐波对系统的干扰。

2. 增强型 RC 复位电路

增强型 RC 复位电路在最简单的 RC 复位电路基础上添加了二极管放电回路。在最简单的 RC 复位电路中，如果对电阻和电容的选择不当可能会造成复位电路驱动能力下降，同时该电路还不能够解决电源毛刺以及电源电压缓慢下降的问题，所以在基本 RC 复位电路基础上可以增加一个由二极管构成的放电回路，如图 7.18 所示。该二极管可以在电源电压瞬间下降的时候使电容快速放电，从而使得嵌入式系统复位；同样一定宽度的电源毛刺也可以使得嵌入式系统可靠地复位。

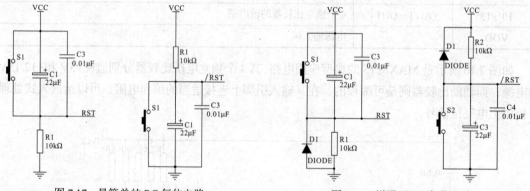

图 7.17　最简单的 RC 复位电路　　　　图 7.18　增强型 RC 复位电路

3. 比较器 RC 复位电路

如果在增强型 RC 复位电路的基础上加上一个由三极管构成的比较器，就可以避免电源毛刺造成的不稳定，而且如果电源电压缓慢下降达到一个门阀电压的时候也可以稳定地复位。在这个基础上，使用一个稳压二极管避免该门阀电压不受电源电压的影响，同时增加一个延时电容和一个放电二极管从而构成一个完整的复位电路。该电路如图 7.19 所示，电阻值选择为 $100k\Omega$，电容为 $10\mu F$，此时复位的门阀电压为稳压二极管的稳压电压 $V_Z+0.7$ 伏，调节基础 RC 电路中的电容可以调整延时时间，调整电阻则可以改变驱动能力。

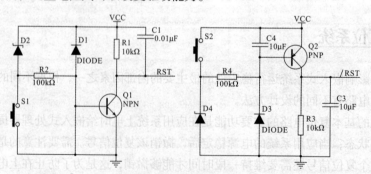

图 7.19　比较器 RC 复位电路

注意：除了使用 RC 复位电路之外，在实际的嵌入式系统电路设计中还会采用专用的带复位功能的看门狗芯片（如 CAT1161 等）来完成复位工作。

7.2.3　时钟系统

时钟是嵌入式系统工作的驱动器，提供单片机工作的"动力"，其关系到嵌入式处理器运算速度的快慢、应用系统稳定性的高低等。时钟系统的电路可以使用晶体和晶振来搭建。晶体和晶振的主要区别在于，晶体需要外接振荡电路才能够起振，发出脉冲信号；而晶振则只需要在相应的引脚上提供电源和地信号即可以发出脉冲信号。从外形来看，晶体一般是扁平封装，有 2 个引脚，这 2 个引脚互相没有区别，功能相同；晶振则大多为长方形或者正方形封装，有 4 个引脚，这 4 个引脚的功能互不相同，不能混淆。从工作参数来看，晶体的温度系数和精确度高于晶振。常见的晶振有如下 4 个引脚。

- CLK：脉冲信号输出。
- NC：空管脚，可以连接到地信号。
- GND：地信号。
- VCC：电源输入，连接到+5V。

图 7.20 所示是外部时钟形式的时钟系统电路，其使用晶振来作为振荡器，外部晶振有长方形和正方形两种，从性能上来看这两种类型的晶振并没有区别，唯一需要考虑的仅仅是体积尺寸。

在使用外部晶振时，为了增强晶振输出的驱动能力，一般使用一个反相器（74xx04）将晶振的脉冲输出进行整形驱动，如图 7.20 所示，经过 74ALS04 的整形驱动输出的脉冲信号输入到嵌入式处理器的 XTAL2（时钟输入引脚，可能有其他的名字）上，嵌入式处理器的 XTAL1（时钟输入引脚，可能有其他的名字）连接到地。

图 7.21 所示是使用晶体来构成外部振荡电路的时钟系统，它利用嵌入式处理器的内部振荡单元和外部的晶体一起产生时钟信号。

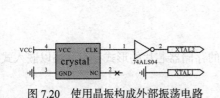

图 7.20　使用晶振构成外部振荡电路

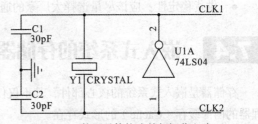

图 7.21　使用晶体构成外部振荡电路

7.3　常用 ARM 结构处理器及选择方案

目前，采用 ARM 核心的具体 ARM 结构处理器的数目已经超过了上千种，包括 NXP、Samsung、ATmel 等公司都有不同系列的产品。图 7.22 中列举出了常见的处理器的型号。

在选择具体 ARM 处理器型号的时候要从多方面进行考虑，主要涉及功能、性能、价格、熟悉程度及开发资源、操作系统支持、系统升级和兼容性以及供货稳定性这几个方面。

- 功能：首先应该考虑处理器本身能够支持的功能，如 USB 接口、网络接口、液晶显示器支持等。

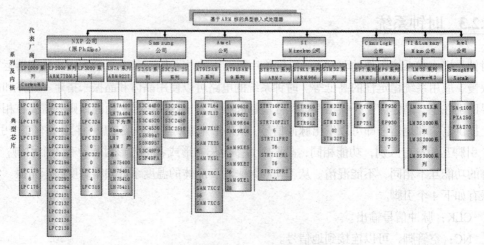

图 7.22　常见的 ARM 处理器的型号

- 性能：除了功能之外还应该从处理器的功耗、速度、稳定可靠性等来衡量处理器的性能。
- 价格：通常来说，我们都希望在实现功能的前提下让产品的成本越低越好，所以需要考虑嵌入式处理器价格及其衍生出的周边价格。
- 熟悉程度及开发资源：选择一款熟悉的处理器可以降低开发风险，如果熟悉的处理器都不能满足需求则应该选择开发资源相对丰富的型号。
- 操作系统支持：有些嵌入式处理器对某些操作系统并不支持，所以如果需要使用操作系统则应该考虑到该因素。
- 系统升级和兼容性：相当多的嵌入式系统在完成之后都涉及升级和更新换代的问题，应该考虑到该型号的处理器的后续性。
- 供货稳定性：应该尽量选择大厂家的通用性芯片。

7.4　嵌入式系统的存储器

存储器是嵌入式系统的核心部件，其不仅仅以单独的存储器芯片的形式存在，还以嵌入式处理器的内部缓存（Cache）的形式存在。

7.4.1　存储器的体系结构和性能指标

嵌入式系统的存储器体系结构可以划分为图 7.23 所示的 6 个层次，最顶层是体积最小、速度最快、价格最高的存储器，最底层是体积最大、速度最慢、价格最低的存储器，各个层次说明如下。

- 处理器内部寄存器。
- 处理器芯片内部的高速缓存（Cache）。
- 处理器芯片外的高速缓存（SRAM、DRAM、DDRAM）。
- 处理器芯片的主存储器（Flash、PROM、EPROM、EEPROM）。

- 处理器芯片的外部存储器（磁盘、光盘、CF 卡、SD 卡）。
- 嵌入式系统远程二级存储（分布式文件系统、Web 服务器）。

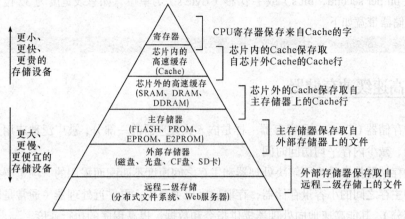

图 7.23　嵌入式系统的存储器体系结构

嵌入式系统存储器的性能指标包括易失性、只读性、位容量、速度、功耗、可靠性和价格等，其具体说明如下。

- 易失性：当掉电后存储器的内容是否丢失。
- 只读性：指在某个存储器中写入数据后，只能被读出，不能用常规的办法重写或改写。
- 位容量：半导体存储器件常用位容量来表示其存储功能。
- 速度：用存储器访问时间来衡量。
- 功耗：存储器所消耗的电能。
- 可靠性：存储器的可靠性主要取决于引脚的接触、插件板的接触及存储器模块板的复杂性。
- 价格：存储器的价格主要由两方面的因素决定，一是存储器本身的价格，二是存储器模块中附加电路的价格。

除了以上性能指标之外，存储器还有存储容量、存取时间、存储周期和带宽这几个重要的参数。

- 存储容量：在一个存储器中可以容纳的存储单元的总数称为存储容量（Memory Capacity）。存储单元可分为字存储单元和字节存储单元。字存储单元是指存放一个机器字的存储单元，相应的单元地址称为字地址；而字节存储单元是指存放 1 个字节（8 位二进制数）的存储单元，相应的地址称为字节地址。为了描述方便和统一，目前大多数计算机系统采用字节为单位来表征存储容量。存储容量的单位通常用 KB、MB、GB 来表示，K 代表 2^{10}，M 代表 2^{20}，G 代表 2^{30}，其有如下的换算关系。

1KB=1024B，1MB=1024KB，1GB=1024MB

- 存取时间：即存储器访问时间（Memory Access Time），是指启动一次存储器操作到完成该操作所需的时间。具体地说，读出时为取数时间，写入时为存数时间。取数时间就是指存储器从接受读命令到信息被读出并稳定在存储器数据寄存器中所需的时间；存数时间就是指存储器从接受写命令到把数据从存储器数据寄存器的输出端传送到存储单元所需的时间。
- 存储周期：又被称为访问周期，是指连续启动两次独立的存储器操作所需间隔的最小时

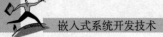
间，它是衡量主存储器工作性能的重要指标，其通常略大于存取时间。

● 存储器带宽：是指单位时间里存储器所存取的信息量，是衡量数据传输速率的重要指标，通常以位/秒（bit per second，bit/s）或字节/秒（Byte/s）为单位，如总线宽度为 32 位，存储周期为 250ns 的存储器带宽如下。

存储器带宽 = 32b/250ns = 128Mbit/s = 128Mbit/s。

7.4.2　高速缓冲存储器

高速缓冲存储器（Cache）和寄存器一样是嵌入式处理器的一部分，被广泛地应用于提高存储器系统的性能、减少内存平均访问时间。

高速缓冲存储器技术是为了解决处理器和主存之间速度不匹配而采用的一项重要技术。其是介于处理器和主存之间的小容量存储器，存取速度比主存快，更靠近处理器（通常是嵌入式处理器芯片的一部分），其能高速地向处理器提供指令和数据，提高程序的执行速度。

Cache 由高速的 SRAM 组成，所有控制逻辑全部由硬件实现，对用户来说是透明的。图 7.24 是 Cache 在嵌入式系统中的位置和原理图。

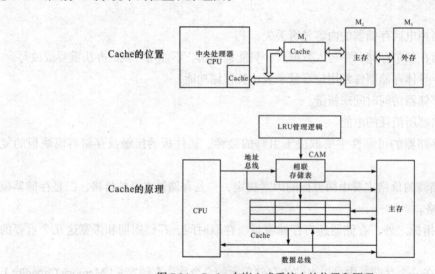

图 7.24　Cache 在嵌入式系统中的位置和原理

Cache 可分为统一 Cache 和独立的数据/程序 Cache。在存储系统中，指令预取和数据读写使用同一 Cache 时称为统一 Cache；如在存储系统中指令预取和数据读写使用不同的 Cache 则各自是独立的，称系统使用了独立的 Cache。用于指令预取的 Cache 称为指令 Cache，用于数据读写的 Cache 称为数据 Cache。

当嵌入式处理器更新 Cache 内容时需要将当前结果写回到主存中，此时可采用写通法（write-through）和写回法（write-back）。

● 写通法：当处理器执行写操作时把数据同时写入 Cache 和主存。用写通法更新的 Cache 称为写通 Cache。

● 写回法：执行写操作时被写的数据只写入 Cache 不写入主存，当需替换时才把已修改的 Cache 块写回到主存中。采用写回法进行数据更新的 Cache 称为写回 Cache。

当进行数据写操作时，可以将 Cache 分为读操作分配 Cache 和写操作分配 Cache 两类。对于读操作分配 Cache，当进行数据写操作时如果 Cache 未命中，只是简单地将数据写入主存中，只有在数据读取时，才进行 Cache 内容预取；对于写操作分配 Cache，当进行数据写操作时，如果 Cache 未命中 Cache 系统将会进行 Cache 内容预取，从主存中将相应的块读取到 Cache 中相应的位置，并执行写操作，把数据写入到 Cache 中。对于写通类型的 Cache，数据将会同时被写入到主存中；对于写回类型的 Cache 数据将在合适的时候被写回到主存中。

7.4.3　SDRAM 存储器

同步动态随机存储器（Synchronous Dynamic Random Access Memory，SDRAM），通常被作为嵌入式系统的内存，等同于普通 PC 的内存。

SDRAM 发展至今已经经历了 4 代，分别为 SDR SDRAM、DDR SDRAM、DDR2 SDRAM 和 DDR3 SDRAM。

第 1 代 SDR SDRAM 采用单端（Single-Ended）时钟信号，而从第 2 代至第 4 代则由于工作频率比较快，所以采用了可降低干扰的差分时钟信号作为时钟信号，该时钟信号即为数据存储的频率。第 1 代 SDRAM 采用了时钟频率来命名，如 PC100、PC133 表示时钟频率为 100MHz/133MHz，数据读写速率也为 100MHz/133MHz。从第 2 代开始的 DDR SDRAM 则采用数据读写速率来命名，并且在前面加上表示其 DDR 代数编码的数字，如 PC-DDR、PC2-DDR、PC3-DDR3，PC2700 是 DDR333，其工作频率是 333MHz/2=160MHz，"2700" 则表示带宽为 2.7G。

DDR 的读写频率为 DDR200～DDR400；DDR2 从 DDR2-400 到 DDR2-800；DDR3 从 DDR3-800 到 DDR3-1600。

> 注意：DDR4 内存规范已经完成，其对应的服务器、消费级产品已经开始逐步普及，而 DDR4 SO-DIMM 笔记本内存也已经开始产品化（美光的 Crucial）。

1. SDRAM 的主要参数

SDRAM 的两个主要参数说明如下。

- 容量：SDRAM 的容量通常用"存储单元×体×每个存储单元的位数"来表示。例如，某 SDRAM 芯片的容量为 4M×4×8bits，则表明该存储器芯片的容量为 16MBytes（字节）或者 128Mbit。
- 时钟周期：SDRAM 能运行的最大频率。例如，对应 PC100 的 SDRAM 则表示其时钟周期为 10ns，工作频率则为 100MHz。

此外，SDRAM 还有存取时间、CAS 延迟时间、综合性能评价等参数，在此不做赘述。在 SDRAM 中，有两个很重要的概念是物理 Bank 和芯片位宽。

- 物理 Bank：处理器和 SDRAM 进行数据交互所需要的数据总线的位宽。
- 芯片位宽：SDRAM 芯片的数据总线的位宽。

通常来说，物理 Bank 会大于等于芯片的位宽，此时 SDRAM 就需要将多块芯片组合到一起以满足物理 Bank 的需求。

2. SDRAM 的分类和特点

SDRAM 的分类和特点如表 7.5 所示。

表 7.5　　　　　　　　　　　　　　　　　　SDRAM 的分类和特点

参数	SDR SDRAM	DDR SDRAM	DDR2 SDRAM	DDR3 SDRAM
核心频率（MHz）	66～166	100～200	100～200	100～250
时钟频率（MHz）	66～166	100～200	200～400	400～1000
数据传输率（Mbit/s）	66～166	200～400	400～800	800～2000
预取设计	1bit	2bit	4bit	8bit
忽发长度	1/2/4/8full page	2/4/8	4/8	8
CL 值	2/3	2/2.5/3	3/4/5/6	5/6/7/8/9
Bank 数量	2/4	2/4	4/8	8/16
工作电压	3.3V	2.5/2.6V	1.8V	1.5V
封装	TSOP II-54	TSOP II-54/66	FBGA60/68/84	FBGA78/96
生产工艺（nm）	90/110/150	沿用 SDR 生产线 70/80/90	53/65/70/90	45/50/65
容量标准（Bytes）	2M～32M	8M～128M	32M～512M	64M～1G
新增特性		查分时钟，DQS	ODT、OCD、AL、POSTED CAS	异步重置 Reset
优点	制造工艺简单、TSOP 封装焊接方便、成品率高	数据传输率有所提高、生产设备简单	数据传输率高、更好的电气性能与散热性、体积小、功耗大、无需上拉终结电阻、成本相对较低	工作频率进一步提高、功耗和发热量更小、容量更大
缺点	速度低、焊盘与 PCB 接触面积小、散热性差、高频阻抗和寄生电容影响稳定性和频率提升	容量受限、高频时稳定性和散热性差、需要大量终结电阻	CL 延迟增加、成品率较低	价格较高

3. SDRAM 的典型结构

SDRAM 的典型结构如图 7.25 所示，这是一块 4M×4×8bits 的 HYB25L35610，可以看到其共有 54 个引脚，可以分为如下的几大部分。

● 地址输入引脚：当执行 ACTIVE 命令和 READ/WRITE 命令时用于决定使用的 bank。

● 时钟输入引脚：高电平有效，当该引脚处于低电平期间时，提供给所有 bank 预充电和刷新的操作。

● 片选信号引脚：在多存储芯片架构中选择进行存取的芯片。

● 行地址选通引脚和列地址选通引脚。

● bank 地址输入信号引脚：决定使用激活的 bank，如果引脚数目为 n，则 2^n 则为 bank 的数量。

● 输入输出屏蔽引脚。

● 电源相关引脚。

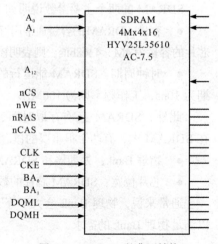

图 7.25　SDRAM 的典型结构

在嵌入式系统中，最常用的是 Hynix（海力士，原现代）、Micron（美光）、Spectek（镁光）、Elpida（必尔达）生产的 8 位/16 位数据宽度，工作 3.3V 的单个 SDRAM 芯片。这些厂商生产的典型产品如表 7.6 所示。

表 7.6　　　　　　　　　　　　　　典型的 SDRAM 产品

厂商	SDRAM	DDR SDRAM	DDR2 SDRAM
Hynix	HY57V64820HGT-H（8M×8 PC133）、HY57V561620FTP-H-A（16M×16 PC133）、HY5S7B2ALFP-6E-C（16M×32 PC133）	HY5DU281622FTP-D43-C（8M×16 PC400）、HY5DU12822CTP-J-C（64M×8 PC333）、HY5DU12822CTP-D43（64M×8 PC400）	HY5PS12821EFP-Y5（64M×8 PC667）、HY5PS1G1631CFP-Y5-C（64M×16 PC667）、HY5PS12821CFP-S5（64M×8 PC800）、HY5PS1G831CFP-S6（128M×8 PC800）
Micron	MT48LC16M16A2P-7（16M×16 PC143）、MT48LC4M32B2P-6（4M×32 PC166）	MT46V64M8P-5B（64M×8 PC400）、MT46V128M4P-5B（128M×8 PC400）	MT47H32M16HQ-25（32M×16 PC800）、MT47H128M8HQ-25:E（32M×8 PC800）、MT47H64M16HR-3:E（64M×16 PC667）
Spectek	S16008LK6TKF-75A（8M×16 PC133）、S16004LK6TKF-75A（4M×16 PC133）		
Elpida	EDS2516CDTA-75-E（16M×16 PC133）、EDS6432AFTA-6B-E（2M×32 PC166）	EDD5108ADTA-5C（64M×8 PC400）、EDD5108AGTA-5B-E（64M×8 PC533）	EDE5108ABSE-5C-E（64M×8 PC533）、EDE5104AESK-4A-E（128M×4 PC400）

7.4.4　Flash 存储器

SDRAM 是嵌入式系统的内存，而 Flash 则可以看成是嵌入式系统的硬盘，主要用于存放嵌入式系统运行所必须的数据，如操作系统和应用程序等。

1. Flash 的分类

目前市场上的 Flash 可以分为由 Intel 公司在 1988 年发布的 NOR 和东芝公司在 1989 年发布的 NAND 两大类。它们因为其内部结构分别与"或非门"和"与非门"相似而得名。其内部结构、外部特性和应用均有较大差异。

通常来说，NOR Flash 的容量不大，常见的只有几兆，可以重复擦写的次数较多，可以达到 10 万次~100 万次，遵循 CFI 标准可以通过 CFI 命令查询制造商、型号、容量、内部扇区布局等参数从而通过软件实现自动配置，并且可以保证无坏块，每个数据位都是有效的，又由于其寻址采用了线性的完整数据和地址线编码，所以 NOR Flash 通常会用于充当嵌入式系统的启动存储器，烧写 U-BOOT 等。NOR Flash 支持芯片内执行（eXecute In Place, XIP），程序可以直接在 NOR Flash 中执行，其使用方法和普通的 SDRAM 几乎没有区别。

NAND Flash 则可以做得很大，从几兆到几吉，其可重复擦写的次数不如 NOR Flash，但也可以达到 10 万次。其没有数据线和地址线的概念，只有复用的 I/O 引脚和控制引脚，所以必须通过特定的逻辑来操作，不能作为嵌入式系统的启动 ROM（某些在内部固化了对 NADN Flash 支持代码的处理器例外，如 AT91SAM926x）。NAND Flash 在出厂时除了内部第一块外允许有坏块的存在并且可以进行相应的标记处理。

> **注意**：目前，NOR Flash 和 NAND Flash 都出现了使用 SPI 接口的串行接口产品，其可以显著地减小电路板的设计难度和面积，容量也和普通的芯片相当，只是有可能不能充当启动 ROM。

NOR Flash 和 NOR Flash 的比较如表 7.7 所示。

表 7.7　　　　　　　　　　　　NOR Flash 和 NAND Flash 的比较

特点	NOR Flash	NAND Flash
传输速率	很高	较低
写入和擦除速度	较低	较高
读速度	较高	较低
写入/擦除操作速度	以 64～128KB 的块进行，时间为 5s	8～32KB 的块，只需要 4ms
外部接口	带有 SRAM 接口，有足够的地址引脚，可以对内部每个字节进行寻址操作	使用复杂的 I/O 引脚来串行的存取数据
价格	较高	较低
单片容量	1～16MBytes	8～128MBytes
用途	代码存储	数据存储，如 CF 卡、MMC 卡等
写操作	以字节或者字为单位	以页面为基础单位

2. NAND Flash 的内部结构

NAND Flash 由 Block（块）构成，块的基本组成单元是 Page（页），一个块通常由 16、32 或 64 个页组成。页的大小有两种，其中 Small Page 的大小为 528 个字节，包含了 512 个字节的数据存储区和 16 个字节的备用区域；对应的 Large Page 的页则由 2048 字节的数据存储区（Data Area）和 64 字节的备用区域（Spare Area）组成。图 7.26 给出了两种页面组成的 NAND Flash 结构示意。

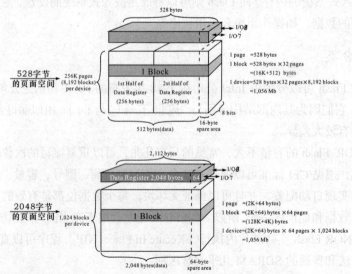

图 7.26　两种页面结构的 NAND Falsh 组成

NAND Flash 有三种基本操作，即页面读、页面写和块擦除。

- 在页面读操作中，该页内的数据首先被读入数据寄存器，然后输出。
- 在页面写操作中，该页内的数据首先被写入数据寄存器，然后再被写入到存储空间中。
- 在块擦除操作中，一组连续的页在单独操作下被擦除。

备用区域（Spare Area）可以用于标识 NAND Flash 中的坏块（Bad Block），也可以用于和数据存储区（Data Area）一样存储数据，其使用方法如图 7.27 所示，这是三星公司提出的一种标准，包括 8 位的 Small Page、16 位的 Small Page、8 位的 Large Page 和 16 位的 Large Page 4 种格式。

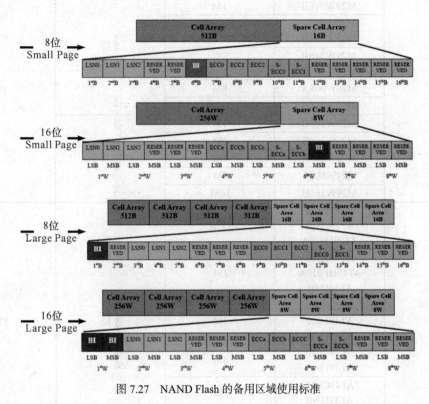

图 7.27　NAND Flash 的备用区域使用标准

3. 常见的 Flash 芯片型号

常见的 NOR Flash 和 NAND Flash 芯片型号介绍如表 7.8 和表 7.9 所示。

表 7.8　　　　　　　　　　　　　　常见 NOR Flash 芯片型号介绍

厂商	型号	容量（Bytes）	结构	电压
ST	M29F512B	512K	8 位	5V
	M29F010B	1M		
	M29F002B	2M		
	M29F040B	4M		
	M29080A	8M		
	M29F016B	16M		

续表

厂商	型号	容量（Bytes）	结构	电压
ST	M29F100B M29F102B	1M	8位/16位	3V
	M29F200B	2M		
	M29F400B	4M		
	M29F800A	8M		
	M29F160B	16M		
	M29W512B	512K	8位	
	M29W010B	1M		
	M29W002B M29W022B	2M		
	M29W040B M29W004B	4M		
	M29W008A	8M		
	M29W116B	16M		
	M29W102B	1M	8位/16位	
	M29W200B	2M		
	M29W400B	4M		
	M29W800A	8M		
	M29W160B	16M		
Atmel	AT49F512 AT29C512 AT29C010A	512K	8位	5V
	AT49F010 AT49HF010A AT49F001	1M		
	AT29C020 AT49F020 AT49F002	2M		
	AT29C040 AT49F040	4M		
	AT49C008 AT49F080	8M		
	AT29F1614 AT49F1614T	16M		
	AT29C1024 AT49F102A AT49F1045	1M	8位/16位	5V
	AT49F2048	2M		
	AT49F4096A	4M		
	AT49F8192	8M		
	AT49F1604 AT49F1604T	16M		
	AT49BV512 AT29LV512	512K	8位	3V
	AT29BV010A AT49BV010 AT49HBV010 AT49BV001	1M		

厂商	型号	容量（Bytes）	结构	电压
Atmel	AT29BV020	2M		
	AT29LV020			
	AT49BV020			
	AT49BV002			
	AT49LV020			
	AT49LV002			
	AT29BV040A	4M		
	AT29LV040A			
	AT49BV040			
	AT49LV040			
	AT49BV080	8M		
	AT49LV080			
	AT29LV1204	1M	8 位/16 位	3V
	AT29BV2048	2M		
	AT49LV2048			
	AT49BV4096A	4M		
	AT49LV4096A			
	AT49BV8192	8M		
	AT49LV8192			
Hynix	HY29F002T/C	2M	8 位	5V
	HY29F040	4M		
	HY29F040A			
	HY29F080T/C	8M		
	HY29F400T/G	4M	8 位/16 位	5V
	HY29F800T/G	8M		

注意：此外，SST、Intel、AMD、Micron 等公司也都有相应的产品，用户可以自行查阅相应的手册。从上表中还可以看到，常用的 NOR Flash 的最大容量也就是 16M。

表 7.9　　　　　　　　　　常见的 NAND Flash 芯片型号介绍

厂商	型号	容量	备注
Samsung	K9F2808	16M	
	K9F5608	32M	
	K9F1208	64M	
	K9K1G08	128M	
	K9E2G08	256M	
	K9W4G08	512M	
	K9K8G08	1G	
	K9WAG08	2G	
	K9NBG08	4G	
	K9NCG08	8G	
	K9MDG08	16G	
	K9PFG08	32G	
Micron	MT29F1G08	128M	1.8V
	MT29F2G08	256M	
	MT29F4G08	512M	

续表

厂商	型号	容量	备注
Micron	MT29F8G08	1G	
	MT29F8G08A	1G	3.3V
	MT29F16G08	2G	
	MT29F32G08A	4G	
	MT29F64G08	8G	
	MT29F128G08	16G	
Intel	JS29F04G08	512M	
	JS29F08G08	1G	
	JS29F16G08	2G	
	JS29F32G08	4G	
	JS29F64G08	8G	
	JS29F16B08	16G	
	JS29F32B08	32G	
Hynix	HY27US08281A	16M	
	HY27US08561M	32M	
	HY27US08121M	64M	
	HY27UA081G4M	128M	
	HY27UF082G2M	256M	
	HY27UG084G2M	512M	
	HY27UG088G5M	1G	
	HY27UH08AG5B	2G	
	HY27UK08BGFB	4G	
	HY27UW08CGFM	8G	
	H27UAG8M2MYR	16G	

注意：此外，Spectek、Renesas、ST、Toshiba、SanDisk 等公司也都有相应的产品，用户可以自行查阅相应的手册。从上表中还可以看到，常用的 NAND Flash 的容量通常在 16M～32G。

7.4.5 E²PROM 存储器

E²PROM（Electrically Erasable Programmable Read-Only Memory）主要用于在嵌入式系统中保存少量数据或者特殊用途数据，通常使用串行通信接口和嵌入式处理器进行数据交互，如 I^2C 总线接口、SPI 总线接口和 1-wire 总线接口等，其容量通常在几百个字节到几兆不等。

7.4.6 大容量存储系统

嵌入式系统中的大容量存储系统包括 SD 卡、U 盘和普通硬盘，通常用于保存大容量的数据，和嵌入式处理器通过对应的接口芯片或者时序进行数据交互。

1．SD 卡和 MMC 卡

SD 卡是安全数字（Secure Digital）卡的缩写，是一种基于 Flash 芯片的存储设备，被广泛应用于各种嵌入式系统，尤其是如平板电脑、数字相机等消费类电子产品。其外形如图 7.28 所示，有三种不同尺寸，分别是 SD 卡、MicroSD 卡和 MiniSD 卡。其中，SD 卡为正常大小的产品，被应用于数码相机、电脑等对体积要求不严格的产品上；MicroSD 卡为尺寸最小的产品，被广泛应用于各种小尺寸的随身数码产品如手机、平板电脑上；MiniSD 卡现在已经基本上见不到了。三种尺寸的 SD 卡对应的插槽大小不同，其中 MiniSD 卡和 MicroSD 卡都可以通过一个外部转接套构成与普通 SD 卡大小相同的尺寸，从而可以使用普通 SD 卡的插槽。

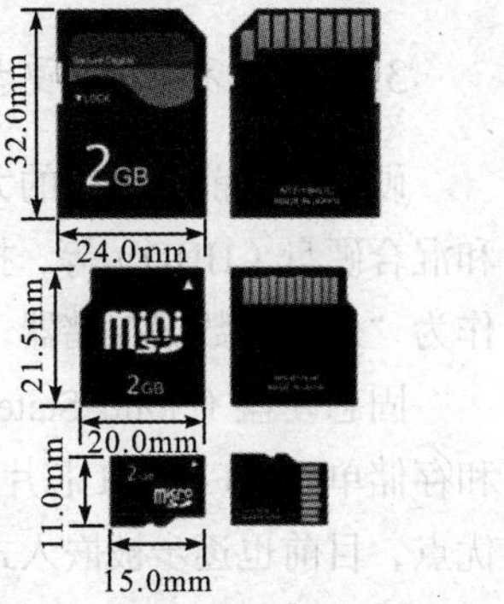

图 7.28　三种不同尺寸的 SD 卡外形

　　SD 卡按照容量可以划分为 SD、SDHC 和 SDXC 三个等级，其容量大小和文件系统如表 7.10 所示。

表 7.10　　　　　　　　　　　　　　　　SD 的容量等级划分

等级	容量范围（字节）	文件系统
SD	最大为 2G，包括 8M、16M、32M、64M、128M、256M、512M、1G 和 2G	FAT12 和 FAT16
SDHC	2G～32G，包括 2G、4G、8G、16G 和 32G	FAT32
SDHX	32G 以上，包括 32G、48G、64G、128G、256G	exFAT

　　不同的 SD 卡有不同读写速度，按照以前的规范使用的是"X"倍速表示法，以 CD-ROM 的 150KB/s 的速度为 1 倍速，此时 SD 卡的读写速度有 13X、40X、66X、133X 和 266X（25MB/s）等。现在，这种表示方法已经被废弃，转而普遍采用 Class 的表示方法，而最新的 SD 卡又采用了 UHS 的速度表示方法，如表 7.11 所示。

表 7.11　　　　　　　　　　　　　　　　SD 卡的速度表示方法

SD 卡等级	速度
Class0	达不到 Class1 的所有速度
Class1	最低写入 2.0MB/s
Class4	最低写入 4.0 MB/s
Class6	最低写入 6.0 MB/s
Class10	最低写入 10.0 MB/s
UHS-1	写入 50 MB/s 以内，读出 104 MB/s 以内
UHS-2	写入 156 MB/s 以内，读出 312 MB/s 以内

　　MMC 卡是多媒体（Multimedia Card）卡的缩写，其接口和 SD 卡基本兼容，但是 SD 卡使用的是 9 针数字引脚接口，而 MMC 卡使用的是 7 针数字引脚接口。目前，这种存储卡已经基本被淘汰。

2. U 盘

　　U 盘是 USB 闪存盘（USB FLASH Disk）的缩写，是一种采用 USB 接口和嵌入式系统连接的无需物理驱动器的微型高容量移动存储产品，通常用于大容量数据的存储和交换。

3．硬盘和固态硬盘

硬盘是目前最常用的大容量存储器，按照结构可以分为机械硬盘（HDD）、固态硬盘（SSD）和混合硬盘（HHD）等，按照尺寸大小可以分为 3.5 寸、2.5 寸和 1.8 寸等，通常在嵌入式系统中作为"外部"数据存储器。

固态硬盘（Solid State Drive，SSD）是用固态电子存储芯片阵列而制成的硬盘，由控制单元和存储单元（FLASH 芯片和 DRAM 芯片）组成。由于其具有读写速度快、对工作环境要求低等优点，目前也逐步被嵌入式系统所采用；不过，其也具有价格高昂且容量上限小的缺点。

7.5 本章小结

（1）片上总线（OCB）主要需要定义片上各个模块之间的初始化、仲裁、请求传输、相应、发送接收等过程中驱动、时序、策略等关系。常见的片上总线包括 ARM 公司的 AMBA 总线、Silicore 公司的 Wishbone 总线和 Altera 公司的 Avalon 总线。

（2）AMBA 到目前为止已经有了 4 个版本，其提供了用于连接高性能模块的 AHB、连接较高速模块的 ASB 和连接外围周边低速模块的 APB 三组总线，并且在系统总线和外设总线之间的桥接器提供 AHB/ASB 部件与 APB 部件之间的访问代理与缓冲。

（3）ARM 嵌入式处理器需要一些外围器件才能配合工作，这些外围部件包括由电源芯片和电容等组成的电源系统、由复位芯片和电阻电容组成的复位系统、由晶体和电容等组成的时钟系统等。

（4）电源系统用于给 ARM 嵌入式系统提供相应的电压或者电流，其是应用系统的重要组成部分，关系到应用系统是否能正常稳定地运行。电源模块包括交流-直流变换、整流部分、直流电压调理部分、电源保护和监控部分等。

（5）嵌入式系统的基本复位电路的主要功能是在应用系统上电时给嵌入式处理器提供一个复位信号让其进入复位状态；当应用系统的电源稳定后，撤销该复位信号。需要注意的是，在应用系统上电完成后，这个复位信号还需要维持一段时间才能够撤销，这是为了防止在上电过程中电源上的电压抖动影响应用系统的复位过程。

（6）在选择具体 ARM 处理器型号的时候，要从多方面进行考虑，主要涉及功能、性能、价格、熟悉程度及开发资源、操作系统支持、系统升级和兼容性以及供货稳定性这几个方面。

（7）嵌入式系统中的嵌入存储器可以划分为内部寄存器、Cache、高速缓存、主存储器、外部存储器和远程存储器 6 个层次，其性能指标包括易失性、只读性、位容量、速度、功耗、可靠性和价格等。

7.6 真题解析和习题

7.6.1 真题解析

【真题 1】下面与 AMBA（Advanced Microcontroller Bus Architecture）有关的叙述中，错误的

是（　　）。

A. AMBA 是 ARM 公司公布的用于连接和管理片上系统中各功能模块的开放标准和片上互连规范

B. AMBA 规定了 ARM 处理器内核与处理器内部 RAM、DMA 以及高带宽外部存储器等快速组件的接口标准

C. ARM 处理器内核与外围端口及慢速设备接口组件的接口标准不包含在 AMBA 规范中

D. AMBA 有多个版本，性能随版本的发展而逐步提高

【解析】答案：C。

本题重点考查对 AMBA 总线的了解，主要涉及第 7.1.2 小节。AMBA 总线由 AHB、ASB 和 APB 组成，其中 APB 用于连接外部慢速设备，然后通过桥和连接处理器内核的 AHB 和 ASB 连接。

【真题 2】下面关于嵌入式系统的叙述中，错误的是（　　）。

A. 嵌入式系统常用的电源模块有 AC-DC 模块、DC-DC 模块和 LDO 模块

B. 大部分嵌入式处理器只能使用内部时钟信号发生器，不能使用外部时钟信号源

C. 若嵌入式处理器芯片的系统复位引脚为 nRESET，则表示低电平复位

D. 基于 ARM 处理器内核的嵌入式处理器芯片都有调试接口

【解析】答案：B。

本题重点考查对嵌入式处理器时钟系统的了解，主要涉及第 7.2.4 小节，绝大部分嵌入式处理器都能使用外部时钟信号源。

【真题 3】下面是有关嵌入式系统的最小系统组成的叙述。

① 嵌入式最小系统包括嵌入式处理器。

② 嵌入式最小系统包括电源电路。

③ 嵌入式最小系统包括时钟电路。

④ 嵌入式最小系统包括复位电路。

上述叙述中，正确的是（　　）。

A. 仅①和③　　　　　　　　　　　　B. 仅①和②

C. 仅②、③和④　　　　　　　　　　D. 全部

【解析】答案：D。

本题重点考查对嵌入式最小系统（核心结构）的了解，主要涉及第 7.2 节的内容。一个嵌入式核心是由嵌入式处理器、电源、时钟和复位电路组成的。

【真题 4】下面是关于嵌入式系统使用的存储器的叙述。

① 嵌入式系统使用的存储器按照其存取特性可分为 RAM 和 ROM。

② 嵌入式系统使用的存储器按照其所处的物理位置可分为片内存储器、片外存储器以及外部存储器。

③ 嵌入式系统使用的存储器按照存储信息的类型可分为程序存储器和数据存储器

④ 新型的铁电存储器（FRAM）在嵌入式系统中得到了应用。

上述叙述中，正确的是（　　）。

A. 仅①和②　　　　　　　　　　　　B. 仅②和③

C. 仅①和③　　　　　　　　　　　　D. 全部

【解析】答案：D。

本题重点考查嵌入式系统中存储器的类型，主要涉及第 7.4 节的内容。

【真题 5】下面关于 NOR FLASH 和 NAND FLASH 的叙述中，错误的是（   ）。

　　A．NOR FLASH 和 NAND FLASH 是目前市场上两种主要的闪存技术

　　B．NAND FLASH 以页（行）为单位随机存取，在容量、使用寿命等方面有较大优势

　　C．NOR FLASH 写入和擦除速度较慢

　　D．数码相机存储卡和 U 盘中的 FLASH 均采用 NOR FLASH

【解析】答案：D。

本题重点考查 FLASH 芯片的分类特点，主要涉及第 7.4.4 小节的内容。由于 NOR FLASH 的价格较高，所以通常只会作为系统引导存储器；SD 卡、CF 卡等存储设备都会使用 NAND FLASH。

7.6.2　本章习题

1. 下面是关于 AMBA（Advanced Microcontroller Bus Architecture）的叙述：

　　① AMBA 有助于开发带有大量控制器和外设的多处理器系统。

　　② AMBA 规定了 ARM 处理器内核与处理芯片中快速组件的接口标准。

　　③ AMBA 规定了 ARM 处理器内核与处理芯片中外围端口及慢速设备接口组件的接口标准。

　　④ AMBA 有多个版本，其总线性能也不断提高。

　　上述叙述中，正确的是（   ）。

　　A．仅①和②　　　　　　B．仅②和③　　　　　　C．仅①和③　　　　　D．全部

2. 下面关于嵌入式处理器时钟信号的叙述中，错误的是（   ）。

　　A．嵌入式处理器需要时钟信号才能按照节拍正常工作

　　B．大多数嵌入式处理器内置时钟信号发生器

　　C．嵌入式处理器不能使用外部振荡源提供时钟信号

　　D．可用于产生时钟信号的晶振，有的是无源的，有的是有源的

3. 嵌入式系统使用的存储器有多种类型，按照所处物理位置可分为片内存储器、_____存储器以及外部存储设备，按照存储信息的不同又可分为_____存储器和数据存储器。

4. 设某存储器总线的工作频率为 100MHz，数据宽度为 16 位，每个总线周期传输 2 次，其带宽为_____MB/S，1 分钟可传输_____MB 数据。

第8章
嵌入式系统的外围设备

一个完整的嵌入式系统必须在外围设备的协同下才能完成相应的工作，常见的外围设备包括输入设备、显示设备和传感器等，本章将介绍它们的工作原理。本章的考核重点如下。

- I/O 接口、I/O 设备以及外部通信接口（GPIO、I2 C、SPI、UART、USB、HDMI等；键盘、LED、LCD、触摸屏、传感器等；RS-232/RS-485、CAN、以太网和常用无线通信接口）中的部分内容。

8.1 输入设备

输入设备是用户和嵌入式系统进行交互的通道，将用户提供的信息交给嵌入式系统进行处理。常见的输入设备包括按键、键盘和触摸屏。

8.1.1 按键

独立按键的基本工作原理是在被按下时按键接通两个点，放开时则断开这两个点。按照结构可以把按键分为触点式开关按键（如机械式开关、导电橡胶式开关等）和无触点开关按键（如电气式按键、磁感应按键等）。前者造价低、手感好，后者寿命长。在嵌入式系统中最常用的是触点式开关按键。常见的独立按键如 8.1 所示。

图 8.1　常见的独立按键实物

独立按键在嵌入式系统中的典型应用结构是将按键的一个点连接到高电平（逻辑"1"）上，另外一个点连接到低电平（逻辑"0"）上，然后把其中一个点连接到嵌入式处理器的I/O引脚上，于是当按键被释放和被按下的时候嵌入式处理器引脚上的电平将发生变化，这个电平变化过程如图8.2所示。

图8.2中的电平变化有一个抖动过程，这是由按键的机械特性所决定的，抖动时间一般为10ms左右，可能有多次抖动。如果嵌入式处理器不对按键抖动做任何处理而直接读取，由于其在抖动时间内可能进行了多次读取，会把每一次抖动都看成一次按键事件而产生错误，所以在对按键事件进行处理的时候必须在硬件上使用消抖电路或者在软件上使用消抖函数。消抖电路一般使用一个电容或者低通滤波器，依靠其积分原理来消除这个抖动信号；消抖函数则采用读取与延时后再次读取，两次做比较来看读取的值是否相同的方法，虽然浪费了一段时间，但是由于相对整体来说这个时间非常短，所以不会对整体系统造成大的影响。

如图8.3所示是嵌入式ARM处理器使用I/O口扩展按键的典型应用电路图，图中有8个按键，其中一端连接到了地，另一端和ARM处理器的I/O引脚连接并且通过上拉电阻排R₁上拉到了VCC。当按键不被按下的时候，ARM处理器的I/O引脚上为高电平；当有按键被按下的时候该引脚被连接到地，引脚上为低电平。可以使用查询端口的方式来获取按键的状态，也可以利用中断的方式来获取按键的状态。

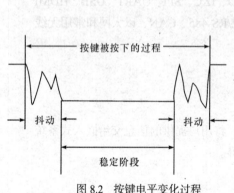

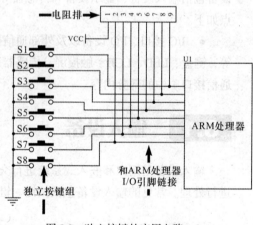

图8.2　按键电平变化过程　　　　图8.3　独立按键的应用电路

8.1.2　键盘

嵌入式系统某些时候需要进行一些比较复杂的输入操作，但是如果对于每个输入状态都定义一个独立按键，就会导致嵌入式处理器的I/O引脚不够用，此时可以使用行列扫描键盘。

行列扫描键盘可以将多个独立按键（通常会大于等于8个）按照行、列的结构组合起来构成一个整体键盘，从而减少对嵌入式处理器的I/O引脚的使用数目。一个最为典型的4×4行列扫描键盘（共16个按键）的内部结构如图8.4所示。

由于行列扫描键盘把独立的按键跨接在行扫描线和列扫描线之间，这样M×N个按键就只需要M根行线和N根列线，大大减少了I/O引脚的占用，这样的行列扫描键盘被称为M×N行列键盘。

行列扫描键盘可以简单地由多个独立按键按照行、列的组合方式构成，如图 8.5 所示。

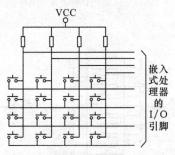

图 8.4　行列扫描键盘的内部结构

图 8.5　独立按键组成的行列扫描键盘实例示意

行列扫描键盘也可以是封装好的键盘面板，如图 8.6 所示，在实际的产品应用中行列扫描键盘通常是以这种方式存在的。

行列扫描键盘的和嵌入式处理器连接的典型应用电路如图 8.7 所示，其是由多个独立按键组合而成，以总线方式连接到嵌入式处理器的 I/O 引脚上的。嵌入式对行列键盘的扫描步骤说明如下。

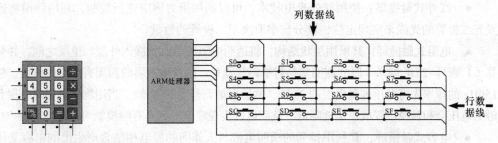

图 8.6　封装好的行列扫描键盘实例示意

图 8.7　行列扫描键盘的应用电路

（1）将所有的行线都置为高电平。

（2）依次将所有的列线都置为低电平，然后读取行线状态。

（3）如果对应的行列线上有按键被按下，则读入的行线为低电平。

（4）根据行列键盘的的输出将按键编码并且输出。

8.1.3　拨码开关

拨码开关（也叫 DIP 开关、地址开关、数码开关、指拨开关等）是一款用来操作控制的地址开关，采用 0/1 的二进制编码原理，其可以保持一个稳定的输入状态。

独立按键的接通状态是一个"暂稳态"，需要用户进行持续的输入，如果用户不对独立按键进行动作则其会保持断开状态；而如果用户需要在不干预的前提下保持输入的状态，则可以使用拨码开关。

拨码开关作为需要手动操作的一种微型开关，在通信、安防等诸多设备产品上被广泛应用。大部分拨码开关采用直插式（DIP）封装，输入状态在 0/1 两态之间变换，再根据不同的位组成 2^N 的不同状态，以实现不同的功能。如图 8.8 所示是不同种类的 DIP 封装的拨码开关实物示意。

拨码开关的电路符号如图 8.9 所示，这是一个 9 位的拨码开关，其中每一组两端都代表一位拨码开关。拨码开关的应用原理和按键完全相同，只是其不会自动地释放，只能使用人工修改其状态，所以也不会有抖动出现。

图 8.8 拨码开关实物示意

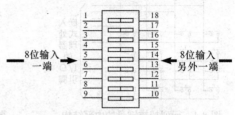

图 8.9 拨码开关的电路符号

8.1.4 触摸屏

随着电子技术的发展，触摸屏逐步取代了键盘成为了嵌入式系统的常备输入设备，尤其是在便携设备中。其具有轻便、占用空间小、方便灵活等优点。当前的触摸屏主要有如下 4 种。

- 红外式触摸屏：使用红外光电技术，可以利用压力感应进行控制，利用触摸物遮挡红外发光二极管的光线来实现定位，其分辨率取决于二极管的数量。

- 电阻式触摸屏：其采用层状结构，将透明电阻膜呈层状嵌入外层和里层之间，并且用数密耳（1 密耳=25.4 微米）厚的透明塑料衬垫将其隔开。触摸输入屏的四周有细长的电极，触摸屏以 150Hz 的频率先将电压加到里层的 X 轴，然后再加到外层的 Y 轴，当用物体触摸时外层和里层接触后电压会和触摸位置成正比地降低，从而可以实现定位。其具有触摸物可以不需要导电的优点。

- 电容式触摸屏：其利用排列的透明电极与人体间的静电相结合产生出的电容变化从所产生出的诱导电流来检测其坐标。其缺点是触摸物必须导电。电容式触摸屏已成为手机、平板电脑等个体消费类电子产品的主流配置。

- 表面声波式触摸屏：其是目前比较先进的触摸屏，由发送换能器、接受换能器、反射板及控制器组成，不采用膜层结构而采用压电陶瓷换能器，使用声波进行扫描触摸屏，以实现定位。

嵌入式系统中最常用的触摸屏控制芯片是 TI（德州仪器）的 ADS7846。这是一款 4 线式的阻性触摸屏控制芯片，支持 1.5～5.25V 之间的低电压，使用 SPI 总线接口和嵌入式处理器进行连接。其特性说明如下，引脚说明如图 8.10 和表 8.1 所示。

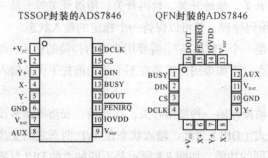

图 8.10 ADS7846 的引脚

表 8.1　　　　　　　　　　　　ADS7846 的引脚说明

TSSOP 封装引脚号	QFN 封装引脚号	引脚名称	功能说明
1	5	V_{CC}	电源引脚
2	6	X+	X+位置输入端
3	7	Y+	Y+位置输入端
4	8	X−	X−位置输入端
5	9	Y−	Y−位置输入端
6	10	GND	电源地引脚
7	11	V_{BAT}	电源检测输入引脚
8	12	AUX	备选输入端
9	13	V_{REF}	基准电压输入/输出
10	14	IOVDD	数字 I/O 端口供电电压
11	15	PENIRQ	笔中断
12	16	DOUT	串行数据输出引脚
13	1	BUSY	忙信号输出
14	2	DIN	串行数据输入引脚
15	3	CS	片选信号输入
16	4	DCLK	时钟输入端口

注意：ADS7846 还有一个 VFGBA 封装形式，在此不再赘述。

8.2　显示设备

显示设备是嵌入式系统将内部的状态以灯光或者字符等形式告知用户的通道。常见的显示设备包括发光二极管、数码管和液晶显示屏。

8.2.1　发光二极管

发光二极管（LED）用于显示相应的灯光信息，是流水灯应用系统的核心部件，本小节将详细介绍其基础和使用方法。

发光二极管是嵌入式系统中最常见的一种指示型外部设备，是半导体二极管的一种，可以把电能转化成光能。其主要结构是一个 PN 结，具有单向导电性，常常用于指示某个开关量的状态。如图 8.11 所示是最常用的双脚直插型发光二极管的实物示意。除了这种类型之外，其还有不同大小和不用引脚的封装（如贴片类型）。

说明：发光二极管有红、黄、绿等多种不同颜色以及不同的大小（直径），还有高亮等型号，它们的主要区别在于封装、功率和价格。

发光二极管和普通二极管一样，具有单向导电性，当加在发光二极管两端的电压超过了它的导通电压（一般为 1.7～1.9V）时就会导通，当流过它的电流超过一定电流（一般为 2～3mA）时就会发光。嵌入式系统中发光二极管的典型应用电路如图 8.12 所示。

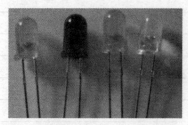

图 8.11　双脚直插型发光二极管实物

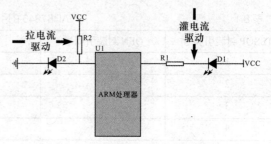

图 8.12　发光二极管的应用电路

图 8.12 中的发光二极管 D2 的驱动方式称为"拉电流"驱动方式，当嵌入式处理器的 I/O 引脚输出高电平的时候，发光二极管导通发光；当嵌入式处理器的 I/O 引脚输出低电平时，发光二极管截止。发光二极管 D1 的驱动方式称为"灌电流"驱动方式，当嵌入式处理器的引脚输出低电平时，发光二极管导通发光；当嵌入式处理器的引脚输出高电平时，发光二极管截止。图中的电阻均为限流电阻，当电阻值较小时，电流较大，发光二极管亮度较高；当电阻值较大时，电流较小，发光二极管亮度较低。一般来说，该电阻值选择 1～10K，具体电阻的选择与实际选择嵌入式处理器的 I/O 口驱动能力、LED 的型号以及系统的功耗有关。

8.2.2　数码管

数码管是由多个发光二极管构成的"8 字型"或"米字型"的器件。这些发光二极管引线已在内部连接完成，只需引出它们的各个笔划、公共电源和地信号即可。数码管可用于显示"0"～"9"、"."、"A"、"B"、"C"、"D"、"E"、"F"、"H"等常见字符以及其他一些特殊字符。按照显示的字符数目，数码管可以分为单位数码管和多位数码管。

1．单位数码管

常见的数码管可以按照段数分为 7 段数码管、8 段数码管和异型数码管，按能显示多少个"8"可以分为一位、两位等 X 位数码管，按照发光二极管的连接方式可以分为共阴极数码管和共阳极数码管。常见的单位数码管实体如图 8.13 所示。

8 段数码管的内部结构如图 8.14 所示，其是由 8 个发光二极管（字段）构成，通过不同的组合可用来显示数字"0"～"9"，字符"A"～"F"、"H"、"L"、"P"、"R"、"U"、"Y"，符号"-"及小数点"."。

图 8.13　常见的单位数码管实体

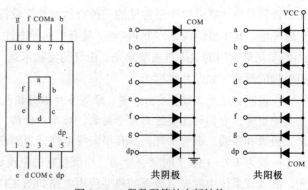

图 8.14　8 段数码管的内部结构

共阳极数码管的 8 个发光二极管的阳极（正极）连接在一起接高电平（一般接电源），其他管脚接各段驱动电路输出端。当某段的输出端为低电平时，则该段所连接的发光二极管导通并点亮，根据发光字段的不同组合可显示出各种数字或字符。共阴极数码管的 8 个发光二极管的阴极（负极）连接在一起接低电平（一般接地），其他管脚接各段驱动电路输出端。当某段的输出端为高电平时，则该端所连接的发光二极管导通并点亮，根据发光字段的不同组合可显示出各种数字或字符。和 LED 类似，当通过数码管的电流较大时 LED 的亮度较高，反之较低，通常使用限流电阻来决定数码管的亮度。

在嵌入式系统中扩展数码管一般采用软件译码或者硬件译码两种方式。前者是指通过软件控制 I/O 输出从而达到控制数码管显示的方式，后者则是指使用专门的译码驱动硬件来控制数码管显示的方式。前者的硬件成本较低，但是占用嵌入式处理器更多的 I/O 引脚，软件较为复杂；后者硬件成本较高，但是程序设计简单，只占用较少的 I/O 引脚。

根据共阳极数码管的显示原理，要使数码管显示出相应的字符必须使嵌入式处理器 I/O 口输出对应的数据，即输入到数码管每个字段发光二极管的电平符合想要显示的字符要求。这个从目标输出字符反推出数码管各段应该输入数据的过程称之为字形编码。8 段数码管的字形编码如表 8.2 所示。

表 8.2　8 段数码管的字形编码

显示字符	共阳极数码管									共阴极数码管								
	dp	g	f	e	d	c	b	a	代码	dp	g	f	e	d	c	b	a	代码
0	1	1	0	0	0	0	0	0	C0H	0	0	1	1	1	1	1	1	3FH
1	1	1	1	1	1	0	0	1	F9H	0	0	0	0	0	1	1	0	06H
2	1	0	1	0	0	1	0	0	A4H	0	1	0	1	1	0	1	1	5BH
3	1	0	1	1	0	0	0	0	B0H	0	1	0	0	1	1	1	1	4FH
4	1	0	0	1	1	0	0	1	99H	0	1	1	0	0	1	1	0	66H
5	1	0	0	1	0	0	1	0	92H	0	1	1	0	1	1	0	1	6DH
6	1	0	0	0	0	0	1	0	82H	0	1	1	1	1	1	0	1	7DH
7	1	1	1	1	1	0	0	0	F8H	0	0	0	0	0	1	1	1	07H
8	1	0	0	0	0	0	0	0	80H	0	1	1	1	1	1	1	1	7FH
9	1	0	0	1	0	0	0	0	90H	0	1	1	0	1	1	1	1	6FH
A	1	0	0	0	1	0	0	0	88H	0	1	1	1	0	1	1	1	77H
B	1	0	0	0	0	0	1	1	83H	0	1	1	1	1	1	0	0	7CH
C	1	1	0	0	0	1	1	0	C6H	0	0	1	1	1	0	0	1	39H
D	1	0	1	0	0	0	0	1	A1H	0	1	0	1	1	1	1	0	5EH
E	1	0	0	0	0	1	1	0	86H	0	1	1	1	1	0	0	1	79H
F	1	0	0	0	1	1	1	0	8EH	0	1	1	1	0	0	0	1	71H
H	1	0	0	0	1	0	0	1	89H	0	1	1	1	0	1	1	0	76H
L	1	1	0	0	0	1	1	1	C7H	0	0	1	1	1	0	0	0	38H
P	1	0	0	0	1	1	0	0	8CH	0	1	1	1	0	0	1	1	73H
R	1	1	0	0	1	1	1	0	CEH	0	0	1	1	0	0	0	1	31H
U	1	1	0	0	0	0	0	1	C1H	0	0	1	1	1	1	1	0	3EH
Y	1	0	0	1	0	0	0	1	91H	0	1	1	0	1	1	1	0	6EH
−	1	0	1	1	1	1	1	1	BFH	0	1	0	0	0	0	0	0	40H
.	0	1	1	1	1	1	1	1	7FH	1	0	0	0	0	0	0	0	80H
无	1	1	1	1	1	1	1	1	FFH	0	0	0	0	0	0	0	0	00H

嵌入式处理器通过 I/O 引脚使用软件译码的方式扩展单位数码管的操作步骤如下。

（1）按照待输出的数据查找在表中对应的编码。

（2）将编码通过端口输出。

2. 多位数码管

在嵌入式系统中常常需要显示多位的数字或者简单的字母等较为复杂的信息，此时可以使用多位数码管。可以将多个独立的 8 段数码管拼接成多位数码管，其优点是位数不限，布局灵活；也可以直接使用集成好的多位数码管，其优点是引线简单（只有一套 8 段驱动引脚），价格相对来说便宜一些。

多位数码管可以是一个集成的器件，也可以是将多个单位数码管组织在一起构成的电路系统，其也是嵌入式系统中最常见的显示模块之一。

多位数码管按照其公共端的极性可以分为"共阴极"和"共阳极"两种，按照显示的位数可以分为 2 位、4 位、6 位、8 位等。如图 8.15 所示是一个 6 位共阳极集成数码管的结构图，从中可以看到，6 位数码管的 a、b、c、d、e、f、dp 引脚都集成到了一起，而位选择 1、2、3、4、5、6引脚则是对应位数码管的阳极端点，用于选择点亮的位。对于共阴极的 6 位集成数码管而言，其外部结构和共阳极的是完全相同的，只是在使用时选择端连接的电平逻辑有差异。

如图 8.16 所示是两个 4 位多位数码管的实物示意，其对应的电路符号如图 8.17 所示。需要特别指出的是，共阳极和共阴极多位数码管对应的外部结构和电路符号是完全相同的，差别在其内部结构。

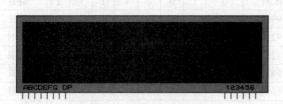

图 8.15　多位数码管的结构

图 8.16　多位数码管的实物

此外，多位数码管也有一些异型的，尤其是有一些根据当前应用系统的特殊需求所定制的，其大多数都是多位数码管、发光二极管等多种基础 LED 显示模块的组合。如图 8.18 所示是一个燃气热水器的显示模块，其基本使用原理和普通的多位数码管相同，具体使用方法可以参考其使用手册。

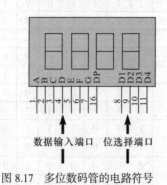

数据输入端口　位选择端口

图 8.17　多位数码管的电路符号

图 8.18　异型的多位数码管实物示意

多位数码管可以使用嵌入式处理器的多个 I/O 端口驱动，但是这样极大地浪费了 I/O 资源，所以通常在实际使用中是使用动态扫描的方法来实现多位数码管的显示。动态扫描是针对静态显示而言的。所谓静态显示是指，数码管显示某一字符时，相应的发光二极管恒定导通或恒定截止，这种显示方式的每个数码管相互独立，公共端恒定接地（共阴极）或接电源（共阳极），每个数码管的每个字段分别与一个 I/O 口地址相连或与硬件译码电路相连，这时只要 I/O 口或硬件译码器有所需电平输出，相应字符即显示出来，并保持不变，直到需要更新所显示的字符。采用静态显示方式占用嵌入式处理器时间少，编程简单，但其占用的口线多，硬件电路复杂，成本高，只适合于显示位数较少的场合。而动态扫描则是一个一个地轮流点亮每个数码管，方法是多位数码管的 a～dp 数据段都用相同的 I/O 引脚来驱动，而使用不同的 I/O 引脚来控制位选择引脚。在动态扫描显示时，先选中第一个数码管，把数据送给它显示，一定时间后再选中第二个数码管，把数据送给它显示，一直到最后一个。这样虽然在某一时刻只有一个数码管在显示字符，但是只要扫描的速度足够快（超过人眼的视觉暂留时间），动态显示的效果在人看来就是几个数码管同时显示。采用动态扫描的方式比较节省 I/O 口，硬件电路也较静态显示方式简单，但其亮度不如静态显示方式，而且在显示的数码管较多时，嵌入式处理器要依次扫描，占用了较多的处理器时间。

在动态扫描的电路中，使用不同的 I/O 引脚来进行位选择，此时该 I/O 引脚必须要能完成"点亮"-"熄灭"数码管的的控制功能，该功能一般是通过一个通断电路控制共阳/共阴极端（位选择端）来实现的。当 I/O 引脚控制该电路接通的时候共阳/共阴极端被连接到 VCC/地，对应的位数码管被选中显示。由于嵌入式处理器的 I/O 口驱动能力有限，通常很难提供多位数码管导通需要的电流，所以一般会使用一个引脚通过驱动器件（如三极管、达林顿管等）来对数码管的位控制引脚进行控制。

图 8.19 所示是一个 4 位的多位数码管的典型应用电路，其使用嵌入式处理器的一个并行端口作为多位数码管的数据输入端口，使用之外的 4 个普通 I/O 引脚通过 PNP 三极管来控制需要显示的数码管位。当对应的控制引脚输出高电平时，三极管导通，VCC 被加在对应的数码管公共端（选择端），对应的数码管被选中，按照该数码管的数据输入显示对应的字符或者数字。

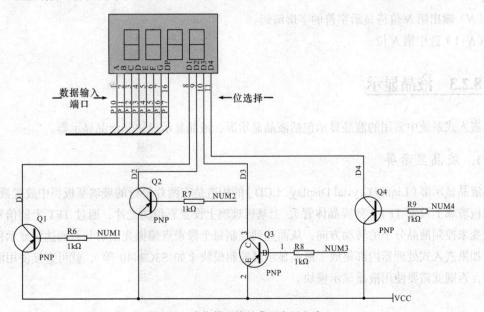

图 8.19　多位数码管的典型应用电路

注意：从多位数码管的工作原理可知，图 8.19 中的 4 位数码管可以等效于 4 个把数据端连接到一起的独立 7 段数码管，所以该电路和图 8.20 所示的电路是等效的。

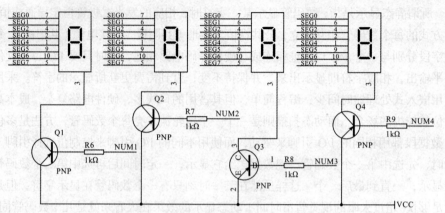

图 8.20　使用多个单位数码管构成多位数码管

使用嵌入式处理器驱动多位数码管的详细操作步骤如下。

（1）按照待输出的数据查找在表中对应的编码。

（2）选中对应需要显示的数码管位

（3）将编码通过端口输出。

（4）快速切换到下一个数码管位，循环下去。

或者，可以总结如下。

（1）输出第 1 位待显示字符的字形编码。

（2）选中第 1 位。

（3）输出第 2 位待显示字符的字形编码。

（4）选中第 2 位。

…………

（N）输出第 N 位待显示字符的字形编码。

（N+1）选中第 N 位。

8.2.3　液晶显示

嵌入式系统中常用的液晶显示包括液晶显示屏、液晶显示模块和液晶显示器。

1. 液晶显示屏

液晶显示屏（Liquid Crystal Display，LCD）的构造是在两片平行的玻璃基板当中放置液晶盒，下基板玻璃上设置 TFT（薄膜晶体管），上基板玻璃上设置彩色滤光片，通过 TFT 上的信号与电压改变来控制液晶分子的转动方向，从而达到控制每个像素点偏振光出射与否而达到显示目的。

如果嵌入式处理器内部集成了液晶显示屏控制模块（如 S3C2440 等），就可直接使用液晶显示屏，否则就需要使用液晶显示模块。

2. 液晶显示模块

液晶显示模块（LCD Module，LCM）是将液晶显示屏和控制模块集成到一起的产品，常常用于显示文字、曲线、图形、动画等信息。在嵌入式系统中应用最为广泛的液晶显示模块是数字字符液晶显示模块 1602 和汉字图形液晶显示模块 12864，如图 8.21 所示是其实物和对应的电路符号。

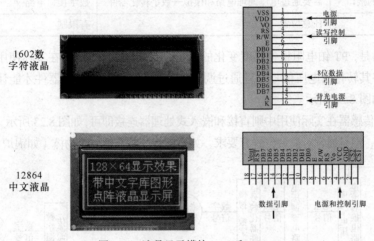

图 8.21　液晶显示模块 1602 和 12864

3. 液晶显示器

嵌入式系统通常会提供 VGA、DVI、HDMI 等接口（参考第 9 章），此时可以连接普通的液晶显示器进行工作。

8.3　传感器

在嵌入式系统中常常需采集的信号，这些信号大部分都不是电信号，此时就需要使用传感器将这些信号转变为电信号才能供嵌入式处理器处理。常见的传感器包括温度传感器、时间传感器等。

8.3.1　温度传感器

在嵌入式系统中可能需要测量当前系统所处环境的温度，此时可以扩展相应温度传感器来获取相应的信息。这些温度传感器通常可以自主地将温度数据转换为对应的数字量，然后通过相应的数据接口发送给嵌入式处理器。在嵌入式系统中获取温度信号通常有如下两种常见的方法，其优缺点比较如表 8.3 所示。

- 数字温度传感器采集：利用两个不同温度系数的晶振控制两个计数器进行计数，利用温度对晶振精度影响的差异测量温度。
- PT 铂电阻采集：利用 PT 金属在不同温度下的电阻值不同的原理来测量温度。

各项比较	铂电阻	数字温度传感器
温度精度	高，很容易达到 0.1℃	低，0.5℃左右
测量范围	几乎没有限制	有相当的限制
采样速度	快，受到模拟—数字转化器件的限制	慢，几十至几百毫秒
体积	小，但是需要额外的器件	较大
和嵌入式处理器的接口	需要通过电压调理电路和模拟—数字转化器件	数字接口电路
安装位置	任意位置	有限制

需要注意的是，PT 铂电阻根据温度变化的其实只是其电阻值，所以在实际使用过程中需要额外的辅助器件将其转化为电压信号并且通过调整后送到模拟—数字转化器件才能让嵌入式处理器处理，其组成如图 8.22 所示。

而数字温度传感器在实际使用中则直接和嵌入式处理器连接即可，如图 8.23 所示，其具有体积小、电路简单的优势，但是通常对安装位置有要求，如不能将其贴在被加热物体（如锅炉）的外壁上。

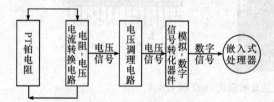

图 8.22   使用 PT 铂电阻来测量温度

图 8.23   使用数字温度传感器来测量温度

在嵌入式系统中常用的数字温度传感器包括 DS18B20、DS1621、TC77 等，其实物和对应的电路符号如图 8.24 所示。

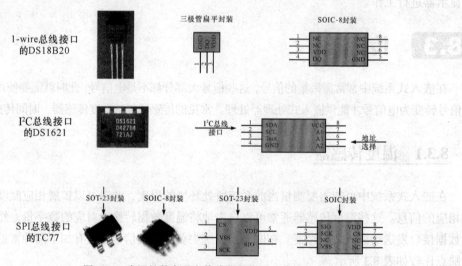

图 8.24   常用的数字温度传感器实物及电路符号

8.3.2　时间传感器

时间传感器是指能给嵌入式系统提供当前时间和日期信息的模块，比起使用嵌入式处理器内置的定时计数器来实现软件定时来说，时间传感器具有不占用内部资源（需要占用引脚）、软件相对简单、时间精度较高和掉电不会丢失数据的优点。常见的时间传感器提供了多种接口方式和嵌入式处理器进行通信。

嵌入式系统通常可以使用如下三种方式来获得时间信息，其优缺点对比如表 8.4 所示。

● 使用处理器的内部定时器进行定时，使用软件算法来计算当前的时间信息。

● 从专用的实时时钟芯片来获取当前的时间信息，实时时钟芯片（Real Time Clock，RTC）是一种可以自行对当前时间信息进行计算并且可以通过相应的数据接口将时间信息输出的芯片（此外，部分嵌入式处理器内部会自带 RTC 模块）。

● 从 GPS 模块获取当前的实际时钟信息。

表 8.4　　　　　　　　　　　　三种时间信息获取方法的比较

各项比较	软件算法	RTC	GPS 模块
时间精准度	一般	高	很高
其他器件	不需要	需要	不需要
和嵌入式处理器的通信接口	使用内部定时计数器，不需要外部数据接口	SPI 总线，并行接口等	通常为串口
软件代码	复杂	软件本身不复杂，但是通信接口驱动复杂	格式化时间信息比较复杂
成本	很低	一般	高
系统掉电后时钟信息是否保留	否	是	是，但是每次掉电后初始化时间较长

在嵌入式系统中常用的时间传感器包括 DS12C887、PCF8653、DS1302 等，其实物和对应的电路符号如图 8.25 所示。

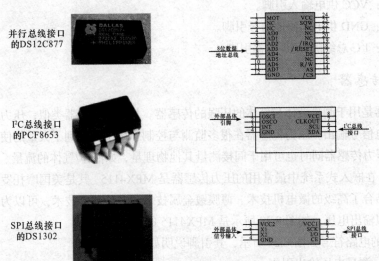

图 8.25　常用的时间传感器实物及电路符号

8.3.3　其他传感器

除了温度和时间之外，嵌入式系统中常常还会涉及其他一些物理量的测量，包括湿度、压力、当前位置等。在实际应用中同样可以使用对应的传感器来对这些物理量进行测量。

1.　湿度传感器

SHT75 是瑞士 Sensirion 公司生产的 I²C 总线接口温湿度传感器，其可以同时用于湿度和温度物理量的测量。

SHT75 使用了单排插针型封装，其头部通过小桥接器实现了与引脚的连接以降低热传导和响应时间。其实物如图 8.26 所示，其引脚从左到右编号为 1～4，传感器头部的镀金板和 GND（地信号）连接。

如图 8.27 所示是 SHT75 的电路符号，其各个引脚的说明如下。

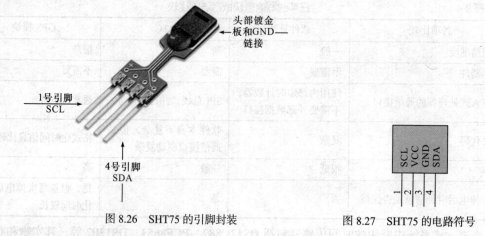

图 8.26　SHT75 的引脚封装　　　　图 8.27　SHT75 的电路符号

- 引脚 1：I²C 总线的 SCL 时钟引脚。
- 引脚 2：VCC 供电输入引脚。
- 引脚 3：GND 供电电源地信号引脚。
- 引脚 4：I²C 总线的 SDA 数据引脚。

2.　压力传感器

压力传感器是用于测量液体与气体的压强的传感器。与其他传感器类似，压力传感器工作时将压力转换为电信号输出。压力传感器在很多监测与控制应用中都得到了大量的使用。除了直接的压力测量，压力传感器同时也可用于间接测量其他物理量，如液体/气体的流量、速度、水面高度或海拔高度。在嵌入式系统中最常用的压力传感器是 MPX4115，其是美国摩托罗拉公司的集成压力传感器，结合了高级的微电机技术、薄膜镀金属技术和硅传感器技术，可以为一个均衡压力产生高精度模拟输出电压。如图 8.28 所示是 MPX4115 的实物示意。

MPX4115 的电路符号如图 8.29 所示，其引脚说明如下。

- 引脚 1：测量电压输出引脚。

- 引脚 2：信号地引脚。
- 引脚 3：5V 供电电源引脚。
- 引脚 4～6：空引脚。

图 8.28　压力传感器 MPX4115 的实物

图 8.29　MPX4115 的电路符号

MPX4115 的压力-电压转换计算公式如下。

$$V_{输出} = V_{供电} \times (压力值 \times 0.09 - 0.095) \pm (压力偏差值 \times 温度系数 \times 0.009 \times V_{供电})。$$

其中，压力偏差值和温度系数可以通过查询 MPX4115 的具体手册获得。

3．GPS 模块

GPS（Global Positioning System）是全球卫星定位系统的简称，其是以全球 24 颗定位人造卫星为基础，向全球各地全天候地提供三维位置、三维速度、时间等信息的一种无线电导航定位系统。

一个完整的 GPS 系统由以下三部分构成。

- 地面控制部分：由主控站、地面天线、监测站及通信辅助系统组成。
- 空间部分：由 24 颗卫星组成，分布在 6 个轨道平面。
- 用户装置，由 GPS 接收机（GPS 模块）和卫星天线组成。

GPS 模块是集成了 RF 射频芯片、基带芯片和核心 CPU，并加上相关外围电路而组成的一个集成电路，通常用于给嵌入式系统提供当前的地理坐标信息以及时间信息。市场上常见的 GPS 模块可以分为以下三大类。

- 单点模式模块：如 MOTOROLA M12、GARMIN GPS 25LP 等，其单点定位精度为 15m 左右。
- GPS/GLONASS 双系统模块：如 ARGO-16GPS/GLONASS，其定位精度与单点模块产品相似，但在定时精度上高一些，价格也略高一些。
- 差分 GPS 模块：其实就是使用单点模块产品的差分功能进行 GPS（DGPS）定位，其定位精度大大提高。但此种方式需要自建一个基准站，因此费用太高。

GARMIN 25LP 是美国佳明（Garmin）公司生产的一款 GPS 模块，由于其使用中以符合 RS-232 并且兼容 TTL 规范的电平作为通信信号，所以其在嵌入式系统中得到了广泛的应用。

GARMIN 25LP 使用 12 根引脚的排线或者排针和外部进行数据通信，其实物如图 8.30 所示，其电路符号如图 8.31 所示。

图 8.30　GARMIN 25LP 的实物

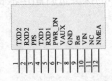

图 8.31　GARMIN 25LP 的电路符号

4. 数字罗盘

虽然 GPS 模块在导航、定位、测速、定向方面有着广泛的应用，但由于其信号常被地形、地物遮挡，导致精度大大降低，甚至不能使用。例如，在高楼林立的城区和植被茂密的林区，GPS 模块的信号有效性仅为 60%；此外在静止的情况下，GPS 模块也无法给出航向信息。为弥补这一不足，可以采用组合导航定向的方法。数字罗盘产品正是为满足用户的此类需求而设计的，其可以对 GPS 信号进行有效补偿，保证导航定向信息 100%有效，即使是在 GPS 模块信号失锁后也能正常工作，做到"丢星不丢向"。

数字罗盘是利用地球自身的磁场来确定南北方向并且将相应数据数字化输出的模块，其可以分为平面数字罗盘和三维数字罗盘。

- 平面数字罗盘：要求用户在使用时必须保持罗盘的水平，否则当罗盘发生倾斜时，也会给出航向的变化而实际上航向并没有变化。

- 三维数字罗盘：克服了平面数字罗盘在使用中的严格限制，因为三维数字罗盘在其内部加入了倾角传感器，如果数字罗盘发生倾斜时可以对罗盘进行倾斜补偿，这样即使数字罗盘发生倾斜，航向数据依然准确无误。

HMR3000 是美国 Honeywell 公司生产的一款可以供航向、俯仰、横滚等数据的数字罗盘，其使用磁阻传感器和两轴倾斜传感器来提供航向信息。

图 8.32 所示是 HMR3000 的实物示意，可以看到其通过一个 DB9 的接口和外部进行数据和电源的交互。HMR3000 的电路符号如图 8.33 所示。

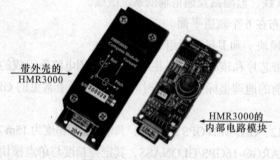

图 8.32 HMR3000 的实物

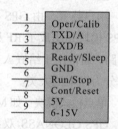

图 8.33 HMR3000 的电路符号

5. 超声距离传感器

如果需要对嵌入式系统和某个目标物体的距离进行测量，则可以使用超声距离传感器。和光电开关、接近开关等只能定性地对距离进行测量的器件不同，超声距离传感器可以对当前的真实距离进行比较精确的定量分析。在实际应用中，HC-SR04 超声距离传感器以性能稳定、测量距离精确、精度高、盲区小、价格便宜等特点得到了最广泛的应用。

图 8.34 所示是 HC-SR04 的实物示意，其使用一个 4 针的排针和嵌入式处理器进行信号交互，采用两个圆形的探头进行超声波的数据发送和接收，其电路符号如图 8.35 所示。

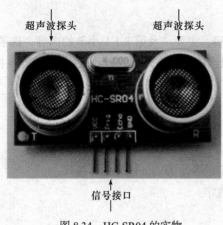

超声波探头　　　　超声波探头

信号接口

图 8.34　HC-SR04 的实物　　　　图 8.35　HC-SR04 的电路符号

8.4　本章小结

（1）输入设备是用户和嵌入式系统进行交互的通道，将用户提供的信息交给嵌入式系统进行处理。常见的输入设备包括按键、键盘和触摸屏。

（2）独立按键的基本工作原理是被按下时按键接通两个点，被放开时则断开这两个点。

（3）行列扫描键盘可以将多个独立按键（通常会大于等于 8 个）按照行、列的结构组合起来构成一个整体键盘，从而减少对嵌入式处理器的 I/O 引脚的使用数目。

（4）拨码开关（也叫 DIP 开关、地址开关、数码开关、指拨开关等）是一款用来操作控制的地址开关，采用 0/1 的二进制编码原理，其可以保持一个稳定的输入状态。

（5）发光二极管、数码管和液晶是嵌入式系统中最常用的显示设备。其中，数码管按照结构可以分为共阴极数码管和共阳极数码管，按照位数可以分为单位数码管和多位数码管。

（6）触摸屏具有轻便、占用空间小、方便灵活等优点，目前主要有红外式触摸屏、电阻式触摸屏、电容式触摸屏和表面声波式触摸屏 4 种。

（7）在嵌入式系统中常常需采集的信号，这些信号大部分都不是电信号，此时需要使用传感器将这些信号转变为电信号才能供嵌入式处理器处理。常见的传感器包括温度传感器、时间传感器等。

8.5　真题解析和习题

8.5.1　真题解析

【真题 1】下面关于嵌入式系统中使用的键盘的叙述中，错误的是（　　）。

A. 利用嵌入式处理器的 GPIO 构成线性键盘时，一个按键需要占用一个 GPIO 引脚

B. 采用矩阵键盘结构时，8 个 GPIO 引脚最多能构成 12 个按键的键盘

C. 采用机械式按键设计键盘时，按键被按下时会产生抖动

D. 矩阵键盘通常用行扫描法或反转法读取按键的特征值

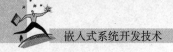

【解析】答案：B。

本题重点考查对按键和行列式键盘应用的理解，主要涉及第 8.1.1 小节的内容。选项 B 的错误在于 8 个 GPIO 引脚如果按照 4×4 排列则可以组成 16 个按键的键盘，这也是其能支持的按键数目最多的键盘。

【真题 2】关于嵌入式系统的液晶显示，下列说法正确的是（　　　）。

A. 嵌入式处理器内部都集成了 LCD 控制模块

B. 所有的液晶显示模块都可以显示中文字符

C. 嵌入式系统可以提供连接普通通用液晶显示器的 DVI、HDMI 等接口

D. 汉字图形液晶显示模块 12864 不能显示数字

【解析】答案：C。

本题重点考查对嵌入式液晶显示部分的理解，主要涉及第 8.2.2 小节的内容。选项 A 的错误在于只有部分嵌入式处理器内部集成了 LCD 控制模块，如 S3C2440；选项 B 的错误在于如数字字符液晶显示模块 1602 就不能显示中文字符；选项 D 的错误在于汉字图形液晶显示模块也可以显示数字。

【真题 3】下面关于嵌入式系统中使用的触摸屏的叙述中，错误的是（　　　）。

A. 目前，嵌入式系统中使用的触摸屏除电阻式触摸屏外，还有电容式触摸屏

B. 电阻式触摸屏是一种电阻传感器，它将矩形区域中触摸点（X，Y）的物理位置转换为代表 X 坐标和 Y 坐标的电压

C. 电阻式触摸屏通过多点触摸或滑动进行操作

D. 相对于电容式触摸屏而言，电阻式触摸屏结构简单、价格便宜

【解析】答案：C。

本题重点考察对触摸屏知识的了解，主要涉及第 8.1.4 小节的内容。选项 C 的错误在于电阻屏不支持多点触摸。

【真题 4】关于使用 PT 铂电阻和数字温度传感器来采集现场温度的对比，下列说法错误的是（　　　）。

A. PT 铂电阻的精度很高，很容易达到 0.1℃

B. 数字温度传感器的采集速度比 PT 铂电阻慢

C. PT 铂电阻的测量范围为-55～125℃

D. 数字温度传感器体积较大且对安装位置有一定要求

【解析】答案：C。

本题重点考查 PT 铂电阻和数字温度传感器的特点对比，主要涉及第 8.3.1 小节的内容。选项 C 的错误在于 PT 铂电阻的温度测量原理是电阻随着温度而发生线性变化，基本上可以理解为无范围限制。

8.5.2　本章习题

1. 8 段共阴极 LED 数码管如下图所示，为使其显示数字 5，其段代码（高位到低位的顺序是 dp、g、f、e、d、c、b、a）为（　　　）。

A.　0x7F　　　　　　　B.　0xC0　　　　　　　C.　0x80　　　　　　　D.　0x6D

2.　下面关于 LCD 显示设备的叙述中，错误的是（　　　）。

　　A.　LCD 显示屏自身不带控制器，没有驱动电路，仅仅是显示器件，价格最低

　　B.　LCD 显示模块内置 LCD 显示屏、控制器和驱动模块，有字符型、图形点阵型等

　　C.　PC 通常使用的是 LCD 显示器，除具备显示屏外，还包括驱动器、控制器以及外壳等，是完整的 LCD 显示设备

　　D.　DVI（Digital Visual Interface）是一种 LCD 控制器的标准

3.　下面关于嵌入式系统中使用的触摸屏的叙述中，错误的是（　　　）。

　　A.　目前嵌入式系统中使用的触摸屏除电容式触摸屏外，还有电阻式触摸屏

　　B.　使用电容式触摸屏的 LCD 显示器多半是硬屏

　　C.　用专用硬笔写字的触摸屏属于电容式触摸屏

　　D.　电容式触摸屏在触摸屏四边均镀上狭长的电极，在导电体内形成一个低电压交流电场，当手指触摸屏幕时，手指会从接触点吸走一股很小的电流

4.　独立按键的接通状态是一个_____，需要用户进行持续的输入。如果用户不对独立按键进行动作，则其会保持断开状态。当用户需要在不干预的前提下保持输入的状态时，可以使用拨码开关。

第9章

嵌入式系统的输入输出接口

嵌入式系统和其他应用系统或模块会有数据的交互，并且嵌入式系统也需要通过扩展一些外部模块来实现额外的功能，此时可以通过输入输出接口来实现，这些接口包括通用输入输出接口、I^2C 总线接口、SPI 总线接口等。本章的考核重点如下。

● I/O 接口、I/O 设备以及外部通信接口（GPIO、I^2C、SPI、UART、USB、HDMI 等；键盘、LED、LCD、触摸屏、传感器等；RS-232/RS-485、CAN、以太网和常用无线通信接口）中的部分内容。

9.1 通用输入输出接口

通用输入输出接口（General Purpose Input Output，GPIO）是以位（bit）为基础单位，提供简单的"1"和"0"两种逻辑状态（可能还有开漏、高阻等电路状态）的接口，其通常以嵌入式处理器芯片普通引脚的形式存在（可能会被复用为其他功能引脚），可以用于驱动逻辑较为简单的外部模块，如发光二极管（LED）、按钮等，也可以使用较复杂的软件设计来实现其他接口总线的时序以模拟该总线进行数据通信。

9.2 UART 接口

通用异步收发传输器（Universal Asynchronous Receiver/Transmitter，UART）是一种异步收发传输器，是嵌入式处理器上最常见的通信接口，其使用串行的方式实现数据交互，具有占用引脚资源少、通信距离长（相对）的特点。串行通信（包括后面介绍的 I^2C 总线、SPI 总线和 1-wire 总线）有如下一些术语需要了解。

● 同步通信方式：一种基于位（bit）数据的通信方式，要求发收双方具有同频同相的同步时钟信号，只需在传送数据的最前面附加特定的同步字符使发收双方建立同步即可以在同步时钟的控制下逐位发送/接收。在通信过程中数据的收发必须是连续的。

- 异步通信方式：也是一种基于位（bit）的数据通信方式，不需要收发双方具有相同的时钟信号，但是需要有相同的数据帧结构和波特率，并且在通信过程中数据的收发不需要连续。

- 全双工通信：参与通信的双方可以同时进行数据发送和接收操作的通信方式。

- 半双工通信：参与通信的双方可以切换进行数据发送和接收操作，但是不能同时进行的通信方式。

- 单工通信：参与通信的双方只能进行单向数据发送或者接收操作的通信方式。

- 波特率：每秒钟传送的二进制位数，通常用 b/s 作为单位，其中 b=bit。

- 通信协议：通信双方为了完成通信所必须遵循的规则和约定。

9.2.1　UART 接口的通信协议

UART 接口的通信协议是一种低速通信协议，其支持 RS-232 协议（参考第 10 章）、RS-422 协议（参考第 10 章）、RS-485 协议（参考第 10 章）和红外协议（IrDA）等。其工作原理是将待传输的数据的每个字符以如图 9.1 所示的串行方式按位的方式进行传输，其中各个位的意义说明如下。

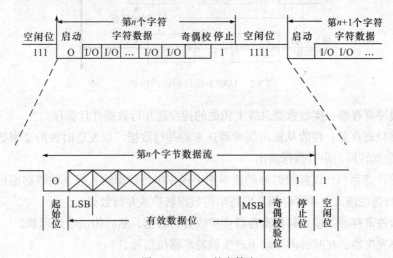

图 9.1　UART 的字符流

- 起始位：发出一个逻辑"0"来表示即将开始传输一个字符的数据。

- 数据位：可以是 5～8 位逻辑"0"或"1"，如 ASCII 码（7 位）、扩展 BCD 码（8 位），使用低位在前的小端传输

- 校验位：对当前传输的数据进行校验，当加上该位后应该使得"1"的位数为偶数（偶校验）或奇数（奇校验）。

- 停止位：表示当前字符数据的结束标志，可以是 1 位、1.5 位、2 位的逻辑"1"。

- 空闲位：处于逻辑"1"状态，表示当前线路上没有数据传送。

从图 9.1 中可以看到，UART 的通信是按字符传输的，接收设备在收到起始信号之后只要在一个字符的传输时间内能和发送设备保持同步就能正确接收，下一个字符起始位的到来又使同步重新校准（依靠检测起始位来实现发送与接收方的时钟自同步）。

UART 的传输以一个字符为单位，传输过程中两个字符间的时间间隔多少是不固定的。然而，在同一个字符中的两个相邻位间的时间间隔是固定的，也就是说数据传输速率是固定的，其被称

为波特率（bps），也即为每秒钟传送的二进制位数。例如，数据传送速率为 960 字符/秒，而每一个字符为 10 位（1 个起始位，7 个数据位，1 个校验位，1 个结束位），则其传送的波特为 10 × 960 = 1200 字符/秒 = 9600bps。

9.2.2 UART 接口的硬件模块

UART 接口的硬件模块的基本结构如图 9.2 所示，由输出缓冲寄存器、输出移位寄存器、输入移位寄存器、输入缓冲寄存器、波特率发生器、控制寄存器和状态寄存器组成，各个部分的说明如下。

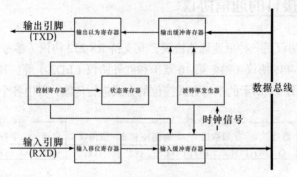

图 9.2 UART 接口的硬件模块

- 输出缓冲寄存器：接收数据总线上传送的待发送并行数据并且保存。
- 输出移位寄存器：接收从输出缓冲器送来的并行数据，以发送时钟的速率把数据逐位移出，即将并行数据转换为串行数据输出。
- 输入移位寄存器：以接收时钟的速率把出现在串行数据输入线上的数据逐位移入，当寄存器装满后并行送往输入缓冲寄存器，即将串行数据转换成并行数据。
- 输入缓冲寄存器：输入移位寄存器中接收并行数据，然后传送给处理器。
- 波特率发生器：在时钟的驱动下产生波特率移位信号。
- 控制寄存器：接收处理器送来的控制字，并且按照控制字的内容决定通信时的传输方式以及数据格式等。
- 状态寄存器：存放 UART 的各种状态信息，如输出缓冲区是否空、输入字符是否准备好等。在数据交互过程中，如果符合某种状态时接口中的状态检测逻辑将状态寄存器的相应位产生"1"或"0"状态以便于嵌入式处理器查询。

9.2.3 嵌入式处理器中的 UART

基本上所有的嵌入式处理器中都集成了 UART 模块，有些还集成了多个独立的 UART 模块，通常来说会提供对应的寄存器以实现相应的操作（以 S3C2440 为例的嵌入式处理器的 UART 寄存器的使用方法参考第 11 章），并且还会提供外部发送引脚（TXD）和接收引脚（RXD）以实现电平的传输。最简单的嵌入式处理器和其他模块使用 UART 进行数据交互的连接如图 9.3 所示，只需要使用三根连线即可，但是如果传输距离较长则需要使用逻辑电平转换接口，如 RS-232、RS-422 等。

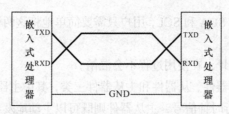

图 9.3　嵌入式处理器使用 UART 连接

9.3　I²C 总线接口

UART 具有连接简单的优点，但是其同时也有通信速度较低，并且当一条总线上有多个 UART 设备时通信方法较为繁琐的缺点，所以相当的外部智能模块会使用 I²C 总线接口。

9.3.1　I²C 总线的基础

I²C 总线（Inter Integrated Circuit Bus）是飞利浦公司在 20 世纪 80 年代推出的一种两线制串行总线标准，目前已经发展到了 2.1 版本。该总线在物理上由一根串行数据线 SDA 和一根串行时钟线 SCL 组成，各种使用该标准的器件都可以直接连接到该总线上进行通信，可以在同一条总线上连接多个外部资源，是嵌入式处理器常用的外部资源扩展方法之一。如图 9.4 所示是嵌入式处理器使用 I²C 总线上扩展多个外部资源的示意图，表 9.1 是 I²C 总线中一些常用的术语介绍。

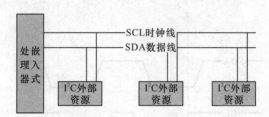

图 9.4　嵌入式处理器使用 I²C 总线扩展多个外部资源

表 9.1　　　　　　　　　　　　　　　I²C 总线中的常用术语

术语	描述
发送器	I²C 总线上发送数据的器件
接收器	I²C 总线上接收数据的器件
主机	I²C 总线上能发送时钟信号的器件
从机	I²C 总线上不能发送时钟信号的器件
多主机	同一条 I²C 总线上有一个以上的主机且都使用该 I²C 总线
主器件地址	主机的内部地址，每一种主器件有其特定的主器件地址
从器件地址	从机的内部地址，每一种从器件有其特定的从器件地址
仲裁过程	同时有一个以上的主机尝试操作总线，I²C 总线使得其中一个主机获得总线的使用权并不破坏数据交互的过程
同步过程	两个或者两个以上器件同步时钟信号的过程

符合 I²C 总线标准的外部资源必须符合以下几个基本特征。

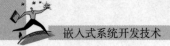
- 具有相同的硬件接口 SDA 和 SCL，用户只需要简单地将这两根引脚连接到其他器件上即可完成硬件的设计。
- 都拥有唯一的器件地址，在使用过程不会混淆。
- 所有器件可以分为主器件、从器件和主从器件三类，其中主器件可以发出串行时钟信号，而从器件只能被动地接收串行时钟信号，主从器件则既可以主动地发出串行时钟信号也能被动地接收串行时钟信号。

9.3.2　I²C 总线的信号

I²C 总线上的时钟信号 SCL 是由所有连接到该信号线上的 I²C 器件的 SCL 信号进行逻辑"与"产生的。当这些器件中任何一个的 SCL 引脚上的电平被拉低时，SCL 信号线就将一直保持低电平；只有当所有器件的 SCL 引脚都恢复到高电平之后，SCL 总线才能恢复为高电平状态，所以这个时钟信号的长度由维持低电平时间最长的 I²C 器件来决定。在下一个时钟周期内，第一个 SCL 引脚被拉低的器件又再次将 SCL 总线拉低，这样就形成了连续的 SCL 时钟信号。

在 I²C 总线协议中，数据的传输必须由主器件发送的启动信号开始，以主器件发送的停止信号结束，从器件在收到启动信号之后需要发送应答信号来通知主器件已经完成了一次数据接收。I²C 总线的启动信号是在读写信号之前当 SCL 处于高电平时，SDA 从高到低的一个跳变。当 SCL 处于高电平时，SDA 从低到高的一个跳变被当做 I²C 总线的停止信号，标志着操作的结束，马上即将结束所有相关的通信。如图 9.5 所示是启动信号和停止信号时序图。

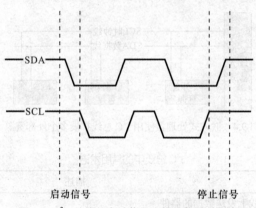

图 9.5　I²C 总线的启动信号和停止信号的时序

在启动信号后跟着一个或者多个字节的数据，每个字节的高位在前、低位在后。主机在发送完成一个字节之后需要等待从机返回的应答信号。应答信号是从机在接受到主机发送完成的一个字节数据后，在下一次时钟到来时在 SDA 上给出一个低电平，其时序如图 9.6 所示。

在 I²C 总线进行的数据传输必须使用以下步骤。

- 在启动信号之后必须紧跟一个用于寻址的地址字节数据。
- 当 SCL 时钟信号有效时，SDA 上的高电平代表该位数据为"1"，否则为"0"。
- 如果主机在产生启动信号并且发送完一个字节的数据之后还想继续通信，则可以不发送停止信号而继续发送另一个启动信号，并且发送下一个地址字节以供连续通信。

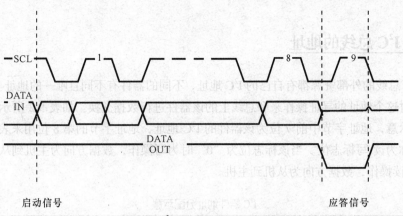

图 9.6　I²C 总线应答信号的时序

I²C 总线的 SDA 和 SCL 数据线上均接有 10K 左右上拉电阻,当 SCL 为高电平时(此时称 SCL 时钟信号有效),对应的 SDA 的数据为有效数据;当 SCL 为低电平时,SDA 上的电平变化被忽略。在总线上的任何一个主机发送出一个启动信号之后,该 I²C 总线被定义为"忙状态",此时禁止同一条总线上其他没有获得总线控制权的主机操作该条总线;而在该主机发送停止信号之后的时间内,总线被定义为"空闲状态",此时允许其他主机通过总线仲裁来获得总线的使用权,进行下一次数据传送。

在 I²C 某一条总线上可能会挂接几个都会对总线进行操作的主机,如果有一个以上的主机需要同时对总线进行操作,I²C 总线就必须使用仲裁来决定哪一个主机能够获得总线的操作权。I²C 总线的仲裁是在 SCL 信号为高电平时,根据当前 SDA 状态来进行的。在总线仲裁期间,如果有其他的主机已经在 SDA 上发送了一个低电平,则发送高电平的主机将会发现该时刻 SDA 上的信号和自己发送的信号不一致,此时该主机则自动被仲裁为失去对总线的控制权,这个过程如图 9.7 所示。

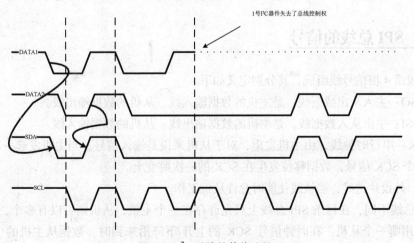

图 9.7　I²C 总线的仲裁过程

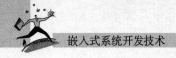

9.3.3　I²C 总线的地址

使用 I²C 总线的外部资源都有自己的 I²C 地址，不同的器件有不同且唯一的地址。I²C 总线上的主机通过对这个地址的寻址操作来和总线上的该器件进行数据交换。如表 9.2 所示是 I²C 器件的地址分配示意，地址字节中前 7 位为该器件的 I²C 地址，地址字节的第 8 位用来表明数据的传输方向，也称为读/写标志位。当该标志位为"0"时为写操作，数据方向为主机到从机；读写位为"1"时为读操作，数据方向为从机到主机。

表 9.2　　　　　　　　　　　　　I²C 器件地址分配示意

地址最高位	地址第 6 位	地址第 5 位	地址第 4 位	地址第 3 位	地址第 2 位	地址第 1 位	R/W

　　注意：I²C 总线中还有一个广播地址，如果主机使用该地址进行寻址则在总线上的所有器件均能收到，具体信息可以参考相关手册。

9.3.4　嵌入式处理器中的 I²C 总线接口

高端的嵌入式处理器中常常会集成 I²C 总线接口并提供相应的寄存器以便对其进行控制，其通常可以设置为主器件模式或从器件模式。但是在实际应用中，嵌入式处理器都是工作于主器件模式，通过 I²C 总线和外围智能器件进行数据交互。

9.4　SPI 总线接口

SPI（Serial Peripheral Interface）总线是由摩托罗拉公司开发的一种总线标准，是一种全双工的串行总线，可以达到 3M bit/s 的通信速度，常常用于嵌入式处理器和高速外部资源的通信。

9.4.1　SPI 总线的信号

SPI 总线由 4 根信号线组成，其分别定义如下。
- MISO：主入从出数据线，是主机的数据输入线、从机的数据输出线。
- MOSI：主出从入数据线，是主机的数据输出线、从机的数据输入线。
- SCK：串行时钟线，由主机发出，对于从机来说是输入信号，当主机发起一次传送时，自动发出 8 个 SCK 信号，数据移位发生在 SCK 的一次跳变上。
- SS：外设片选线，当该线使能时允许从机工作。

和 I²C 总线不同，在每条 SPI 总线上只允许存在一个主机，从机则可以有多个，由 SS 数据线来选择使用哪一个从机。在时钟信号 SCK 的上升/下降沿来到时，数据从主机的 MOSI 引脚上发送到被 SS 选中的从机 MISO 引脚上；而在下一次下降/上升沿来到时，数据从从机的 MISO 引脚上发送到主机的 MOSI 引脚上。SPI 总线的工作过程类似一个 16 位的移位寄存器，其中 8 位数据在主机中，另外的 8 位数据在从机中。嵌入式处理器使用 SPI 总线扩展外部资源示意如图 9.8 所示。

和 I²C 总线类似，SPI 总线的数据传输过程也需要时钟驱动。SPI 总线的时钟信号 SCK 有时钟极性（CPOL）和时钟相位（CPHA）两个参数，前者决定了有效时钟是高电平还是低电平，后者决定了有效时钟的相位，这两个参数配合起来决定了 SPI 总线的数据时序，如图 9.9 和图 9.10 所示。

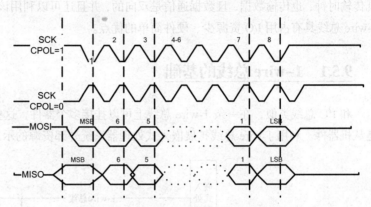

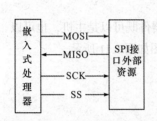

图 9.8　嵌入式处理器使用 SPI
接口扩展外部资源

图 9.9　CPHA = 0 时的 SPI 总线数据传输时序

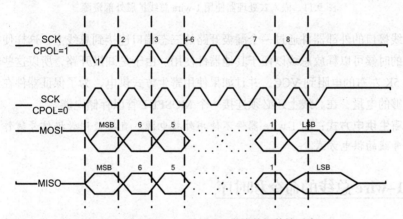

图 9.10　CPHA = 1 时的 SPI 总线数据传输时序

从图 9.9 和图 9.10 可见：

- 如果 CPOL=0，串行同步时钟的空闲状态为低电平；
- 如果 CPOL=1，串行同步时钟的空闲状态为高电平；
- 如果 CPHA=0，在串行同步时钟的第一个跳变沿（上升或下降）数据有效；
- 如果 CPHA=1，在串行同步时钟的第二个跳变沿（上升或下降）数据有效。

9.4.2　嵌入式处理器中的 SPI 总线接口

　　高端的嵌入式处理器中也常常会集成 SPI 总线接口并提供相应的寄存器以便对其进行控制，但是在实际应用中嵌入式处理器都工作于主器件模式，通过 SPI 总线和外围智能器件进行数据交互，偶尔也有两个嵌入式处理器使用 SPI 进行高速数据交互的状态发生。

9.5　1-wire 总线接口

1-wire（单线）总线是美国达拉斯公司推出的一种总线标准，其特点是只用一根物理连接线，既传输时钟，也传输数据，且数据通信是双向的，并且还可以利用该总线给器件完成供电的任务。1-wire 总线具有占用 I/O 资源少、硬件简单的优点。

9.5.1　1-wire 总线的基础

和 I²C 总线类似，在一条 1-wire 总线上可以挂接多个器件，这些器件既可以是主机，也可以是从机器件。利用 1-wire 总线扩展嵌入式处理器系统外部资源的示意图如图 9.11 所示。

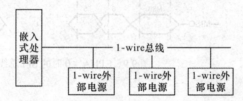

图 9.11　嵌入式处理器使用 1-wire 总线扩展外部资源

1-wire 总线接口的外部器件通过一个漏极开路的三态端口连接到总线上，这样使得这些器件在不使用总线的时候可以释放总线以便于其他器件使用。由于是漏极开路，所以这些器件都要在总线上拉一个 5K 左右的电阻到 VCC，并且如果使用寄生方式供电，为了保证器件在所有的工作状态下都有足够的电量，在总线上还必须连接一个 MOSFET 管以存储电能。

　　　　寄生供电方式：指 1-wire 器件不使用外接电源，直接使用数据信号线作为电能传
　　　输信号线的供电方式。

9.5.2　1-wire 总线的命令和时序

1-wire 的工作过程包括初始化总线、发送 ROM 命令和数据以及发送功能命令和数据这三个步骤。除了在搜索 ROM 命令和报警搜索命令这两个命令之后不能发送功能命令和数据而是要重新初始化总线之外，其他的所有总线操作过程必须完整地完成这三个步骤。

初始化总线由主机发送总线复位脉冲和从机响应应答脉冲这两个步骤组成，前者用于复位 1-wire 总线，后者用来告诉主机该总线上有准备就绪的从机信号。总线初始化的时序可以参考 1-wire 的相关手册。

和 I²C 器件类似，1-wire 总线接口器件也有自己唯一的 64 位地址，用于标示该器件的种类。ROM 命令是和 ROM 代码相关的一系列命令，用于操作总线上的指定外围器件。ROM 命令还可以用于检测总线上有多少个外围器件、这些外围器件的种类以及是否有器件处于报警状态。ROM 命令一般有 5 种（视具体器件而定），这些命令的长度都为一个字节。ROM 命令的操作流程如图 9.12 所示。

主机发送完 ROM 命令之后，紧接着发送需要操作的具体器件的功能命令和数据，即可以对指定的具体器件进行操作。如表 9.3 所示是 ROM 命令的说明。

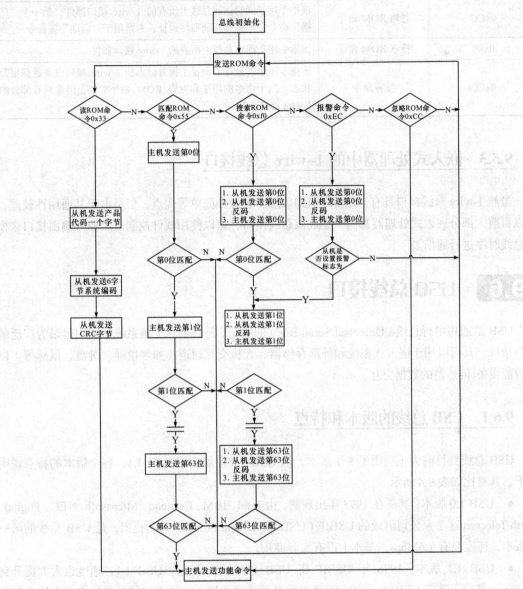

图 9.12　1-wire 的 ROM 操作流程

表 9.3　　　　　　　　　　　　　　　1-wire 总线的 ROM 命令

指令代码	名称	功能
0x33	读 ROM 命令	该指令只能在总线上有且只有一个 1-wire 接口器件的时候使用，允许主机直接读出器件的 ROM 代码，如果有多个接口器件，必然发生冲突
0x55	匹配 ROM 命令	该指令用于在总线上有多个 1-wire 接口器件的情况，在该命令后的命令数据为 64 位的器件地址，允许主机读出和该地址匹配的器件的 ROM 数据

续表

指令代码	名称	功能
0xCC	忽略 ROM 命令	该指令用于同时访问总线上所有的 1-wire 接口器件，是一个"广播"命令，不需要跟随器件地址，常常用于"启动"等命令
0xF0	搜索 ROM 命令	该指令用于搜索总线上所有的 1-wire 接口器件
0xEC	报警命令	该指令用于使总线上设置了报警标志的 1-wire 接口设备返回报警状态，这个命令的用法和搜索 ROM 命令类似，但是只有部分的 1-wire 器件支持

9.5.3 嵌入式处理器中的 1-wire 总线接口

虽然 1-wire 总线接口具有占用 I/O 引脚数量少、硬件简单等优点，但是由于其通用性较差，所以目前大部分嵌入式处理器都尚未集成该总线接口，可以使用软件控制通用输入输出接口来模拟总线时序进行通信。

9.6 USB 总线接口

USB 是通用串行总线（Universal Serial Bus）的缩写，是目前在电脑系统中使用得最为广泛的通信接口，其可以用于嵌入式系统和外部存储器、人机交互通道（如触摸屏、键盘、鼠标等）以及智能设备/传感器的数据交互。

9.6.1 USB 总线的版本和特点

USB 总线到目前为止经历了 5 个版本，从 USB 1.0 发展到了 USB 3.1，各个版本的特点说明如下，其对比如表 9.4 所示。

- USB 1.0 版本：其是在 1995 年出现的，由 Intel、IBM、Compaq、Microsoft、NEC、Digital、North Telecom 这 7 家公司组成的 USBIF（USB Implement Forum）共同提出，是 USB 总线的第一个版本，速度只有 1.5Mbps，基本上没有实际商用。

- USB 1.1 版本：1998 年 USBIF 将 USB 总线标准升级为 USB 1.1，速度也大大提升到 12Mbps，其向下兼容 USB1.0，此时 USB 总线开始正式商用，USB 总线接口开始成为电脑主板上的标准配置。

- USB 2.0 版本：这是目前被最广泛使用的版本，于 2000 年提出，其是由 USB 1.1 规范演变而来的，传输速率达到了 480Mbps，可以满足大多数外设的速率要求，其向下完整地兼容 USB 1.1。

- USB 3.0 版本：这是目前开始普及的版本，其最大传输速度可以达到 5.0Gbps，所以也被称为 Super Speed USB，其传输速度甚至已经接近/超过了普通机械硬盘，从此 USB 接口不再成为涉及硬盘的数据传输瓶颈。此外，USB 3.0 还解决了一系列在 USB 2.0 中遗留的问题，如将供电能力提升到了 5V/900mA（USB 2.0 是 5V/500mA）。

- USB 3.1 版本：这是最新的 USB 规范，其使用了更高效的数据编码系统，数据传输速度可以提升到 10Gbps。

表 9.4　　　　　　　　　　　　　　USB 总线版本对比

规范	推出时间	传输速度	供电能力
USB 1.0	1995 年	1.5Mbps/192KBps	5V/500mA
USB 1.1	1998 年	12Mbps/1.5MBps	5V/500mA
USB 2.0	2000 年	480Mbps/60MBps	5V/500mA
USB 3.0	2008 年	5Gbps/640MBps	5V/900mA
USB 3.1	2013 年	10Gbps/1GBps	5V/12V/20V，1.5A/2.0A/3.0A/5.0A

USB 总线设备目前已经成为嵌入式系统乃至电脑系统最常用的总线接口，其具有如下特点。

● 支持热插拔：使得用户可以不需要关闭系统即可连接 USB 设备。

● 标准统一：不同的 USB 标准互相兼容，可以很简单方便地连接。

● 独立供电：USB 总线接口提供了内置电源，可以给外部设备供电。

● 连接灵活：USB 总线支持在一个总线接口上最多连接 127 个 USB 设备，且可支持最长长度为 5 米的线缆。

9.6.2　USB 总线的组成和外部接口

USB 总线由硬件和驱动软件组成，目前大部分操作系统都内置 USB 总线的驱动软件，其硬件由 4 根信号线和外部接口组成，如图 9.13 所示。

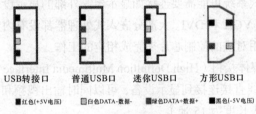

图 9.13　USB 总线的硬件组成

按照外部接口的尺寸大小，USB 总线的接口可以分为标准 USB、Mini USB 和 Micro USB，其中，每种按大小可以分为公头（Male）和母头（Female）；按外部接口的形状，可以分为标准接口 USB（Type-A）和方形接口 USB（Type-B）。这些接口的形状如图 9.14 所示，它们对应的引脚和连线颜色如表 9.5 所示。

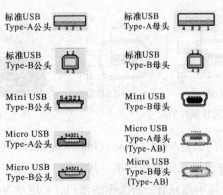

图 9.14　USB 总线的外部接口形状

表 9.5   USB 总线的连线和引脚

引脚编号	标准 USB	Mini USB	Micro USB
1	电源	电源	电源
2	数据−（D−）	数据−（D−）	数据−（D−）
3	数据+（D+）	数据+（D+）	数据+（D+）
4	电源地（GND）	标识（ID）	标识（ID）/电源地（GND）
5	无	电源地（GND）	电源地（GND）

9.6.3　嵌入式处理器中的 USB 总线

在 USB 设备中，有一些设备可以主动地和其他 USB 设备进行数据交互，它们被称为 HOST（主机），嵌入式处理器通常都可以充当主机；有一些设备只能被动地和主机进行数据交互，它们被称为 SLAVE（从机），如普通 U 盘和移动硬盘都是 SLAVE。

除了主机和从机之外，目前 USB 协议又推出了一种叫做 OTG（On-The-Go）的技术，其用于实现在没有 HOST 的前提下设备之间的数据传送，目前被广泛应用于智能手机和平板电脑上。

9.7　视频接口

在实际应用中，嵌入式系统可能需要连接如显示器等外部的显示设备来显示一些视频，最常见的视频接口包括 HDMI、VGA 和 DVI。大部分嵌入式处理器都没有内置这些视频接口的驱动模块，需要在系统设计中使用对应的控制芯片来完成相应的工作。

HDMI 是高清晰度多媒体接口（High Definition Multimedia Interface）的缩写，其通过一根 19 芯（29 芯）的 HDMI 连接线直接连接到显示设备，可以同时输出视频和音频信号，需要注意的是这根连接线不能太长（最大长度为 15 米）。

HDMI 接口根据尺寸大小可以分为如图 9.15 所示的标准 HDMI（A）、Mini HDMI（C）和 Micro HDMI（D）三种。

此外，HDMI 接口和 USB 总线外部接口一样，也可以分为如图 9.16 所示的公头（Male）和母头（Female）。通常来说，连接线两端的 HDMI 接口都是公头的，而嵌入式系统上的 HDMI 接口都是母头的。

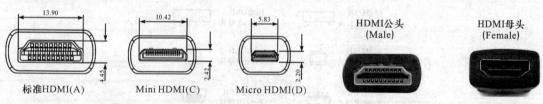

图 9.15　HDMI 接口的尺寸　　　　　　　图 9.16　公头和母头的 HDMI 接口

传统的显示器大多数采用的都是 VGA（Video Graphics Array）接口，如图 9.17 左侧所示。这是 IBM 在 1987 年推出的一种模拟视频传输标准，其采用 15 芯数字连接线，在目前仍然是最被广泛使用的显示器接口，如果显示器只有一种类型的接口，一定是 VGA。但是，随着高分辨率显示器的普及，VGA 这种使用模拟信号的接口标准逐步不能满足用户的需求，此时就诞生了 DVI 接口。

DVI（Digital Visual Interface）是数字视频接口的简称，如图 9.17 右侧所示。其是在 1999 年由富士通、惠普、IBM 等多家公司组成的数字显示工作组（Digital Display Working Group，DDWG）推出的接口标准。一个完整的 DVI 显示系统包括一个作为信号来源的发送器（通常是显卡）和一个内置在显示器内的接收器组成。DVI 接口可以分为 DVI-D 和 DVI-I 两种类型，其中常见的是后者，可以通过一个转换器转换为兼容 VGA 的模拟信号；而前者则只能使用数字信号。

VGA接口　　　　　　　　　DVI接口

图 9.17　VGA 和 DVI 接口

9.8　本章小结

（1）通用输入输出接口（General Purpose Input Output，GPIO）是以位（bit）为基础单位、提供简单的"1"和"0"两种逻辑状态（可能还有开漏、高阻等电路状态）的接口，其通常以嵌入式处理器芯片普通引脚的形式存在（可能会被复用为其他功能引脚）。

（2）通用异步收发传输器（Universal Asynchronous Receiver/Transmitter，UART）是一种异步收发传输器，是嵌入式处理器上最常见的通信接口，其使用串行的方式实现数据交互，具有占用引脚资源少、通信距离长（相对）的特点。

（3）I^2C 总线（Inter Integrated Circuit Bus）是飞利浦公司在 20 世纪 80 年代推出的一种两线制串行总线标准，目前已经发展到了 2.1 版本。该总线在物理上由一根串行数据线 SDA 和一根串行时钟线 SCL 组成，各种使用该标准的器件都可以直接连接到该总线上进行通信，可以在同一条总线上连接多个外部资源。

（4）SPI（Serial Peripheral Interface）总线是由摩托罗拉公司开发的一种总线标准，是一种全双工的串行总线，可以达到 3M bit/s 的通信速度，常常被用于嵌入式处理器和高速外部资源的通信，包括 MISO、MOSI、SCK 和 SS 这 4 个引脚。

（5）1-wire（单线）总线是美国达拉斯公司推出的一种总线标准，其特点是只用一根物理连接线，既传输时钟，也传输数据，且数据通信是双向的，并且还可以利用该总线给器件完成供电的任务。

（6）USB 是通用串行总线（Universal Serial Bus）的缩写，包括主机（Host）和从机（Slave）两大类，目前已经发展到了 USB3.1 版本。

（7）嵌入式系统中常见的视频接口包括 HDMI、VGA 和 DVI。

9.9 真题解析和习题

9.9.1 真题解析

【真题 1】下面关于 UART 的叙述中，正确的是（   ）。

A. UART 不能实现全双工通信

B. UART 即为通用异步收发器

C. UART 通信波特率固定为 115200bps，不能调节

D. UART 发送字符的长度固定为 8 位

【解析】答案：B。

本题重点考察 UART 的基础知识，主要涉及第 9.2 节的相关内容。UART 可以实现全双工，也支持波特率可调，并且发送字符长度是 7、8 位可选。

【真题 2】下面关于 I^2C 的叙述中，错误的是（   ）。

A. I^2C 即集成电路互连总线

B. I^2C 是一种串行半双工传输的总线

C. I^2C 总线只能连接一个主控器件

D. I^2C 传送数据时，每次传送的字节数目没有限制

【解析】答案：C。

本题重点考查 I^2C 总线的基础知识，主要涉及第 9.3 节的相关内容。I^2C 总线上可以连接多个主控器件，到那时其并不能同时进行通信。

【真题 3】下面关于 SPI 的叙述中，叙述错误的是（   ）。

A. 1 个时钟信号 SCK 对应一位数据的发送和另一位数据的接收

B. 主机移位寄存器中的数据一位一位地移入到从机移位寄存器，同时从机移位寄存器中的数据也一位一位移入到主机移位寄存器

C. 8 个时钟周期完成 1 个字节的操作

D. SPI 不能实现全双工通信

【解析】答案：D。

本题重点考查 SPI 总线的基础知识，主要涉及第 9.4 节的内容。由于 SPI 总线的本质是一个在 SCK 时钟驱动下的移位寄存器，所以其是支持全双工通信的。

【真题 4】下面关于 USB 的叙述中，正确的是（   ）。

A. USB 2.0 采用全双工通信方式

B. USB 2.0 采用差分信号传输方式

C. Mini USB 接口不提供电源

D. USB 总线通信采用多主方式

【解析】答案：B。

本题重点考查 USB 总线的基础知识，主要涉及第 9.5 节的内容。USB 总线通信只支持一个主机（Host），并且都提供电源。

【真题 5】下面关于 HDMI 的叙述中，错误的是（　　　）。

A．HDMI 即高清晰度多媒体接口

B．HDMI 是一种数字化音频/视频接口，适合影像传输

C．HDMI 最高数据传输速度为 10.2Gbps

D．HDMI 在嵌入式视频监控系统中应用广泛，但各型 ARM 芯片内部均不配置其控制器接口

【解析】答案：D。

本题主要考查 HDMI 总线的基础知识，主要涉及 9.6 节的内容。大部分嵌入式处理器都没内置 HDMI 控制器接口，但也有例外，如树莓派使用的 BCM2835 处理器。

9.9.2　本章习题

1. 下面关于 I^2C 的叙述中，错误的是（　　　）。

A．I^2C 即集成电路互连总线

B．I^2C 具有 SDA、SCL 和 ACK 共三条信号线

C．I^2C 传送数据时，每次传送的字节数目没有限制

D．I^2C 是多主总线

2. 关于串行外设接口 SPI 的叙述中，错误的是（　　　）。

A．SPI 一般使用 4 条信号线：SCK、MISO、MOSI 和 SSEL

B．采用 SPI 可以构成"一主一从式"系统

C．采用 SPI 可以构成"一主多从式"系统

D．采用 SPI 不能构成"多主多从式"系统

3. 下面关于 USB 接口的叙述中，错误的是（　　　）。

A．USB 支持热插拔

B．USB 2.0 是目前传输速率最高的 USB 版本

C．USB 接口提供了内置电源

D．USB 2.0 采用半双工差分方式传送信息

4. 下面关于 USB 的叙述中，错误的是（　　　）。

A．在具有 OTG 的 USB 总线上，可以实现在没有主机情况下从设备之间直接进行点对点通信

B．USB 2.0 的速度为 480Mbps，USB3.0 的速度达到了 640Mbps

C．主机的 USB 接口向从设备提供了电源

D．USB 支持热插拔

第10章

嵌入式系统的远程通信接口

在嵌入式系统的应用中，其常常需要和远端的设备或者其他系统进行数据通信，但是无论是 UART 还是 SPI 等接口都会受到传输距离和传输空间的限制，此时应该使用相应的驱动芯片来实现远程通信，如 RS-232/485、CAN、无线网络等。本章的考核重点如下。

- I/O 接口、I/O 设备以及外部通信接口（GPIO、I2 C、SPI、UART、USB、HDMI等；键盘、LED、LCD、触摸屏、传感器等；RS-232/RS-485、CAN、以太网和常用无线通信接口）中的部分内容。

10.1 RS-232/485/422 接口

RS-232、RS-485 和 RS-422 接口都是在 UART 基础上发展出来的远程通信规范，其本质只是一个电平转换标准，并不涉及软件流程，所以可以直接连接到嵌入式处理器的 UART 硬件接口上，具有简单、快捷的优势。

10.1.1 RS-232 接口

RS-232 接口标准是目前应用得最为广泛的标准串行总线接口标准之一，其可以将嵌入式处理器 UART 的通信传输距离提升到 15 米左右。其有多个版本，应用得最为广泛的是 RS-232-C（C 为版本号，以后均简称为 RS-232），由于 RS-232 和 TTL 电平并不兼容，必须使用相应的芯片进行电平转换。在嵌入式系统中最常用的 RS-232 协议芯片是美信（MAXIM）公司生产的 MAX232。

1. RS-232 的接口芯片

一个标准的 RS-232 接口包括一个 25 针的 D 型插座（有公型和母型两种），包括主信道和辅助信道两个通信信道，且主信道的通信速率高于辅助信道。在实际使用中，常常只使用一个主信道，此时 RS-232 接口只需要 9 根连接线，使用一个简化为 9 针的 D 型插座，同样也分为公型和母型。如表 10.1 所示是 RS-232 接口的引脚定义。

表 10.1   RS-232 接口的引脚定义

25 针接口	9 针接口	名称	方向	功能说明
2	3	TXD	输出	数据发送引脚
3	2	RXD	输入	数据接收引脚
4	7	RTS	输出	请求数据传送引脚
5	8	CTS	输入	清除数据传送引脚
6	6	DSR	输出	数据通信装置 DCE 准备就绪引脚
7	5	GND		信号地
8	1	DCD	输入	数据载波检测引脚
20	4	DTR	输出	数据终端设备 DTE 准备就绪引脚
22	9	RI	输入	振铃信号引脚

图 10.1 给出了在嵌入式系统中最常使用的 DB9 头插座的实物示意。需要注意的是，在公、母头之外 DB9 又可以分为弯针和直针两大类，其中前者是为了方便焊接在 PCB 电路板上。

如图 10.2 所示是 DB9 头插座的针（公头）/孔（母头）的编号示意，按照从上到下、从左到右的顺序编号为 1～9，和表 10.1 中相对应。

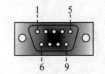

图 10.1   DB9 头插座实物   图 10.2   DB9 头插座的编号

RS-232 标准推荐的最大物理传输距离为 15 米，其逻辑电平"0"为+3～+25V，而逻辑电平"1"为-3～-25V，较高的电平保证了信号传输不会因为衰减而导致信号丢失，此时需要 MAX232 进行电平转换。

MAX232 有 SOP-16 贴片封装和 DIP-16 双列直插封装两种不同的封装形式。这两种封装形式的实物示意如图 10.3 所示。

MAX232 的电路符号如图 10.4 所示，其各个引脚的详细说明如下。

- C1+：电荷泵 1 正信号引脚，连接到极性电容正向引脚。
- C1-：电荷泵 1 负信号引脚，连接到极性电容负向引脚。
- C2+：电荷泵 1 正信号引脚，连接到极性电容正向引脚。
- C2-：电荷泵 1 负信号引脚，连接到极性电容负向引脚。
- V+：电压正信号，连接到极性电容正向引脚，同一个电容的负向引脚连接到+5V。

贴片封装形式
的MAX232

DIP封装形式
的MAX232

图 10.3　MAX232 的实物封装

图 10.4　MAX232 的电路符号

- V−：电压负信号，连接到极性电容负向引脚，同一个电容的正向引脚连接到地。
- T1IN：TTL 电平信号 1 输入。
- T2IN：TTL 电平信号 2 输入。
- T1OUT：RS-232 电平信号 1 输出。
- T2OUT：RS-232 电平信号 2 输出。
- R1IN：RS-232 电平信号 1 输入。
- R2IN：RS-232 电平信号 2 输入。
- R1OUT：TTL 电平信号 1 输出。
- R2OUT：TTL 电平信号 2 输出。

　　注意：对应使用 5V 电压进行供电的 MAX232，美信公司还提供了使用 3V 电压进行供电的 MAX3232，该芯片可以完美地应用于工作电压为 3V 的嵌入式系统中。

　　MAX232 芯片使用 5V 供电，其内部有两套发送接收驱动器，可以同时进行两路 TTL 到 RS-232 接口电平的转化，同时其内含两套电源变换电路，其中一个升压泵将 5V 电源提升到 10V，而另外一个反相器则提供−10V 的相关信号，MAX232 的逻辑信号、内部结构和外部的简要器件如图 10.5 所示。

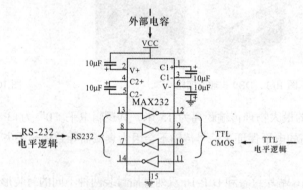

图 10.5　MAX232 的内部结构和外部电路

2. RS-232 在嵌入式系统中的应用

　　嵌入式系统中使用 MAX232 构成的和 PC 通信的 RS-232-C 通信的典型电路如图 10.6 所示。嵌入式处理器的 UART 模块数据发送引脚 TXD 连接到 MAX232 的 1 号 TTL 电平输入引脚 T1IN 上，而数据接收引脚 RXD 则连接到 MAX232 的 1 号 TTL 电平输出引脚 R1OUT 上；MAX232 的 1 号 RS-232 信号输出引脚连接到 DB9 座的 3 号插针，MAX232 的 1 号 RS-232 信号输入引脚连接到 DB9 座的 2 号插针；使用 4 个 1.0μF 的极性电解电容作为电压泵的储能源元器件，使用 1 个 1.0μF

的极性电解电容来滤波。

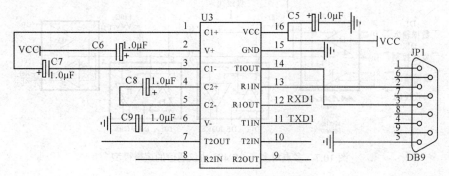

图 10.6　MAX232 的典型应用电路

可以简单地把嵌入式系统 DB9 插座的引脚信号连接方式映射为 "2、3、5，收、发、地"，而在和 PC 串口连接时使用的串口线必须是 "交叉线"，也就是说嵌入式系统 DB9 插座的 2 号插针需要连接到 PC 串口的 3 号插针。

嵌入式处理器使用 MAX232 芯片来实现 RS-232 通信的典型操作步骤如下。

（1）按照典型电路连接好 MAX232 的外围电路。

（2）对嵌入式处理器的 UART 模块进行正常操作即可（此时 MAX232 是完全透明的）。

10.1.2　RS–485 接口

由于 RS-232 协议只支持较短距离范围（15m）内的数据通信，如果嵌入式系统需要和其他系统进行远距离通信，则可以使用符合 RS-485 协议的通信芯片进行电平逻辑转换以增加通信距离，其核心思想是使用差分的电平来提供驱动能力以达到长线传输的目的。在嵌入式系统中，美信公司出品的 MAX485 是最常用的 RS-485 协议芯片。

1. RS–485 的接口芯片

在 RS-485 通信标准中，只需要使用 A、B 两根输出引脚即可完成点对点以及多点对多点的数据交换。目前的 RS-485 接口标准版本允许在一条总线上挂接多达 256 个节点，并且通信速度最高可以达到 32Mbps，距离可以到几千米。

如图 10.7 所示是多点对多点系统使用 MAX485 进行符合 RS-485 协议通信的逻辑模型。数据从 MAX485 的 DI 引脚流入，通过 A、B 引脚连接上的双绞线送到其他 MAX485 上，经过 RO 流出。由于在 RS-485 接口标准中，A、B 引脚要同时承担数据发送和接收任务，所以需要通过/RE和 DE 来对其进行控制，只有允许发送的时候才能使用 DE 引脚，否则就会将总线钳位导致总线上所有的设备都不能正常通信。需要注意的是，RS-485 总线的两端要加上 120Ω 左右的匹配电阻以消除长线效应。

MAX485 有 SOP-8 贴片和 DIP-8 双列直插两种不同的封装形式，其实物示意如图 10.8 所示。

MAX485 的电路符号如图 10.9 所示，其引脚详细说明如下。

● RO：数据接收输出引脚，当引脚 A 比引脚 B 的电压高 200mV 以上时，被认为是逻辑 "1" 信号，RO 输出高电平；反之，则为逻辑 "0"，输出低电平。

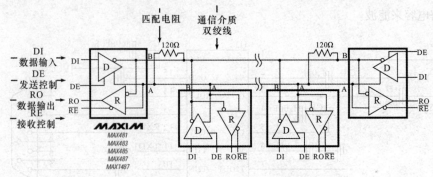

图 10.7　多点对多点 RS-485 协议通信的逻辑模型

图 10.8　MAX485 的实物　　　　　　图 10.9　MAX485 的电路符号

- /RE：接收器输出使能引脚，当该引脚为低电平时，允许 RO 引脚输出；否则，RO 引脚为高阻态。

- DE：驱动器输出使能端，当该引脚为高电平时，允许 Y、Z 引脚输出差分电平信号；否则，这两个引脚为高阻态。

- DI：驱动器输入引脚，当 DI 引脚加上低电平时，为输出逻辑"0"，引脚 Y 输出电平比引脚 Z 输出电平低；反之，为输出逻辑"1"，引脚 Y 输出电平比引脚 Z 输出电平高。

- A：接收器和驱动器同相输入端引脚。

- B：接收器和驱动器反相输入端引脚。

- GND：电源地信号引脚。

- VCC：5V 电源信号引脚。

2. RS-485 在嵌入式系统中的应用

如图 10.10 所示是嵌入式系统扩展 MAX485 的典型应用电路，MAX485 的/RE 和 DE 端受到嵌入式处理器的 I/O 引脚的控制，数据输出引脚 DI 连接到嵌入式处理器 UART 模块的输出引脚 TXD 上，数据输入引脚 RO 则连接到嵌入式处理器 UART 模块输入引脚 RXD 上，A、B 引脚和其他 MAX485 的 A、B 引脚——对应连接到一起。此外，需要注意的是，在总线两端（最远端）的 MAX485 芯片的 A、B 引脚上需要跨接典型值为 120Ω 的匹配电阻。

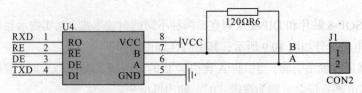

图 10.10　MAX485 的典型应用电路

嵌入式处理器使用 MAX485 芯片来实现 RS-485 通信的典型操作步骤如下。

（1）按照典型电路连接好 MAX485 的外围电路。

（2）嵌入式处理器 UART 模块处于接收状态，控制 MAX485 的 /RE 有效，DE 无效，等待接收数据。

（3）当嵌入式处理器 UART 模块需要发送数据的时候，控制 MAX485 的 DE 有效，/RE 无效，可以发送数据。

（4）当数据发送完成之后，嵌入式处理器控制 MAX485 回复到步骤 2。

> **注意：** 在 MAX485 进行发送和接收切换的时候，都需要一定时间的延时以等待数据线稳定，这个时间通常需要几十微秒。

10.1.3　RS-422 接口

RS-485 通信协议可以满足嵌入式系统远程通信的需求，但是其具有只能单工通信（也就是在同一时间内只能发送或者收）的缺点。如果需要提高通信的速率，可以使用 RS-422 通信协议，其同样需要使用转换芯片。嵌入式系统中最常用的 RS-422 协议电平转换芯片是美信公司出品的 MAX491。

1. RS-422 的接口芯片

RS-422 通信协议是一种全双工的接口标准，可以同时进行数据的收、发，其有点对点和广播两种通信方式。在广播模式下，只允许在总线上挂接一个发送设备，而接收设备最多可以为 10 个，最高速率为 10Mbps，最远传输距离为 1200m。

使用两片 MAX491 芯片进行点对点通信的逻辑模型如图 10.11 所示。可以看到，数据从 DI 进入 MAX491，通过 Y、Z 引脚经过双绞线连接到了另外一块 MAX491 的 A、B 引脚，然后从 RO 输出。在点对点的系统中，由于 RS-422 是全双工的接口标准，支持同时发送和接收，所以 DE 可以一直置位为高电平而 /RE 可以一直清除为低电平。此外，和 RS-485 通信协议一样，在 Y、Z 和 A、B 引脚上需要分别加上一个电阻 R_t 作为匹配电阻，这个匹配电阻的典型值一般为 120Ω 左右。

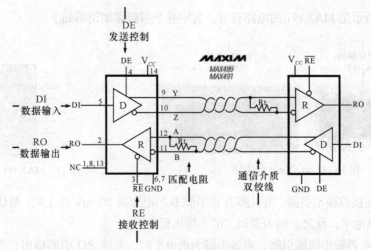

图 10.11　使用 MAX491 进行点对点通信的逻辑模型

注意：MAX491 的驱动器的输出同相端也连接到接收器的同相端，同理反相端，也就是说两块 MAX491 的引脚的对应关系为 Y-A、Z-B。

　　使用多片 MAX491 或者其他 RS-422 接口芯片构成的一点对多点通信的逻辑模型如图 10.12 所示。中心点 MAX491 芯片的输出引脚 Y、Z 和总线所有非中心点的 MAX491 芯片的输入引脚 A、B 连接到一起，所有非中心点 MAX491 芯片的输出引脚 Y、Z 连接到一起接在输入引脚 A、B 上。需要注意的是，由于同一时间内只能有一个非中心点 MAX491 芯片和中心点 MAX491 芯片进行数据通信，所以这个被选中的 MAX491 之外的 MAX491 芯片的发送控制端 DE 必须被置"0"，以便于把这些 MAX491 芯片的输出引脚置为高阻态，从而使得它们从总线上"断开"，以防止干扰正在进行的数据传送。也就是说，只有选中和中心点通信的的时候该 MAX491 芯片的 DE 端才能被置位，而接收过程则没有这个问题。从图 10.12 中可以看到，一点对多点的通信同样需要匹配电阻，但是只需要在总线的"两头"加上即可，其典型值依然是 120Ω。

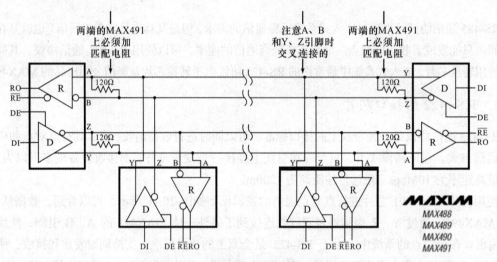

图 10.12　多片 MAX491 进行通信的逻辑模型

　　MAX491 提供了 SOP-14 贴片和 DIP-14 双列直插两种不同的封装形式，MAX491 的实物示意如图 10.13 所示。

　　如图 10.14 所示是 MAX491 的电路符号，其中各个引脚详细说明如下。

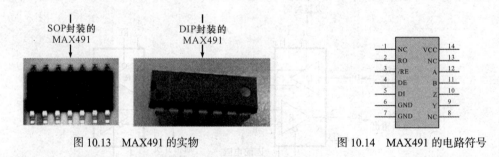

图 10.13　MAX491 的实物　　　　　　　　图 10.14　MAX491 的电路符号

　　● RO：数据接收输出引脚，当引脚 A 比引脚 B 的电压高 200mV 以上时，被认为是逻辑"1"信号，RO 输出高电平；反之，则为逻辑"0"，输出低电平。

　　● /RE：接收器输出使能引脚，当该引脚为低电平时，允许 RO 引脚输出；否则，RO 引脚为高阻态。

- DE：驱动器输出使能端引脚，当该引脚为高电平时，允许 Y、Z 引脚输出差分电平信号；否则，这两个引脚为高阻态。
- DI：驱动器输入引脚，当 DI 引脚加上低电平时，为输出逻辑"0"，引脚 Y 输出电平比引脚 Z 输出电平低；反之，为输出逻辑"1"，引脚 Y 输出电平比引脚 Z 输出电平高。
- Y：驱动器同相输出端引脚。
- Z：驱动器反相输出端引脚。
- A：接收器同相输入端引脚。
- B：接收器反相输入端引脚。
- GND：电源地信号引脚。
- VCC：5V 电源信号引脚。

2. RS-422 在嵌入式系统中的应用

嵌入式系统的典型 RS-422 接口电路如图 10.15 所示。嵌入式处理器的 UART 模块数据接收引脚 RXD 连接到 MAX491 的 RO 引脚，数据发送引脚连接到 MAX491 的 DI 引脚；使用嵌入式处理器的 I/O 引脚来控制 MAX491 的发送和接受控制引脚；符合 RS-422 逻辑电平标准的信号则通过两根双绞线连接的 A、B、Y、Z 引脚来流入或者输出，同样在总线两端上需要加上电阻值为 120Ω 的匹配电阻。

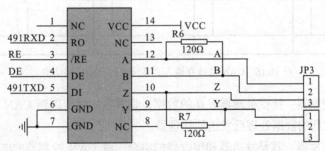

图 10.15　MAX491 的典型应用电路

嵌入式处理器使用 MAX491 芯片来实现 RS-422 通信的典型操作步骤如下。

（1）按照典型电路连接好 MAX491 的外围电路。

（2）嵌入式处理器的 UART 模块处于接收状态，控制 MAX491 的/RE 有效，DE 无效，等待接收数据。

（3）嵌入式处理器的 UART 模块需要发送数据的时候，控制 MAX491 的 DE 有线，/RE 可以依然为有效，可以发送数据。

（4）当数据发送完成之后，嵌入式处理器控制 MAX491 回到步骤（2）。

10.2　CAN 总线接口

CAN 总线是控制器局域网络（Controller Area Network）的简称，其由德国 BOSCH 公司于 20 世纪 90 年代提出，最开始面对汽车工业，后来成为了 ISO 国际标准（最新协议是 CAN 2.0），目前已经成为应用得最为广泛的工业现场总线之一。

10.2.1 CAN 总线的结构和特点

CAN 总线可以提供较高速度的数据传送功能，在较短距离（40m）上其传输速度可以达到 1Mbps，而在最大距离（10000m）上其传输速度还可以达到 5Kbps，所以极适合被用于高速的工业自控上，并且其支持同一网络上连接如温度、压力等多种不同功能的传感器。

1. CAN 总线的组成

CAN 总线在嵌入式系统中的典型应用结构如图 10.16 所示，可以看到其由 CAN 总线控制器、CAN 总线收发器以及 CAN-H 和 CAN-L 两条线缆构成的数据传输通道组成；在 CAN-H 和 CAN-L 上使用了 120Ω 的匹配电阻。

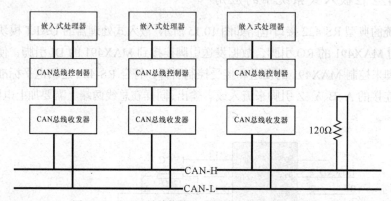

图 10.16　CAN 总线在嵌入式系统中的典型应用结构

- CAN 总线控制器：接受处理器发送的数据，将其处理后传送到 CAN 总线收发器，同时也将总线收发器接收到的数据处理后发送给处理器。
- CAN 总线收发器：其是发送器和接收器的组合，将 CAN 控制器的电信号转换为差分信号（电平转换）后通过数据总线发送，同时也从数据总线接收电信号并且将其转换为数据信号。
- CAN 数据总线：CAN 总线在数据总线上是以差分电信号方式传输的，所以其物理总线可以分为 CAN-H（CAN-高）和 CAN-L（CAN-低）两根，通常使用带颜色的双绞线。
- 匹配电阻：其和 RS-422/RS485 总线类似，为了避免数据传输终了后反射回产生反射波而使数据遭受到破坏的电阻。

2. CAN 总线的特点

CAN 总线可以以多主方式工作，网络上任意节点均可以在任意时刻主动地向总线上其他节点发送信息，从而可以实现点对点、一点对多点及全局广播几种方式发送接收数据；此外 CAN 采用非破坏性总线仲裁技术，当两个节点同时向总线上发送信息时，优先级低的节点主动停止数据发送，而优先级高的节点可不受影响地继续传输数据，节省了总线冲突仲裁时间。CAN 总线具有以下特点。

- CAN 总线是到目前为止唯一有国际标准的现场总线。
- CAN 总线以多主方式工作，网络上任一节点均可在任一时刻主动地向网络上其他节点发送信息，而且不分主从。

- 在报文标识符上，CAN 总线上的节点分成不同的优先级，可满足不同的实时需要，优先级高的数据最多可在 $134\,\mu m$ 内得到传输。

- CAN 总线采用非破坏总线仲裁技术。当多个节点同时向总线发送信息发生冲突时，优先级较低的节点会主动地退出发送，而最高优先级的节点可不受影响地继续传输数据，从而大大节省了总线冲突仲裁时间。尤其是在网络负载很重的情况下，也不会出现网络瘫痪的情况。

- CAN 总线的节点只需要通过对报文的标识符滤波即可实现以点对点、一点对多点及全局广播等几种方式传送/接收数据。

- CAN 总线的直接通信距离最远可达 10km（速率 5kbps 以下）；通信速率最高可达 1Mbps（此时通信距离最长为 40m）。

- CAN 总线上的节点数取决于总线驱动电路，目前可达 110 个。在标准帧的报文标识符有 11 位，而在扩展帧的报文标识符（29 位）的个数几乎不受限制。

- CAN 总线报文采用短帧结构，传输时间短，受干扰概率低，保证了数据出错率极低。

- CAN 总线的每帧信息都有 CRC 校验及其他检错措施，具有极好的检错效果。

3. CAN 总线的数据报文

CAN 总线是一种串行数据通信协议，其通信接口中集成了 CAN 协议的物理层和数据链路层功能，可完成对数据的成帧处理，用户可在其基础上开发适应系统实际需要的应用层通信协议。CAN 协议的一个最大特点是废除了传统的站地址编码，而代之以对通信数据块编码。采用这种方法可使网络内节点个数在理论上不受限制，还可使不同的节点同时收到相同的数据。

CAN 总线的数据报文是需要在数据总线上传送的数据，其长度受到帧结构的限制。当 CAN 总线空闲的时候即可开始发送新的报文，在 CAN 2.0 的技术规范 2.0A 中报文的标识符为 11 位，而在 2.0B 标准规范中标识符为 19 位，2.0B 扩展规范中标识符为 29 位。CAN 的报文主要可以分为数据帧、远程帧、出错帧和超载帧 4 种，其中最常用、最重要的是数据帧。

CAN 总线的数据帧组成如表 10.2 所示，包括帧起始、仲裁域、控制域、数据域、CRC 域、应答域和帧结尾，其中数据域长度为 0～8 字节。各个域的说明如下。

表 10.2　　　　　　　　　　　　　CAN 总线的数据帧结构

1	2	3	4	5	6	7
帧起始	仲裁域	控制域	数据域	CRC 域	应答域	帧结尾

- 帧起始：用于标志一个报文的开始。

- 仲裁域：用于标志报文的优先级，主要用于在总线上解决冲突，其由报文标识符和远程发送请求位（RTR 位）组成。

- 控制域：用于表示报文的字节数和保留位。

- 数据域：由待发送数据组成，其长度是 0～8 字节，字节中采用高位在前、低位在后的顺序发送。

- CRC 域：用于校验报文的数据是否正确，是一串 CRC 序列，最后是 CRC 界定符。

- 应答域：其用于收到报文后的反馈，包括应答间隙和应答界定符。

- 帧结尾：用于标志一个报文的结束。

10.2.2　CAN 总线在嵌入式系统中的应用

目前，相当部分的嵌入式处理器都自带了 CAN 总线接口（如 S3C2440）模块，其可以直接连接到 CAN 总线，使用内部寄存器对其进行控制和操作，对于没有内置该模块的嵌入式处理器可以使用外部的接口芯片，这些接口芯片使用 SPI、I²C、并行等总线接口和嵌入式处理器进行数据交互，其中使用最为广泛的是并行总线接口的 SJA1000 和 SPI 总线接口的 MCP2510。

SJA1000 是飞利浦（Philips）公司生产的标准的 CAN 总线控制芯片，是一种适用于一般工业环境的控制器局域网的高度集成独立控制器，具有完成高性能的 CAN 通信协议所要求的全部必要特性，其通常和 CAN 收发器 PCA82C200 构成标准的 CAN 收发电路。SJA1000 的主要特点如下。

- 和独立 CAN 控制器 PCA82C200 的引脚及电气兼容。
- 内置扩展的 64 字节的 FIFO 接收缓冲器。
- 兼容 CAN2.0B 协议。
- 同时支持 11 位和 29 位标识符。
- 位传输速率最高可达 1Mb/s。
- 支持 PeliCAN 模式扩展功能，提供了可读写的错误计数器、可编程的错误报警限制、最近一次错误代码寄存器、CAN 总线错误中断、仲裁丢失中断、单次发送无重发、只听模式无确认无活动的出错标志、支持热插拔软件位速率检测、扩展 4 字节代码 4 字节屏蔽的验收滤波器和自身信息接收自接收请求。
- 支持最高可达 24MHz 的时钟频率。
- 支持与不同处理器的接口和可编程的 CAN 输出驱动器配置。

SJA1000 有 DIP-28 双列直插和 SOP-28 贴片两种不同的封装形式，其实物如图 10.17 所示。SJA1000 的电路符号如图 10.18 所示，各个引脚详细说明如下。

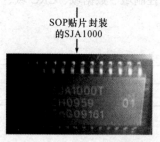

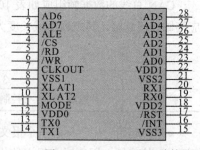

图 10.17　SJA1000 的实物　　　　　　　图 10.18　SJA1000 的电路符号

- AD0～AD7：8 位地址和数据复用总线。
- ALE/AS：ALE 输入信号（Intel 总线模式）或 AS 输入信号（Motorola 总线模式）。
- /CS：片选信号，低电平有效。
- /RD：微控制器的读信号（Intel 总线模式）或 E 使能信号（Motorola 总线模式）。
- /WR：微控制器的 WR 信号（Intel 总线模式）或 RD 信号（Motorola 总线模式）。

- CLKOUT：由 SJA1000 输出给微控制器的时钟信号，该时钟信号来源于内部振荡器，且可通过编程驱动时钟控制寄存器的时钟关闭位，禁止该时钟的信号输出。

- VSS1：输出驱动器接地。

- XTAL1：输入到振荡器放大电路，外部振荡信号由此输入。

- XTAL2：振荡放大电路输出，使用外部振荡信号时此引脚无任何连接。

- MODE：模式选择输入，高电平为 Intel 总线模式；低电平为 Motorola 总线模式。

- VDD3：输出驱动器的 5V 电压源。

- TX0：从 CAN 输出驱动器 0 输出到物理线路上。

- TX1：从 CAN 输出驱动器 1 输出到物理线路上。

- VSS3：输出驱动器接地。

- /INT：中断输出，用于向微控制器发送中断请求；该引脚在内部中断寄存器的各位被置位时将输出低电平；同时，该引脚是开漏极输出，且与系统中其他中断是线或的；注意该引脚上的低电平可把微控制器从休眠模式中激活。

- /RST：SJA1000 复位信号输入（低电平有效）；需要上电自动复位时，只需将该引脚通过电容接地，再通过电阻连到 5V 电压源即可，如取 1μF 的电容和 50kΩ 的电阻即可。

- VDD2：输入比较器的 5V 电压源。

- RX0 和 RX1：从物理的 CAN 总线输入到 SJA1000 的输入比较器。

- VSS2：输入比较器的地信号。

- VDD1：逻辑电路的 5V 电压源。

嵌入式系统中的 SJA1000 的典型应用电路如图 10.19 所示，嵌入式处理器通过 8 位数据线和 SJA1000 连接，SJA1000 的串行输入输出数据通过 CAN 发送器 PCA82C250 连接到 CAN 物理总线上。嵌入式处理器的并行端口作为数据和地址复用线和 SJA1000 的 8 位数据端口连接，使用一个引脚连接到 SJA1000 的 CS 引脚用于对 SJA1000 寻址，SJA1000 的 MODE 引脚连接到高电平使用 Intel 总线结构，其使用 16M 晶体作为振荡器，SJA1000 的输入 RX0 和输出 TX0 分别连接到 CAN 收发器 PCA82C250 的相应引脚，其输出则连接到 CAN 总线。

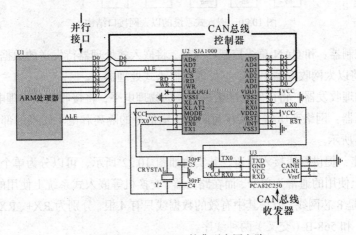

图 10.19　SJA1000 的典型应用电路

嵌入式处理器使用 SJA1000 芯片来实现 CAN 总线通信的典型操作步骤如下。

（1）通过对测试寄存器的操作检测硬件连接是否正确。

（2）通过对控制寄存器操作使 SJA1000 进入复位状态。

（3）设置时钟分频器以确定 SJA1000 的时钟分频状态。

（4）设置输出控制寄存器以确定 SJA1000 的输出状态。

（5）设置总线时序 0 和总线时序 1 寄存器设置 SJA1000 的通信波特率。

（6）设置代码验收寄存器和代码屏蔽寄存器。

（7）退出复位状态。

（8）设置 SJA1000 的工作模式。

（9）设置 SAJ1000 的中断使能模式。

（10）进入正常的收发状态。

10.3 以太网接口

嵌入式系统常常还会使用以太网作为数据交互的通道，甚至还可以通过该接口连接到互联网实现远程控制和被控。

10.3.1 以太网接口的基础

嵌入式系统的以太网接口结构如图 10.20 所示，由以太网控制器、以太网物理收发器、网络变压器和 RJ45 插座构成。

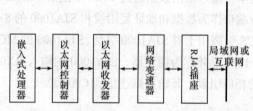

图 10.20 嵌入式系统的以太网接口结构

• 以太网控制器：和 CAN 总线控制器类似，将嵌入式处理器待发送的数据传送给以太网物理收发器，并且将以太网收发器上的数据反馈到嵌入式处理器。

• 以太网物理收发器：将待发送的数据转换为物理电平，将接收到的物理电平转换为数据。

• 网络变压器：网络变压器是实现对网络传输信号的隔离和电平转换的部件，其内部结构和实物如图 10.21 所示。

• RJ45 插座：提供网线接入通道，其实物如图 10.22 所示，可以分为单个和多个两种，在普通嵌入式系统上使用的通常为单个，而在路由器、交换机等嵌入式系统上使用的则为多个一组。RJ45 插座使用的是 8 芯网线，但是其中有效的数据线只有 4 根，分别为 RX+、RX−、TX+和 TX−，有 568-A（直连）和 568-B（交叉）两种线序。

网络变压器实物　　　　　　　　　网络变压器电路结构

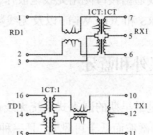

图 10.21　网络变压器实物和电路结构

单个RJ45插座　　　连排RJ45插座

图 10.22　RJ45 插座实物

10.3.2　以太网接口在嵌入式系统中的应用

某些嵌入式处理器中已经集成了以太网络控制器（如 LPC1700），还有部分嵌入式处理器还集成了以太网物理收发器（如 LM3S6000），它们直接外加剩余的部件即可完成以太网接口，但是如果不具有这两个模块的嵌入式处理器（如 S3C2440），则需要自行扩展以太网接口芯片。这些芯片可以通过并行总线、SPI 接口、USB 接口等和嵌入式处理器进行连接，如使用并行总线接口的 DM9000 和使用 USB 接口的 LAN9512。

LAN9512 拥有一个 USB2.0 输入端口，该端口和嵌入式处理器上提供的 USB 端口连接。其拥有三个 USB2.0 的输出端口，其中两个可以用于扩展 USB 外部接口，另外一个则在芯片内部连接到了网络控制模块，其输出通过网络隔离变压器连接到 RJ45 插座提供 10M/100Mbps 的以太网络接口，其典型电路框图如图 10.23 所示。

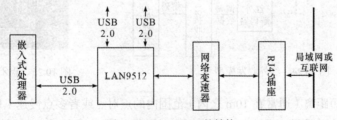

图 10.23　LAN9512 的结构

由于 LAN9512 的网络接口和 2 个 USB 接口一起分享了同一个和处理器相连的 USB 接口，所以它们也分享了处理器的 USB 接口的数据带宽。也就是说，当同时使用树莓派上的 USB 端口和网络接口的时候，可能会遇到数据传输过慢的问题，但这也是充分考虑到成本、体积的必然结果。

10.4　无线通信接口

当嵌入式系统因为物理距离等因素不方便使用电缆等有线物理通道和其他系统进行数据交换

时，可以通过无线通信接口使用无线电波作为通信媒介，嵌入式系统中常见的无线通信接口包括红外和蓝牙、GPRS 和 3G、Wi-Fi 以及无线数传模块。

10.4.1　红外和蓝牙

红外和蓝牙是最早期的嵌入式系统无线通信解决方案。红外线是波长在 760nm～1mm 的电磁波，它的频率高于微波而低于可见光，是一种人的眼睛看不到的光线。红外数据协会（Infrared Data Association，INDA）成立之后，为保证不同厂商的红外产品获得最佳的通信效果，红外通信协议将红外数据通信所采用的光波波长范围限定在 850～900nm。由于红外线的波长较短，对障碍物的衍射能力差，所以适合应用在需要短距离无线通信的场合进行点对点的直线数据传输。通常使用红外收发芯片组来完成信息的交互，其芯片组由红外发射芯片和红外接收芯片组成，最常见的红外收发芯片是 NB9148（发射）和 NB9149（接收）。

一个完整的红外收发模型如图 10.24 所示，嵌入式处理器 A 通过对 NB9148 的引脚控制将需要交互的命令提供给 NB9148 并且等待 NB9148 通过红外二极管发送出去；当红外解码器接收到红外数据之后将其滤掉载波信号之后传输给 NB9149，嵌入式处理器 B 通过对 NB9149 的相应输出引脚状态的查询获得这些命令。

蓝牙模块是使用蓝牙功能的电路模块，其按功能可以分为蓝牙数据模块和蓝牙语音模块，在普通嵌入式系统中常使用的是前者，而在智能手机、无线耳机、车载电话等嵌入式系统中常使用的是后者。如图 10.25 所示是蓝牙模块的实物示意。

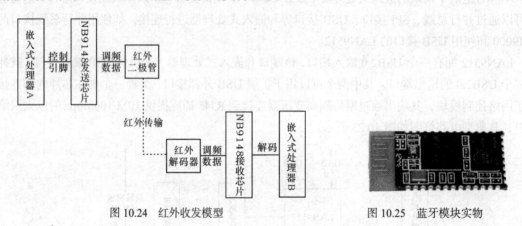

图 10.24　红外收发模型　　　　　　　　　　　图 10.25　蓝牙模块实物

蓝牙模块支持短距离（通常在 10m 之内）范围内的点对点或者多点慢速（1Mbps 以下）数据交互，其和嵌入式处理器可以通过 UART、USB、并行 I/O 端口或者 SPI 总线接口进行数据交互。

10.4.2　无线数传模块

红外收发芯片只能实现短距离内简单的指令无线数据通信，如果要对较大数据量进行较远距离的数据传输，则可以使用 433/915MHz 频段的无线数据通信模块，其具有通信速率高、不需要复杂的协议支持以及和嵌入式处理器接口简单等优点。这些模块使用了第 3 章中介绍的调幅 AM 方法将数据调制到无线电波上进行传输，通常来说具有如下的特点，其实物如图 10.26 所示。

- 模块可以工作在 433/868/915MHz 频段，多频道多频段。
- 采用 1.9～3.6V 低电压供电，待机功耗低到 2μA。
- 模块最大发射功率+10dBm，采用高抗干扰性的 GFSK 调制，可以跳频，速度可以达到 50kbps。
- 模块有独特的载波检测输出、地址匹配输出、数据就绪输出。
- 模块内置完整的通信协议和 CRC 校验，和嵌入式处理器可以采用 SPI 接口、USB、并行等多种接口通信。
- 模块内置环形天线，也可以外接有线天线。

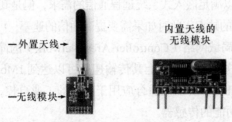

图 10.26　无线数传模块实物

10.4.3　Wi-Fi 模块

Wi-Fi 模块是使用第 3 章第 3.2.2 小节中介绍的使用 IEEE 803.11 协议组进行数据交互的通信模块。大部分模块其本身也是一个基于嵌入式处理器的嵌入式系统，内置了 Wi-Fi 的驱动和协议，可以和其他嵌入式处理器使用 UART、SPI 总线接口、USB 接口等进行数据交互。如图 10.27 所示是 Wi-Fi 模块的实物示意。

图 10.27　Wi-Fi 模块实物

10.4.4　GPRS 和 3G 模块

嵌入式系统还可以使用 GPRS（包括 CDMA 等）模块或 3G 模块实现通信，其最典型的应用是智能手机和平板电脑。

10.5 本章小结

（1）RS-232 接口标准是目前应用得最为广泛的标准串行总线接口标准之一，其可以将嵌入式处理器 UART 的通信传输距离提升到 15m 左右。其有多个版本，应用得最为广泛的是 RS-232-C。

（2）由于 RS-232 协议只支持较短距离范围（15m）内的数据通信，如果嵌入式系统需要和其他系统进行远距离通信，则可以使用符合 RS-485 协议的通信芯片进行电平逻辑转换以增加通信距离，其核心思想是使用差分的电平来提供驱动能力达到长距离传输的目的。

（3）RS-485 通信协议可以满足嵌入式系统远程通信的需求，但是其具有只能单工通信（也就是在同一时间内只能发或者收）的缺点，此时如果需要提高通信的速率，可以使用 RS-422 通信协议。

（4）CAN 总线是控制器局域网络（Controller Area Network）的简称。CAN 总线可以提供较高速度的数据传送功能，在较短距离（40m）上其传输速度可以达到 1Mbps，而在最大距离（10000m）上其传输速度还可以达到 5Kbps，所以极适合应用于高速的工业自控，并且其支持同一网络上连接如温度、压力等多种不同功能的传感器。

（5）嵌入式系统的以太网接口结构由以太网控制器、以太网物理收发器、网络变压器和 RJ45 插座构成。

（6）嵌入式系统常常还会使用以太网作为数据交互的通道，甚至还可以通过该接口连接到互联网实现远程控制和被控，其以太网接口结构由以太网控制器、以太网物理收发器、网络变压器和 RJ45 插座构成。

（7）当嵌入式系统因为物理距离等因素不方便使用电缆等有线物理通道和其他系统进行数据交换时，可以通过无线通信接口使用无线电波作为通信媒介，嵌入式系统中常见的无线通信接口包括红外和蓝牙、GPRS 和 3G、Wi-Fi 以及无线数传模块。

10.6 真题解析和习题

10.6.1 真题解析

【真题 1】下面关于 UART、RS-232、RS-485 的叙述中，错误的是（　　　）。

A. 基于 UART 可以构成 RS-232 接口和 RS-485 接口

B. RS-485 接口标准的最长通信距离与 RS-232 接口标准的最长通信距离相当

C. RS-485 标准采用差分信号传输方式，因此具有很强的抗共模干扰能力

D. 通过 RS-485 可构成主从式多机通信系统，主机可采用轮询方式与各从机建立通信连接

【解析】答案：B。

本题重点考查对 UART、RS-232 和 RS-485 的了解，主要涉及第 10.1 节的内容，选项 B 的错误在于 RS-485 的最长通信距离能达到几千米而 RS-232 只能达到十几米。

【真题 2】RS-232 接口标准是目前应用得最为广泛的标准串行总线接口标准之一，其可以将嵌入式处理器 UART 的通信传输距离提升到（　　　）m 左右。

A. 15　　　　　　　　B. 150　　　　　　　C. 1500　　　　　　　D. 1.5

【解析】答案：A。

本题重点考查对 RS-232 接口标准的了解，主要涉及第 10.1.1 小节的内容，RS-232 也就是电脑的串行接口，其最大通信距离只能达到 15m。

【真题 3】目前的 RS-485 接口标准版本允许在一条总线上挂接多达（　　）个节点。

A. 32　　　　　　　　B. 64　　　　　　　　C. 128　　　　　　　　D. 256

【解析】答案：D。

本题重点考查对 RS-485 接口标准的了解，主要涉及第 10.1.2 小节的内容。RS-485 最多允许在一条总线上挂接 256 个节点。

【真题 4】下面关于 CAN 总线的叙述中，正确的是（　　）。

A. CAN 能够实现多主通信方式

B. CAN 通信时采用奇偶校验方式

C. 各型 ARM 芯片均没有内嵌 CAN 控制器，只能通过外扩 CAN 控制器的方式才能形成 CAN 节点接入 CAN 总线

D. CAN 采用长帧通信，一个数据帧最多可以传送 128 个字节

【解析】答案：A。

本题重点考查对 CAN 总线的了解，主要涉及第 10.2 节的内容。选项 B 的错误在于 CAN 总线使用 CRC 校验，选项 C 的错误在于如 S3C2440 等嵌入式处理器即内置了 CAN 控制器，选项 D 的错误在于 CAN 数据帧达不到 128 字节。

10.6.2　本章习题

1. 下面关于 UART、RS-232、RS-485 的叙述中，错误的是（　　）。

A. 基于 UART 可以构成 RS-232 接口

B. 基于 UART 不能构成 RS-485 接口

C. RS-232 接口标准的最长通信距离为 15m

D. 通过 RS-485 可构成主从式多机通信系统，主机可采用轮询方式与各从机建立通信连接

2. 下面不是无线通信接口的是（　　）。

A. GPRS　　　　　　　B. CAN　　　　　　　C. 蓝牙　　　　　　　D. Wi-Fi

3. 嵌入式系统的以太网接口结构由以太网控制器、以太网物理收发器、_____ 和 RJ45 插座构成。

第11章

S3C2440 ARM 处理器

S3C2440 是 Sumsung（三星）公司推出的基于 ARM920T 内核和 0.18um CMOS 工艺的 32 位 RISC 微处理器，内部带有全性能的 MMU（内存管理单元，具有高性能、低功耗、接口丰富和体积小等优良特性，适用于手持设备或其他电子产品。本章将介绍 S3C2440 处理器的内部结构和硬件模块，本章的考核重点如下。

- 基于 ARM 内核的典型嵌入式处理芯片（S3C2410/S3C2440 芯片的内部结构，如片上总线、DMA、时钟控制、中断控制、GPIO、UART、I²C、SPI、Timer、RTC、WDT 及其他硬件组件）。

11.1 S3C2440 的体系结构

S3C2440 使用了 ARM920T 的内核结构，其实现了如图 11.1 所示的 MMU、AMBA 总线和哈佛结构的高速缓冲体系结构，具有独立的 16KB 指令高速缓存和 16KB 数据高速缓存。

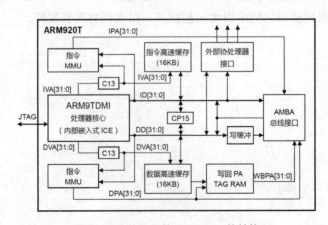

图 11.1　S3C2440 的 ARM920T 核结构

S3C2440 芯片内部集成了如图 11.2 所示的包括时钟和电源管理模块、定时器模块、PWM 模块、存储器控制模块、看门狗（WDT）、音频接口等在内的大量硬件组件，其使用了 AMBA 片上总线（参考 7.1.2 小节），对于高速硬件组件使用了 AHB 总线，对于低速外部接口硬件组件使用了 APB 总线，两者通过桥（Bridge）进行连接。

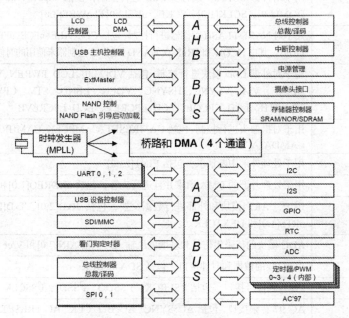

图 11.2　S3C2440 的内部硬件组件

11.2　S3C2440 的外部引脚

S3C2440 采用了如图 11.3 所示的 289 引脚的 FBGA 封装，引脚定义可以参考具体的芯片手册，这些引脚可以按照如表 11.1 所示的功能进行分组。

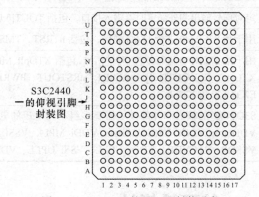

图 11.3　S3C2440 的 FBGA 封装示意

表 11.1   S3C2440 的引脚分组

信号分组	说明
总线控制	用于对 S3C2440 和外部存储器器件进行数据交互和控制，包括 OM[1:0]、ADDR[26:0]、DATA[31:0]、nGCS[7:0]、nWE、nOE、nXBREQ、nXBACK 和 nWAIT
SDRAM/SRAM 控制	用于对外部 SDRAM 或者 SRAM 进行控制，包括 nSRAS、nSCAS、nSCS[1:0]、DQM[3:0]、SCLK[1:0]、SCKE、nBE[3:0]和 nWBE[3:0]
NAND FLASH 存储器控制	用于对 NAND FLASH 存储器进行控制，包括 CLE、ALE、nFCE、nFRE、nFWE、NCON、FRnB，其中 NCON 和 FRnB 在 NAND FLASH 控制器未使用的时候必须被上拉
LCD 控制	用于对外部 LCD 模块进行控制，包括 VD[23:0]、LCD_PWREN、VCLK、VFRAME、VLINE、VM、VSYNC、HSYNC、VDEN、LEND、STV、CPV、LCD_HCLK、TP、STH、LCD_CPCOE、LCD_LPCREV、LCD_LPCREVB
摄像头接口	用于对摄像头进行控制，包括 CAMRESET、CAMPCLK、CAMHREF、CAMVSYNC、CAMDATA[7:0]
中断控制	用于处理外部中断请求，包括 EINT[23:0]
DMA	用于处理外部的 DMA 请求并且进行应答，包括 nXDREQ[1:0]和 nXDACK[1:0]
UART	用于 UART 模块和外部进行数据交换，包括 RxD[2:0]、TxD[2:0]、nCTS[1:0]、nRTS[1:0]和 UEXTCLK
ADC	ADC 模块的待采集信号和基准电压输入，包括 AIN[7:0]和 Vref
I^2C 总线接口	I^2C 总线的数据和时钟接口，包括 SDA 和 SCK
I^2S 总线接口	I^2S 音频信号接口，包括 I^2SLRCK、I^2SSDO、I^2SSDI、I^2SSCLK 和 CDCLK
AC' 97 接口	AC' 97 音频接口，包括 AC_SYNC、AC_BIT_CLK、AC_nRESET、AC_SDATA_IN、AC_SDATA_OUT
触摸屏接口	用于对外部触摸屏进行控制，包括 nXPON、XMON、nYPON 和 YMON
USB 主机	用于作为 USB 主机和外部进行通信，包括 DN[1:0]和 DP[1:0]
USB 设备	用于作为 USB 设备和外部进行通信，包括 PDN0 和 PDP0
SPI 总线接口	用于控制 SPI 总线进行数据通信，包括 SPIMISO[1:0]、SPIMOSI[1:0]、SPICLK[1:0]和 nSS[1:0]
SD 接口	用于对外部 SD 卡进行控制，包括 SDDAT[3:0]、SDCMD 和 SDCLK
通用 I/O 接口	普通的 I/O 输入输出引脚，包括 GPn[129:0]，其中有部分引脚只能输出
定时器和 PWM 接口	定时信号输出和外部定时器输入接口，包括 TOUT[3:0]
JTAG 接口	用于和 S3C2440 进行 JTAG 通信，包括 nTRST、TMS、TCK、TDI 和 TDO
复位、时钟	用于给 S3C2440 进行复位、时钟信号，包括 XTOpll、MPLLCAP、UPLLCAP、XTlrtc、XTOrtc、CLKOUT[1:0]、nRESET、nRSTOUT、PWREN、nBATT_FLT、OM[3:2]、EXTCLK 和 XTlpll
电源信号	S3C2440 的核心和外部模块需要多组不同电压的电源输入，包括 VDDalive、VDDiarm、VDDi、VSSi/VSSiarm、VDDi_MPLL、VSSi_MPLL、VDDOP、VDDMOP、VSSOP、RTCVDD、VDDi_UPLL、VSSi_UPLL、VDDA_ADC 和 VSSA_ADC

11.3　S3C2440 的硬件模块

　　本节将按照模块来介绍 S3C2440 的内部集成组件，包括存储器控制模块、时钟和电源管理模块、中断控制器模块等。

11.3.1　存储器控制模块

S3C2440 的存储器控制模块提供了为了访问外部存储器的控制信号，其提供了 S3C2440 访问外部存储器所需要的控制信号，分为 8 个 Banks，最大寻址地址空间为 1GB。其具有以下特点，其内部结构如图 11.4 所示，Bank 6/7 的地址如表 11.2 所示。

* 支持软件选择大/小端。
* 总共有 8 个存储器 Bank，其中 6 个为 ROM 和 SRAM 专用，其余 2 个为 ROM、SRAM、SDRAM 共用，每个 Bank 支持 128M 字节地址空间，并且除了 Bank0（16/32 位）之外，其他全部 Bank 都支持可编程访问宽度（8/16/32 位）。
* 7 个存储器 Bank 起始地址固定，1 个存储器 Bank 起始地址可变，并且支持对 Bank 大小编程。
* 支持对存储器 Bank 的访问周期编程。
* 支持外部等待扩展总线周期。
* 支持 SDRAM 自刷新和掉电模式。
* 支持包括 NOR/NAND Flash、E²PROM 在内的各种型号的 ROM 引导。

图 11.4　S3C2440 的存储器映射（SROM=ROM/SRAM）

表 11.2　　　　　　　　　　BANK6/7 的地址（BANK6 和 BANK7 大小必须相等）

地址	2MB	4MB	8MB	16MB	32MB	64MB	128MB
Bank 6							
开始地址	0x3000_0000	0x3000_0000	0x3000_0000	0x3000_0000	0x3000_0000	0x3000_0000	0x3000_0000
结束地址	0x301F_FFFF	0x303F_FFFF	0x307F_FFFF	0x30FF_FFFF	0x31FF_FFFF	0x33FF_FFFF	0x37FF_FFFF

续表

地址	2MB	4MB	8MB	16MB	32MB	64MB	128MB
Bank 6							
开始地址	0x3020_0000	0x3040_0000	0x3080_0000	0x3100_0000	0x3200_0000	0x3400_0000	0x3800_0000
结束地址	0x303F_FFFF	0x307F_FFFF	0x30FF_FFFF	0x31FF_FFFF	0x33FF_FFFF	0x37FF_FFFF	0x3FFF_FFFF

当使用 NAND Flash 作为启动 ROM 的时候，S3C2440 的存储器地址空间 0x4000 0001～0x4000 0FFF 作为保留区未使用，而地址空间 0x4000 1000～0x6000 0000 作为特殊功能寄存器（SFR）区；当不使用 NAND Flash 作为启动空间 ROM 时，S3C2440 的存储器空间的 0x4000 0001～0x4000 0FFF 为 BootRAM 空间，而地址空间 0x4800 0000～0x6000 0000 为特殊功能寄存器（SFR）区。

S3C2400 通过对 BANK 控制寄存器（BANKCON0～BANKCON7，地址 0x4800 0004～0x4800 0020）、SDRAM 刷新控制寄存器（REFRESH，地址 0x4800 0024）、BANK 大小控制寄存器（BANKSIZE，地址 0x4800 0028）和 SDRAM 模式寄存器组寄存器（MRSRB6 和 MRSRB7，地址 0x4800 002C 和 0x4800 0030）的操作来实现对存储器控制模块的控制，这些寄存器的详细说明可以参考 S3C2440 的用户手册。

11.3.2 NAND Flash 控制器

典型的 S3C2440 嵌入式系统会在 NAND Flash 中执行引导代码，而在 SDRAM 中执行主代码。S3C2440 内置了一个命名为"SteppingStone"的 SRAM 缓冲器，在系统引导启动的时将会把 NAND Flash 存储中开始 4K 字节的内容加载到其中并且执行。这些引导代码通常会把 NAND Flash 的内容复制到 SDRAM 中执行，这个过程如图 11.5 所示。

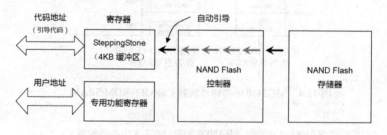

图 11.5 使用 NAND Flash 引导启动

S3C2440 的 NAND Flash 控制器模块结构如图 11.6 所示，其同样是通过相应的寄存器来实现控制，这些寄存器包括控制寄存器（NFCONT，地址 0x4E00 0004）、命令寄存器（NFCMMD，地址 0x4E00 0008）、地址寄存器（NFADDR，地址 0x4E00 000C），数据寄存器（NFDATA，地址 0x4E00 0010），主数据区域寄存器（NFMECCD0 和 NFMECCD1，地址 0x4E00 0014 和 0x4E00 0018）、备份区域 ECC 寄存器（NFSECCD，地址 0x4E00 001C）和状态寄存器（NFSTAT，地址 0x4E00 0020）等。这些寄存器的详细说明可以参考 S3C2440 的用户手册。

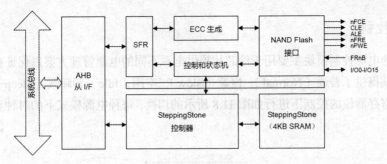

图 11.6　NAND Flash 控制模块的硬件结构

11.3.3　时钟和电源管理模块

S3C2440 的时钟和电源模块由时钟控制、电源控制和 USB 控制三部分组成, 其通过使用时钟控制寄存器（CLKCON, 0x4C00 000C）、时钟慢速控制寄存器（CLKSLOW, 0x4C000 0010）等对其进行控制。

1.　时钟控制

S3C2440 的时钟控制逻辑提供了如图 11.7 所示的两个锁相环（MPLL 和 UPLL）, 一个用于给各个模块提供时钟信号, 一个用于给 USB 控制模块提供 48MHz 的固定信号, S3C2440 可以不使用锁相环来减慢时钟, 并且可以使用软件控制连接或断开外设模块的时钟信号来减低芯片的功耗。

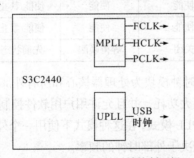

图 11.7　S3C2440 的时钟控制逻辑

S3C2440 的主锁相环（MPLL）用于产生其必须的时钟信号, 包括给处理器核心的时钟信号（FCLK）, 给 AHB 总线外设的时钟信号（HCLK）和给 APB 总线外设的时钟信号（PCLK）, 如表 11.3 所示。

表 11.3　　　　　　　　　　　　　　　　　S3C2440 的时钟驱动

时钟信号	驱动模块
FCLK	驱动 ARM 处理器核心
HCLK	驱动 AHB 总线上的外部设备, 包括存储器控制器、中断控制器、LCD 控制器、DMA 和 USB 主机模块
PCLK	驱动 APB 总线上的外部设备, 包括 WDT、PWM、MMC/SD 接口、ADC、UART、GPIO、RTC 和 I^{2}C、I^{2}S、SPI 总线接口等

2. 电源控制

S3C2440 的电源控制模块主要用于给芯片提供电源不同的电源管理方案以保证在性能和功耗中进行平衡，其提供了普通（Normal）、慢速（Slow）、空闲（Idle）和睡眠（Sleep）4 种模式，可以在对应的寄存器位的控制下进行如图 11.8 所示的切换，每种电源模式下的时钟和电源状态如表 11.4 所示。

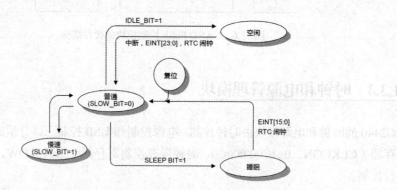

图 11.8　S3C2440 的电源模式切换

表 11.4　　　　　　　　　　　　不同电源模式下的时钟和电源状态

模式	ARM 核	AHB 总线模块	电源管理	通用端口	RTC 时钟	APB 总线模块
普通	使能	使能	使能	使能/禁止	使能	使能/禁止
慢速	禁止	使能	使能	使能/禁止	使能	使能/禁止
空闲	使能	使能	使能	使能/禁止	使能	使能/禁止
睡眠	关闭	关闭	等待唤醒	先前状态	使能	关闭

● 普通模式：在该模式下时钟模块为处理器核心和所有外部设备提供驱动信号，当所有外部设备都使能后将达到芯片的最大功耗，并且允许用户用软件控制外设设备的运行状态。

● 慢速模式：又被称为无 PLL 模式，在这种模式下使用一个外部时钟直接作为芯片的 FCLK 时钟信号，所以芯片功耗仅仅取决于外部时钟的频率。

● 空闲模式：在这种模式下断开了处理器内核的时钟信号（FCLK），但会提供时钟给所有其他外部设备，从而减少处理器内核的功耗，除非有外部中断将其唤醒。

● 睡眠模式：该模式下的控制模块与内部供电是分离的，因此产生没有因处理器核和除唤醒逻辑以外的内部逻辑的功耗。要激活睡眠模式需要两个独立的供电电源。两个电源之一提供电源给唤醒逻辑；另一个提供电源给包括处理器核在内的其他内部逻辑，而且应当能够控制供电的开和关。

3. USB 控制

S3C2440 的 USB 主机和设备接口都需要 48MHz 的时钟作为驱动，其通过锁相环（UPLL）来提供对应的信号。

4. 时钟源及其控制

S3C2440 的主时钟源可以来自外部晶体或外部时钟（晶振），其时钟模块包括一个可以连接到外部晶体的振荡器，通过模式控制引脚（OM2 和 OM3）可以在引导启动时选择使用的时钟源，如表 11.5 所示，选择之后时钟源将在内部锁定。

表 11.5　　　　　　　　　　　　　　S3C2440 的时钟源及其控制

OM 引脚	MPLL 状态	UPLL 状态	主时钟源	USB 时钟源
00	开启	开启	晶体	晶体
01	开启	开启	晶体	外部时钟
10	开启	开启	外部时钟	晶体
11	开启	开启	外部时钟	外部时钟

11.3.4　输入输出端口

S3C2440 提供了 130 多个多功能输入输出端口，其可以分为 8 组，说明如表 11.6 所示，其中每个端口都按照用户的目标需求使用软件进行配置。

表 11.6　　　　　　　　　　　　　　S3C2440 的输入输出端口分组

端口	命名	第一功能	第二功能
端口 A	GPA	23 位输出	地址控制和 FLASH 读写控制
端口 B	GPB	11 位输入/输出	DMA 请求、总线保持、外部时钟、定时器输出
端口 C	GPC	16 位输入/输出	LCD 液晶屏幕控制
端口 D	GPD	16 位输入/输出	LCD 液晶屏幕控制
端口 E	GPE	16 位输入/输出	I²C、I²S 等总线接口，SD 卡接口，还具有第三功能和第四功能
端口 F	GPF	8 位输入/输出	外部中断输入引脚
端口 H	GPH	9 位输入/输出	SPI 总线接口
端口 G	GPG	16 位输入/输出	触摸屏信号控制
端口 J	GPJ	13 位输入/输出	UART 信号

1.　端口 A（GPA）

GPA 端口由 23 个引脚组成，其仅能用于输出，其主要用作地址线。第二功能和 FLASH 存储器相关，其说明如表 11.7 所示。S3C2440 通过端口 A 控制寄存器（GPACON，0x5600 0000）、端口 A 数据寄存器（GPADAT，0x5600 0004）对其进行操作。

表 11.7　　　　　　　　　　GPA 端口（GPA0～GPA22）的功能说明

端口编号	第一功能说明	第二功能说明
GPA0	输出	ADD0，地址线 A0
GPA1～GPA11	输出	ADDR16～ADDR25，地址线 A1～A255
GPA12～GPA16	输出	nGCS1～nGCS5，BANK1～BANK5 片选
GPA17	输出	CLE，命令锁存使能
GPA18	输出	ALE，地址锁存

端口编号	第一功能说明	第二功能说明
GPA19	输出	nFWE，FLASH 写使能
GPA20	输出	nFRE，FLASH 读使能
GPA21	输出	nRSTOUT，复位信号
GPA22	输出	nFCE，FLASH 片选使能

2. 端口 B（GPB）

GPB 端口由 11 个引脚组成，其可以用于输入或者输出，具有第二和第三功能，还可能为其设置上拉电阻，其说明如表 11.8 所示。S3C2440 通过端口 B 控制寄存器（GPBCON，0x5600 0010）、端口 B 数据寄存器（GPBDAT，0x5600 0014）和端口 B 上拉寄存器（GPBUP，0x5600 0018）对其进行操作。

表 11.8　　　　　　　　　　GPB 端口（GPB0～GPB10）的功能说明

端口编号	第一、二功能说明	第三功能说明
GPB0～GPB3	输入/输出	TOUT0～TOUT1，PWM0～PWM3 输出
GPB4	输入/输出	TCLK0，外部时钟
GPB5	输入/输出	nXBACK，总线保持响应
GPB6	输入/输出	nXBREQ，总线保持请求
GPB7	输入/输出	nXDACK1，外部 DMA 响应 1
GPB8	输入/输出	nX DREQ1，外部 DMA 请求 1
GPB9	输入/输出	nXDACK0，外部 DMA 响应 0
GPB10	输入/输出	nXDREQ0，外部 DMA 请求 0

3. 端口 C（GPC）

GPC 端口由 16 个引脚组成，其可以用于输入或者输出，具有第二和第三功能，还可能为其设置上拉电阻，其说明如表 11.9 所示。S3C2440 通过端口 C 控制寄存器（GPCCON，0x5600 0020）、端口 B 数据寄存器（GPCDAT，0x5600 0024）和端口 C 上拉寄存器（GPCUP，0x5600 0028）对其进行操作。

表 11.9　　　　　　　　　　GPC 端口（GPC0～GPC15）的功能说明

端口编号	第一、二功能说明	第三功能说明
GPC0	输入/输出	LEND，行 LCD 结束
GPC1	输入/输出	VCLK，LCD 时钟
GPC2	输入/输出	VLINE，LCD 行同步信号
GPC3	输入/输出	VFRAME，LCD 帧同步信号
GPC4	输入/输出	VM，LCD 交变基准信号
GPC5～GPC7	输入/输出	LCDBF20LCDVF0，LCD TFT 的 REVB/REV/OE
GPC8～GPC15	输入/输出	LCD 数据线 D0～D7

4. 端口 D（GPD）

GPD 端口由 16 个引脚组成，其可以用于输入或者输出，具有第二和第三功能，还可能为其设置上拉电阻，其说明如表 11.10 所示。S3C2440 通过端口 D 控制寄存器（GPDCON，0x5600 0030）、端口 B 数据寄存器（GPDDAT，0x5600 0034）和端口 D 上拉寄存器（GPDUP，0x5600 0038）对其进行操作。

表 11.10　　　　　　　GPD 端口（GPD0～GPD15）的功能说明

端口编号	第一、二功能说明	第三功能说明
GPD0～GPD15	输入/输出	VD8～VD23，LCD 数据线 D8～D23

5. 端口 E（GPE）

GPE 端口由 16 个引脚组成，其可以用于输入或者输出，具有第二、第三和第四功能，还可能为其设置上拉电阻，其说明如表 11.11 所示，S3C2440 通过端口 E 控制寄存器（GPECON，0x5600 0040）、端口 E 数据寄存器（GPEDAT，0x5600 0044）和端口 E 上拉寄存器（GPEUP，0x5600 0048）对其进行操作。

表 11.11　　　　　　　GPE 端口（GPE0～GPE15）的功能说明

端口编号	第一、二功能说明	第三功能说明	第四功能说明
GPE0	输入/输出	I²SLRCK，I²S 左右声道时钟	AC_SYNC，AC'97 模块同步信号
GPE1	输入/输出	I²SCLK，I²S 时钟	AC_BIT_CLK，AC'97 模块时钟信号
GPE2	输入/输出	CDCK，CD 时钟	AC_nRESET，AC'97 模块复位信号
GPE3	输入/输出	I²SSI，I²S 数据输入	AC_SDATA_IN，AC'97 模块数据输入
GPE4	输入/输出	I²SSDO，I²S 数据输出	AC_SDATA_OUT，AC'97 模块时钟信号数据输出
GPE5	输入/输出	SDCLK，SD 数据时钟	-
GPE6	输入/输出	SDCMD，SD 命令	-
GPE7	输入/输出	SDDAT0，SD 数据 0 引脚	-
GPE8	输入/输出	SDDAT1，SD 数据 1 引脚	-
GPE9	输入/输出	SDDAT2，SD 数据 2 引脚	-
GPE10	输入/输出	SDDAT3，SD 数据 3 引脚	-
GPE11	输入/输出	SPIMISO0，SPI 总线 0 主输入从输出引脚	-
GPE12	输入/输出	SPIMOSI0，SPI 总线 0 主输出从输入引脚	-
GPE13	输入/输出	SPICLK0，SPI 总线 0 时钟引脚	-
GPE14	输入/输出	SCL，I²C 总线时钟引脚	-
GPE15	输入/输出	SDA，I²C 总线数据引脚	-

6. 端口 F（GPF）

GPF 端口由 8 个引脚组成，其可以用于输入或者输出，具有第二和第三功能，还可能为其设

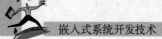

置上拉电阻，其说明如表 11.12 所示。S3C2440 通过端口 F 控制寄存器（GPFCON，0x5600 0050）、端口 F 数据寄存器（GPFDAT，0x5600 0054）和端口 F 上拉寄存器（GPFUP，0x5600 0058）对其进行操作。如果其在掉电模式中用于唤醒信号，端口将被设置为中断模式。

表 11.12　　　　　　　　　　　GPF 端口（GPF0～GPF7）的功能说明

端口编号	第一、二功能说明	第三功能说明
GPF0～GPF7	输入/输出	EINT0～EINT7，外部中断 0～外部中断 1 引脚

7. 端口 G（GPG）

GPG 端口由 17 个引脚组成，其可以用于输入或者输出，具有第二、第三和第四功能，还可能为其设置上拉电阻，其说明如表 11.13 所示。S3C2440 通过端口 G 控制寄存器（GPGCON，0x5600 0060）、端口 G 数据寄存器（GPGDAT，0x5600 0064）和端口 G 上拉寄存器（GPGUP，0x5600 0068）对其进行操作。如果其在掉电模式中用于唤醒信号，端口将被设置为中断模式。

表 11.13　　　　　　　　　　GPG 端口（GPG0～GPG15）的功能说明

端口编号	第一、二功能说明	第三功能说明	第四功能说明
GPG0	输入/输出	EINT8，外部中断 8 输入引脚	-
GPG1	输入/输出	EINT9，外部中断 9 输入引脚	-
GPG2	输入/输出	EINT10，外部中断 10 输入引脚	nSS0，SPI 总线 0 选择引脚
GPG3	输入/输出	EINT11，外部中断 11 输入引脚	nSS1，SPI 总线 1 选择引脚
GPG4	输入/输出	EINT12，外部中断 12 输入引脚	LCD_PWREN，LCD 电源使能引脚
GPG5	输入/输出	EINT13，外部中断 13 输入引脚	SPIMISO1，SPI 总线 1 主输入从输出引脚
GPG6	输入/输出	EINT14，外部中断 14 输入引脚	SPIMOSI1，SPI 总线 1 主输出从输入引脚
GPG7	输入/输出	EINT15，外部中断 15 输入引脚	SPICLK1，SPI 总线 1 时钟引脚
GPG8	输入/输出	EINT16，外部中断 16 输入引脚	-
GPG9	输入/输出	EINT17，外部中断 17 输入引脚	nRTS1，UART1 的请求发送
GPG10	输入/输出	EINT18，外部中断 18 输入引脚	nCTS1，UART1 的清除发送
GPG11	输入/输出	EINT19，外部中断 19 输入引脚	TCLK[1]，外部时钟 1 引脚
GPG12	输入/输出	EINT20，外部中断 20 输入引脚	-
GPG13	输入/输出	EINT21，外部中断 21 输入引脚	-
GPG14	输入/输出	EINT22，外部中断 22 输入引脚	-
GPG15	输入/输出	EINT23，外部中断 23 输入引脚	-
GPG16	输入/输出	EINT24，外部中断 24 输入引脚	-

8. 端口 H（GPH）

GPH 端口由 11 个引脚组成，其可以用于输入或者输出，具有第二、第三和第四功能，还可能为其设置上拉电阻，其说明如表 11.14 所示。S3C2440 通过端口 H 控制寄存器（GPHCON，0x5600 0070）、端口 G 数据寄存器（GPHDAT，0x5600 0074）和端口 H 上拉寄存器（GPHUP，0x5600 0078）对其进行操作。

表 11.14　　　　　　　　　　　　GPH 端口（GPH0～GPH10）的功能说明

端口编号	第一、二功能说明	第三功能说明	第四功能说明
GPH0	输入/输出	nCTS0，UART0 的清除发送引脚	-
GPH1	输入/输出	nRTS0，UART0 的请求发送引脚	-
GPH2	输入/输出	TXD0，UART0 的发送引脚	-
GPH3	输入/输出	RXD0，UART0 的接收引脚	-
GPH4	输入/输出	TXD1，UART1 的发送引脚	-
GPH5	输入/输出	RXD1，UART1 的接收引脚	-
GPH6	输入/输出	TXD2，UART2 的发送引脚	nRTS1，UART1 发送请求引脚
GPH7	输入/输出	RXD2，UART2 的接收引脚	nCTS1，UART1 清除请求引脚
GPH8	输入/输出	UEXTCLK，UART 的外部时钟引脚	-
GPH9	输入/输出	CLKOUT0，UART0 的时钟输出引脚	-
GPH10	输入/输出	CLKOUT1，UART1 的时钟输出引脚	-

9. 端口 J（GPJ）

GPJ 端口由 13 个引脚组成，其可以用于输入或者输出，具有第二、第三和第四功能，还可能为其设置上拉电阻，其说明如表 11.15 所示。S3C2440 通过端口 J 控制寄存器（GPJCON，0x5600 0080）、端口 J 数据寄存器（GPJDAT，0x5600 0084）和端口 J 上拉寄存器（GPJUP，0x5600 0088）对其进行操作。

表 11.15　　　　　　　　　　　　GPJ 端口（GPJ0～GPJ12）的功能说明

端口编号	第一、二功能说明	第三功能说明	第四功能说明
GPJ0	输入/输出	CAMDATA0，摄像头数据 0 引脚	-
GPJ1	输入/输出	CAMDATA1，摄像头数据 1 引脚	-
GPJ2	输入/输出	CAMDATA2，摄像头数据 2 引脚	nSS0，SPI 总线 0 主从选择引脚
GPJ3	输入/输出	CAMDATA3，摄像头数据 3 引脚	nSS1，SPI 总线 1 主从选择引脚
GPJ4	输入/输出	CAMDATA4，摄像头数据 4 引脚	LCD_PWRDN，LCD 电源控制引脚
GPJ5	输入/输出	CAMDATA5，摄像头数据 5 引脚	SPIMISO1，SPI 总线 1 主入从出引脚
GPJ6	输入/输出	CAMDATA6，摄像头数据 0 引脚	SPIMOSI1，SPI 总线 1 主出从入引脚
GPJ7	输入/输出	CAMDATA7，摄像头数据 0 引脚	SPICLK1，SPI 总线 1 时钟引脚
GPJ8	输入/输出	CAMPCLK，摄像头时钟信号	-
GPJ9	输入/输出	CAMVSYNC，摄像头同步信号引脚	nRTS1，UART1 发送请求引脚
GPJ10	输入/输出	CAMHREF，摄像头参考信号引脚	nCTS1，UART1 清除请求引脚
GPJ11	输入/输出	CAMCLKOUT，摄像头时钟输出信号引脚	TCLK1，外部时钟 1 引脚
GPJ12	输入/输出	CAMRESET，摄像头复位引脚	-

10. 输入输出端口的其他寄存器

S3C2440 还提供了杂项控制寄存器（MISCCR）、DCLK 控制寄存器（DCLKCON）等用于对输入输出端口进行控制。

11.3.5 定时器和 PWM 模块

S3C2440 内部有 5 个 16 位的定时器（Timer），其中定时器 0~3 具有脉宽调制（PWM）功能，且都具有对外的输出引脚（对应 GPB0~GPB3 的第三功能），而定时器 4 是一个无输出引脚的内部定时器。

1. 定时器和 PWM 模块的分频器和寄存器

定时器 0 和 1 共用一个 8 位预分频器，定时器 2~4 则共用另外的一个 8 位预分频器。每个定时器都有一个可以生成 5 种不同分频信号（1/2、1/4、1/8、1/16 和 TCLK）的时钟分频器。每个定时器模块从相应的 8 位预分频器得到时钟驱动的时钟分频器中得到自己的时钟信号。8 位预分频器是可编程的，并且按存储在 TCFG0 和 TCFG1 寄存器中的加载值来对时钟（PCLK）进行分频操作，一个 8 位的预分频器和一个 4 位的分频器其对应的输出频率如表 11.16 所示。

表 11.16　　　　　　　　　　分频器和预分频器的输出

4 位分频器设置	最小分辨率（预分频器 = 0）	最大分辨率（预分频器 = 0xFF）	最大时间间隔（TCNTBn = 0xFFFF）
1/2（PCLK = 50MHz）	0.04μs（25MHz）	10.24μs（97.6562KHz）	0.6710s
1/4（PCLK = 50MHz）	0.08μs（25MHz）	20.48μs（97.6562KHz）	1.3421s
1/8（PCLK = 50MHz）	0.16μs（25MHz）	40.9601μs（97.6562KHz）	2.6843s
1/16（PCLK = 50MHz）	0.32μs（25MHz）	81.9188μs（97.6562KHz）	5.3686s

每个定时器（除了定时器通道 5）都有自己对应的 TCNTBn、TCNTn、TCMPBn 和 TCMPn 寄存器。从 TCNTOn 寄存器中可以读取 TCNTn；当定时器到达 0 时 TCNTBn 和 TCMPBn 的值被加载到 TCNTn 和 TCMPn 中；而当 TCNTn 到达 0 时，如果中断为使能则将发生一个中断请求，其操作流程如图 11.9 所示。

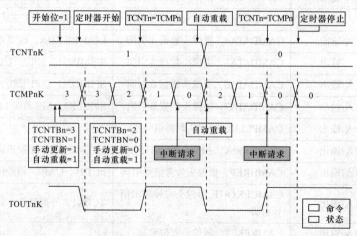

图 11.9　定时器的操作流程

定时计数缓冲寄存器（TCNTBn）包含一个当使能了定时器时的被加载到递减计数器中的初始值。定时比较缓冲寄存器（TCMPBn）包含一个被加载到比较寄存器中的与递减计数器相比较的初始值。TCNTBn 和 TCMPBn 的这种双缓冲特征保证了改变频率和占空比时定时器产生稳定的输出。

每个定时器有它自己的由定时器时钟驱动的 16 位递减计数器，当递减计数器到达 0 时，产生定时器中断请求来通知处理器内核定时器操作已经完成；当定时器计数器到达 0 时，相应的 TCNTBn 的值将自动被加载到递减计数器以继续下一次操作。但是如果定时器停止了（如在定时器运行模式期间清除 TCONn 寄存器的定时器使能位），则 TCNTBn 寄存器的值将不会被重新加载到计数器中。

TCMPBn 用于控制脉宽调制（PWM）的输出，当递减计数器的值与定时器控制逻辑中的比较寄存器的值相匹配时，定时器控制逻辑改变输出电平，因此比较寄存器决定 PWM 输出的开启时间（或关闭时间）。

2. 自动重载和双缓冲

S3C2440 的定时器支持双缓冲功能，其允许在不停止当前定时器操作的情况下为下次定时器操作改变重载值，所以即使设置了新的定时器值，当前定时器操作仍然顺利地被完成，定时器值可以被写入到定时器计数缓冲寄存器（TCNTBn）中，并且可以从定时器计数监视寄存器（TCNTOn）中读取当前定时器的计数值。需要注意的是，如果读取 TCNTBn 寄存器，读出的值不是指示当前计数器的状态，而是下次定时器持续时间的重载值。

自动重载操作在 TCNTn 寄存器到达 0 时复制 TCNTBn 的值到 TCNTn 寄存器，然后被写入到 TCNTBn 寄存器的值只有在 TCNTn 寄存器到达 0 并且使能了自动重载时才被加载到 TCNTn 寄存器，如果 TCNTn 寄存器变为 0 并且自动重载位为 0，则 TCNTn 寄存器不会有进一步的任何操作。这个操作过程如图 11.10 所示，TCNTBn 寄存器的原始值为 150，然后分别写入 100 和 200。

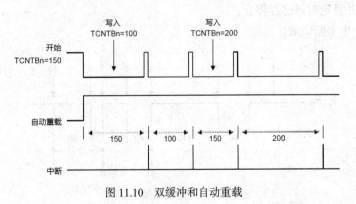

图 11.10　双缓冲和自动重载

当 TCNTn 到达 0 时会发生定时器的自动重载操作，所以必须预先由用户对其写入一个起始值，也就是说必须通过手动更新位加载起始值，其操作步骤说明如下。需要注意的是，如果定时器被强制停止，TCNTn 寄存器将保持计数器的值并且不会从 TCNTBn 寄存器重载，如果需要设置一个新的值则需要执行手动更新。

（1）将初始值写入到 TCNTBn 和 TCMPBn 寄存器中。

（2）设置相应定时器的手动更新位，推荐无论是否使用变换极性都配制变相开/关位。

（3）设置相应定时器的开始位来启动定时器并且清除手动更新位。

3. 定时器操作

如图 11.11 所示是对定时器进行操作的步骤，其中每个标号对应的描述详细说明如下。

（1）使能自动重载功能，设置 TCNTBn 寄存器的值为 160（50+110）并且设置 TCMPBn 寄存器的为 110，置位手动更新位并且配制变相位（开/关），手动更新位分别设置 TCNTn 寄存器和 TCMPn 寄存器的值到 TCNTBn 寄存器和 TCMPBn 寄存器的值中，然后分别设置 TCNTBn 寄存器和 TCMPBn 寄存器为 80（40+40）和 40，以决定下次重载值。

（2）设置启动位，预设手动更新位为 0，变相位为关，自动重载位为开。定时器在定时器分辨率内的等待时间后启动递减计数。

（3）当 TCNTn 寄存器与 TCMPn 寄存器的值相同时，TOUTn 输出引脚的逻辑电平从低电平变为高电平。

（4）当 TCNTn 寄存器到达 0 时，其会发出中断请求并且将 TCNTBn 的值加载到暂存器中，在下一个定时器标记时刻，重载 TCNTn 寄存器的值为暂存器（TCNTBn）的值。

（5）在中断服务程序（ISR）中为下一个持续时间分别设置 TCNTBn 和 TCMPBn 的寄存器值为 80（20+60）和 60。

（6）当 TCNTn 寄存器的值与 TCMPn 寄存器的值相同时，TOUTn 引脚输出的逻辑电平从低电平变为高电平。

（7）当 TCNTn 寄存器到达 0 时会触发一个中断自动重载 TCNTn 寄存器为 TCNTBn 寄存器的值。

（8）在中断服务程序（ISR）中禁止自动重载和中断请求以停止定时器。

（9）当 TCNTn 寄存器与 TCMPn 寄存器的值相同时，TOUTn 引脚的逻辑电平从低电平变为高电平。

（10）此时，尽管 TCNTn 寄存器已经到达 0，但因为禁止了自动重载，所以 TCNTn 寄存器并不会再次重载，并且定时器已经停止。

（11）不再产生中断请求。

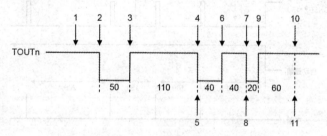

图 11.11　定时器的操作步骤

4. 脉宽调制

S3C2440 通过对 TCMPBn 寄存器的操作来实现 PWM 功能，其频率由 TCNTBn 寄存器的值来决定。如图 11.12 所示是一个由 TCMPBn 寄存器决定的脉冲宽度的示例，如减小 TCMPBn 的值可以增大脉冲宽度，增大 TCMPBn 寄存器的值则可以降低脉冲宽度值，此外如果使能了输出变相器，则这个宽度的控制会反过来。S3C2440 的定时器的双缓冲功能允许中断服务子程序或者其他应用代码在当前 PWM 周期中修改 TCMPBn 寄存器的值,从而达到修改下一个 PWM 周期的目的。

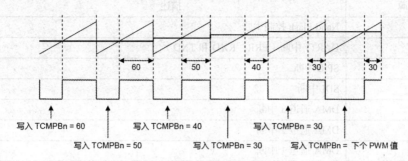

图 11.12　脉宽调制的控制

11.3.6　中断控制器模块

S3C2440 的中断控制器模块可以接受来自如 DMA 模块、UART 模块、I²C 总线接口模块等内部外设或者外部中断请求引脚（EINT0～INT24）给出的最多 60 个中断源的请求。当从内部外设和外部中断请求引脚收到多个中断请求时，S3C2440 的中断控制器在仲裁步骤后会请求 ARM 处理器内核的外部中断请求（IRQ）或快速中断请求（FIQ），然后仲裁步骤由硬件优先级逻辑决定并且写入结果到帮助用户通告是各种中断源中的哪个中断发生了的中断挂起寄存器中，其结构和操作过程如图 11.13 所示。

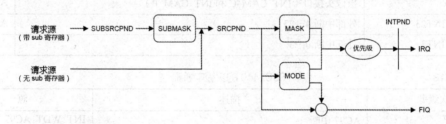

图 11.13　S3C2440 的中断请求

1．S3C2440 的中断源

S3C2440 支持的中断源如表 11.17 所示，此外其还提供了如表 11.18 所示的次级中断源。

表 11.17　　　　　　　　　　　　　S3C2440 支持的中断源

中断源	描述	仲裁组
INT_ADC	ADC EOC 中断和触摸屏中断（INT_ADC_S/INT_TC）	ARB5
INT_RTC	RTC 闹钟中断	ARB5
INT_SPI1	SPI1 中断	ARB5
INT_UART0	UART0 中断（ERR、RXD 和 TXD）	ARB5
INT_IIC	I²C 总线中断	ARB4
INT_USBH	USB 主机中断	ARB4
INT_USBD	USB 设备中断	ARB4

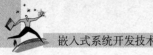

当利用窗口 PWM 功能的定时器 TCMPBn 寄存器将用来确定 PWM 的输出的周期。

续表

中断源	描述	仲裁组
INT_NFCON	Nand Flash 控制中断	ARB4
INT_UART1	UART1 中断（ERR、RXD 和 TXD）	ARB4
INT_SPI0	SPI0 中断	ARB4
INT_SDI	SDI 中断	ARB3
INT_DMA3	DMA 通道 3 中断	ARB3
INT_DMA2	DMA 通道 2 中断	ARB3
INT_DMA1	DMA 通道 1 中断	ARB3
INT_DMA0	DMA 通道 0 中断	ARB3
INT_LCD	LCD 中断（INT_FrSyn 和 INT_Ficnt）	ARB3
INT_UART2	UART2 中断（ERR、RXD 和 TXD）	ARB2
INT_TIMER4	定时器 4 中断	ARB2
INT_TIMER3	定时器 3 中断	ARB2
INT_TIMER2	定时器 2 中断	ARB2
INT_TIMER1	定时器 1 中断	ARB2
INT_TIMER0	定时器 0 中断	ARB2
INT_WDT_AC97	看门狗定时器中断（INT_WDT 和 INT_AC97）	ARB1
INT_TICK	RTC 时钟滴答中断	ARB1
nBATT_FLT	RTC 时钟滴答中断	ARB1
INT_CAM	摄像头接口（INT_CAM_C 和 INT_CAM_P）	ARB1
EINT4～EINT23	外部中断 4～23	ARB1
EINT0～EINT3	外部中断 0～3	ARB1

表 11.18　　　　　　　　　　S3C2440 的次级中断源

次级源	描述	源
INT_AC97	AC97 中断	INT_WDT_AC97
INT_WDT	看门狗中断	INT_WDT_AC97
INT_CAM_P	摄像头接口中 P 端口捕获中断	INT_CAM
INT_CAM_C	摄像头接口中 C 端口捕获中断	INT_CAM
INT_ADC_S	ADC 中断	INT_ADC
INT_TC	触摸屏综合中断	INT_ADC
INT_ERR2	UART2 错误中断	INT_UART2
INT_TXD2	UART2 发送中断	INT_UART2
INT_RXD2	UART2 接收中断	INT_UART2
INT_ERR1	UART1 错误中断	INT_UART1
INT_TXD1	UART1 发送中断	INT_UART1
INT_RXD1	UART1 接收中断	INT_UART1
INT_ERR0	UART0 错误中断	INT_UART0
INT_TXD0	UART0 发送中断	INT_UART0
INT_RXD0	UART0 接收中断	INT_UART0

2．S3C2440 的中断优先级

S3C2440 使用中断仲裁器来对同时发生的中断按照优先级进行排序，其对应的中断优先级发生模块结构如图 11.14 所示。每个仲裁器可以处理基于 1 位仲裁器模式控制（ARB_MODE）和基于 2 位的选择控制信号（ARB_SEL）的仲裁事件，在这些仲裁器中 REQ0 的优先级总是最高，而 REQ5 的优先级总是最低，此外通过改变 ARB_SEL 的值，可以轮换 REQ1 到 REQ4 的顺序，其说明如下。

- 如果 ARB_SEL 位被设置为"00"，则优先级顺序为 REQ0、REQ1、REQ2、REQ3、REQ4 和 REQ5。
- 如果 ARB_SEL 位被设置为"01"，其优先级顺序为 REQ0、REQ2、REQ3、REQ4、REQ1 和 REQ5。
- 如果 ARB_SEL 位被设置为"10"，其优先级顺序为 REQ0、REQ3、REQ4、REQ1、REQ2 和 REQ5。
- 如果 ARB_SEL 位被设置为"11"，其优先级顺序为 REQ0、REQ4、REQ1、REQ2、REQ3 和 REQ5。

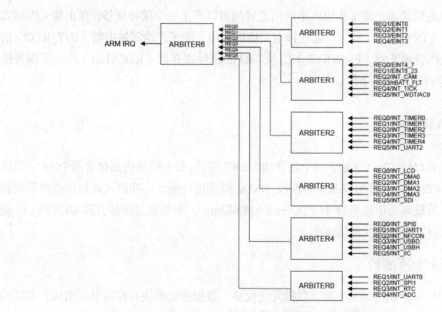

图 11.14　S3C2440 的中断优先级发生模块

11.3.7　实时时钟模块

S3C2440 内置了一个实时时钟（Real-Time Clock，RTC）模块，其可以在嵌入式系统掉电之后使用独立的备用电源（通常是纽扣电池）进行供电，其特性说明如下，内部结构如图 11.15 所示。

- 采用 BCD 计数，提供年、月、日、星期、时、分和秒信息。
- 内置闰年发生器，并且已经解决了 2000 年的问题。

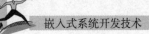

- 提供闹钟功能，并且支持使用闹钟从掉电模式唤醒。
- 具体独立电源引脚（RTCVDD）和外部晶振引脚（XTIrtc 和 XTOrtc）。
- 支持实时操作系统内核时钟节拍（Tick）的毫秒节拍时间中断。

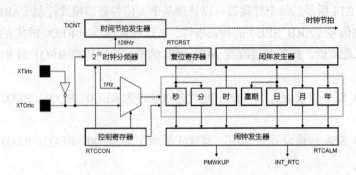

图 11.15　S3C2440 的实时时钟模块

RTC 模块可以由备用电池驱动，可以在系统掉电后使用 RTCVDD 引脚上的备用电源进行供电，此时应该阻塞掉处理器核心和实时时钟的逻辑接口，只驱动实时时钟的振荡电路和 BCD 计数器以最小化功耗。

RTC 模块在掉电模式或正常工作模式中的指定时间可以产生一个闹钟信号，在正常工作模式下只产生闹钟中断（INT_RTC）信号，而在掉电工作模式中，除了产生闹钟中断（INT_RTC）信号之外还会激活电源管理唤醒（PMWKUP）信号。RTC 闹钟寄存器（RTCALM）决定了闹钟使能/禁止状态和闹钟时间设置的条件。

11.3.8　UART 模块

S3C2440 内置了 UART0～UART2 三个独立的 UART 模块，每个模块内部包含两个 64 字节的先入先出缓冲区（FIFO），其都可以基于中断或 DMA 模式进行操作。在嵌入式处理器内部时钟（PCLK）的驱动下其最高通信速率为 115.2Kbps（921.6Kbps），如果通过外部引脚 UEXTCLK 提供时钟信号则还可以支持更高的通信速率。

1. UART 模块的结构

每个 UART 模块都由波特率发生器、数据发送模块、数据接收模块和控制单元组成，其结构如图 11.16 所示。其波特率发生器可以由 APB 外设时钟（PCLK）、处理器核心时钟（FCLK）的分频或者外部输入时钟（UEXTCLK）驱动。数据发送和接收模块都有 64 字节的 FIFO 和数据移位器，前者将 FIFO 中的数据送到移位器，然后从发送引脚 TxDn 上送出，后者则正好相反。

2. UART 模块的数据发送和接收

UART 模块的数据发送帧是可编程的，其由行控制寄存器（ULCONn）进行控制，由 1 位起始位、5～8 位数据位、1 位奇偶校验位（可选）以及 1/2 位停止位组成，其也可以产生单帧发送期间强制串行输出为逻辑"0"状态的断点状态。UART 模块在完成发送当前发送字后发送断点信号。

第 11 章　S3C2440 ARM 处理器

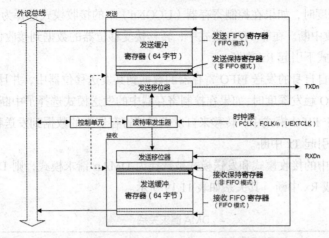

图 11.16　UART 模块的结构

和 UART 模块的数据发送帧类似，其数据接收帧也是可编程的，同样通过行控制寄存器（ULCONn）进行控制。数据格式和数据发送帧相同，其数据接收模块能够检测如下的溢出（Overrun）错误、奇偶校验错误、帧错误和断点状态，并且可以对其设置对应的错误标志。

- 溢出错误：表明新数据在读出旧数据前覆盖了旧数据。
- 奇偶校验错误：表明接收器检测出一个非预期奇偶校验字段。
- 帧错误：表明接收到的数据没有有效的结束位。
- 断点状态：表明 RxDn 引脚的输入保持为逻辑"0"状态的时间长于单帧传输时间。

3．UART 模块的波特率发生器

波特率发生器为 UART 模块的数据发送模块和接收模块提供驱动时钟信号，其自身可以使用 S3C2440 的内部时钟（PCLK 或 FCLK/n）或者外部时钟（UEXTCLK）作为源时钟，然后通过波特率分频寄存器（UBRDIVn）中指定的 16 位分频系数（取值范围为 0x0001～0xFFFF）来对该源时钟进行分频后产生，其符合以下公式。

$$UBRDIVn = Int\left(\frac{UART时钟}{(波特率\times16)-1}\right)$$

注意：UART 模块的帧误差应该小于 1.87%。

4．UART 模块的中断和 DMA

S3C2440A 的每个 UART 模块都支持 7 种状态信号（Tx/Rx/错误），包括溢出错误、奇偶校验错误、帧错误、断点、接收缓冲器数据就绪、发送缓冲器空以及发送移位器空，其全部都可以通过相应 UART 模块的状态寄存器（UTRSTATn/UERSTATn）来进行标示。

溢出错误、奇偶校验错误、帧错误和断点状态属于接收错误。如果控制寄存器（UCONn）中的接收错误中断请求使能位被设置为"1"，则这些错误都可以引起接收错误中断请求。当检测到接收错误中断请求时，用户应该读取 UERSTSTn 的值来判断具体的错误类型。

当接收器在 FIFO 模式中转移接受移位器的数据到 Rx FIFO 寄存器中，并且接收到的数据量

达到 Rx FIFO 触发深度时，如果在控制寄存器（UCONn）中的接收模式选择为 1（中断请求或查询模式），则发生接收中断。在非 FIFO 模式中，转移接受移位器的数据到接收保持寄存器中，将在中断请求和查询模式下引起 Rx 中断。

当发送器转移来自自身的发送 FIFO 寄存器的数据到其发送移位器中，并且在移出发送 FIFO 的数据量达到 Tx FIFO 触发深度时，如果在控制寄存器中的发送模式选择了中断请求或查询模式，则发生 Tx 中断。在非 FIFO 模式中，转移来自发送保持寄存器中的数据到发送移位器中，将在中断请求和查询模式下引起 Tx 中断。

如果控制寄存器中的接收模式和发送模式被选择为 DMAn 请求模式，则 DMAn 请求发生所替代上述情况的 Tx 或 Rx 中断，其关系如表 11.19 所示。

表 11.19　　　　　　　　　　　　　DMA 请求关系

类型	FIFO 模式	非 FIFO 模式
Rx 中断	只要接收数据到达接收 FIFO 的触发深度就发生，当 FIFO 中的数据量没有达到 Rx FIFO 触发深度并且超过 3 字时间（接收超时）都未接收任何数据时发生，此间隔在随后的字宽位设置	只要接收缓冲器变为满就由接收保持寄存器发生
Tx 中断	只要发送数据到达发送 FIFO（Tx FIFO）的触发深度发生	只要发送缓冲器变为空就由接收保持寄存器发生
错误中断	当检测到帧错误、奇偶校验错误或断点信号时发生，当其到达接收 FIFO 顶却没有读出其中数据时则发生	所有错误都引起发生；然而，如果同时发生另一个错误，只产生一个中断

11.3.9　I^2C 总线接口模块

S3C2440 提供了一个 I^2C 总线接口模块，其使用了标准的 I^2C 总线仲裁步骤，提供主机发送模式、主机接收模式、从机发送模式和从机接收模式 4 种模式，其时序描述可以参考第 9 章的 9.3 节。

1．I^2C 总线接口模块的结构

I^2C 总线接口模块的内部结构如图 11.17 所示，由对应的控制寄存器（IICCON 和 IICSTAT）、4 位分频器、地址寄存器、比较器、移位寄存器以及外部引脚等组成。

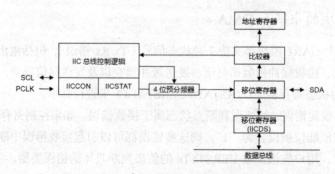

图 11.17　I^2C 总线接口模块的内部结构

S3C2440 通过对 I²C 总线控制寄存器（IICCON，地址 0x5400 0000）、I²C 总线控制/状态寄存器（IICSTAT，0x5400 0004）、I²C 总线地址寄存器（IICADD，地址 0x5400 0008）、I²C 总线发送/接收数据移位寄存器（IICDS，地址 0x5400 000C）和 I²C 总线线控制寄存器（IICLC，地址 0x5400 0010）的操作来完成对 I²C 总线的控制。

2. I²C 总线接口模块的工作流程

I²C 总线提供了主机发送器工作模式、主机接收器工作模式、从机发送器工作模式和从机接收器工作模式 4 种工作模式，其工作流程如图 11.18 和图 11.19 所示，在 I²C 总线的发送/接收操作之前必须执行以下操作步骤。

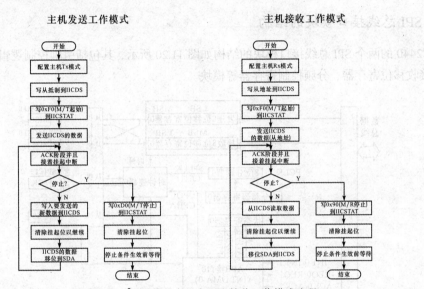

图 11.18　I²C 总线的主机发送和接收工作模式流程

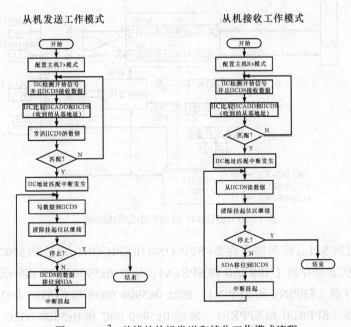

图 11.19　I²C 总线的从机发送和接收工作模式流程

237

（1）如果需要，首先把 S3C2440 的从地址写入 IICADD 寄存器。

（2）对 IICCON 寄存器进行设置，包括使能中断和定义 SCL 周期。

（3）对 IICSTAT 寄存器进行设置以使能串行输出。

11.3.10 SPI 总线接口模块

S3C2440 内部集成了两个 SPI 总线接口模块，每个模块都包含了两个分别用于发送和接收的 8 位移位寄存器，兼容 2.11 版本的 SPI 协议，支持查询、中断和 DMA 传输模式，在一次传输过程中可以同时发送和接收数据，其总线时序可以参考第 9 章的 9.4 节。

1. SPI 总线接口模块的结构

S3C2440 的两个 SPI 总线接口模块的结构如图 11.20 所示，其包括引脚控制逻辑、时钟逻辑、发送和接收移位寄存器、分频控制寄存器等模块。

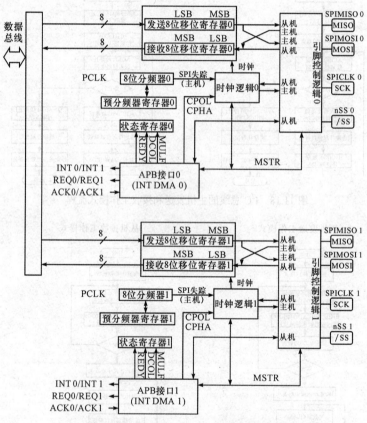

图 11.20　S3C2440 的 SPI 总线模块结构

S3C2440 通过对 SPI 总线控制寄存器（SPICON0 和 SPICON1，地址 0x5900 0000 和 0x5900 0020）、SPI 总线状态寄存器（SPSTA0 和 SPSTA1，地址 0x5900 0004 和 0x5900 0024）、SPI 总线引脚控制寄存器（SPPIN0 和 SPPIN1，地址 0x5900 0008 和 0x5900 0028）、SPI 总线波特率预分频寄存器（SPPRE0 和 SPPRE1，地址 0x5900 00C 和 0x5900 002C）以及 SPI 总线

发送和接收数据寄存器（SPTDAT0 和 SPTDATA1，地址 0x5900 0010 和 0x5900 0030 以及 SPRDAT0 和 SPRDAT1，地址 0x5900 0014 和 0x5900 0034）的操作来完成对 SPI 总线接口模块的操控。

2. SPI 总线接口模块的工作流程

S3C2440 可以通过 SPI 总线接口模块和外部器件/设备同时进行 8 位数据交互。当 SPI 总线接口模块工作于主机模式时，其可以通过设置 SPPRE0/1 寄存器的相应位来确定总线时钟频率；当其工作于从机模式时，其由外部主机提供时钟信号

用户可以按照如下模式来对 SPI 总线模块进行操作。

（1）对 SPPRE0/1 寄存器进行操作来确定 SPI 总线的时钟频率。

（2）对 SPCON0/1 寄存器进行操作以确定 SPI 总线接口模块的工作方式。

（3）对 SPTDAT0/1 寄存器写入数据 0xFF 十次来初始化 MMC 或者 SD 卡（如果使用 SPI 总线接口模式驱动 MMC/SD 卡）。

（4）设置引脚 SS0/1 对应的外部引脚来激活 MMC 或者 SD 卡。

（5）发送数据检查发送就绪标志的状态（REDY = 1），并且向 SPTDAT0/1 写入数据。

（6）设置 SPCON0/1 寄存器的 TAGD 位来接收数据。

（7）向 SPTDAT0/1 寄存器写入 0xFF，确认 REAY 位的置位，并且从读缓冲器中读取数据。

（8）继续操作，完成后释放 SS0/1 引脚。

11.3.11　其他模块

S3C2440 还提供了一些其他模块，其中比较常见的有 DMA 模块、USB 模块、WDT 模块、ADC 模块等。

1. DMA 模块

DMA 模块的主要优点是可以在不需嵌入式处理器干预的情况下进行数据传输，其可以由用户软件启动，也可以由来自内部外设或外部请求引脚的请求启动。S3C2440 提供了支持 4 通道处于系统总线和外设总线间的 DMA 控制器，其每个通道都可以无限制地执行如下 4 种情况的系统总线与/或外设总线之间设备的数据通信。

- 数据源和目标都在系统总线上。
- 当目标在外设总线上时源在系统总线上。
- 当目标在系统总线上时源在外设总线上。
- 源和目标都在外设总线上。

如果使用硬件请求模式（请求可以来自内部外设或者外部引脚），则 DMA 控制器的源可以如表 11.20 所示进行选择。其中，nXDREQ0 和 nXDREQ1 表示两个外部源设备，I2SSDO 和 I2SSDI 是 IIS 的发送和接收。

表 11.20 DMA 模块的硬件请求源

通道	源 0	源 1	源 2	源 3	源 4	源 5	源 6
通道 0	nXDREQ0	UART0	SDI	定时器	USB 设备 EP1	I2SSDO	PCMIN
通道 1	nXDREQ1	UART1	I2SSDI	SPI0	USB 设备 EP2	PCMOUT	SDI
通道 2	I2SSDO	I2SSDI	SDI	定时器	USB 设备 EP3	PCMIN	MICIN
通道 3	UART2	SDI	SPI1	定时器	USB 设备 EP4	MICIN	PCMOUT

S3C2440 的每个 DMA 通道都有 9 个控制寄存器（4 个通道共计 36 个控制寄存器），其中 6 个用于控制 DMA 的传输，3 个用于监视 DMA 控制器的状态。

2. USB 模块

S3C2440 的 USB 模块包括 USB 主机控制模块和 USB 设备控制模块。主机控制器模块用于和外部 USB 设备进行数据通信，其兼容 USB 1.1 标准，支持两路下行端口，支持低速和全速的 USB 设备；设备控制模块被设计为提供了高性能全速功能的带 DMA 接口的控制器解决方案（允许 DMA 的批量传输、中断传输和控制传输），其也支持 USB 1.1 标准，带 FIFO 的 5 个端点，支持全速的（12Mbps）设备，其模块结构如图 11.21 所示，其也是通过相应的控制寄存器来对 USB 模块进行操作。

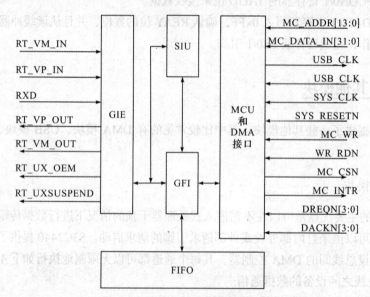

图 11.21 S3C2440 的硬件模块结构

3. WDT 模块

S3C2440 的看门狗（Watch Dog Timer，WDT）模块用于监控当前处理器的运行状态，并且在当前存在噪声、软件错误等故障干扰时产生 128 个 PCLK 周的复位信号来重置处理器；其也可以被用作普通的 16 位内部定时器来请求中断服务。其内部结构如图 11.22 所示，由 8 位预分频器、多路开关（MUX）、递减计数器（WTCNT）和复位信号发生器等模块组成。

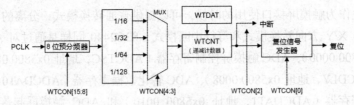

图 11.22　WDT 模块的内部结构

S3C2440 通过看门狗定时控制寄存器（WTCON，地址 0x5300 0000）、看门狗定时数据寄存器（WTDAT，地址 0x5300 0004）、看门狗定时器计数寄存器（WTCNT，地址 0x5300 0008）的操作来对看门狗进行操作。

WDT 的预分频值和分频系数可以由看门狗控制寄存器（WTCON）来决定，预分频值的有效范围为 $0 \sim 2^8-1$，分频系数可以选择 16、32、64 或 128，可以使用如下公式来计算看门狗定时器的频率和每个定时器时钟周期的持续时间：

$$t=1/[PCLK/（预分频值 + 1）/分频系数]$$

4．ADC 和触摸屏模块

S3C2440 内置了一个 10 位 8 通道的 CMOS ADC（模/数转换）模块。模拟信号的电压输入范围为 0～3.3V，其可以提供最大为 500 KSPS 的转换率，并且支持片上采样，保持功能和掉电模式的操作。S3C2440 的 ADC 模块同时还可以用于控制/选择触摸屏 X、Y 屏的方向引脚（XP、XM、YP 和 YM）的变换。触摸屏接口包括触摸屏的引脚控制逻辑和带中断发生逻辑的 ADC 接口逻辑。如图 11.23 所示是 S3C2440 的 ADC 模块的组成，可以看到其内部有一个 8 选 1 的多路选择器用于输入通道的选择。需要注意的是，当使用触摸屏设备的时候，触摸屏接口的 XM 或者 YM 只连接到地；而未使用触摸屏的时候，XM 和 YM 可以作为模拟信号的输入引脚。

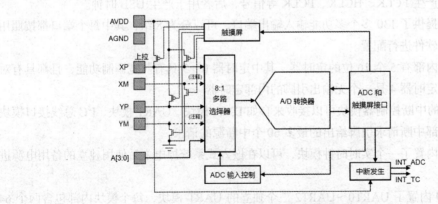

图 11.23　S3C2440 的 ADC 模块组成

当 PCLK 时钟为 50MHz 且预分频器的值为 49 时，ADC 模块的 10 位转换时间如下。所以，其在最高工作时钟为 2.5MHz 时，转换率可以达到 500 KSPS。

ADC频率=50MHz/（49+1）=1MHz

转换时间=1/（1MHz/5周期）=1/200 KHz＝5μs

当 ADC 模块作为触摸屏接口使用的时候，可以提供普通转换模式、分离的 X/Y 方向转换模式、自动（顺序）X/Y 方向转换模式和等待中断模式，S3C2440 同样是通过对 ADC 控制寄存器（ADCCON，0x5800 0000）、ADC 触摸屏控制寄存器（ADCTSC，地址 0x5800 0004）、ADC 启动延时寄存器（ADCDLY，地址 0x5800 0008）、ADC 转化数据寄存器（ADCDAT0，0x5800 000C）、ADC 转换数据寄存器（ADCDAT1，地址 0x5800 0010）和 ADC 触摸屏起落中断检测寄存器（ADCUPDN，0x5800 0014）来对 ADC 和触摸屏接口模块进行操作。

11.4 本章小结

（1）S3C2440 使用了 ARM920T 的内核结构，其实现了如图 11.1 所示的 MMU、AMBA 总线和哈佛结构的高速缓冲体系结构。这一结构具有独立的 16KB 指令高速缓存和 16KB 数据高速缓存。

（2）S3C2440 芯片内部集成了包括时钟和电源管理模块、定时器模块、PWM 模块、存储器控制模块、看门狗（WDT）、音频接口等在内的大量硬件组件，其使用了 AMBA 片上总线，对于高速硬件组件使用了 AHB 总线，对于低速外部接口硬件组件使用了 APB 总线，两者通过桥（Bridge）进行连接。

（3）S3C2440 的存储器控制模块提供了用于访问外部存储器的控制信号，其分为 8 个 Banks，最大寻址地址空间为 1GB 字。

（4）典型的 S3C2440 嵌入式系统会在 NAND FLASH 中执行引导代码，而在 SDRAM 中执行主代码。S3C2440 内置了一个名为 "SteppingStone" 的 SRAM 缓冲器，在系统引导启动时将会把 NAND FLASH 存储中开始 4K 字节的内容加载到其中并且执行，这些引导代码通常会把 NAND FLASH 的内容复制到 SDRAM 中执行。

（5）S3C2440 的时钟和电源模块由时钟控制、电源控制和 USB 控制三部分组成，通过使用时钟控制寄存器、时钟慢速控制寄存器等对其进行控制。其时钟控制逻辑使用 MPLL 和 UPLL 两个锁相环，前者用于产生 FCLK、HCLK、PCLK 等信号，后者用于产生 USB 时钟。

（6）S3C2440 提供了 130 多个多功能输入输出端口，可以分为 8 组，其中每个端口都按照用户的目标需求使用软件进行配置。

（7）S3C2440 内部有 5 个 16 位的定时器，其中定时器 0～3 具有脉宽调制功能，且都具有对外的输出引脚，而定时器 4 是一个无输出引脚的内部定时器。

（8）S3C2440 的中断控制器模块可以接收来自如 DMA 模块、UART 模块、I²C 总线接口模块等内部外设或者外部中断请求引脚给出的最多 60 个中断源的请求。

（9）S3C2440 内置了一个实时时钟模块，可以在嵌入式系统掉电之后使用独立的备用电源进行供电。

（10）S3C2440 内置了 UART0～UART2 三个独立的 UART 模块，每个模块内部包含两个 64 字节的先入先出缓冲区（FIFO），其都可以基于中断或 DMA 模式进行操作。

（11）S3C2440 提供了一个 I²C 总线接口模块，使用了标准的 I²C 总线仲裁步骤，提供主机发送模式、主机接收模式、从机发送模式、从机接收模式共 4 种工作模式。

（12）S3C2440 内部集成了两个 SPI 总线接口模块，每个模块都包含两个分别用于发送和接收的 8 位移位寄存器，兼容 2.11 版本的 SPI 协议，支持查询、中断和 DMA 传输模式。

本章重点考查 S3C2440 的内部结构和相关外设知识。主要是第 11.5.1 节的相关真题和第 11.5.2 小节有关 GPIO 端口、计时器和串行接口的基础题目。

11.5　真题解析和习题

11.5.1　真题解析

【真题 1】下面关于三星公司基于 ARM9 内核的 S3C2440 嵌入式微处理器芯片的叙述中，错误的是（　　）。

A．S3C2440 包含 32 位嵌入式微处理器

B．内部具有分离的指令 Cache 和数据 Cache

C．高速组件和低速外设接口均采用 AHB 总线

D．内部集成了存储器控制器

【解析】答案：C。

本题重点考查对 S3C2440 内部结构的了解，主要涉及第 11.1 节的内容。S3C2440 的高速组件使用了 AHB 总线，低速外设使用的是 APB 总线。

【真题 2】下面关于 S3C2440 嵌入式微处理器芯片 GPIO 端口的叙述中，错误的是（　　）。

A．GPIO 端口有 GPA、GPB、GPC、GPD 共 4 个并行 I/O 接口

B．GPIO 端口的多个并行 I/O 接口中，有的接口功能是单一的，有的接口功能是复用的

C．GPIO 端口的每个并行 I/O 接口都有控制寄存器、数据寄存器以及上拉寄存器

D．GPIO 端口属于芯片内部的低带宽组件

【解析】答案：A。

本题重点考查对 S3C2440 的 GPIO 端口的了解，主要涉及第 11.3.4 小节的内容。S3C2440 的引脚可以分为 GPA～GPJ 共 8 组。

【真题 3】下面关于 S3C2440 中断控制器的叙述中，错误的是（　　）。

A．中断控制器不支持内置 SPI 引起的中断

B．中断控制器支持内置 I^2C 引起的中断

C．中断控制器支持内置 USB 引起的中断

D．中断控制器支持内置 RTC 引起的中断

【解析】答案：A。

本题重点考查 S3C2440 的中断控制器和相关外部模块的知识，主要涉及第 11.3.6 小节的内容。SPI 模块没有中断输出。

【真题 4】下面关于 S3C2440 电源管理的叙述中，错误的是（　　）。

A．电源管理模块有 4 种模式

B．正常模式下，电源管理模式为内核及 ARM 芯片内部所有硬件组件提供时钟源，用户不能通过软件控制暂时不用的内置硬件组件处于关闭状态以降低功耗

C．任何情况下复位操作均自动进入正常工作模式

D．在掉电模式和休眠模式下，只要有任何一个外部中断或 RTC 时钟中断发生，均将返回到正常模式

【解析】答案：B。

本题重点考查 S3C2440 的电源管理模块的相关知识，主要涉及第 11.3.3 小节的相关内容，选项 B 的错误在于用户可以通过软件将内置硬件模块关闭。

11.5.2　本章习题

1. 下面关于 S3C2440 嵌入式微处理器芯片 RTC 的叙述中，错误的是（　　　）。

   A. 实时钟模块 RTC 采用单独的供电引脚和单独的时钟源

   B. RTC 内部的年（YEAR）、月（MON）、日（DAY）数据寄存器中的数据以 BCD 码表示

   C. RTC 内部的寄存器读写有一个使能位，在访问 RTC 寄存器之前需要先使这个使能位置位，这是为了保护系统的实时时钟不被误写

   D. RTC 内部的寄存器能以 8 位、16 位或 32 位的方式访问

2. 下面关于 S3C2440 中 UART 的叙述中，错误的是（　　　）。

   A. 芯片内置 UART0、UART1 和 UART2 共三个接口

   B. UARTn 对应的控制寄存器 UCONn 用于确定 UARTn 传输帧的格式

   C. 在计算波特率时用到的外部时钟有两种选择，具体选择时由 UART 的控制器寄存器中的相关位的状态决定

   D. 通过对 UART 的控制器寄存器进行编程可确定每个 UART 的相关中断是否允许

3. 三星公司基于 ARM9 内核的 S3C2440 嵌入式微处理器芯片使用由 AHB 总线和 APB 总线组成的 AMBA 总线。对于高速组件采用＿＿＿＿总线连接，而对于低速外设接口则采用＿＿＿＿总线连接

4. 三星公司基于 ARM9 内核的 S3C2440 嵌入式处理器芯片的电源管理模块共有＿＿＿＿种工作模式。在＿＿＿＿模式下不使用 PLL 时钟（MPLL 关闭不使用），而由外部晶体或外部时钟直接提供给其他组件使用

第12章
嵌入式系统软件的体系结构

嵌入式系统的软件可以分为底层软件、操作系统和应用软件三个层次，本章将介绍其层次和底层软件。本章的考核重点如下。

- 嵌入式系统的软件组成与实时操作系统（嵌入式系统软件组成、嵌入式操作系统的发展、实时系统与实时操作系统、微内核与宏内核、嵌入式操作系统的仿真平台等）。
- 板级支持软件包（BSP）和引导加载程序 Bootloader（硬件抽象层 HAL、BSP 的功能和移植、Bootloader 的执行过程、U-boot 及其移植等）。

12.1　嵌入式系统的软件层次

嵌入式系统的结构如图 12.1 所示，其软件层由中间驱动层（包括硬件抽象层和板级支持包）、操作系统层和应用软件层组成。

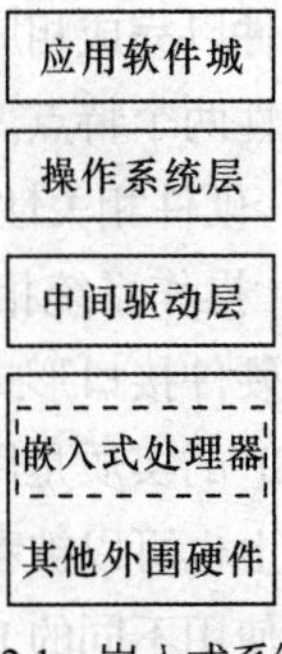

中间驱动层为硬件层与系统软件层之间的部分，有时也称为硬件抽象层（Hardware Abstract Layer，HAL）或者板级支持包（Board Support Package，BSP）。对于上层的操作系统，中间驱动层提供了操作和控制硬件的方法和规则；而对于底层的硬件，中间驱动层主要负责相关硬件设备的驱动等。

中间驱动层将系统上层软件与底层硬件分离开来，使系统的底层驱动程序与硬件无关，上层软件开发人员无需关心底层硬件的具体情况，根据中间驱动层提供的接口即可进行开发。

中间驱动层主要包含以下几个功能。

应用软件城
操作系统层
中间驱动层
嵌入式处理器
其他外围硬件

图 12.1　嵌入式系统的
结构

- 底层硬件初始化操作按照自底而上、从硬件到软件的次序分为三个环节，依次是片级初始化、板级初始化和系统级初始化。
- 硬件设备配置对相关系统的硬件参数进行合理的控制以达到正常工作。

- 硬件相关的设备驱动程序的初始化通常是一个从高到低的过程。尽管中间层中包含硬件相关的设备驱动程序，但是这些设备驱动程序通常不直接由中间层使用，而是在系统初始化过程中由中间层将它们与操作系统中通用的设备驱动程序关联起来，并在随后的应用中由通用的设备驱动程序调用，实现对硬件设备的操作。

操作系统层由实时多任务操作系统（Real-time Operation System，RTOS）及其实现辅助功能的文件系统、图形用户界面接口（Graphic User Interface，GUI）、网络系统及通用组件模块组成，其中实时多任务操作系统（RTOS）是整个嵌入式系统开发的软件基础和平台。

应用软件层是开发设计人员在系统软件层的基础之上，根据需要实现的功能，结合系统的硬件环境所开发的软件。

12.2 嵌入式系统的中间驱动层

嵌入式系统的中间驱动层用于隔离实际硬件和操作系统，是将所有的硬件包装好形成独立接口的软件层，通常包括引导程序（Bootloader）、硬件配置程序和硬件访问代码三个部分。其会给操作系统和应用软件提供硬件抽象层编程接口，从而使得上层软件开发用户不需要关心底层硬件的具体细节和差异，并且使得这些上层软件可以在不同的嵌入式硬件平台系统上进行移植。

12.2.1 中间驱动层的基础

中间驱动层又称为硬件抽象层（HAL）或板级支持包（BSP），这两者大部分时候表达的意思相同，但是还是有一定区别的。

- HAL：是为了实现操作系统在不同的硬件平台之间的可移植性提出的一系列规范，通常由操作系统厂商提出。
- BSP：是按照 HAL 规范为不同的嵌入式系统硬件编写的应用代码，通常由硬件厂商给出。

HAL/BSP 极大地提高了操作系统的硬件无关性，使得操作系统和应用程序可以控制和操作具体的硬件以完成相应的功能，所以其成为嵌入式系统中的必备部分。其具有硬件相关性和操作系统相关性两个特点。

- 硬件相关性：作为硬件和软件之间的接口，BSP 必须提供操作和控制硬件模块的方法。
- 操作系统相关性：不同的操作系统具有不同的硬件层次结构，因此不同的操作系统具有特定的硬件接口形式。

BSP 的实质是用于引导嵌入式系统启动一段代码，和普通个人电脑的 BIOS 类似（BIOS 在某种意义上也可以被看做 BSP），其特点对比如表 12.1 所示。一个嵌入式系统针对不同的操作系统通常会使用不同的 BSP；同样，针对相同的操作系统，如果硬件有差异，也会使用不同的 BSP。

表 12.1   BIOS 和 BSP 的对比

对比项	BIOS	BSP
系统启动	检测、初始化系统设备、装入操作系统并调度操作系统向硬件发出的指令	初始化嵌入式处理器和系统总线
和操作系统捆绑	否，是独立地位于主板的代码	是，通常和操作系统捆绑在一起运行
包括硬件驱动	否	是

续表

对比项	BIOS	BSP
用户修改	不能（通常意义），只能进行参数设置	用户可以编程修改 BSP，在 BSP 中任意添加和系统无关的驱动或者程序，甚至可以放入应用程序

BSP 在嵌入式系统中的位置如图 12.2 所示，其为操作系统和硬件设备的互操作建了一个桥梁，操作系统通过 BSP 来完成对指定硬件的配置和管理，BSP 向上层提供操作系统内核接口、操作系统 I/O 接口和与应用程序的接口。

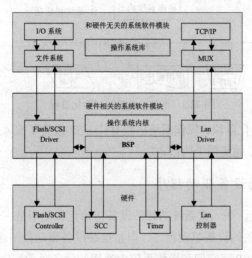

图 12.2 BSP 在嵌入式系统中的位置

12.2.2 BSP 的功能

BSP 的功能包括初始化嵌入式系统以及处理嵌入式系统的硬件相关设备驱动，其来源于嵌入式操作系统与嵌入式硬件无关的设计思想，操作系统被设计为运行在虚拟的硬件平台上；对于具体的硬件平台，与硬件相关的代码都被封装在 BSP 中，由 BSP 向上提供虚拟的硬件平台，与操作系统通过定义好的接口进行交互，是所有与硬件相关的代码体的集合。

1. 初始化嵌入式系统

对嵌入式系统进行初始化是 BSP 的两个最主要的功能之一，而嵌入式系统的初始化过程包括软件初始化和硬件初始化，整体来说是按照自底向上、从硬件到软件的次序来进行的，可以分为如图 12.3 所示的片级初始化、板级初始化和系统级初始化三个步骤。

（1）片级初始化：主要是完成对嵌入式处理器的初始化，包括通过对寄存器的设置完成工作模式的选择等操作，其会把嵌入式处理器从上电时的默认状态切换到用户所要求的工作状态。

（2）板级初始化：对嵌入式系统中其他硬件模块进行初始化，此外可能还需要设置某些软件的数据结构和参数，为随后的操作系统初始化做准备。

（3）系统初始化：对操作系统进行初始化，此时 BSP 会将系统的控制权交给操作系统，然后由操作系统继续进行初始化操作，包括加载和初始化与硬件无关的设备驱动程序，建立系统内存区，加载并初始化其他系统软件模块，如网络系统、文件系统等。

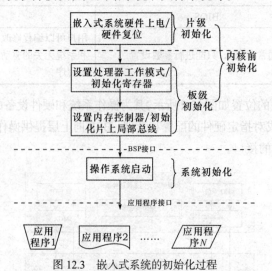

图 12.3 嵌入式系统的初始化过程

可以看到，在系统初始化阶段，操作系统已经替代 BSP 接管了嵌入式系统硬件，但是其是否能成功的关键在于 BSP 主导的前两个阶段。

2. 处理硬件相关的设备驱动程序

和系统初始化过程相反，嵌入式系统的硬件设备初始化和使用是一个从高层到底层的过程，尽管 BSP 中包含了硬件相关的设备驱动程序，但是这些设备驱动程序通常不直接由 BSP 使用而是在系统初始化过程中由 BSP 将它们和操作系统中通用的设备驱动程序关联起来，并且在随后的应用中由通用的设备驱动程序来调用，实现对硬件设备的操作。

12.2.3 BSP 的设计

通常来说，BSP 的设计有以经典 BSP 作为参考和使用目标嵌入式操作系统提供的 BSP 模板两种方法。由于 BSP 包括嵌入式系统中大部分和硬件相关的软件模块，其在功能上包括嵌入式系统初始化和硬件相关的设备驱动两个部分，所以一个完整的 BSP 设计和实现也需要包括嵌入式系统引导加载程序（Bootloader）和驱动程序设计两个部分，从而通常会使用"自下而上"的方法来实现 BSP 中的初始化操作，而使用"自上而下"的方法来实现硬件相关的驱动程序。

1. BSP 的开发

BSP 软件与其他软件的最大区别在于其有一整套模板和格式，开发人员必须严格遵守，不允许任意发挥。在 BSP 软件中，绝大部分文件的文件名和所要完成的功能都是固定的，所以其开发一般来说都是在一个基本成型的 BSP 软件上进行修改以适应不同嵌入式硬件的需求。针对某类处理器的嵌入式操作系统通常会提供一个基于最小系统的 BSP 包，用户可以以其为基础和参考开发自己的 BSP，其主要流程如下。

（1）掌握开发所使用的 PC 电脑上的操作系统、嵌入式系统上的目标操作系统，以及在这两个操作系统下开发 BSP 的要求。

（2）熟悉目标嵌入式处理器的使用方法。

（3）熟悉嵌入式系统中其他硬件的使用方法和嵌入式系统的硬件结构。

（4）根据嵌入式系统硬件确定一个最小 BSP 模板。

（5）利用仿真器等设备进行调试，将这个最小 BSP 移植到目标嵌入式系统上。

（6）在最小 BSP 的基础上，利用集成开发环境等软件进一步调试外围设备，配置、完善系统。

（7）设计嵌入式系统的硬件设备驱动程序。

2．BSP 的调试

BSP 的调试关键是最小系统 BSP 的调试，可以分为使用仿真器调试和"黑调"两种方式。

绝大部分嵌入式处理器都提供了用于调试的 JTAG 接口，仿真器会使用该接口和处理器进行通信，从而获得系统的当前状态，其典型结构如图 12.4 所示。通常来说，使用仿真器调试会首先调试完成嵌入式系统的 UART（RS-232）接口和以太网接口。

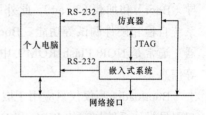

图 12.4　使用仿真器调试嵌入式系统的典型结构

目前常用的有嵌入式处理器仿真器有 JTAG 仿真器和全功能在线仿真器两大类。前者利用嵌入式处理器中的内部调试模块通过其 JTAG 边界扫描口来与仿真器连接。这种方式的仿真器比较便宜，连接比较方便，但由于仅通过十几条线来调试，因而功能有局限。而后者使用自带的仿真头（其实也是一个嵌入式系统，其使用的嵌入式处理器通常会比目标嵌入式处理器更加高端）完全取代目标系统中的嵌入式处理器，因而功能非常强大。为了能够全速仿真高速嵌入式处理器（通常高于 100MHz），通常它必须采用极其复杂的设计和工艺，因而价格比较昂贵。

在没有仿真器的情况下一般使用"黑调"，具体的方法是加"LED 指示灯"、用示波器测量硬件信号等，目的是打通 UART 模块来达到调试用个人电脑与目标嵌入式系统的通信，从而可以进行下一步操作。这种调试方法无法跟踪软件的运行，要求所使用的 BSP 模板与目标嵌入式系统基本一致，其流程如图 12.5 所示。

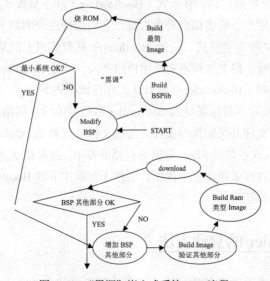

图 12.5　"黑调"嵌入式系统 BSP 流程

12.3 嵌入式系统的引导加载程序

嵌入式系统引导软件（Bootloader）是 BSP 的一部分，是嵌入式系统上电后运行的第一段软件代码，是整个系统执行的第一步。

12.3.1 Bootloader 的基础

Bootloader 是 BSP 的一部分，其依赖于具体的嵌入式硬件结构，核心功能是操作系统引导（Boot）和加载（Load），此外可能还支持简单的用户命令交互、操作系统启动参数设置、系统自检和硬件调试等功能。Bootloader 通常会存放在被称为 bootROM 的非易失性的存储器（通常是 NOR Flash ROM）中，还会存储操作系统映像、应用程序代码和用户配置数据等信息。

Bootloader 不仅仅只应用于嵌入式系统中，在普通个人电脑中也存在。例如，和 BIOS 一起引导操作系统加载的 LILO 和 GRUB，个人电脑的 BIOS 在完成硬件检测和资源分配后，将硬盘中的 Bootloader 读到 RAM 中，然后将控制权交给 Bootloader，Bootlloader 主要运行任务就是将内核映像从硬盘上读到 RAM 中，然后跳转到内核的入口点去运行，即开始启动操作系统。

嵌入式系统中通常不存在 BIOS，所以相对于个人电脑上的 Bootloader 所做的工作，嵌入式系统的 Bootloader 不仅要完成将内核映像从硬盘上读到 RAM 中，然后引导启动操作系统内核，而且需要完成 BIOS 所做的硬件检测和资源分配工作。可见，嵌入式系统中的 Bootloader 比起 PC 中的 Bootloader 更强大，功能更多。

12.3.2 Bootloader 的工作模式

通常来说，Bootloader 包括启动加载模式（Bootloading）和下载模式（Downloading）两种不同的工作模式，前者面向用户，后者面向开发人员，它们的特点说明如下。

- 启动加载模式：又称自主模式，是指 Bootloader 从目标机上的某个固件存储设备上将操作系统加载到 RAM 中运行，整个过程不需要用户的介入，其是 Bootloader 的正常工作模式。当嵌入式系统产品最终发布时，Bootloader 会被默认工作在该模式下。
- 下载模式：在该模式下目标系统的 Bootloader 将通过串口、网络或 USB 等接口从主机下载如操作系统内核镜像、文件系统镜像等文件，这些文件首先被 Bootloader 保存到嵌入式系统的 RAM 中，然后被写入嵌入式系统的 Flash 等固态存储设备中。这种模式通常在第一次安装内核与根文件系统时使用，又或者在系统更新中使用，工作于该模式下的 Bootloader 通常都会向它的中断用户提供一个简单的命令接口。

12.3.3 Bootloader 的启动方法

常见的 Bootloader 会提供磁盘启动、Flash 启动和网络启动三种启动方法。

1. 磁盘启动方法

个人电脑通常会使用磁盘启动方法，如 Linux 系统运行在台式机或者服务器上，这些计算机一般都使用 BIOS 引导，并且使用磁盘作为存储介质。如果进入 BIOS 设置菜单，可以探测处理器、内存、硬盘等设备，可以设置 BIOS 从软盘、光盘或者某块硬盘启动。但 BIOS 并不直接引导操作系统，这样，在硬盘的主引导区，还需要一个 Bootloader。这个 Bootloader 可以通过磁盘启动方式从磁盘文件系统中把操作系统引导起来。

Linux 传统上是通过 LILO（Linux Loader）引导的，后来又出现了 GNU 的软件 GRUB（GRand Unified Bootloader）。GRUB 是 GNU 计划的主要 Bootloader。GRUB 最初是由 Erich Boleyn 为 GNU Mach 操作系统撰写的引导程序。后来由 Gordon Matzigkeit 和 Okuji Yoshinori 接替 Erich 的工作，继续维护和开发 GRUB。这两种 Bootloader 被广泛应用在 X86 的 Linux 系统上，常用的开发主机可能就使用了其中一种，熟悉它们有助于配置多种系统引导功能。另外，GRUB 能够使用 TFTP 和 BOOTP 或者 DHCP 通过网络启动，这种功能对于系统开发过程很有帮助。

2. Flash 启动方法

Flash 启动方法是嵌入式产品最常用的启动方法，其可以直接从 Flash 启动，也可以将压缩的内存映像文件从 Flash（为节省 Flash 资源、提高速度）中复制、解压到 RAM，再从 RAM 启动。Flash 存储介质有很多类型，包括 NOR Flash、NAND Flash 等，其中 NOR flash 使用得最为普遍。

因为 NOR Flash 支持随机访问，所以代码可以直接在 Flash 上执行。Bootloader 一般是存储在 Flash 芯片上的，Linux 内核映像和 RAMDISK 也是存储在 Flash 上的。通常需要把 Flash 分区使用，每个区的大小应该是 Flash 擦除大小的整数倍。如图 12.6 所示是 Bootloader 和内核映像以及文件系统的分区表。

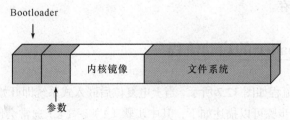

图 12.6　Flash 存储示意图

Bootloader 一般放在 Flash 的底端或者顶端，这是根据处理器的复位向量设置的，要使 Bootloader 的入口位于处理器上电执行第一条指令的位置。接着，分配参数区，其作为 Bootloader 的参数保存区域。然后分配内核映像区。Bootloader 引导 Linux 内核，就是要从此处把内核映像解压到 RAM 中去，然后跳转到内核映像入口执行。最后分配文件系统区。

另外，还可以分出一些数据区，这要根据实际需要和 Flash 的大小来决定。这些分区是开发者定义的，Bootloader 一般直接读写对应的偏移地址。

除了使用 NOR Flash，还可以使用 NAND Flash、Compact Flash、DiskOnChip 等，这些 Flash 具有芯片价格低、存储容量大的特点。但是这些芯片一般通过专用控制器的 I/O 方式来访问，不能随机访问，因此引导方式跟 NOR Flash 也不同。在这些芯片上，需要配置专用的引导程序。通常，这种引导程序起始的一段代码就把整个引导程序复制到 RAM 中运行，从而实现自举启动，这跟从磁盘上启动有些相似。

3. 网络启动方法

网络启动方法通常会应用于嵌入式系统的开发过程中，如图 12.7 所示。Bootloader 通过以太网接口远程下载 Linux 内核映像或者文件系统，在这种方式下嵌入式系统不需要配置较大的存储介质，但是使用这种启动方法之前需要把 Bootloader 安装到板上的 EPROM 或者 Flash 中。

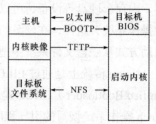

最常见的交叉开发环境就是用网络启动方法建立的，所以这种启动方法对于嵌入式系统开发来说非常重要，但是其使用也是需要具备一定条件的，具体如下。

图 12.7　Bootloader 的网络启动方法

（1）目标嵌入式系统有串口、以太网接口或者其他连接方式。串口一般可以作为控制台，同时可以用来下载内核影像和文件系统，但是由于其通信传输速率过低不适合用来挂接大型文件系统（如 NFS），所以以太网接口成为通用的互连设备。大部分嵌入式系统都可以配置 10Mbps 以太网接口。

（2）开发主机和嵌入式系统都需要相应接口的驱动程序。如果采用串口，则两端要安装串口的驱动程序；如果采用 USB 等高速的接口形式，则开发主机和开发板两端同样需要先安装驱动程序。

（3）需要在开发主机上配置启动相关网络服务，Bootloader 的下载文件一般都使用 TFTP 网络协议，还可以通过 DHCP 的方式动态配置 IP 地址。DHCP/BOOTP 服务为 Bootloader 分配 IP 地址、配置网络参数之后嵌入式系统才能够支持网络传输功能。如果 Bootloader 可以直接设置网络参数，就可以不使用 DHCP，而是用 TFTP 服务。TFTP 服务同样为 Bootloader 客户端提供文件下载功能，把内核映像和其他文件放在指定目录下。这样，Bootloader 可以通过简单的 TFTP 协议远程下载内核映像到内存。

12.3.4　Bootloader 的启动流程

Bootloader 的启动流程如图 12.7 所示，当上电复位后嵌入式系统即开始执行 BSP 代码来对系统进行初始化，其详细步骤可以描述如下，其中步骤（1）～（8）通常会使用汇编语言来完成。

（1）设置中断和异常向量。

（2）完成嵌入式系统启动所必需的最小配置，通常来说是对嵌入式处理器中的全局寄存器进行配置。

（3）如果嵌入式系统有看门狗电路（WDT），则需要对其进行设置。

（4）配置嵌入式系统所使用的存储器并为其分配地址空间，包括 Flash、SRAM 和 DRAM 等。如果系统使用了 DRAM 存储器或其他外设，则需要设置相关的寄存器以确定其刷新频率、数据总线宽度等信息，并初始化存储器系统。如果嵌入式处理器具有 MMU 单元，则可以使用其来管理内存空间。

（5）为嵌入式处理器的每个工作模式设置栈指针。

（6）对变量进行初始化，这里的变量指的是在软件中定义的已经赋好初值的全局变量。启动过程中需要将这部分变量从只读区域（通常是 Flash）拷贝到读写区域中，因为这部分变量的值在软件运行时有可能重新赋值。还有一种变量不需要处理，就是已经赋好初值的静态全局变量。这部分变量在软件运行过程中不会改变，因此可以直接固化在只读的 Flash 或 E²PROM 中。

（7）准备数据区，对于软件中所有未赋初值的全局变量，启动过程中需要将这部分变量所在区域全部清零。

（8）调用如 main 函数等高级语言入口函数，此后的操作会交给高级语言来完成，其主要目的是实现操作系统的加载。

（9）进一步完成嵌入式系统的初始化，包括嵌入式处理器、嵌入式系统的其他硬件模块、对中断系统继续初始化等。

（10）如果要在 RAM 中运行操作系统，则需要将内核代码和根文件系统复制到 RAM 中。

（11）向操作系统内核传递启动参数并且调用内核代码。

12.4　常见的 Bootloader 和 U-Boot 的使用方法

Bootloader 不仅仅和嵌入式系统中的嵌入式处理器架构相关，还和具体的嵌入式系统硬件结构以及需要运行的操作系统相关。到目前为止，嵌入式 Linux 是在嵌入式系统中应用得最为广泛的操作系统，本节将介绍其下常见的 Bootloader 和 U-Boot（Universal Bootloader）的使用方法。

12.4.1　常见的 Bootloader

表 12.2 给出了嵌入式 Linux 系统下常见的 Bootloader 的说明及其支持的嵌入式处理器架构，其中最常用的是 U-Boot，其是德国 Denx 公司以 PPCBoot 和 ARMBoot 为基础开发的一个 Bootloader，支持包括 x86、ARM、PowerPC 等在内的多种处理器。

表 12.2　　　　　　　　　　　　　　常见的 Bootloader

Bootloader	监控程序	说明	支持的嵌入式处理器					
			x86	ARM	PowerPC	MIPS	M68k	SuperH
LILO	否	Linux 主要的磁盘引导加载程序	●	×	×	×	×	×
GRUB	否	LILO 的 GNU 版后继者	●	×	×	×	×	×
ROLO	否	不需要 BIOS，可直接从 ROM 加载 Linux	●	×	×	×	×	×
Loadlin	否	从 DOS 加载 Linux	●	×	×	×	×	×
Etherboot	否	从 Ethernet 卡启动系统的 Romable Loader	●	×	×	×	×	×
LinuxBIOS	否	以 Linux 为基础的 BIOS 替代品	●	×	×	×	×	×
Compaq 的 bootldr	是	主要用于 Compaq iPAQ 的多功能加载程序	×	●	×	×	×	×
blob	否	来自 LART 硬件计划的加载程序	×	●	×	×	×	×
PMON	是	Agenda VR3 中所使用的加载程序	×	×	×	●	×	×

续表

Bootloader	监控程序	说明	支持的嵌入式处理器					
			x86	ARM	PowerPC	MIPS	M68k	SuperH
sh-boot	否	LinuxSH 计划的主要加载程序	×	×	×	×	×	●
U-Boot	是	以 PPCBoot 和 ARMBoot 为基础的通用加载程序	●	●	●	●	×	×
RedBoot	是	以 eCos 为基础的加载程序	●	●	●	●	●	●
Vivi	是	适用于 SAMSUNG 公司 ARM9 微处理器	×	●	×	×	×	×

注：●表示支持，×表示不支持

12.4.2 U-Boot 的特点

U-Boot（Universal BootLoader）是遵循 GPL 条款的开放源码项目，其是从 PPCBOOT 等逐步发展演化而来的，其源码目录、编译形式与 Linux 内核很相似，事实上其部分源码尤其是驱动程序相关部分代码就是相应的 Linux 内核源程序的简化。

U-Boot 不仅仅支持嵌入式 Linux 操作系统，还支持 NetBSD、VxWorks、QNX、RTEMS、ARTOS、LynxOS 等嵌入式操作系统，其开发目标是支持尽可能多的嵌入式处理器和嵌入式操作系统。

U-Boot 具有以下特点。

● 开放源码。

● 支持包括 Linux、NetBSD、VxWorks、QNX、RTEMS、ARTOS、LynxOS 在内的多种嵌入式操作系统。

● 支持包括 PowerPC、ARM、x86、MIPS、XScale 多种处理器在内的架构。

● 具有较高的可靠性和稳定性。

● 具有高度灵活的功能设置，适合调试、操作系统的不同引导要求和产品发布等需求。

● 提供了包括串口、以太网、SDRAM、Flash、LCD、NVRAM、E2PROM、RTC、键盘等在内的丰富设备驱动源码。

● 提供了较为丰富的开发调试文档与强大的网络技术支持。

U-Boot 的主要功能可以分为系统引导功能、基本辅助功能、设备驱动功能、上电自检功能和特殊功能几大部分。

● 系统引导功能：支持 NFS 挂载、Ramdisk（压缩或非压缩）形式的根文件系统，支持 NFS 挂载，并能从 Flash 中引导压缩或非压缩系统内核。

● 基本辅助功能：能提供强大的操作系统接口功能，可灵活设置、传递多个关键参数给操作系统以适合系统在不同开发阶段的调试要求与产品发布，尤其对 Linux 的支持最为强劲；能支持目标板环境参数的多种存储方式，如 Flash、NVRAM、E^2PROM；CRC32 校验，可校验 Flash 中内核、Ramdisk 映像文件是否完好。

● 设备驱动功能：能提供对串口、SDRAM、Flash、以太网、LCD、NVRAM、EEPROM、键盘、USB、PCMCIA、PCI、RTC 等设备的驱动支持。

● 上电自检功能：能进行 SDRAM、Flash 大小自动检测、SDRAM 故障检测、嵌入式处理器型号检查。

- 特殊功能：包括 XIP 内核引导等。

12.4.3　U–Boot 的使用方法

U-Boot 是 Bootloader 的一种，其使用和嵌入式处理器以及嵌入式系统硬件关联非常紧密，所以用户应该对其源代码有一定的了解以便于根据自己的硬件特点进行定制。

1．U–Boot 的结构

U-Boot（基于 1.1.2 版本）的内部结构如图 12.8 所示，其包括了如下的一些模块。

图 12.8　U-Boot 的源代码结构

- board：和一些已有开发板有关的代码，如 makefile 和 U-Boot.lds 等都和具体开发板的硬件和地址分配有关。
- common：与体系结构无关的代码，用来实现各种命令的 C 程序。
- cpu：包含 CPU 相关代码，其中的子目录都是以 U-Boot 所支持的 CPU 为名，如子目录 arm926ejs、mips、mpc8260 和 nios 等，每个特定的子目录中都包括 cpu.c、interrupt.c、start.S 等。其中，cpu.c 初始化 CPU、设置指令 Cache 和数据 Cache 等；interrupt.c 设置系统的各种中断和异常，如快速中断、开关中断、时钟中断、软件中断、预取中止和未定义指令等；汇编代码文件 start.S 是 U-Boot 启动时执行的第一个文件，它主要是设置系统堆栈和工作方式，为进入 C 程序奠定基础。
- disk：disk 驱动的分区相关代码。
- doc：文档。
- drivers：通用设备驱动程序，如各种网卡、支持 CFI 的 Flash、串口和 USB 总线等。
- fs：支持文件系统的文件，U-Boot 现在支持 cramfs、fat、fdos、jffs2 和 registerfs 等。
- include：头文件，还有对各种硬件平台支持的汇编文件，系统的配置文件和对文件系统支持的文件。
- net：与网络有关的代码，BOOTP 协议、TFTP 协议、RARP 协议和 NFS 文件系统的实现。
- lib_arm：与 ARM 体系结构相关的代码。
- tools：创建 S-Record 格式文件和 U-BOOT images 的工具。

2．U–Boot 需要修改的代码分析

U-Boot 中的重要代码包括启动文件 start.S、中断处理文件 interrupts.c、处理器操作文件 cpu.c 和嵌入式系统配置文件 memsetup.S。

- 启动文件：该文件位于 cpu/arm920t/start.S，这是 U-Boot 的起始位置。在这个文件中设置了处理器的状态、初始化中断向量和内存时序等，从 Flash 中跳转到定位好的内存位置执行。
- 中断处理文件：interrupts.c，用于中断处理，如打开和关闭中断等。

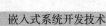
- 处理器操作文件：cpu.c，用于对嵌入式处理器进行相应操作。
- 嵌入式配置文件：memsetup.S，用于对嵌入式系统开发板参数进行配置。

3. 移植 U-Boot

U-Boot 的移植需要根据当前的嵌入式系统的硬件环境来完成，其主要的步骤说明如下，最新的 U-Boot 可以从 http://ftp.denx.de/pub/u-boot/ 来获得。

（1）修改当前嵌入式系统的硬件类型。

（2）修改程序链接地址。

（3）修改中断禁止处理。

（4）修改启动代码。

（5）修改内存配置。

（6）加入 Nand Flash 读操作代码。

（7）对 Nand Flash 进行初始化。

（8）修改 I/O 引脚配置。

（9）在头文件中加入 Nand Flash 设备。

（10）设置 Nand Flash 环境。

4. 烧录 U-Boot

当 U-Boot 修改完成之后，可以使用 J-Link 来对 U-Boot 进行烧录，其详细操作步骤说明如下。

图 12.9　J-Link ARM
启动图标

（1）首先安装 J-Link 的驱动，完成之后会在桌面上出现如图 12.9 所示的 J-Link ARM 启动图标（2 个）。

（2）连接好硬件系统后启动 J-Link ARM 可以看到如图 12.10 所示的界面。

（3）如图 12.11 所示对 J-Link 进行相应的配置。

图 12.10　J-Link ARM 的运行界面

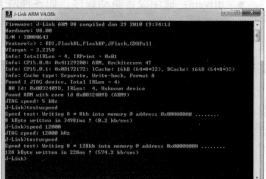

图 12.11　对 J-Link 进行配置

（4）双击打开 J-Flash ARM，在如图 12.12 所示的 File 菜单中选择 New Project 子菜单。

（5）选择 Option 菜单中的 Project settings 子菜单对项目进行设置，如图 12.13 所示。

（6）对目标系统接口（Target Interface）、处理器（CPU）和 Flash 进行设置，如图 12.14～图 12.16 所示。

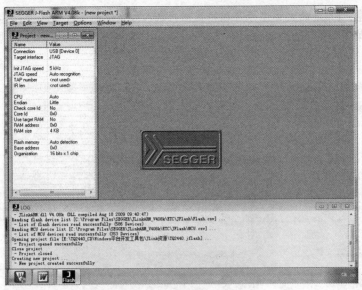

图 12.12 新建烧录项目

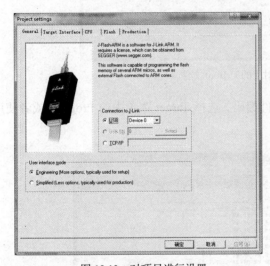

图 12.13 对项目进行设置

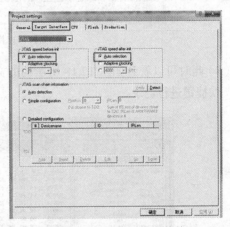

图 12.14 设置目标系统接口

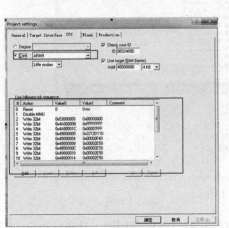

图 12.15 设置处理器

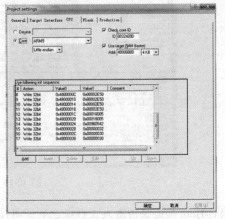

图 12.16 设置 Flash

注意： Flash 的具体型号应该根据用户嵌入式系统的实际情况进行选择。

（7）在 File 菜单中的 open program 中选择对应的 U-Boot 文件，如图 12.17 所示，然后单击"OK"按钮。

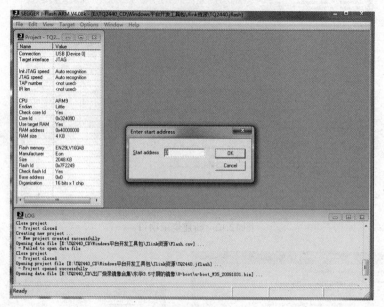

图 12.17　选择对应的 U-Boot 文件

（8）此时可以看到如图 12.18 所示的的文件编码，选择 Target 菜单中的 Program 或者使用"F5"快捷键进行烧录。

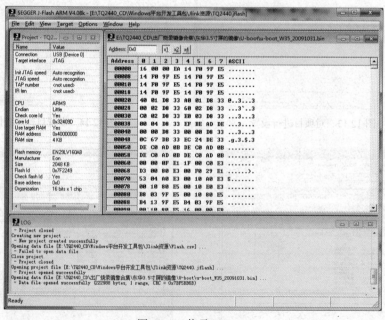

图 12.18　烧录 U-Boot

当 U-Boot 被烧录进嵌入式系统之后即可使用超级终端和 DNW 等辅助工具进行相应的调试观察、烧录裸机代码以及操作系统、文件系统。

12.5　本章小结

（1）嵌入式系统的软件可以分为底层软件、操作系统和应用软件三个层次。

（2）中间驱动层为硬件层与系统软件层之间的部分，有时也称为硬件抽象层（HAL）或者板级支持包（BSP）。对于上层的操作系统，中间驱动层提供了操作和控制硬件的方法和规则；而对于底层的硬件，中间驱动层主要负责相关硬件设备的驱动等。

（3）BSP 的功能包括初始化嵌入式系统以及处理嵌入式系统的硬件相关设备驱动，其来源于嵌入式操作系统与嵌入式硬件无关的设计思想。

（4）通常来说，BSP 的设计有以经典 BSP 作为参考和使用目标嵌入式操作系统提供的 BSP 模板两种方法。

（5）嵌入式系统引导软件（Bootloader）是 BSP 的一部分，是嵌入式系统上电后运行的第一段软件代码，是整个系统执行的第一步，其核心功能是操作系统引导（Boot）和加载（Load）。

（6）通常来说，Bootloader 包括启动加载模式（Bootloading）和下载模式（Downloading）两种不同的工作模式，提供磁盘启动、Flash 启动和网络启动三种启动方法。

（7）U-Boot（Universal Bootloader）是德国 Denx 公司以 PPCBoot 和 ARMBoot 为基础开发的一个 Bootloader。

12.6　真题解析和习题

12.6.1　真题解析

【真题 1】关于硬件抽象层，下面的描述中错误的是（　　　）。

A. 硬件抽象层是嵌入式硬件电路板最基本的软件

B. 硬件抽象层包含嵌入式软件中直接访问底层硬件的例程集合

C. HAL 的函数是移植操作系统的基础

D. 硬件抽象层是操作系统内核的重要组成部分

【解析】答案：D。

本题重点考察硬件抽象层的基础知识，主要涉及第 12.2 节的内容。答案 D 的错误在于硬件抽象层不属于操作系统内核的组成部分。

【真题 2】在 Bootloader 的 stage1 中，以下各步骤的顺序应为（　　　）。

①跳转到 stage2 的 C 程序入口点。

②为加载 stage2 准备 RAM 空间。

③拷贝 stage2 的执行代码到 RAM 空间中。

④基本硬件初始化。

A. ②④①③

B. ④②③①

C. ④②①③

259

D. ④③②①

【解析】答案：B。

本题重点考查 Bootloader 在第一阶段的操作，主要涉及第 12.3.3 小节的内容。其第一步必须是对硬件进行初始化，第二步是准备 RAM 空间以便于拷入代码。

【真题 3】关于 U-Boot，以下说法错误的是（　　　　）。

A. U-Boot 全称是 USB Bootloader，通过 USB 接口完成启动，支持多种处理器和操作系统

B. U-Boot 支持 PowerPC、x86、ARM 等多种体系结构的处理器

C. U-Boot 支持嵌入式 Linux、VxWorks、QNX、RTEMS、Windows CE 等操作系统

D. U-Boot 用两个阶段完成操作系统的引导加载

【解析】答案：A。

本题重点考查对 U-Boot 的理解，主要涉及第 12.4.2 和 12.4.3 小节的内容。U-Boot 的全称是 Universal BootLoader，面向通用，和 USB 没有必然联系。

【真题 4】具有操作系统的嵌入式系统加电后最初执行的操作称为引导或者自举（Boot），对应的程序称为引导程序，或者引导加载程序（Bootloader）。引导加载程序主要完成＿＿＿＿＿＿＿、外设存在自检、内存地址映射、初始化外围设备、内存寻址定位、加载并启动＿＿＿＿＿＿＿。

【解析】答案：加电自检；操作系统。

本题重点考查 Bootloader 的功能，主要涉及第 12.3 节的内容。

12.6.2　本章习题

1. 如下几种 Bootloader 中，用于 Linux 操作系统引导程序加载时所支持不同体系结构处理器种类最多的是（　　　）。

A. LILO　　　　　　　B. GRUB　　　　　　C. U-Boot　　　　　D. Loadlin

2. 以下各项关于引导加载程序的说法，不正确的是（　　　　）。

A. 引导加载程序对应的英文术语是 BIOS

B. 嵌入式系统加电后执行的第一批最初操作称为引导或者自举

C. 引导加载程序会进行内存加电自检和外设存在自检

D. 引导加载程序会进行内存地址映射，初始化外围设备

3. U-Boot 是一种通用的引导加载程序，对＿＿＿＿＿＿＿系列处理器的支持最为丰富，对＿＿＿＿＿＿＿操作系统的支持最为完善。

4. 由于 Bootloader 的实现依赖于 CPU 的体系结构，因此大多数 Bootloader 都分为 stage1 和 stage2 两大部分。依赖于 CPU 体系结构的代码，如设备初始化代码等，通常都放在 stage1 中，且使用＿＿＿＿＿＿＿语言来实现，以达到短小精悍的目的。而 stage2 则通常用 C 语言来实现，这样可以实现更复杂的功能，而且代码会具有更好的可读性和＿＿＿＿＿＿＿性。

第13章

嵌入式操作系统

嵌入式操作系统（Embedded Operating System，EOS）是嵌入式系统的重要组成部分，负责嵌入式系统的软、硬件资源分配、任务调度、控制、协调并发活动。其必须体现其所在系统的特征，能够通过添加/删除某些模块来达到系统所要求的功能。本章将介绍其发展和分类，以及常见的嵌入式操作系统。本章的考核重点如下。

● 嵌入式系统的软件组成与实时操作系统（嵌入式系统软件组成、嵌入式操作系统的发展、实时系统与实时操作系统、微内核与宏内核、嵌入式操作系统的仿真平台等）。

● 嵌入式 Linux 操作系统（嵌入式 Linux 的发展和自由软件、嵌入式 Linux 内核的结构、系统调用接口、常见嵌入式 Linux 等）。

13.1 嵌入式操作系统的发展

嵌入式操作系统的发展经历了从无到有、从实时到面向 Internet 的 4 个阶段，其演变过程如图 13.1 所示。可以看到，其从最简单的"核（Kernel）+应用（Application）"结构逐步演变到了带网络（Networking）、文件系统（File System）、Java 虚拟机（Java）等复杂结构。

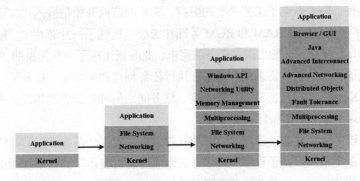

图 13.1　嵌入式操作系统的发展历程

13.1.1　无操作系统阶段

嵌入式系统最初的应用是基于单片机的，大多以可编程控制器的形式出现，具有监测、控制、设备指示等功能，通常应用于各类工业控制和飞机、导弹等武器装备中，一般没有操作系统的支持，只能通过汇编语言或者 C 语言等对硬件进行直接控制，运行结束后再清除内存。这些装置虽然已经初步具备了嵌入式的应用特点，但仅仅只是使用嵌入式处理器芯片来执行一些单线程的程序，因此严格地说还谈不上"系统"的概念。

这个阶段的软件结构可以分为如图 13.2 所示的简单轮询（Round-Robin）结构和如图 13.3 所示的带中断轮询结构两大类。

● 简单的轮询结构：其重复循环检查每个外部输入条件，如果有需要处理的任务则进行相应的处理。其优点是程序结构简单，缺点是不能对外部状态进行及时响应，基本上没有实时能力。

● 带中断的轮询结构：其是在简单的轮询结构上增加了中断响应功能，当有需要处理的外部事件发生的时候进入中断服务子程序对这些事件进行处理，其在主循环中进行非紧急的轮询操作，在中断服务子程序中处理需要实时响应的事件。一个极端的例子是主循环中什么都不做只等待中断事件，这种结构又被称为中断驱动结构或者前后台结构。其优点是提供了系统对紧急事件的响应能力，缺点是使得系统复杂度上升，如何正确地处理中断的冲突和嵌套成为重点。

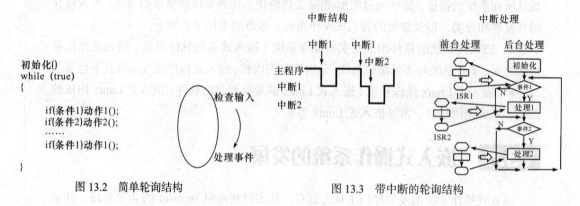

图 13.2　简单轮询结构　　　　　图 13.3　带中断的轮询结构

13.1.2　简单操作系统阶段

20 世纪 80 年代，随着微电子工艺水平的提高，芯片制造商开始把嵌入式应用中所需要的处理器、I/O 接口、串行接口以及 RAM 和 ROM 等部件统统集成到了一片芯片中。随着硬件性能的提升，系统的功能日益复杂，开始出现多任务的需求，此时就出现了一些简单的"操作系统"，这些简单的操作系统通常只包括负责多任务处理、执行任务创建和初始化、任务调度、存储时钟和中断管理的内核（Kernel），仅仅实现了任务调度、任务间通信和中断管理等最基本的功能，以多个并发的任务（Task）来取代主循环。

此时的操作系统是监控式的。嵌入式系统的软件是监控式操作系统和应用软件的结合，其本质是由多个任务、多个中断服务子程序和操作系统组成的有机整体。操作系统通过任务调度和任务切换来保证任务的并行运行，各个任务之间以及任务与终端服务程序之间的通信、同步和互斥也需要操作系统的介入。其增加了系统的硬件开支，但是降低了用户软件开发的难度，并且可以保证系统的实时性和可维护性。其典型实例是在第 14 章中将要介绍的 μC/OS-II 操作系统。

13.1.3　实时操作系统阶段

20 世纪 90 年代，在分布控制、柔性制造、数字化通信和信息家电等巨大需求的牵引下，嵌入式系统进一步飞速发展，而面向实时信号处理算法的 DSP 产品则向着高速度、高精度、低功耗的方向发展。随着硬件实时性要求的提高，嵌入式系统的软件规模也不断扩大，逐渐形成了实时多任务操作系统（Real Time OS，RTOS），并开始成为嵌入式系统的主流。

13.1.4　面向 Internet 阶段

21 世纪是一个网络的时代，随着网络技术的发展，其和嵌入式系统结合日益紧密，包括 iOS、Android（安卓）、嵌入式 Linux 等操作系统迅速发展，为嵌入式系统提供了网络支持，在嵌入式系统软件部分形成了通用嵌入式操作系统和应用软件结合的结构。

在这个阶段出现了中间件软件（Middleware），这是除了操作系统内核、设备驱动程序和应用软件之外的系统软件，是一种独立的系统软件或服务程序，应用软件可以借助这种软件在不同的技术之间共享资源。中间件位于客户机/服务器的操作系统之上，管理计算机资源和网络通信，是连接两个独立应用程序或独立系统的软件，相连接的系统虽然具有不同的接口，但通过中间件相互之间仍能交换信息。中间件用户可以在获得相对稳定的应用软件开发和运行环境的同时减轻开发难度并减少工作量，并且当底层的软硬件发生变化的时候依然能保证应用软件的稳定。常见的中间件软件包括 Java 虚拟机中间件、数据库访问中间件等。

此时，嵌入式系统上的开发已经需要在开发主机上使用交叉编译环境来进行，所以在开发主机上还需要运行大量的支撑软件。这些软件用于辅助设计和进行测试，通常包括系统分析设计工具、在线仿真工具、交叉编译器、源程序模拟器和配置管理工具，而在调试阶段嵌入式目标系统上也会运行一些开发工具的代理程序（Agent）。

13.2　嵌入式操作系统的特点和分类

13.2.1　嵌入式操作系统的特点

和通用操作系统相比，嵌入式操作系统除了具备一般操作系统最基本的功能，如任务调度、同步机制、中断处理、文件功能等外，在系统实时高效性、硬件的相关依赖性、软件固态化以及应用的专用性等方面也具有较为突出的特点。

● 具有可装卸性：嵌入式操作系统具有开放性、可伸缩性的体系结构，可以比较方便地添加或者删除组件。

● 具有强实时性：嵌入式操作系统的实时性一般较强，可用于各种设备控制当中，对外部状态进行及时响应。

- 使用统一的接口：嵌入式操作系统会为各种设备提供驱动接口以方便用户连接外部设备。
- 操作方便、简单、提供友好的图形 GUI，图形界面，追求易学易用。
- 提供强大的网络功能，支持 TCP/IP 协议及其他协议，提供 TCP/UDP/IP/PPP 协议支持及统一的 MAC 访问层接口，为各种移动计算设备预留接口。
- 具有强稳定性、弱交互性：嵌入式系统一旦开始运行就不需要用户过多地干预，这就要求负责系统管理的嵌入式操作系统具有较强的稳定性，其用户接口一般不提供操作命令，而是通过系统调用命令向用户程序提供服务。
- 代码固化：在嵌入式系统中操作系统和应用软件被固化在 ROM 或者 Flash 存储器中，因此嵌入式操作系统的文件管理功能应该很容易拆卸，而用各种内存文件系统。
- 具有更好的硬件适应性，也就是良好的移植性。

13.2.2　嵌入式操作系统的分类

嵌入式操作系统具有多种分类方法，通常来说可以按照应用领域、实时性和商业性进行分类。

1.　应用领域

从应用领域可以将嵌入式操作系统分为面向工业控制的操作系统（如 VxWorks）、面向汽车电子的嵌入式操作系统（如 QNX）、面向消费电子的嵌入式操作系统（如 Android 和 iOS），面向通用嵌入式系统的操作系统（如 Linux）。

2.　实时性

按照操作系统的实时性，可以将嵌入式操作系统分为实时嵌入式操作系统（如 VxWorks、QNX）和非实时嵌入式操作系统（如普通嵌入式 Linux、Android）等。前者主要用于各种对实时性要求较高的场合，如飞机、汽车、军事或者工业控制，后者通常用于各种消费和民用电子，如智能手机、平板电脑、智能水表等。

3.　商业性

按照商业性可以将嵌入式操作系统分为商用型和开放源代码型。前者需要收取使用版权费用，但具有功能稳定、可靠的特点，通常会提供完善的技术支持和售后服务；而后者源代码开放便于用户自行修改，其对比如表 13.1 所示。

表 13.1　　　　　　　　　　　　　嵌入式操作系统的商业性比较

对比项	商用型	开放源代码型
购买费用	需要	免费
版权费用	需要	免费
技术支持	开发商	开放平台和爱好者
封闭性	较高	较低
开发周期	长	短
稳定性	通常很高	较低，尤其是有许多爱好者自定义的版本

13.3 实时系统和实时操作系统

13.3.1 实时系统

许多嵌入式系统都属于实时系统（Real-Time System，RTS），是必须在有限的时间内对外部事件做出响应的信息系统。在计算机协会实时系统技术委员会（IEEE-CS TCRTS）给出的定义中，实时系统是其正确性不仅仅和计算相关，还和得到计算结果的时间相关的系统。

实时系统的关键并不是系统对外部事件的处理速度，而是对这些事件处理的可预见性和确定性。也就是说，无论在任何情况下（满负荷运行或者零负荷运行），实时系统都必须能确保满足系统对时间的要求，换句话说就是，即使在最坏的情况下也要满足对时间的要求。

通常来说，实时系统具有如下的时间约束、可预测性、可靠性、交互作用这几个特点，此外还有多任务、复杂性、支持短暂超载这几个新的特点。

- 时间约束：时间约束是指实时系统必须在规定的时限内完成相应的操作。
- 可预测性：这是指系统能够对实时任务的执行时间进行判断，确定是否能够满足任务的时限要求。由于实时系统对时间约束要求的严格性，使可预测性成为实时系统的一项重要性能要求。除了要求硬件延迟的可预测性以外，还要求软件系统的可预测性，包括应用程序响应时间的可预测性（即在有限的时间内完成必须的工作）和操作系统的可预测性（即实时原语、调度函数等运行开销应是有界的，以保证应用程序执行时间的有界性）。
- 可靠性：这是指大多数实时系统要求有较高的可靠性。在一些重要的实时应用中，任何不可靠因素和计算机的一个微小故障，或某些特定强实时任务（又叫关键任务）超过时限，都可能引起难以预测的严重后果。为此，系统需要采用静态分析和保留资源的方法及冗余配置，使系统在最坏情况下都能正常工作或避免损失。可靠性已成为衡量实时系统性能不可缺少的重要指标。
- 交互作用：实时系统通常运行在一定的环境下，外部环境是实时系统不可缺少的组成部分。计算机子系统一般是控制系统，它必须在规定的时间内对外部请求做出反应，外部物理环境往往是被控子系统，两者互相作用构成完整的实时系统。大多数控制子系统必须连续运转以保证子系统的正常工作或随时准备对任何异常行为采取行动。

实时系统的最重要指标是时限（Deadline），其可以分为相对时限和绝对时限。

- 相对时限：这是当事件发生后嵌入式系统做出响应所允许的最大时间长度。
- 绝对时限：这是不管事件什么时候提出，相应任务必须完成的截止时间。

根据任务的时限对系统性能的影响，可以将系统中的任务分为硬实时任务（Hard Real-Time Task）、软实时任务（Soft Real-Time Task）和准实时任务（Firm Real-Time Task）三大类。

- 硬实时任务：硬实时任务的执行必须满足最后期限的限制，否则会给系统带来不可接受的破坏或者致命错误，如汽车气囊的弹出，如果晚 1 秒则还不如没有气囊。
- 软实时任务：软实时任务的执行也有一个与之关联的最后期限，并希望能满足这个期限的要求，但这并不是强制的，即使超过了最后期限，调度和完成这个任务仍然是有意义的，如智能手机触摸屏对用户点击操作的响应。
- 准实时任务：准实时任务介于硬实时任务和软实时任务之间，如果超过时限其操作可能

没有意义，但是也不会导致不能接受的破坏或者致命错误，可以再次提交执行，如嵌入式系统的输入按键扫描。

13.3.2 实时操作系统

实时操作系统（Real-Time Operating System，RTOS）是能满足实时系统要求的操作系统，用户的应用程序是运行于其上的各个任务，操作系统会根据各个任务的要求，进行资源（包括存储器、外设等）管理、消息管理、任务调度、异常处理等工作。在实时操作系统中，每个任务均有一个优先级，操作系统会根据各个任务的优先级来动态地切换各个任务以保证对实时性的要求。

计算机协会实时系统技术委员会（IEEE-CS TCRTS）给出的实时操作系统必须满足以下几个标准。

- 保证对异步事件的响应。
- 确定切换时间和中断延迟时间。
- 优先级中断和调度。
- 具有抢占式调度。
- 同步和连续文件。

和实时任务类似，实时操作系统也可以分为硬实时操作系统和软实时操作系统，前者的代表是VxWorks，后者的代表是部分嵌入式 Linux 和 WinCE。实时操作系统每次完成任务所需要时间的偏差被称为抖动（Jitter）。硬实时操作系统的抖动比软实时操作系统更少。为了减少系统的抖动，系统调用和服务的执行时间都应该具有确定性，也即这两项的执行时间应该不依赖于系统的当前负载。

为了满足对实时任务的响应以及系统的时间确定性，实时操作系统通常会采用事件驱动、多级中断嵌套处理、细粒度的任务优先级控制以及实时抢占式调度这几种方法，其强调的是实时性、可靠性和灵活性。

实时操作系统追求的是实时性、可确定性和可靠性，评价一个实时操作系统一般可以从任务调度、内存管理、任务通信、内存开销、任务切换时间、最大中断禁止时间等几个方面来衡量。其中，中断延迟时间和任务切换时间是评价一个实时操作系统实时性最重要的两个技术指标。表 13.2 给出了 VxWorks、μC/OS-II、RTLinux 和 QNX 在不同硬件平台下这两个技术指标的对比。

- 任务调度机制：实时操作系统的实时性和多任务能力在很大程度上取决于它的任务调度机制。从调度策略方面来说，有优先级调度策略和时间片轮转调度策略；从调度方式上来说，有可抢占调度方式、不可抢占调度方式、选择可抢占调度方式；从时间片来说，有固定时间片轮转与可变时间片轮转。

- 内存管理机制：可以分为实模式与保护模式。

- 最小内存开销：在实时操作系统设计过程中，最小内存开销是一个较重要的指标，这是因为在工业控制领域中的某些工控机（如上下位机控制系统中的下位机），基于降低成本的考虑，其内存的配置一般都不大。

- 中断延迟时间（Interrupt Latency）：实时操作系统运行在核态或执行某些系统调用的时候，是不会因为外部中断的到来而中断执行的；只有当实时操作系统重新回到用户态时才响应外部中断请求，这一过程所需的最大时间就是中断延迟时间，这些中断是针对可屏蔽中断来说的。

- 任务切换时间（Task Switching Time）：当由于某种原因使一个任务退出运行时，实时操作系统保存它的运行现场信息，插入相应队列，并依据一定的调度算法重新选择一个任务使之投入运行，这一过程所需时间称为任务切换时间。

表 13.2　　　　　　　　　　　几个典型的实时操作系统性能对比

对比项	VxWorks	μC/OS-II	RTLinux 2.0	QNX6
硬件平台	MC68000	33MHz-486	60MHz-486	33MHz-486
任务切换	3.8μS	<9.0μS	-	12.58μS
中断响应	<3μS	<7.5μS	25μS	7.54μS

13.4　嵌入式操作系统的内核结构

13.4.1　嵌入式操作系统的内核功能

嵌入式操作系统主要为运行其上的任务（Task）服务，最重要的组成部分是负责对任务进行管理的内核（Kernel），其能完成各个任务之间的通信，还能实现任务与任务之间的切换（Context Switch）。

嵌入式操作系统的主要内核功能包括任务管理（Task Management）、任务间通信和同步（Inter-Task Communication and Synchronization）、时钟控制（Timer Control）和中断服务（Interrupt Service）4 大部分，其详细说明如下。其和如图 13.4 所示的其他模块共同完成嵌入式操作系统的功能。

* 任务管理：任务管理功能包括任务的建立、任务的删除、任务的上锁和任务的解锁。

图 13.4　内核和嵌入式操作系统组成

* 任务间的通信与同步：包括用信号量协调各个任务、由邮箱完成任务间的数据传送、由队列完成任务间的数据传送。
* 时钟控制：包括设置和获取系统时钟和将任务延迟 N 个时钟周期。
* 中断服务：包括中断的进入和退出。

操作系统（嵌入式操作系统）的内核结构可以分为单内核（宏内核）结构和微内核结构两大类。

13.4.2　单内核结构

单内核（Monolithic-kernel）结构的操作系统也叫集中式操作系统，整个系统是一个大模块，可以被分为若干逻辑模块，即处理器管理、存储器管理、设备管理和文件管理，其模块间的交互是通过直接调用其他模块中的函数实现的。

单内核结构模型以提高系统执行效率为设计理念，因为整个系统是一个统一的内核，所以其内部调用效率很高。单内核本身可以被视为一个很大的进程，其内部又能够被分为若干模块（层次或其他），但其在运行的时候是作为单独的二进制大映象存在的，其模块间的通信是通过直接调用其他模块中的函数而不是消息传递来实现的。

单内核结构的缺点也正是由于其源代码是一个整体而造成的，通常各模块之间的界限并不特别清晰，模块间的调用也比较随意，所以进行系统修改或升级时，往往"牵一发而动全身"，导致工作量加大，使其难于维护。

目前常见的单内核操作系统有 BSD、Linux、Windows CE 和 Android 等。

13.4.3　微内核结构

微内核（Micro-kernel）结构把操作系统结构中的内存管理、设备管理、文件系统等高级服务功能尽可能地从内核中分离出来，变成几个独立的非内核模块，而在内核只保留少量最基本的功能，使内核变得简洁、可靠。

在微内核结构模式下，大部分内核都作为单独的进程在特权状态下运行，它们通过消息传递进行通信。在典型情况下每个概念模块都有一个进程，因此如果在设计中有一个系统调用模块，那么就必然有一个相应的进程来接收系统调用，并和能够执行系统调用的其他进程（或模块）通信以完成所需任务。

在这些设计中，微内核部分经常只不过是个消息转发站，当系统调用模块要给文档系统模块发送消息时，消息直接通过内核转发。这种方式有助于实现模块间的隔离（某些时候，模块也能够直接给其他模块传递消息），而在一些微内核的设计中，更多的功能，如 I/O 等，也都被封装在内核中了。但是，最根本的思想还是要保持微内核尽量小，这样只需要把微内核本身进行移植就能够完成将整个内核移植到新的平台上了。其他模块都只依赖于微内核或其他模块，并不直接依赖于硬件。

微内核实现的基础是操作系统理论层面的逻辑功能划分。几大功能模块在理论上是相互独立的，形成比较明显的界限，其优点如下。

- 充分的模块化，可独立更换任一模块而不会影响其他模块，从而方便第三方开发、设计模块。
- 未被使用的模块功能不必运行，因而能大幅度减少系统的内存需求。
- 具有很高的可移植性，理论上讲只需要单独对各微内核部分进行移植修改即可。由于微内核的体积通常很小，而且互不影响，因此工作量很小。

微内核结构的缺点主要体现在效率较低和性能相对较差。常见的微内核结构操作系统有 VxWorks、QNX 等。

13.4.4　混合内核结构

目前，很多现代操作系统，如 Windows 7、OS X 都使用混合内核结构，其本质上还是微内核结构，但是其让原本运行在用户空间的服务程序运行在内核空间，可以提高内核运行效率。

13.5　常见的嵌入式操作系统

13.5.1　Vxworks

VxWorks 操作系统是美国风河（WindRiver）公司于 1983 年设计开发的一种实时操作系统，

其以良好的可靠性和卓越的实时性被广泛应用在通信、军事、航空、航天等高精尖技术及对实时性要求极高的领域中，如卫星通信、军事演习、导弹制导、飞机导航等。其最大的缺点是价格昂贵。主要特点说明如下。

高性能实时：VxWorks 的微内核 Wind 是一个具有较高性能的、标准的嵌入式实时操作系统内核，其支持抢占式的基于优先级的任务调度，支持任务间同步和通信，还支持中断处理、看门狗（WatchDog）定时器和内存管理。其任务切换时间短、中断延迟小、网络流量大的特点使得 VxWorks 的性能得到很大提高，与其他嵌入式系统相比具有很大优势。

POSIX 兼容：POSIX（the Portable Operating System Interface）是工作在 ISO/IEEE 标准下的一系列有关操作系统的软件标准。制定这个标准的目的就是为了在源代码层次上支持应用程序的可移植性。这个标准产生了一系列适用于实时操作系统服务的标准集合 1003.1b（过去是 1003.4）。

可配置性好：VxWorks 提供了良好的可配置能力，可配置的组件超过 80 个，用户可以根据自己系统的功能需求通过交叉开发环境方便地进行配置。

友好的开发调试环境：VxWorks 提供的开发调试环境便于进行操作和配置，开发系统 Tornado 更是得到了广大嵌入式系统开发人员的欢迎。

支持的处理器种类多：如 x86、i960、Sun Sparc、Motorola MC68000、MIPS RX000、Power PC、StrongARM、XScale 等。大多数的 VxWorks API 是专用的，VxWorks 提供的板级支持包（BSP）支持多种硬件板，包括硬件初始化、中断设置、定时器和内存映射等例程。

13.5.2　Linux

嵌入式 Linux 现在已经有许多的版本，包括强实时的嵌入式 Linux（如新墨西哥工学院的 RTLinux 和堪萨斯大学的 KURT-Linux 等）和一般的嵌入式 Linux 版本（如 uCLinux 和 PocketLinux 等）。其中，RT-Linux 通过把通常的 Linux 任务优先级设为最低，而所有实时任务的优先级都高于它，以达到既兼容通常的 Linux 任务又保证强实时性能的目的。另一种常用的嵌入式 Linux 是 uCLinux，它是针对没有 MMU（内存管理单元）的处理器而设计的。它不能使用处理器的虚拟内存管理技术，对内存的访问是直接的，所有程序中访问的地址都是实际的物理地址。它专为嵌入式系统做了许多小型化的工作，本章将在 13.6 节中对 Linux 进行介绍。

13.5.3　WinCE

WinCE 是微软公司推出的嵌入式系统，其曾经在工业控制上占据了很大的市场份额，并且基于其发展出来的 Windows Mobile 版本也曾在智能手机和掌上设备上占有半壁江山；而且由于 WinCE 开发的都是大家熟悉的 VC++ 环境，所以对于一般的开发人员都不会有多大难度，这也是 WinCE 容易被人们所接受的原因。

WinCE 具有优先级的多任务操作系统，它允许多重功能、进程在相同时间系统中运行，支持最大的 32 位同步进程。一个进程包括一个或多个线程，每个线程代表进程的一个独立部分，一个线程被指定为进程的基本线程，进程也能创造一个未定数目的额外线程，额外线程的实际数目仅由可利用的系统资源限定。它的模块化设计允许它对从掌上电脑到专用的工业控制器的用户电子设备进行定制。WinCE 操作系统的基本内核至少需要 200KB 的 ROM。

13.5.4　μC/OS–II

μC/OS 是"MicroController Operating System"的缩写，它是源码公开的实时嵌入式操作系统，其主要特点说明如下。

- 源代码公开、系统透明：很容易就能把操作系统移植到各个不同的硬件平台上。
- 可移植性（Portable）强：μC/OS-II 绝大部分源码是用 ANSI C 写的，可移植性较强。而与微处理器硬件相关的那部分是用汇编语言写的，已经压缩到最低限度，使 μC/OS-II 便于移植到其他微处理器上。
- 可固化：μC/OS-II 是为嵌入式应用而设计的，这就意味着，只要开发者有固化（ROMable）手段（C 编译、连接、下载和固化），μC/OS-II 即可嵌入到开发者的产品中成为产品的一部分。
- 可裁剪：通过条件编译可以只使用 μC/OS-II 中应用程序需要的那些系统服务程序，以减少产品中的 μC/OS-II 所需的存储器空间（RAM 和 ROM）。
- 占先式（Preemptive）：μC/OS-II 完全是占先式的实时内核，这意味着，μC/OS-II 总是运行就绪条件下优先级最高的任务。大多数商业内核也是占先式的，μC/OS-II 在性能上和它们类似。
- 实时多任务：μC/OS-II 不支持时间片轮转调度法（Round-roblin Scheduling），该调度法适用于调度优先级平等的任务。
- 可确定性：全部 μC/OS-II 的函数调用与服务的执行时间具有可确定性。

由于 μC/OS-II 仅是一个实时内核，这就意味着，它不像其他实时操作系统那样，它提供给用户的只是一些 API 函数接口，有很多工作往往需要用户自己去完成。把 μC/OS-II 移植到目标硬件平台上也只是系统设计工作的开始，后面还需要针对实际的应用需求对 μC/OS-II 进行功能扩展，包括底层的硬件驱动、文件系统和用户图形接口(GUI)等，从而建立一个实用的嵌入式实时操作系统。

13.5.5　eCos

eCos（embedded Configuration operating system），是由 Redhat 推出的小型即时操作系统（Real-Time Operating System），适合用作 Bootloader 增强和微小型系统。其特点如下。

- 将操作系统做成静态连结（Static Linker）的方式，让应用程式透过连结(Linker)产生出具有操作系统特性的应用程式。这是与嵌入式 Linux 系统最大的差异。
- 模块化，内核可配置。eCos 具有相当丰富的特性和一个配置工具，后者能够让用户选取自己需要的特性。
- 编译核心小。Linux 兼容的嵌入式系统在内核裁减后编译出来的二进制代码大小在 500KB 以上，这还只包含最简单的内核模块，几乎没有加载任何其他的驱动与协议栈。但是，eCos 的最小版本只有几百千字节，一般一个完整的网络应用的二进制的代码大约在 100KB 左右。
- 提供了 Linux 兼容的 API，它能使开发人员轻松地将 Linux 应用移植。
- 具有可组态配置的特性，可针对精确性应用的需求进行定制化，加上数百种的选项功效，使其能用最少的硬件资源获得最大可能的执行效能。
- 可以在各种硬件平台上执行，包括 SUNPLUS、SPCE、ARM、CalmRISC、FR-V、Hitachi

H8、IA-32、Motorola 68000、Matsushita AM3x、MIPS、NEC V8xx、PowerPC、SPARC、SuperH 以及 NIOS II 等。

13.5.6 Android

Android（安卓）是一种基于 Linux 的自由及开放的源代码的操作系统，主要使用于移动设备，如智能手机和平板电脑，由 Google 公司和开放手机联盟领导及开发。该操作系统于 2007 年 11 月正式发布。2008 年 10 月，第一部采用该系统的智能手机（G1）上市。截止到 2015 年年初，Android 的版本号已经发展到了 5.0，采用该操作系统的智能设备数量已经超过了 10 亿台。

Android 可以在 ARM 和 X86 体系结构的处理器上运行，其采用了分层的架构，可以从高层到低层分为应用程序层、应用程序框架层、系统运行库层和 Linux 内核层。

Android 具有开放性、不受束缚、硬件丰富、开发方便等优势，当然，其最大的优势还是有 Google 公司和众多硬件服务商的支持。其缺点是采用了虚拟机制导致效率略低，且碎片化严重。

13.5.7 iOS

iOS 是苹果公司于 2007 年发布的系统，是以 Darwin（一种类 UNIX 操作系统）为基础的操作系统，最开始命名为 iPhone OS，后来更名为 iOS，是 iPod touch、iPad 以及 Apple TV 等产品的操作系统，其版本号目前已经更新到了 iOS 8.3。

iOS 拥有在嵌入式操作系统中最多的应用程序以及最好的 App（Application）库，支持 ARM 体系架构的处理器，具有高安全、支持多语言、流畅、美观等特点，其缺点是封闭性较强。

13.5.8 WP 和 WindowsRT

WP（Windows Phone）是微软在 2010 年发布的一款智能手机操作系统，将微软旗下的 Skype、必应、Xbox Live 游戏、Xbox Music 音乐与独特的视频体验整合至手机；到 2013 年底其已经更新到了 8.1 版本，支持 ARM 体系架构的处理器。

Windows RT（RunTime）是微软为实时嵌入式系统发布的 Windows 版本，其采用了 Metro 风格的用户界面，支持 ARM 体系架构处理器，但是无法兼容普通 X86 处理器结构上 Windows 的软件。"RT" 代表 "Runtime"，也就是 Windows Runtime Library。它是一项非常重要的技术，因为它允许开发人员写一个 App，但是却可以同时在利用英特尔处理器的 Windows 8 上运行，还可以在利用 ARM 处理器的 Windows RT 上运行。

13.6 嵌入式 Linux 操作系统

Linux 是一套免费使用和自由传播的类 UNIX 操作系统，已发展成为现今世界上最流行的操作系统之一，其同时也是嵌入式系统中最常用的操作系统之一，具有代码公开性、可裁剪性、自由度高、免费等一系列优点。

13.6.1　Linux 操作系统的发展和分类

　　Linux 操作系统从 1991 年问世到现在已经走过了 20 多年的历史，其从一个简单架构的系统内核发展到了现在结构完整、功能丰富的多版本用户系统。Linux 操作系统最早是由芬兰人 Linus Torvalds 设计的。目前 Linux 操作系统可以运行在 X86、MIPS、m68K、M32R、Power PC、s390、ARM 等类型的计算机上。从功能来看，它既可以作为普通的桌面操作系统，也可以作为中小型的网络操作系统，甚至可以作为大型网络的操作系统。

　　Linux 的内核是系统的心脏，包括几百万行代码，是运行程序和管理硬件设备的核心程序。没有内核，就不能运行程序，但内核不是操作系统的全部。Linux 初学者常会把内核版本与发行套件版本弄混，实际上内核版本指的是在 Linus 领导下的开发小组开发出的系统内核的版本号。Linux 的每个内核版本使用形式为 x.y.zz-www 的一组数字来表示。其中，x.y 为 Linux 的主版本号，zz 为次版本号，www 代表发行号（注意，它与发行版本号无关）。当内核功能有一个飞跃时，主版本号升级，如 Kernel2.2、2.4、2.6 等。内核增加了少量补丁时，常常会升级次版本号，如 Kernle2.6.15、2.6.20 等等。当然，还有更复杂的版本号系统，如 2.6.20-32 等。通常，若 y 为奇数，则表示此版本为测试版，系统会有较多 bug，主要用途是提供给用户测试。随着每一次系统的小的 bug 的修正，zz 会增加。

　　注意：截止到 2015 年 3 月 1 日，Linux 的稳定版本是 3.19.1，测试版本是 3.0-rc3。

　　Linux 具有 UNIX 的所有特性，并且发展出自身的一些特性。

- 具有良好的开放性：开放性是指系统遵循世界标准规范，特别是遵循开放系统互联（OSI）国际标准。凡遵循国际标准所开发的硬件和软件，都能彼此兼容，可方便地实现互联。

- 支持多用户：多用户是指系统资源可以被不同的用户各自拥有并使用，即使每个用户对自己的资源（如文件、设备）有特定权限，也互不影响，Linux 和 UNIX 都具有多用户特性。

- 支持多任务：多任务是现代计算机的一个最主要的特点，它是指计算机同时执行多个程序，而且各个程序的运行相互独立。Linux 操作系统调试每一个进程平等地访问处理器。由于处理器的处理速度非常快，其结果是启动的应用程序看起来好像是在并行运行。事实上，从处理器执行的一个应用程序中的一组指令到 Linux 调试处理器，与再次运行这个程序之间只有很短的时间延迟，用户是感觉不出来的。

- 提供友好的用户界面：Linux 向用户提供了用户界面和系统调用界面（将在 13.6.4 小节中详细介绍）。Linux 的传统用户界面基于文本的命令行界面，即 Shell。它既可以联机使用，又可以存储在文件上脱机使用。Shell 具有很强的程序设计能力，用户可方便地用它编写程序，从而为用户扩充系统功能提供了更高级的手段。Linux 还提供了图形用户界面，可利用鼠标、菜单和窗口等设施，给用户呈现一个直观、易操作、交互性强的友好图形化界面。

- 具有良好的设备独立性：设备独立性是指操作系统将所有外部设备统一视为文件，只要安装它们的驱动程序，任何用户都可以像使用文件那样操作并使用这些设备，而不必知道它们的具体存在形式。设备独立性的关键在于内核的适应能力，其他的操作系统只允许一定数量或一定种类的外部设备连接，因为每一个设备都是通过其与内核的专用连接独立地进行访问的。Linux 是具有设备独立的操作系统，它的内核具有高度的适应能力，随着更多程序员加入 Linux 编程，相信以后会有更多硬件设备加入到各种 Linux 内核与发行版本中。

- 提供了丰富的网络功能：完善的内置网络是 Linux 的一大特点，Linux 在通信和网络功能方面优于其他操作系统。其他操作系统不包含如此紧密的内核结合在一起的连接网络的能力，也没有内置这些联网特性的灵活性。而 Linux 为用户提供了完善、强大的网络功能。Linux 免费提供了大量支持 Internet 的软件。Internet 是在 UNIX 领域中建立并发展起来的，在这方面使用 Linux 是相当方便的。用户能用 Linux 与世界上任何人通过 Internet 网络进行通信。

● 支持文件传输和远程访问：用户能通过一些 Linux 命令完成内部信息或文件的传输；同时，Linux 为系统管理员和技术人员提供了访问其他系统的窗口。通过这种远程访问的功能，一位技术人员能够有效地为多个系统服务，即使那些系统位于很远的地方。

● 具有可靠的安全性：Linux 操作系统采取了许多安全措施，包括对读、写操作进行权限控制，带保护的子系统，审计跟踪和内核授权，这为用户提供了必要的安全保障。

● 具有良好的可移植性：可移植性是指将操作系统从一个平台转移到另一个平台，使它仍然能按其自身的方式运行的能力。Linux 是一款具有良好可移植性的操作系统，能够在从微型计算机到大型计算机的任何环境中和平台上运行。该特性为 Linux 操作系统的不同计算机平台与其他任何机器进行准确而有效的通信提供了保障，不需要另外增加特殊的通信接口。

● 提供了内存保护模式：Linux 使用处理器的内存保护模式来避免进程访问分配给系统内核或者其他进程的内存。对于系统安全来说，这是一个主要的贡献，它在理论上使得一个不正确的程序不能够再使用系统而崩溃。

● 提供了共享程序库：共享程序库是一个程序工作所需要的例程的集合。有许多同时被多于一个进程使用的标准库，因此使用户觉得需要将这些库的程序载入内存一次，而不是一个进程一次，通过共享程序库使这些成为可能。因为这些程序库只有当进程运行的时候才被载入，所以它们又被称为动态链接库。

13.6.2　Linux 操作系统的结构

Linux 既是一个操作系统的名称，又是一个操作系统内核的名称。一个完整的 Linux 操作系统由 Linux 内核、命令解释器、文件系统和实用工具组成，如图 13.5 所示。

1．Linux 内核

内核（Kernel）是 Linux 操作系统的心脏，是运行程序和管理如磁盘和打印机等硬件设备的核心程序。

Linux 内核主要由进程调度、内存管理、虚拟文件系统、网络接口和进程间通信 5 个子系统组成，如图 13.6 所示。

进程调度（SCHED）控制进程对处理器的访问。当需要选择下一个进程运行时，由调度程序选择最值得运行的进程。可运行进程实际上是仅等待处理器资源的进程，如果某个进程在等待其他资源，则该进程是不可运行进程。Linux 使用了比较简单的基于优先级的进程调度算法来选择新的进程。

内存管理（MM）允许多个进程安全地共享主内存区域。Linux 的内存管理支持虚拟内存，即在计算机中运行的程序，其代码、数据、堆栈的总量可以超过实际内存的大小。操作系统只是把当前使用的程序块保留在内存中，其余的程序块则保留在磁盘中。必要时，操作系统负责在磁盘和内存间交换程序块。内存管理从逻辑上可以分为硬件无关部分和硬件有关部分。硬件无关部分提供了进程的映射和逻辑内存的对换；硬件有关部分为内存管理硬件提供了虚拟接口。

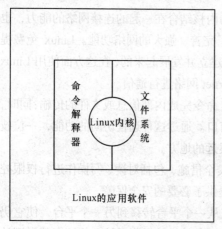

图 13.5　Linux 的组织结构

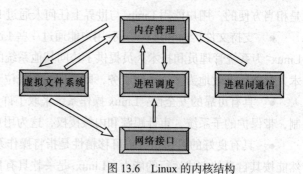

图 13.6　Linux 的内核结构

虚拟文件系统（Virtual File System，VFS）隐藏了各种硬件的具体细节，为所有的设备提供了统一的接口，提供了多达数十种不同的文件系统。虚拟文件系统可以分为逻辑文件系统和设备驱动程序。逻辑文件系统是指 Linux 所支持的文件系统，如 ext2、Fat 等；设备驱动程序是指为每一种硬件控制器所编写的设备驱动程序模块。

网络接口（NET）提供了对各种网络标准的存取和对各种网络硬件的支持。网络接口可分为网络协议和网络驱动程序。网络协议负责实现每一种可能的网络传输协议。网络设备驱动程序负责与硬件设备通信，每一种可能的硬件设备都有相应的设备驱动程序。

进程间通信（IPC）支持进程间的各种通信机制，处于中心位置的进程调度，所有其他的子系统都依赖于它，因为每个子系统都需要挂起或恢复进程。一般情况下，当一个进程等待硬件操作完成时，它被挂起；当操作真正完成时，进程被恢复执行。例如，当一个进程通过网络发送一条消息时，网络接口需要挂起发送进程，直到硬件成功地完成消息的发送；当消息被成功地发送出去以后，网络接口给进程返回一个代码，表示操作的成功或失败。其他子系统以相似的理由依赖于进程调度。

2. 命令解释器

命令解释器（Shell）是系统的用户界面，提供了用户与内核进行交互操作的一种接口。它接收用户输入的命令并把它送入内核去执行。

不仅如此，Shell 有自己的编程语言用于对命令的编辑，它允许用户编写由 Shell 命令组成的程序。Shell 编程语言具有普通编程语言的很多特点，如有循环结构和分支控制结构等。用这种编程语言编写的 Shell 程序与其他应用程序具有同样的效果。

除了 Shell，Linux 同样提供了如同 Windows 的可视命令输入界面 X Window 的图形用户界面（GUI）。它提供了很多窗口管理器，其操作就像 Windows 一样，有窗口、图标和菜单，所有的管理都是通过鼠标控制。现在比较流行的窗口管理器是 KDE 和 GNOME。

注意：X Window 其实质是 Linux 实用工具的一种，请参考本章第 13.4 节。

每个 Linux 系统的用户都可以拥有自己的用户界面或 Shell，用以满足自己特有的 Shell 需要。

同 Linux 本身一样，Shell 也有多种不同的版本，目前主流的 Shell 说明如下。

- Bourne Shell：是贝尔实验室开发的。
- BASH：是 GNU 的 Bourne Again Shell，是 GNU 操作系统上默认的 Shell。

- Korn Shell：是对 Bourne Shell 的发展，在大部分内容上与 Bourne Shell 兼容。
- C Shell：是 SUN 公司 Shell 的 BSD 版本。

3. 文件系统

文件系统（File System）是文件存放在磁盘等存储设备上的组织方法，其主要体现在对文件和目录的组织上。

目录提供了管理文件的一个方便而有效的途径，用户可以从一个目录切换到另一个目录，而且可以设置目录和文件的权限以及文件的共享程度，以便允许或拒绝其他人对其进行访问。Linux 目录采用多级树形结构，用户可以浏览整个系统，可以进入任何一个已授权进入的目录，去访问那里的文件。

文件结构的相互关联性使共享数据变得容易，几个用户可以访问同一个文件。Linux 是一个多用户系统，系统本身的驻留程序存放在以根目录开始的专用目录中，有时被指定为系统目录。

4. 实用工具

Linux 操作系统通常会提供一系列实用工具的应用程序，这些实用工具包括和用户进行人机交互的 X Window、计算器、浏览器等，主要用于增加系统可用性。和 Windows 把这些工具（主要是 X Window）集合到一起不能分离不同，Linux 的实用工具都可以让用户自定义。整体来说，Linux 的实用工具可分为如下三类。

- 编辑器：用于编辑文件。Linux 常见的编辑器主要有 Ed、Ex、Vi 和 Emacs。Ed 和 Ex 是行编辑器，Vi 和 Emacs 是全屏幕编辑器。
- 过滤器（Filter）：用于接收数据并过滤数据。Linux 的过滤器读取从用户文件或其他地方的输入，检查和处理数据，然后输出结果。从这个意义上说，它们过滤了经过它们的数据。Linux 有不同类型的过滤器，一些过滤器用行编辑命令输出一个被编辑的文件，另外一些过滤器则是按模式寻找文件并以这种模式输出部分数据；还有一些执行字处理操作，检测一个文件中的格式，输出一个格式化的文件。过滤器的输入可以是一个文件，也可以是用户从键盘键入的数据，还可以是另一个过滤器的输出。过滤器可以相互连接，因此，一个过滤器的输出可能是另一个过滤器的输入。在有些情况下，用户可以编写自己的过滤器程序。
- 交互程序：允许用户发送信息或接收来自其他用户的信息，是用户与机器的信息接口。Linux 是一个多用户系统，它必须和所有用户保持联系。信息可以由系统上的不同用户发送或接收。信息的发送有两种方式：一种是与其他用户一对一地链接进行对话；另一种是一个用户对多个用户同时链接进行通信，即所谓的广播式通信。

13.6.3　Linux 操作系统的发行版

一般而言，一个基本的 Linux 只是包含了 Linux 核心（Kernel）和 GNU 软件的一些基本的系统软件和实用工具（Utilities），这样一个操作系统仅仅能够让那些 Linux 专家完成一些很基本的系统管理任务。若要满足普通用户的办公或基于视窗的应用开发等需要，则还需要在系统中加入 GNOME、KDE 等桌面环境以及相应的办公应用软件（如 Office）等。因此，一些组织或厂家将 Linux 系统内核与 GNU 软件（系统软件和工具）整合起来，并提供一些安装界面、系统设定与管理工具，这样就构成了一个发行套件，如最常见的 Ubuntu、Fedora 等。实际上，发行套件就是

Linux 的一个大软件包而已，通常包括 C 语言及 C++的编译器、Perl 脚本解释程序、Shell 命令解释器、图形用户界面以及众多的应用程序等。相对于内核版本，发行套件的版本号随发布者的不同而不同，与系统内核的版本号是相对独立的。因此，把 Ubuntu、Fedora 等直接说成是 Linux 是不确切的，它们是 Linux 的发行版本，更确切地说，应该叫做"以 Linux 为核心的操作系统软件包"。根据 GPL 准则，这些发行版本虽然都源自一个内核，并都有自己各自的贡献，但都没有自己的版权。Linux 的各个发行版本，使用的都是 Linus Torvalds 主导开发并发布的同一个 Linux 内核，因此在内核层不存在兼容性的问题。至于每个版本都给用户以不一样的感觉，只是在发行版本的最外层才有所体现，而绝不是本身，也不是内核不统一或不兼容。

目前 Linux 的发行版很多，其中比较流行的有 Ubuntu、Fedora、Slackware、Debian、OpenSUSE 和 Mandriva 等。表 13.3 给出了 Linux 系统常见的发行版。

表 13.3　　　　　　　　　　Linux 操作系统的常见发行版（基于个人电脑）

原始版本	最新发行版		
Debian	Debian	Ubuntu	Linux Mint
	Knoppix	MEPIS	sidux
	CrunchBang Linux	Chromium OS	Google chrome OS
Red Hat	Red Hat Enterprise Linux	Fedora	CentOS
	Scientific Linux	Oracle Linux	
Mandriva	Mandriva Linux	PCLinux OS	Unity Linux
	Mageia		
Gentoo	Gentoo Linux	Sabayon Linux	Calculate Linux
	Funtoo Linux		
Slackware	Slackware	Zenwalk	VectorLinux
其他	SUSE	Arch Linux	Puppy Linux
	Damn Small Linux	MeeGo	Slitaz
	Tizen	StartOS	

13.6.4　Linux 操作系统的人机交互方法

Linux 通常使用图形操作界面或 Shell 与用户进行交易，前者是一个类似于 Windows 的操作界面，而后者则为类似于 DOS 的命令行输入反馈界面。

1. Linux 的图形界面

几乎所有的 Linux 发行版本中都包含 GNOME 和 KDE 两种图形操作环境。许多 Linux 操作系统默认的图形操作界面为 GNOME，它除了具有出色的图形环境功能外，还提供了编程接口，允许开发人员按照自己的爱好和需要来设置窗口管理器。2013 年 9 月，GNOME 3.10 发布，该版本带来了包括 Wayland（新一代显示技术）、经过重新设计的全新的系统状态区、标头列、新的应用程序等一系列新的特性和功能。

KDE 桌面环境是一个具有强大网络功能的桌面环境，除了窗口管理器和文件管理器外，它基本覆盖了大部分 Linux 任务的应用程序组，同时还结合了 UNIX 操作系统的灵活性。2013 年 2 月 6 日，KDE SC 4.10.0 发布。

Linux 内核本身并不提供图形界面，这些图形界面只是 Linux 下的应用程序实现的。也就是说，不管是 KDE 还是 GNOME，它们只是一个应用软件，并不是类似于 Windows 操作系统的 GUI（图形用户界面），图形界面并不是 Linux 操作系统的一部分。大部分发行版本的 Linux 操作系统中集成了 KDE 和 GNOME 两种图形环境，对一个习惯 Windows 的用户来说，要正确理解 Linux 的图形环境可能颇为困难，因为它与纯图形化 Windows 并没有多少共同点，并且在使用过程时与 Windows 并没有多少区别。这里，有必要先介绍 UNIX/Linux 图形环境的概念，且要从 UNIX 操作系统说起，并将它们与 Windows 操作系统进行对比。

2. Linux 的 Shell

Shell，俗称壳（用来区别于核），是指"提供使用者使用界面"的软件（命令解析器），其类似于 DOS 下的 command.com。它接收用户命令，然后调用相应的应用程序。同时，它又是一种程序设计语言。作为命令语言，它交互式解释和执行用户输入的命令或自动地解释和执行预先设定好的一连串命令；作为程序设计语言，它定义了各种变量和参数，并提供了许多在高阶语言中才具有的控制结构，包括循环和分支。

Shell 并不是 Linux 独有的东西，Windows 下也同样有；Shell 也不仅仅是以命令行形式出现的，其实 X Windows 也是 Shell 的一种，不过在本小节中所特指的 Shell 是 Linux 下以命令行形式提供的。

Shell 基本上是一个命令解释器，其接收用户命令，然后调用相应的应用程序来执行这些命令。最常见的 Shell 包括 ash、bash、ksh、csh 和 zsh 这 5 种。

和 Linux 内核类似，Shell 仅仅只是提供了一个计算机和用户进行交互的内核，而其具体的命令行输入输出交流要通过终端来完成。在 Linux 操作系统中用户也可以自定义终端来完成相应的工作，如 ubuntu 12.04 发行版自带的终端是 Terminal，其运行界面如图 13.7 所示。

Shell 既可以作为命令行提供给用户控制内核完成相应的任务，也可以作为一种编程语言供开发者使用。

图 13.7 终端运行界面

命令行工作方式：在命令行工作方式下，Shell 识别并且对用户的输入字符串进行响应以完成相应的工作。这种工作方式通常也被称为"交互式"的工作方式，当用户有输入的时候 Shell 才对其做出对应的响应。

编程语言工作方式：Shell 同样可以用作编程语言。在 Linux 中存在一种特殊的可执行文件，其内容是一系列由各种命令组成的纯文本文件（脚本文件），通常用于完成某些步骤比较多的复杂工作或重复性比较强的工作。Shell 可以对这些文件进行识别，并且按照设定自动执行相应的动作。这种工作方式通常也被称为"非交互式"的工作方式，不需要用户输入 Shell 就会自动做出相应的响应。

注意：Shell 还可以用于对用户的环境进行配置，这通常会在 Shell 的初始化文件中完成，这些配置包括设置窗口属性、快捷键等。

13.6.5 Linux 操作系统的基本命令行操作

在 Linux 中，用户经常需要在 Shell 下使用适当的命令来完成相应的操作，本小节将介绍 Linux 中的部分常用命令。熟练掌握这些命令是使用 Linux 和在嵌入式系统中对 Linux 进行开发的必要基础。

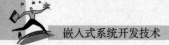

注意：本小节内容基于 ubuntu 12.04，不同的 Linux 发行版可能会略有区别。

1. Shell 命令的标准格式

Shell 和用户交互是以字符串形式存在的命令和命令输出反馈而存在的。在 Linux 命令行中输入的第一个字必须是一个命令的名字，第二个字是命令的选项或参数，命令行中的每个字必须由空格或 Tab 隔开，格式如下。

```
$ 命令 选项 参数
```

或者

```
# 命令 选项 参数
```

提示符"$"和"#"区分了用户的不同权限，"$"表示普通用户权限，而"#"代表的是 root 用户（超级用户）权限。选项是包括一个或多个字母的代码，它前面有一个减号（减号是必要的，Linux 用它来区别选项和参数）。选项可用于改变命令执行的动作的类型。

注意：在 ubuntu 操作系统中用户不能直接使用 root 权限，只能通过 sudo 命令来暂时获得 root 权限。

命令行实际上是一个可以编辑的文本缓冲区，在按回车键之前，可以对输入的文本进行编辑。例如，利用"BackSpace"键可以删除刚键入的字符，可以进行整行删除，还可以插入字符，使得用户在输入命令（尤其是复杂命令）的过程中出现键入错误时，无需重新输入整个命令，只利用编辑操作即可改正错误。

利用上箭头可以重新显示刚执行的命令。利用这一功能可以重复执行以前执行过的命令，而无需重新键入该命令。

一个标准的 Shell 命令和命令的反馈输出如下，这是一个"ls"查看当前文件夹下文件列表的命令。

```
alloeat@ubuntu:/$ ls
bin   cdrom  etc   host   initrd.img.old  lost+found  mnt  proc  run   selinux  sys
usr  vmlinuz
boot  dev    home  initrd.img  lib  media       opt  root  sbin  srv       tmp  var
vmlinuz.old
```

在 Shell 中除使用普通字符外，还可以使用一些具有特殊含义和功能的字符，称为通配符，在使用它们时应注意其特殊的含义和作用范围。

Shell 的通配符主要用于模式匹配，如文件名匹配、路径名搜索、字符串查找等。常用的通配符有"*"、"?"和括在方括号"[ ]"中的字符序列等，用户可以在作为命令参数的文件名中包含这些通配符，构成一个所谓的"模式串"，以在执行过程中进行模式匹配。这三个通配符的含义分别如下。

- "*"代表任意长度的字符串，如"L*"匹配以"L"开头的任意字符串。但应注意，文件名中的圆点"."和路径名中的斜线"/"必须是显式的，即不能用通配符替代它们。例如，"*"不能匹配".c"，而".*"才可以匹配".c"。
- "?"代表任何单个字符。
- "[ ]"指定了模式串匹配的字符范围，只要文件名中"[ ]"处的字符在指定的范围之内，这个文件名就与该模式串匹配。方括号中的字符范围可以由字符串组成，也可以由表示限定范围的起始字符、终止字符及中间连字符"-"组成。例如，f [a-d]与 f [abcd]的作用相同。

Shell 将把与命令行中指定的模式串相匹配的所有文件名都作为命令的参数，形成最终的命令，然后再执行这个命令。如果目录中没有与指定的模式串相匹配的文件名，那么 Shell 将使用此模式串本身作为参数传给命令（这正是命令中出现特殊字符的原因所在）。

2. 常用 Shell 命令

Linux 的常用 Shell 命令包括目录操作命令、文件操作命令、磁盘管理命令、用户管理命令等。表 13.4 给出了常用的 Shell 命令列表及说明。

表 13.4　　　　　　　　　　　　　　　　常用 Shell 命令

命令	说明	调用格式	常用参数
mkdir	建立新目录	mkdir　[选项]目录	-m、-p
rmdir	删除空目录	rmdir [选项]目录列表	-p
pwd	显示当前工作目录	pwd	
cd	改变当前工作目录	cd　　[directory]	
ls	列举文件	ls [选项]　[文件目录列表]	-a、-b、-c、-d、-e 等
cat	显示文件内容	cat　[选项]　文件列表	-v、-u、-n
cp	复制文件命令	cp [选项]源文件或目录 目标文件或目录	-a、-d、-f、-i、-p、-r
mv	移动和重命名文件	mv [选项]源文件名 目标文件名、mv [选项]源目录名 目标目录名 2、mv [选项]文件列表 目录	-b、-i、-f、u
wc	统计指定文件的字节数、字数、行数	wc　[选项]文件列表	-c、-l、-w
fdisk	查看磁盘分区命令，需要管理员权限	fdisk [-l]	
ps	显示当前用户运行的进程列表	ps：ps [选项]	-ef、aux、-w
kill	输出特定的信号给指定进程号	kill：kill [选项]　进程号(PID）	-s
ifconfig	查看和配置网络接口的地址和参数，需要管理员权限	ifconfig [选项] [网络接口]：用来查看当前系统的网络配置情况；ifconfig　网络接口[选项]地址：用来配置指定接口（如 eth0、eth1）的 IP 地址、网络掩码、广播地址等	-up、-down、-address
man	帮助文件命令	man　[选项]　命令名称	-f、-w、-a、-E

13.6.6　扩展 Linux 的实时性

Linux 由于其自由开放易于移植的特点而在嵌入式系统中得到了广泛的应用，但是在 2.6 版本（内核）之前其实时性并不好，所以需要对其进行实时性方面的扩展。

通用 Linux 系统有实时和非实时两种进程，前者对于后者有绝对的优先级，但是其作为一个偏重通用性的操作系统具有以下缺点。

- 其缺乏有效的实时任务调度机制和算法，任务的调度时间单位为 10ms，所以精度极低。
- 当一个进程调用系统调用进入内核态运行之后不可被抢占。
- 其内核中提供了大量的屏蔽中断操作可能导致中断的丢失。

● 其使用了虚拟内存技术，当其发生页出错的时候可能会导致随机的读写时间从而影响一些有实时性要求的任务的截止时限。

可以采用以下一些方法来扩展通用 Linux 操作系统的实时性。

1. 瘦内核

瘦内核（微内核，Thin-Kernel）方法使用了第二个内核作为硬件与 Linux 内核间的抽象接口，实时 Linux 内核在后台运行，作为瘦内核的一项低优先级任务托管全部非实时任务，实时任务直接在瘦内核上运行。瘦内核主要用于（除了托管实时任务外）中断管理，截取中断以确保非实时内核无法抢占瘦内核的运行，这允许瘦内核提供硬实时支持。最为典型的瘦内核应用 Linux 是 RTLinux，其结构如图 13.8 所示。

虽然瘦内核方法有自己的优势（硬实时支持与标准 Linux 内核共存），但是其也有缺点。实时任务和非实时任务是独立的，这就造成了调试困难，并且非实时任务并未得到 Linux 平台的完全支持。

2. 超微内核

超微内核法对内核进行更进一步的缩减，其不像是一个内核而更像是一个硬件抽象层（HAL），为运行于更高级别的多个操作系统提供了硬件资源共享。因为超微内核对硬件进行了抽象，所以它可为更高级别的操作系统提供优先权，从而支持实时性。其典型结构如图 13.9 所示。

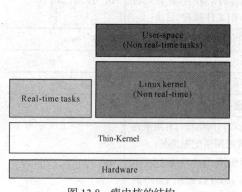

图 13.8　瘦内核的结构

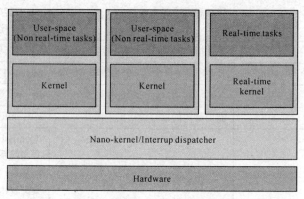

图 13.9　超微内核的典型结构

著名的操作系统 ADEOS（Adaptive Domain Environment for Operating Systems）即使用了超微内核，支持多个并发操作系统同步运行，当发生硬件事件后对每个操作系统进行查询以确定使用哪一个系统处理事件。

3. 资源内核

资源内核为 Linux 内核增加了一个模块，提供了一组应用程序编程接口（API），保留了一些预留资源。这些资源拥有多个预留参数，如循环周期、需要的处理时间（也就是完成处理所需的时间）以及时限，并且允许任务请求这些预留资源。资源内核可以合并任务的这些请求并且使用任务定义的约束定义一个调度，从而提供确定的访问（如果无法提供确定性则返回错误）。通过如 Earliest-Deadline-First（EDF）等的调度算法，资源内核可以处理动态的调度负载。这种机制保证了对时分复用（time-multiplexed）系统资源的访问（处理器、网络或磁盘带宽），其结构如图 13.10 所示。

4. Linux 2.6 版本内核中提出的新的配置选项

在 Linux 2.6 版本内核之中提出了新的配置选项 CONFIG_PREEMPT，通过对其的配置可以实现 Linux 的软实时功能，此时在高优先级任务可用的情况下允许进程被抢占，即使此进程在进行系统调用，其代价是略微降低了吞吐量以及内核性能。

此外，Linux 2.6 版本内核还提供了高精度定时器，其允许定时器以 1μS 的精度运行（如果底层硬件支持的话），并通过红黑树算法（一种在插入或删除节点时都要维持平衡的二叉查找树）实现了对定时器的高效管理，通过该算法可以使用大量的定时器而不会对定时器子系统的性能造成影响。Linux 2.6 版本内核的结构如图 13.11 所示。

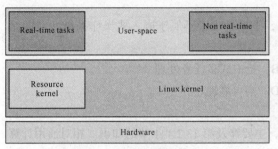

图 13.10 资源内核的典型结构

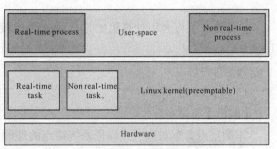

图 13.11 Linux 2.6 版本内核的结构

此外，还可以考虑通过使用 PREEMPT_RT 补丁实现硬实时。这个补丁提供了多项修改，可实现硬实时支持。其中一些修改包括重新实现一些内核锁定原语，从而实现完全可抢占，实现内核互斥的优先级继承，并把中断处理程序转换为内核线程以实现线程可抢占。

13.7 本章小结

（1）嵌入式操作系统的发展经历了无操作系统、简单操作系统、实时操作系统和面向 Internet 这 4 个阶段。

（2）嵌入式操作系统可以按照应用领域、实时性和商业性进行分类，其中按照实时性可以分为实时嵌入式操作系统和非实时嵌入式操作系统。

（3）实时系统（RTS）是必须在有限的时间内对外部事件做出响应的信息系统，其具有时间约束、可预测性、可靠性、交互作用这几个特点。

（4）实时操作系统（RTOS）是能满足实时系统要求的操作系统，可以分为硬实时系统和软实时系统，具有保证对异步事件的响应、确定切换时间和中断延迟时间、优先级中断和调度、抢占式调度、同步和连续文件这几个特点。

（5）实时操作系统追求的是实时性、可确定性和可靠性，其最重要的衡量指标是中断延迟时间和任务切换时间。

（6）嵌入式操作系统的主要内核功能包括任务管理（Task Management）、任务间通信和同步（Inter-Task Communication & Synchronization）、时钟控制（Timer Control）和中断服务（Interrupt Service）四大部分，其有单内核、微内核和混合内核这三种结构。

（7）常见的嵌入式操作系统包括 VxWorks、Linux、WinCE、μC/OS-II、eCos、Android（安卓）、

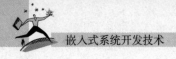

iOS 等。

（8）Linux 的结构组成主要包括内核、命令解释器、文件系统和实用工具。

（9）标准 Linux 的实时性很差，可以通过瘦内核、超微内核和资源内核的方法来进行扩展，2.6 版本之后的 Linux 内核提供了一些实时性的选项。

13.8 真题解析和习题

13.8.1 真题解析

【真题 1】与通用计算机的操作系统相比较，下列各项中不属于嵌入式操作系统特点的是（   ）。

A. 实时性   B. 抢占式多任务处理

C. 内核复杂   D. 高可靠性

【解析】答案：C。

本题重点考察对嵌入式操作系统特点的理解，主要涉及第 13.2.1 小节的知识。相对通用计算机的操作系统来说，嵌入式操作系统的内核比较简单。

【真题 2】实时操作系统响应时间的具体指标不包括以下哪一项？（   ）

A. 中断延迟时间（Interrupt Latency）

B. 任务切换时间（Task Switching Latency）

C. 进程切换时间（Process Switching Latency）

D. 存储器延迟时间（Memory Latency）

【解析】答案：D。

本题重点考察实时操作系统的特点，主要涉及第 13.3.2 小节的知识。实时操作系统的响应时间不会涉及存储器延迟，其最重要的衡量指标是中断延迟时间和任务切换时间。

【真题 3】如下关于开源操作系统的说法，正确的是（   ）。

A. 能够免费获得源码，且使用成本较低

B. 获得技术支持比较困难，但维护比较简单

C. 移植过程开发工作量大，但系统可靠性较高

D. 即购即用，且产品研发容易满足工期要求

【解析】答案：A。

本题重点考查嵌入式系统按照商业性分类后的开源操作系统的特点，主要涉及第 13.2.2 小节的内容。选项 B 的错误在于获得技术支持难度并不大，可以在开放平台和爱好者中获得技术支持，但是维护也不算简单；选项 C 的错误在于开源操作系统由于源代码开放，各种版本较多，所以移植工作量相对较小，但是由于其各种版本较多，所以系统可靠性较低；选项 D 的错误在于开源操作系统并不能即购即用，工期要求也不容易满足。

【真题 4】以下各项关于微内核（Micro kernel）操作系统的说法，正确的是（   ）。

A. 是对单内核做了结构扩展后推出的

B. 内核不包括任务管理、调度器、中断管理和进程间通信模块

C.　内核小巧，传统操作系统内核中的许多部分都被移出内核

D.　进程需要区分内核模式和用户模式服务

【解析】答案：C。

本题重点考查对嵌入式操作系统内核组成的理解，主要涉及第 13.4.3 小节的内容。微内核是单内核结构拆分之后的产物，其也包括了任务管理、调度、中断管理和进程间通信这些功能，不一定要区分内核和用户模式。

【真题 5】嵌入式 Linux 操作系统的组成，不包括（　　　）。

A.　用户进程　　　　　　　　　　　　B.　OS 服务组件

C.　Linux 内核　　　　　　　　　　　D.　编译程序

【解析】答案：D。

本题重点考查嵌入式 Linux 操作系统的结构组成，主要涉及第 13.6.2 小节的内容。编译程序不是嵌入式 Linux 的一部分。

13.8.2　本章习题

1.　RTOS 的主要实时指标不包括（　　　）。

　　A.　截止时间（Finish Time）　　　　　　B.　吞吐量（Throughput）

　　C.　生存时间（Survival Time）　　　　　D.　响应时间（Response Time）

2.　Linux 内核由若干个子系统组成，一般来说下面哪一个不是 Linux 内核的子系统？（　　　）

　　A.　内存管理　　　　　　　　　　　　　B.　进程调度

　　C.　设备管理　　　　　　　　　　　　　D.　终端管理

3.　如下关于 Android 操作系统的说法，正确的是（　　　）。

　　A.　是一种以 Linux 为基础的完全开放源代码操作系统

　　B.　主要使用于桌面计算设备

　　C.　使用不同的软件开发包，使用的编程语言也可以不同

　　D.　谷歌公司对基于 Android 操作系统的第三方软件进行严格把关

4.　以下各项不属于开源嵌入式操作系统的是（　　　）。

　　A.　μCLinux　　　　　　B.　RTLinux　　　　　　C.　μC/OS-II　　　　　　D.　VxWorks

5.　响应时间（Response Time）是计算机从识别一个外部事件到做出响应的时间。在 RTOS 运行过程中响应时间是重要指标之一，其具体指标包括＿＿＿＿＿延迟时间和＿＿＿＿＿切换时间。

6.　实时系统对时间约束要求的严格性，使＿＿＿＿＿性成为实时系统的一项重要性能要求，它是指 RTOS 能够对外部事件的＿＿＿＿＿时间和实时任务的执行时间进行判断，以确定被事件触发的实时任务能否在规定的时间内完成。

第14章

μC/OS-II 嵌入式操作系统应用分析

μC/OS-II 是一种基于优先级的抢占式多任务实时操作系统，其包含了实时内核、任务管理、时间管理、任务间通信同步（信号量、邮箱、消息队列）和内存管理等功能。它可以使各个任务独立工作，互不干涉，很容易实现准时而且无误执行，使实时应用程序的设计和扩展变得容易，使应用程序的设计过程大为减化。μC/OS-II 包括了一个完整的、可移植、可固化、可裁剪的占先式实时多任务内核，其绝大部分的代码是用标准 C 语言编写的，包含一小部分汇编代码，使之可供不同架构的微处理器使用。本章的考察重点如下。

- 嵌入式操作系统 μC/ OS-II（基本特点、代码结构、任务管理与调度、任务通信、中断处理、移植等）。

14.1 μC/OS-II 的特点和基础

μC/OS-II 实时操作系统是 Jean J.Labrosse 于 20 世纪 90 年代在 PC 机上开发的一个实时应用系统，当时 C 编辑器使用的是 Borland C/C++3.1 版，从早期使用的 μCOS 逐步发展到现在的 μC/OS-Ⅱ V2.52 版。其是一个免费的、源代码公开的实时内核，其内核提供了实时系统所需要的一些基本功能。其中包含全部功能的核心部分代码占用 8.3 KB，全部的源代码约 5500 行，非常适合初学者进行学习分析。而且由于 μC/OS-II 是可裁剪的，所以用户系统中实际的代码最少可达 2.7 KB。由于 μC/OS-II 的开放源代码特性，还使用户可针对自己的硬件优化代码，获得更好的性能。

14.1.1 μC/OS-II 的特点

μC/OS-II 具有以下特点。

- 提供开放式源代码，并且可以移植到不同的处理器上。
- 可以固化到实时系统中。
- 具有可裁剪性，可以根据实际用户的应用需要使用条件编译来完成对系统的裁剪，从而减少操作系统对代码空间和数据空间的需求。

● 内核具有可剥夺性，支持最高优先级任务就绪后执行。

● 支持多任务，除了系统保留的 8 个任务之外，用户可以使用 56 个任务。

● 绝大多数的系统函数调用和服务的执行时间是确定的。

● 每个任务都具有自己的单独的任务堆栈，并且提供了相应的系统函数用于确定每个任务需要的堆栈空间。

● 提供了如信号量、互斥信号量、消息邮箱、事件标志、数据队列、块大小固定的内存的申请与释放及时间管理函数等系统服务。

● 具有良好的中断管理系统，支持中断嵌套，最多可以支持 255 层。

μC/OS-II 作为一个实时操作系统只提供了多任务调度等基本功能，这在实际应用中显然是不够的。除了移植好的操作系统内核部分，还必须有文件系统、全部硬件的驱动程序、图形 API、控件函数、消息函数以及几个系统必须的基本任务，如键盘、触摸屏、LCD 刷新等。有了这些，μC/OS-II 才能实现复杂的功能。有特殊需求的地方还需要如 USB 通信协议、TCP/IP 等更复杂的软件模块。在应用 μC/OS-II 的开发中，应用程序和操作系统是绑在一起编译的，所生成的 system.bin 文件是唯一的可执行文件，其中包括了所需要的 μC/OS-II 代码和被用到的驱动程序等函数代码，以及应用程序的代码。

14.1.2　任务、多任务和任务切换

注意：本小节内容基于无操作系统嵌入式系统。

普通嵌入式处理器的任务也称为线程，是一个简单的程序。该程序可以认为此时处理器完全只属该程序自己。在应用代码设计的过程中，需要把整个应用代码分割成多个任务，每个任务都是整个应用的某一部分，都被赋予一定的优先级，如图 14.1 所示，有属于自己的一套寄存器值和堆栈空间。

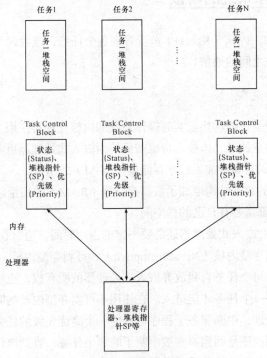

图 14.1　嵌入式处理器的多任务结构

嵌入式处理器的任务本质也是一个无限的循环，每个任务始终都处于以下 5 种状态中的一种，且可以相互切换，其相互切换的示意如图 14.2 所示。

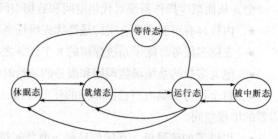

图 14.2　嵌入式处理器的任务状态

- 休眠态（Dormant）。
- 就绪态（Ready）。
- 运行态（Running）。
- 挂起态（Waiting）。
- 被中断态（ISR）。

多任务运行的实现实际上是靠嵌入式处理器在许多任务之间转换、调度，唯一的处理器轮番服务于一系列任务中的某一个。其实多任务运行很像前后台系统，但后台任务有多个。多任务运行使嵌入式处理器的利用率得到最大的发挥，并使应用程序模块化。在实时应用中，多任务化的最大特点是开发人员可以将很复杂的应用程序层次化。使用多任务，应用程序将更容易设计与维护。

任务切换（Context Switch or Task Switch）即为上下文切换，或者处理器寄存器内容切换。当多任务的操作系统决定运行另外的任务时，其把当前任务的相关数据（处理器寄存器中的所有内容）保存到任务的当前状况保存区（Task's Context Storage Area），也就是任务自己的栈区之中；然后把下一个将要运行的任务的当前状况从该任务的栈中重新装入处理器的寄存器，并开始下一个任务的运行。

任务切换会增加应用程序的额外负荷，处理器的内部寄存器越多，额外负荷就越重。任务切换所需要的时间取决于处理器有多少寄存器要保存到堆栈中。

14.1.3　实时操作系统的内核

在多任务操作系统中，内核（Kernel）负责管理各个任务，或者说为每个任务分配处理器的使用时间，并且负责任务之间的通信。

1.　内核的任务和类型

内核提供的基本服务是任务切换。实时操作系统的内核允许将应用分成若干个任务，由内核来管理它们。但是需要注意的是，内核本身也需要使用嵌入式处理器更多的硬件资源。

- 首先，内核的代码空间增加了程序存储器（ROM）的用量。
- 其次，内核本身的数据结构增加了数据存储器（RAM）的用量。
- 再次，每个任务都需要有自己的栈空间。
- 最后，内核本身对嵌入式处理器还需要一定的占用时间，通常在 2～5 个百分点之间。

内核可以分为不可剥夺型内核（Non-Preemptive）和可剥夺型内核（Preemptive）。

不可剥夺型内核要求每个任务自我放弃嵌入式处理器的所有权，也就是说只有当当前任务退出处理器的使用之后另外一个任务才能进入。在使用不可剥夺型内核的时候，嵌入式处理器的异步事件还是使用中断来处理，中断服务子程序可以使一个高优先级的任务由挂起状态变为就绪状态，但中断服务以后控制权还是回到原来被中断了的那个任务，直到该任务主动放弃处理器的使用权时，那个高优先级的任务才能获得处理器的使用权。

不可剥夺型内核的最大优点是中断和任务响应时间比较快，并且其并不需要使用大量的资源保护机制，因为在大多数情况下，正在运行的任务不会被别的任务所打断。

不可剥夺型内核的最大缺陷在于对于高优先级（需要优先执行）的任务响应时间比较长，当一个高优先级任务进入准备就绪状态等待执行的时候，依然要等待当前任务释放处理器的使用。

当系统响应时间很重要时，需要使用可剥夺型内核。目前，市场上大多数实时操作系统都是可剥夺型内核，包括 μC/OS-II。在这种内核中，最高优先级的任务一旦就绪总能得到处理器的使用权。当一个运行着的任务使一个比它优先级高的任务进入了就绪态时，当前任务的处理器使用权就被剥夺了，当前任务被挂起，开始执行那个高优先级的任务。

在使用可剥夺型内核的时候，用户的应用代码不能直接使用不可重入型函数，因为当当前任务被更高优先级任务剥夺了处理器使用权的时候，不可重入型函数的数据可能被破坏。

可重入型函数可以被一个以上的任务调用，而不必担心数据的破坏，其在任何时候都可以被中断，一段时间以后又可以运行，而相应数据不会丢失。可重入型函数或者只使用局部变量，即变量保存在处理器的寄存器中或堆栈中；如果可重入型函数使用了全局变量，则要对全局变量予以保护。

2. 内核和任务的调度和同步

调度（Scheduler）是实时操作系统内核最重要的职责之一，通俗地说就是决定当前应该轮到哪一个任务开始运行。

大多数实时操作系统是基于优先级调度算法的，需要运行的任务根据其重要程度的不同设定一定的优先级，然后内核根据这个优先级决定运行当前那个任务；当两个或者多个任务有同样的优先级时，内核允许一个任务运行一段时间（时间额度），然后使另外一个任务运行一段时间，这种方式叫做时间片调度算法。需要注意的是 μC/OS-II 并不支持这种调度算法，其任务的优先级必须不同，更重要、更需要及时完成的任务，应该被赋予更高的优先级。

- 如果在应用程序执行的过程中诸任务优先级不变，则称之为静态优先级。在静态优先级系统中，诸任务以及它们的时间约束在程序编译时是已知的。
- 如果在应用程序执行的过程中，任务的优先级是可变的，则称之为动态优先级。

在设计实时操作系统时需要避免优先级反转的问题。该问题是由于低优先级的任务占用了某资源（如嵌入式处理器的 UART 模块），导致同样需要使用该资源的高优先级任务只能挂起等待这个低优先级任务完成之后才能执行，是一种实际上低优先级任务先于高优先级任务执行的问题。解决优先级翻转这个问题的最好方法是在一个任务使用需要共享的资源时临时提高该任务的优先级或者让实时操作系统的内核自动来变换任务的优先级，即优先级继承（Priority Inheritance），但是 μC/OS-II 操作系统并不支持优先级继承。

制定实时操作系统的任务优先级是一个非常复杂的过程。通常来说，实时系统大多综合了软实时和硬实时这两种需求。

- 软实时系统只是要求任务执行得尽量快，并不要求在某一特定时间内完成。
- 硬实时系统则要求任务不但要执行无误，还要准时完成。

一种最简单的任务优先级分配的算法是单调执行率调度算法（Rate Monotonic Scheduling, RMS），其用来统计操作系统中运行的任务的执行频率，并且将执行最频繁的任务优先级设置为最高。

多个任务通常需要进行相应的数据和信息的交互，可以使用共享资源如数据结构来进行相应的操作，但是当同时有一个以上的任务需要对该共享资源进行操作的时候，就需要考虑竞争和数据破坏的问题，此时需要保证每个任务在操作这些共享资源时具有排他性，也就是互斥。

通常来说，实现互斥的最常见的方法如下。

● 关中断：关中断和开中断通过对嵌入式处理器的中断系统的操作来避免在一个任务操作资源的时候另外一个任务也对该资源进行操作。

● 使用测试并置位（Test-And-Set，TAS）：其实质是一个标志位。当一个任务对一个共享资源进行操作的时候，首先检查该标志位是否为"1"，如果为"1"则说明当前已经有任务在操作该资源，则进入等待状态，过一段时间再去检查该标志位；如果该标志位为"0"，则将该标志位置位并且开始对其进行操作，操作完成后清除该标志位。

● 禁止任务切换：如果没有任务的切换，则当前任务会一直独占其需要的共享资源直到操作完成，此时也不会出现冲突事件，所以可以利用这种方法来避免冲突。

● 使用信号量：信号量（Semaphore）是 20世纪 60 年代中期 Edgser Dijkstra 发明的，其实质上是一种约定机制，可以分为二进制型（binary）和计数器型（counting）。和 TAS 类似，信号量其实质也是一个标志。当拥有这个标志的时候，任务才能进行下一步操作。对于二进制型信号量而言其只有"0"和"1"两个值，而对于计数器型信号量来说其值取决于信号量的位。图 14.3 给出了一个信号量的使用实例，嵌入式处理器需要在一个多位 7 段数码管上显示不同的字符时，如果两个任务同时给这个数码管送数据，则有可能导致显示的混乱，此时可以使用二进制信号量，并且给该信号量赋初值 1。任务在使用数码管之前，必须获得数码管的信号量。

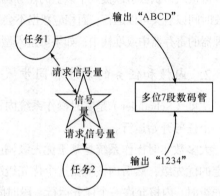

图 14.3　使用信号量来控制任务共享输入输出设备

14.1.4　任务间通信

任务间或者中断服务和任务之间的信息的传递有两个途径：通过全程变量或发消息给另一个任务。

当用全程变量时，必须保证每个任务或中断服务程序独享该变量，而在中断服务中保证独该享该变量的唯一办法是关中断。如果两个任务共享某变量，各任务实现独享该变量的办法可以是关中断再开中断，或使用信号量（如前面提到的那样），此时该变量是一个共享资源。需要注意的是，任务只能通过全程变量与中断服务程序通信，而并不知道什么时候全程变量被中断服务程序修改了，除非中断程序以信号量的方式向任务发信号或者是该任务以查询的方式不断周期性地查询变量的值。为了避免这种情况，用户可以考虑使用邮箱或消息队列。

1.　消息邮箱

实时操作系统的内核可以给任务发送消息。典型的消息邮箱也称为交换消息，是用一个指针型变量，通过内核服务，使一个任务或中断服务子程序把一则消息（即一个指针）发送到邮箱里去；同样，一个或多个任务可以通过内核服务接收这则消息。发送消息的任务和接收消息的任务约定，该指针指向的内容就是那则消息。

每个邮箱都有相应的正在等待消息的任务列表，要得到消息的任务会因为邮箱是空的而被挂起，且被记录到等待消息的任务表中，直到收到消息。一般来说，内核允许用户定义等待超时，如果等待消息的时间超过了，仍然没有收到该消息，则该任务就进入就绪态，并返回出错信息，报告等待超时错误。消息放入邮箱后，可以是把消息传给等待消息的任务表中优先级最高的那个任务（基于优先级），也可以是将消息传给最先开始等待消息的任务（基于先进先出）。

通常来说，实时操作系统内核一般提供以下邮箱服务。

- 邮箱内消息的内容初始化：邮箱内最初可以有也可以没有消息；
- 将消息放入邮箱（Post）。
- 等待有消息进入邮箱（Pend）。
- 如果邮箱内有消息，就接受这则消息；如果邮箱内没有消息，则任务并不被挂起（Accept），用返回代码表示调用结果，是收到了消息还是没有收到消息。

> **注意**：消息邮箱也可以当作只取两个值的信号量来用，如果邮箱里内消息，则表示资源可以使用；而空邮箱表示资源已被其他任务所占用。

2. 消息队列

消息队列用于给任务发消息，其实质是一个邮箱阵列。通过操作系统内核提供的服务，任务或中断服务子程序可以将一条消息（该消息的指针）放入消息队列；而一个或多个任务可以通过内核服务从消息队列中得到对应的消息。发送和接收消息的任务约定，传递的消息实际上是传递的指针指向的内容。通常来说，先进入消息队列的消息先传给任务，也就是说任务先得到的是进入消息队列的消息，即"先进先出"原则。需要注意的是，μC/OS-II 操作系统同样支持后进先出。

和使用消息邮箱类似，当一个以上的任务要从消息队列接收消息时，每个消息队列都有一张等待消息任务的等待列表（Waiting List）。如果消息队列中没有消息，即消息队列为空，则等待消息的任务就被挂起并放入等待消息任务列表中，直到收到消息。

通常来说，实时操作系统内核提供的消息队列服务如下。

- 消息队列初始化。队列初始化时总是清为空。
- 放一则消息到队列中去（Post）。
- 等待一则消息的到来（Pend）。
- 如果队列中有消息，则任务可以得到消息；如果此时队列为空，则内核并不将该任务挂起（Accept）；如果有消息，则将消息从队列中取走；如果没有消息，则用特别的返回代码通知调用者，队列中没有消息。

14.1.5 实时操作系统的中断

实时操作系统的中断其本质是和嵌入式处理器中断系统相关的，是一种硬件机制，用于通知处理器是异步时间发生。当有中断事件发生时，嵌入式处理器通常会自动保护当前全部或者部分寄存器值并且调用对应的中断服务子程序进行相应的操作。当从中断服务子程序退出时，程序将根据嵌入式处理器上运行的不同系统状态进行如下操作。

- 前后台系统：回到后台应用程序。

- 不可剥夺型内核：回到被中断的任务。
- 可剥夺型内核：回到进入就绪态的优先级别最高的任务。

嵌入式处理器可以通过开中断、关中断来使处理器响应或者不响应对应的中断事件，并且许多嵌入式处理器支持中断的嵌套。也就是说，在一个中断的服务子程序中支持识别并且处理另外一个中断事件。

1. 中断延迟

中断延迟是从实时操作系统关中断的时间到开始执行中断服务子程序代码的时间。

2. 中断响应

中断响应是指从中断发生（嵌入式处理器检测到中断事件）到开始执行中断服务子程序的时间，其是衡量实时操作系统效率的重要指标。对于不同的系统，这个时间不同。

- 前后台系统：这个时间等于中断延迟+保存处理器状态所需要的时间。
- 不可剥夺型内核：同前后台系统。
- 可剥夺型内核：此种操作系统需要首先调用一个特定的函数来通知内核即将进行中断服务，所以该时间为中断延迟+保存处理器状态+调用函数进入中断服务函数所需要的时间。

注意：中断响应由最坏的情况所决定。

3. 中断恢复时间

中断恢复时间是指嵌入式处理器从中断服务子程序返回到被中断的程序代码所需要的时间。在不同的系统中这个时间说明如下。

- 前后台系统中：该时间为恢复处理器内部寄存器状态时间 + 执行中断返回指令所需时间。
- 不可剥夺型内核：和前后台系统相同。
- 可剥夺型内核：在中断服务子程序退出的时候需要调用一个由内核所提供的函数，该函数用于辨别中断是否脱离了中断嵌套，然后判断是让更高级别的任务运行还是恢复到之前运行的任务，所以该时间 = 判定时间 + 恢复需要执行的任务的处理器内部寄存器时间 + 执行中断返回指令的时间。

4. 中断处理

对于实时操作系统而言，中断服务子函数的处理时间应该尽可能地短。通常来说，中断服务子程序需要进行如下操作。

- 识别中断来源（对于大部分嵌入式处理器而言，可以免除这一步，因为不同的中断源对应的中断向量不同，但是也有部分嵌入式处理器不同的中断源对应同一个中断向量，此时需要进行这一步的处理）。
- 从中断源取得相应的数据或者状态。
- 将数据或者状态交给对中断事件进行处理的任务。

需要注意的是，在这个过程当中当然应该考虑到通知一个任务去做时间处理所花的时间是否比处理该事件所花的时间还多。在中断服务中通知一个任务做时间处理（通过信号量、邮箱或消息队列）是需要一定时间的，如果时间处理需要花的时间短于给一个任务发通知的时间，就应该考虑在中断服务子程序中做时间处理并在中断服务子程序中开中断，以允许优先级更高的中断打入并优先得到服务。

5. 非屏蔽中断

非屏蔽中断是指不能被屏蔽，不会因为内核而引起延时的中断，通常用于处理紧急信息，如掉电时保存信息等。

在非屏蔽中断的中断服务子程序中，不能使用内核提供的服务，因为非屏蔽中断是关不掉的，故不能在非屏蔽中断处理中处理临界区代码。然而，向非屏蔽中断传送参数或从非屏蔽中断获取参数还是可以进行的。参数的传递必须使用全程变量，全程变量的位数必须是一次读或写能完成的，即不应该是两个分离的字节，要两次读或写才能完成。

6. 时钟节拍

时钟节拍是一个特定的周期性中断，该中断是系统可以分辨的最小时间刻度，给其他任务应用提供相应的计时参考。系统中使用的其他时间刻度都由该时钟节拍产生，是该时钟节拍的倍数。

两个中断之间的时间间隔取决于不同的应用，一般在 10～200 毫秒。时钟的节拍式中断使得内核可以将任务延时若干个整数时钟节拍，以及当任务等待时间发生时，提供等待超时的依据。时钟节拍率越快，系统的额外开销就越大。

各种实时内核都有将任务延时若干个时钟节拍的功能，然而这并不意味着延时的精度是 1 个时钟节拍，只是在每个时钟节拍中断到来时对任务延时做一次裁决而已。

嵌入式处理器通常使用定时计数器来产生相应的时钟节拍，但是需要注意的是，所有高优先级的任务加上中断服务的执行时间长于一个时钟节拍。在这种情况下，拟延迟一个时钟节拍的任务实际上在两个时钟节拍后开始运行，就会引起延迟时间超差的现象。这在某些应用中或许是可以的，但在多数情况下是不可接受的，此时可以尝试采用如下的解决办法。

- 提高处理器的时钟频率。
- 增加时钟节拍的频率。
- 重新安排任务的优先级。
- 避免使用浮点运算，如果非使用不可，尽量用单精度数。
- 使用能较好地优化程序代码的编译器。
- 对时间要求苛刻的代码使用汇编语言写。
- 如果可能，用同一家族的更快的处理器做系统升级。

14.2　μC/OS-II 操作系统解析

μC/OS-II 操作系统可以从内核结构、任务管理、时间管理、任务间的通信和同步以及时间管理这几个方面来进行解析。

14.2.1　内核结构

如图 14.4 所示是 μC/OS-II 操作系统的内核涉及的文件结构，其主要包括内核文件、配置文件和处理器驱动文件三个部分。

如图 14.5 所示是 μC/OS-II 操作系统的内核体系结构，可以看到其分为任务管理、任务调度、任务切换、时间管理、内存管理、任务间通信和中断服务等模块。

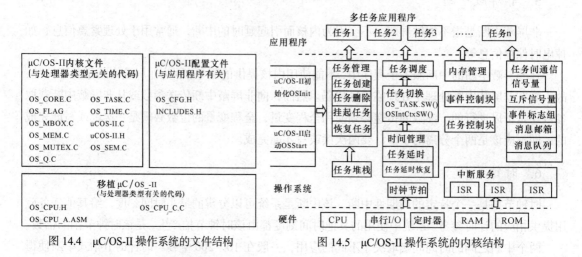

图 14.4　μC/OS-II 操作系统的文件结构　　　　　图 14.5　μC/OS-II 操作系统的内核结构

1. μC/OS-II 的临界段处理

代码的临界段也称为临界区，是指处理时不可分割的代码。一旦这部分代码开始执行，就不允许任何中断打入。为确保临界段代码的执行，在进入临界段之前要关中断，而临界段代码执行完以后要立即开中断。

μC/OS-Ⅱ操作系统定义了两个宏（macros）来关中断和开中断，以便避开不同 C 编译器厂商选择不同的方法来处理关中断和开中断。μC/OS-Ⅱ中的这两个宏调用分别是 OS_ENTER_CRITICAL（）和 OS_EXIT_CRITICAL（）。

2. μC/OS-II 的任务切换

任务管理是 μC/OS-II 操作系统内核的主要工作。如图 14.6 所示是内核的任务切换示意图，在任一给定的时刻，μC/OS-II 的任务状态只能是以下 5 种之一。

● 睡眠态：指任务驻留在程序空间（ROM 或 RAM），还没有交给 μC/OS-II 来管理，可以通过创建任务将任务交给 μC/OS-II，当任务被删除后就进入睡眠态。

● 就绪态：任务创建后就进入就绪态，任务的建立可以在多任务运行之前，也可以动态地由一个运行的任务建立。

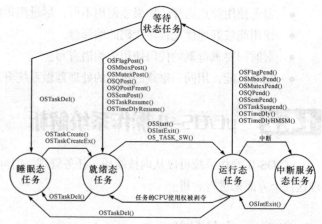

图 14.6　μC/OS-II 操作系统的任务切换

● 运行态：占用处理器资源运行的任务为进入就绪态的优先级最高的任务。任何时刻只能有一个任务处于运行态。

● 等待态：由于某种原因处于等待状态的任务，如任务自身延时一段时间或者等待某一事件的发生。

● 中断服务态：任务运行时被中断打断，进入中断服务态。正在执行的任务被挂起，中断服务子程序控制了处理器的使用权。

3. 任务控制块

任务控制块（TCB）是一个数据结构 OS_TCB，一旦一个任务被创建，就有一个和它关联的 TCB 被赋值。当任务的处理器使用权被剥夺时，它用来保存该任务的状态；当任务重新获得处理器使用权时，可以从 TCB 中获取任务切换前的信息，准确地继续运行。应用实例 14.1 是 TCB 的内部结构示意。

【应用实例 14.1】——任务控制块的结构示意

```
typedef struct os_tcb
{
OS_STK    *OSTCBStkPtr;
#if OS_TASK_CREATE_EXT_EN
    void *OSTCBExtPtr;
    OS_STK    *OSTCBStkBottom;
    INT32U    OSTCBStkSize;
    INT16U    OSTCBOpt;
    INT16U    OSTCBId;
#endif
struct os_tcb *OSTCBNext;
struct OS_tcb *OSTCBPrev;
  #if(OS_Q_EN &&(OS_MAX_QS >= 2 ) )|| OS_MBOX_EN || OS_SEM_EN
    OS_EVENT *OSTCBEventPtr;
#endif
#if(OS_Q_EN && (OS_MAX_QS>=2 ) )|| OS_MBOX_EN
    void *OSTCBMsg;
#endif
INT16U    OSTCBDly;
INT8U     OSTCBStat;
INT8U     OSTCBPrio;
INT8U     OSTCBX;
INT8U     OSTCBBitX;
INT8U     OSTCBBitY;
#if OS_TASK_DEL_EN
    BOOLEAN  OSTCBDelReq;
#endif
}OS_TCB;
```

任务控制块主要包含如下任务信息。

● OSTCBStkPtr：指向当前任务堆栈栈顶的指针，μC/OS-II 允许每个任务有自己的堆栈，且堆栈的大小可以不一样。

● OSTCBNext 和 OSTCBPrev：指向 OS_TCB 双向链表的前、后链接点。

● OSTCBEventPtr：指向事件控制块的指针。

● OSTCBDly：保存任务的延时节拍数，或允许等待事件发生的最多节拍数。

● OSTCBPrio：任务的优先级。

文件 OS_CFG.H 中定义的最多任务数 OS_MAX_TASKS 决定了分配给用户程序的任务控制块

的数目。所有任务控制块都在任务控制块数组 OSTCBTbl[ ]中。当 μC/OS-II 初始化时，所有 OS_TCB 都被链接成单向空任务链表。任务一旦建立，就将链表开头的 OS_TCB 赋给该任务。一旦任务被删除，OS_TCB 就还给空任务链表。任务建立时，函数 OS_TCBInit 初始化任务控制块。

4. μC/OS-II 的任务调度

μC/OS-II 总是运行进入就绪态的优先级最高的任务。任务调度器的功能是，在就绪表中查找最高优先级的任务，然后进行必要的任务切换，运行该任务。μC/OS-II 的任务调度有两种情况：

- 任务级的任务调度由 OS_Sched 函数完成，调用了任务切换函数 OS_TASK_SW。
- 中断级的任务调度由 OSIntExt 函数完成，调用了任务切换函数 OSIntCtxSw。

任务级的任务调度是由于有更高优先级的任务进入就绪态，当前的任务的处理器使用权被剥夺，发生了任务到任务的切换；中断级的调度是指由于 ISR 运行过程中有更高优先级的任务被激活进入就绪态，当前运行的任务被中断打断。而中断返回前 ISR 调用 OSIntExt 函数，该函数查找就绪表发现有必要进行任务切换，从而被中断的任务进入等待状态，运行被激活的高优先级的任务。

5. μC/OS-II 的中断服务

在用户的 ISR 中可以调用 OSIntEnter 函数和 OSIntExit 函数通知 μC/OS-II 操作系统发生了中断时间，这样可以实现 ISR 返回前的任务调度，应用实例 14.2 是中断服务子程序的示意。

【应用实例 14.2】——中断服务子程序的结构示意

```
保存 CPU 寄存器；
调用 OSIntEnter()；
if( OSIntNesting == 1 )
{
 OSTCBCur -> OSTCBStkPtr = SP；
}
清中断源；
重新开中断；
执行用户 ISR 代码；
调用 OSIntExit 函数；
恢复 CPU 寄存器；
执行中断返回指令；
```

6. μC/OS-II 的时钟节拍

μC/OS-II 要求用户提供一个周期性的时钟源来实现时间的延迟和超时功能，时钟节拍发生的频率为 10～100 次/秒。时钟节拍率越高，系统的额外负荷就越重。

应该在多任务系统启动后，也就是调用 OSStart 函数后再开启时钟节拍器。系统设计者可以在第一个开始运行的任务中调用时钟节拍启动函数。假设使用嵌入式处理器的定时器 T/C0 作为时钟中断源，那么，在移植过程中实现了函数 init_timer_t/c0，此函数用来初始化定时器 T/C0，并将其打开。

μC/OS-II 中的时钟节拍服务是在 ISR 中调用 OSTimeTick 函数实现的，该函数跟踪所有任务的定时器以及超时时限。

7. μC/OS-II 的初始化和启动

调用 μC/OS-II 的服务之前要先调用系统初始化函数 OSInit,其初始化 μC/OS-II 所有的变量和数据结构，并建立空闲任务、μC/OS-II 初始化任务控制块、事件控制块、消息队列缓冲、标志控制块等数据结构的空缓冲区。

多任务的启动是通过调用 OSStart 函数实现的，在启动之前至少要创建一个任务，OSStart 函数调用就绪任务启动函数 OSStartHighRdy,其功能是将任务栈的值恢复到 CPU 寄存器，并执行中断返回指令，强制执行该任务代码。

14.2.2　任务管理

μC/OS-II 的任务是一个无限的循环，任务和普通的 C 语言函数一样，有一个返回类型和一个参数，只是任务从来不会返回。应用实例 14.3 和应用实例 14.4 给出了其典型结构。

【应用实例 14.3】——一个典型的任务示例

```
void Task(void *pdata)
{
  for(;;)
  {
    /*用户代码*/
    OSMboxPend();
    OSQPend();
    OSSemPend();
    OSTaskDeal(OS_PRIO_SELF);
    OSTaskSuspend(OS_PRIO_SELF);
    OSTimeDly();
    OSTimeDlyHMSM();
    /*用户代码*/
  }
}
```

【应用实例 14.4】——另一个典型的任务示例

```
void Task(void *pdata)
{
/*用户代码*/
OSTaskDel(OS_PRIO_SELF);
}
```

在 μC/OS-II 操作系统中，除了 4 个最高优先级任务和 4 个最低优先级任务外，用户还可以使用 56 个任务。其中，如果任务的优先级越高，则对应的优先级标志值越低。由于该标志值是唯一的，所以还可以作为任务的标识符来使用。

1. 任务的建立

μC/OS-II 操作系统可以使用 OSTaskCreate 函数或者 OSTaskCreateExt 函数来建立一个任务。如果使用 OSTaskCreate 函数，则需要传递如下 4 个参数。

● task：任务代码的指针。

- padata：当任务开始执行时传递给任务的参数的指针。
- ptos：分配给任务的堆栈栈顶指针。
- prio：任务的优先级。

OSTaskCreateExt 函数比 OSTaskCreate 函数更加灵活，但是需要传递 9 个参数，其中前 4 个参数和 OSTaskCreate 函数相同，其他 5 个参数的说明如下。

- id：为需要创建的任务建立一个特殊的标识符，此标识符被保留，以后可用于升级系统支持的任务总数，在目前只需要将其设置为和任务优先级相同的值即可。
- pbos：指向任务堆栈栈底的指针。
- stk_size：指定堆栈成员数目的容量。
- pext：指向用户附加的数据域的指针。
- opt：用于设定 OSTaskCreateExt 函数的选项，指定是否允许堆栈检验或者清零、是否需要进行浮点数操作等。

任务可以在多任务调度开始之前建立，也可以在其他任务的执行中建立。

2. 任务的堆栈

μC/OS-II 中的每个任务都必须有自己的堆栈空间，其必须是一个连续的内存空间，并且声明为 OS_STK 类型。用户可以在编译的时候为任务静态地分配堆栈空间，也可以在运行的时候为任务动态地分配堆栈空间。

【应用实例 14.5】——堆栈空间的静态声明

```
static OS_STK MyTaskStack[stack_size];
OS_STK MyTaskStack[stack_size];
```

注意：也可以用 malloc()函数来动态地分配堆栈空间，但是需要时刻注意内存碎片的问题，尤其是反复地建立和删除任务时，内存堆中可能会出现大量的内存碎片，导致没有足够大的一块连续内存区域可用作任务堆栈，这时 malloc()便无法成功地为任务分配堆栈空间。

由于 μC/OS-II 同时支持堆栈从高地址向低地址增长，也支持堆栈从低地址向高地址增长，所以用户在建立任务时必须将堆栈的栈顶传递给 OSTaskCreate 或者 OSTaskCreadteExt 函数。

堆栈生长方向在 OS_CPU.H 文件中定义。当 OS_STK_GROWTH 置为 0 时，传递堆栈的最低内存地址给任务创建函数，反之传递的是堆栈的最高内存地址。需要注意的的是，该问题会影响到代码的可移植性，此时可以采用应用实例 14.6 中所示的代码。

【应用实例 14.6】——堆栈生长空间的参数传递

```
OS_STK TaskStack[TASK_STACK_SIZE];
#if OS_STK_GROWTH == 0
  OSTaskCreate(task, pdata, &TaskStack[0], prio);
#else
  OSTaskCreate(task, pdata, &TaskStack[TASK_STACK_SIZE-1], prio);
#endif
```

任务所需的堆栈的容量是由应用程序指定的，所以在指定堆栈大小的时候，必须考虑用户的任务所调用的所有函数的嵌套情况、任务所调用的所有函数会分配的局部变量的数目，以及所有可能的中断服务例程嵌套的堆栈需求。另外，用户的堆栈必须足够大，能支持保护存所有的处理器寄存器。

在使用堆栈的时候，用户可以使用 OSTaskStkChk 函数来检查任务实际需要的堆栈空间的大小，其使用方法可以参考相应的资料。

3. 删除任务

μC/OS-II 操作系统的删除任务是将任务返回并且使之呈休眠状态，并不是删除了任务的相应代码，只是任务的代码不再被系统所调用。

可以通过调用函数 OSTaskDel 来实现删除任务。需要注意的是，在调用该函数之前需要确保该任务不处于如下两种情况。

- 该任务并非是空闲任务，因为删除空闲任务是不被允许的。
- 用户不是在中断服务子程序中删除任务。

在实际应用中，一个任务 B 可能需要使用任务 A 所占有的内存空间、信号量、外部 I/O 引脚等资源，此时可以删除任务 A，但是在删除任务 A 之前需要确保使用这些资源的任务已经执行完成并且释放了资源，否则可能出现资源的丢失。μC/OS-II 操作系统使用函数 QSTaskDelReq 来提出删除相应任务的请求，需要注意的是，此时任务 A 和任务 B 都需要调用该函数。

4. 修改任务的优先级

任务的优先级决定了在任务调度中各个任务的执行顺序。在程序的执行过程中，μC/OS-II 支持用户使用函数 OSTaskChangePrio 来动态地修改非空闲任务的优先级。

为了改变调用本函数的任务的优先级，用户可以指定该任务当前的优先级或 OS_PRIO_SELF，此时 OSTaskChangePrio 会决定该任务的优先级；另外，用户还必须指定任务的新的优先级，因为 μC/OS-Ⅱ 的优先级是唯一的，所以 OSTaskChangePrio 函数需要检验新优先级是否合法，然后进行相应的修改操作。

5. 任务的挂起和恢复

在 μC/OS-II 操作系统中可以将任务挂起，此时可以通过调用 OSTaskSuspend 函数来完成对任务的挂起，然后再使用 OSTaskResume 函数来恢复挂起的任务。任务可以挂起自身或者另外一个任务。

需要注意的是，任务的挂起操作是一个附加功能，如果任务在被挂起时同时在等待延时，则需要先取消挂起操作，然后继续等待延时结束并且转入就绪状态。另外，挂起操作的任务不能是一个空闲任务，所以在恢复挂起任务之前必须先确认即将恢复的任务不是空闲任务。

6. 获得任务的相关信息

应用程序可以通过调用 OSTaskQuery 函数来获得自身或者其他应用程序的信息，其返回的是对应任务的 OS_TCB 中的内容。

14.2.3　时间管理

μC/OS-II 操作系统提供了一个时钟节拍函数 OSTimeTick 用于提供相应的时钟节拍，并且基于该函数提供了相应的时钟管理函数，包括延时管理和系统时钟管理等。

1. 延时管理

当需要延时一段时间的时候,可以调用 OSTimeDly 函数,其参数为需要延时的时钟节拍数 0~65535。当调用该函数时,μC/OS-Ⅱ会进行一次任务调度,并且执行下一个优先级最高的就绪态任务;当任务调用 OSTimeDly 函数后,一旦规定的时间期满或者有其他的任务通过调用 OSTimeDlyResume 函数取消了延时,其就会马上进入就绪状态;但是只有当该任务在所有就绪任务中具有最高的优先级时,它才会立即运行。

SOTimeDly 函数的延时是基于时间节拍的,如果需要进行精确的延时,则可以调用 OSTimeDlyHMSM 函数,这是一个精确定义延时时间的函数,其参数说明如下。

- hours:小时数,8 位变量,最多支持 256 小时的延时。
- minutes:分钟数,8 位变量。
- seconds:秒数,8 位变量。
- milli:毫秒数,16 位变量。

注意:由于 OSTimeDlyHMSM 函数的具体实现方法,用户不能结束延时调用 OSTimeDlyHMSM()要求延时超过 65535 个节拍的任务。例如,如果时钟节拍的频率是 100Hz,则用户不能让调用 OSTimeDlyHMSM(0,10,55,350)或更长延迟时间的任务结束延时。

如果一个处于延时期的任务想要提前结束延时,不需要等待延时期满就可以通过其他任务取消延时来使自己进入就绪态,此时需要调用 OSTimeDlyResume 函数并且指定需要恢复的任务的优先级。

2. 系统时钟管理

在 μC/OS-II 操作系统中,每当时钟节拍到来,操作系统都会对一个 32 位的计数器进行加 1 操作,该计数器会在系统初始化或溢出时被清零,用户可以通过 OSTimeGet 函数来获得该计数器的当前值,也可以通过 OSTimeSet 函数来修改该计数器的值。

14.2.4 任务间的通信和同步

在 μC/OS-II 中,除了使用开中断、关中断和在任务调度中给函数上锁的方式来完成任务之间的通信和同步之外,还可以使用信号量、邮箱或消息队列来实现任务之间的通信和同步。μC/OS-II 把关于它们的操作都定义为全局函数,以供应用程序的所有任务来调用等待任务列表。

μC/OS-II 使用了一个 8 位的数组 OSEventTbl[]来作为记录等待事件任务的记录表,称为等待任务表。在该数组中,每个任务占 1 位,当该位为"1"时表示该任务处于等待状态。

1. 事件控制块 ECB 和其操作

μC/OS-II 使用事件控制块(ECB)来描述信号量、邮箱和消息队列等事件。事件控制块包含包括等待任务表在内的所有有关事件的数据,其结构如应用实例 14.7 所示。

【应用实例 14.7】——事件控制块的结构定义

```
typedef struct
{
 INT8U OSEventType;                        //事件类型
```

```
    INT16U  OSEventCnt;                        //信号量计数器
    void *OSEventPtr;                          //消息或消息队列的指针
    INT8U OSEventGrp;                          //等待事件的任务组
    INT8U OSEventTbl[OS_EVENT_TBL_SIZE];       //任务等待列表
}OS_EVENT;
```

各个分量的详细说明如下。

● OSEventPtr 指针：只有在所定义的事件是邮箱或者消息队列时才使用。当所定义的事件是邮箱时，它指向一个消息；而当所定义的事件是消息队列时，它指向一个数据结构。

● OSEventTbl[]、OSEventGrp：包含的是系统中处于就绪状态的任务。

● OSEventCnt：当事件是一个信号量时，其是用于信号量的计数器。

● OSEventType：定义了事件的具体类型，其可以是信号量（OS_EVENT_SEM）、邮箱（OS_EVENT_TYPE_MBOX）或消息队列（OS_EVENT_TYPE_Q）中的一种。

μC/OS-II 提供了 4 个函数对 ECB 进行相应的操作，其说明如下。

● void OS_EventWaitListInit(OS_ENENT * pevent)：事件控制块的初始化函数。

● void OS_EventTaskWait(OS_ENENT * pevent)：使一个任务进入等待状态。

● INT8U OS_EventTaskRdy(OS_EVENT * pevent, void *msg, INT8U msk)：使一个正在等待的任务进入就绪状态。

● void OS_EventTo(OS_EVENT *pevent)：是一个等待超时的任务进入就绪状态。

2.　信号量操作

在 μC/OS-II 中，可以使用信号量在任务间传递信息，实现任务与任务或中断服务子程序的同步。μC/OS-II 中的信号量由两部分组成：一部分是 16 位的无符号整数信号量的计数值（0~65535）；另一部分是由等待该信号量的任务组成的等待任务列表。

μC/OS-II 提供了以下 6 个函数对信号量进行操作。

● OSSemCreat（INT16U cnt）：创建一个信号量，返回已创建信号量的指针。

● OSSemPend（OS_EVENT *pevent, INT16U timeout, INT8U *err）：请求信号量。

● INT8U OSSemPost（OS_EVENT * pevent）：发送信号量，当获得信号量、访问共享资源结束以后，释放信号量，调用该函数。先检查是否有等待该信号量的任务，没有，信号量计数器加 1，有，则调用调度器 OS_Sched（）。

● OS_EVENT *OSSemDel（OS_EVENT * pevent, INT8U opt, INT8U *err）：删除信号量。

● INT8U OSSemQuery（OS_EVENT * pevent, OS_SEM_DATA *pdata）：查询信号量状态，其中 pdata 是一个结构指针，用于存储信号量的状态。

3.　邮箱操作

和信号量操作类似，消息邮箱也是 μC/OS-II 中的一种通信机制，通常使用时要先定义一个指针型的变量。该指针指向一个包含了消息内容的特定数据结构。发送消息的任务或中断服务子程序把这个变量送往邮箱，接收消息的任务从邮箱中取出该指针变量，完成信息交换。

μC/OS-II 同样提供了 6 个对消息邮箱进行操作的函数。

● OS_EVENT * OSMoxCreate（void * msg）：创建消息邮箱，其中 msg 为消息指针，一般初始为 NULL。

- INT8U OSMboxPost（OS_EVENT * pevent,void * msg）:向邮箱发送一个消息。
- INT8U OSMboxPostOpt（OS_EVENT * pevent, void * msg, INT8U opt）: 发送广播信息。
- void * OSMboxPend（OS_EVENT * pevent, INT16U timeout, INT8U *err）: 向邮箱请求一个信息。
- void * OSMboxAccept（OS_EVENT * pevent）: 立即从邮箱中获得一个消息。
- INT8U OSMboxQuery（OS_EVENT * pevent, OS_MBOX_DATA *pdata）: 查询邮箱状态。
- OS_EVENT *OSMboxDel（OS_EVENT * pevent）: 删除邮箱。

4. 消息队列操作

消息队列是 μC/OS-II 的另一种通信机制，它可以使一个任务或中断服务子程序向另一个任务发送以指针定义的变量。μC/OS-II 提供了如下 9 个对消息队列进行操作的函数。

- OS_EVENT OSQCreate（void ** start,INT16U size）: 创建一个消息队列。
- void* OSQPend（OS_EVENT * pevent, INT16U timeout, INT8U *err）: 等待消息队列中的消息。
- void OSQAccept（OS_EVENT * pevent）: 无请求等待。
- INT8U OSQPostFront（OS_EVENT * pevent, void * msg）: 向消息队列发送一个消息，采用 "后进先出" 的工作方式。
- INT8U OSQPost（OS_EVENT * pevent, void * msg）: 向消息队列发送一个消息，采用 "先进先出" 的工作方式。
- INT8U OSQPostOpt（OS_EVENT * pevent, void * msg, INT8U opt）: 发送广播消息。
- INT8U OSQFlush（OS_EVENT * pevent）: 清除消息队列。
- OS_EVENT * OSQDel（OS_EVENT * pevent）: 删除消息队列。
- INT8U OSQQuery（OS_EVENT * pevent, OS_Q_DATA *pdata）: 查询消息队列。

14.2.5 内存管理

如果使用 malloc 和 free 函数来为任务动态地分配和释放内存，可能导致内存碎片的存在，从而使得用户最后完全分配不到内存，另外由于内存管理算法的原因，这两个函数的执行时间是不确定的。在 μC/OS-II 操作系统中，大块的内存被划分为不同的分区，每个分区中包含有整数个大小相同的内存块，然后其对 malloc 和 free 函数进行修改，使得它们可以分配和释放固定大小的内存块，这样它们的执行时间也就固定了。同时，特定的内存块在释放的时候必须重新被放回以前存在的内存分区，利用这种办法也可以规避掉内存碎片的问题。

1. 内存控制块

μC/OS-II 操作系统使用内存控制块（Memory Contrlo Blocks）的数据结构来对相应的内存分区进行控制，其结构定义如应用实例 14.8 所示。

【应用实例 14.8】——内存控制块的结构定义

```
typedef struct
{
```

```
void *OSMemAddr;
void *OSMemFreeList;
INT32U OSMemBlkSize;
INT32U OSMemNBlks;
INT32U OSMemNFree;
}OS_MEM
```

结构定义各个分量的说明如下。

● OSMemAddr：指向内存分区起始地址的指针，其在建立内存分区时被初始化，在此之后就不能被更改了。

● OSMemFreeList：指向下一个空闲内存控制块或者下一个空闲内存块的指针，具体含义要根据该内存分区是否已经建立来决定。

● OSMemBlkSize：内存分区中内存块的大小是在用户建立该内存分区时指定的。

● OSMemNBlk：内存分区中总的内存块数量也是在用户建立该内存分区时指定的。

● OSMemNFree：内存分区中当前可以得到的空闲内存块数量。

如果要在 μC/OS-II 操作系统中启用内存管理，需要在 OS_CFG.H 文件中将开关量 OS_MEM_EN 的值设置为 "1"，此时 μC/OS-II 就会在启动时对内存管理器进行初始化操作，在初始化中，操作系统建立了一个如图 14.7 所示的内存控制块链表，其中的常数 OS_MAX_MEM_PART（见文件 OS_CFG.H）定义了最大的内存分区数，该常数值至少应为 2。

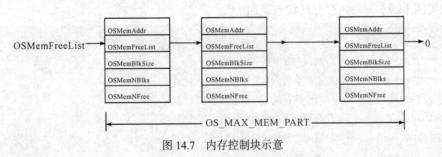

图 14.7　内存控制块示意

2. 内存块的操作

对内存块的操作包括创建一个内存分区（OSMemCreate 函数）、分配一个内存块（OSMemGet 函数）、释放一个内存块（OSMemPut 函数）和查询一个内存分区的状态（OSMemQuery 函数）。

在使用内存分区之前，必须先建立一个内存分区，该操作是通过 OSMemCreate 函数来完成的。其需要传递 4 个参数，分别为内存分区的起始地址、分区的内存块总数、每个内存块的字节数以及一直指向错误信息代码的指针。如果 OSMemCreate 函数操作失败，将返回一个 NULL 指针，否则将返回一个指向内存控制块的指针。

注意：每个内存分区最少含有两个内存块，每个内存块最少有一个指针大小。

如图 14.8 所示是在调用 OSMemCreate 函数并且顺利之后的内存控制块及对应的内存分区和分区的内存块之间的关系示意。

用户可以调用 OSMemGet 函数从已经建立的内存分区中申请一个内存块，该函数的唯一参数是在建立内存分区时由 OSMemCreate 返回的指向特定内存分区的指针，但是用户必须知道内存块的大小，并且在使用时不能超过该容量。

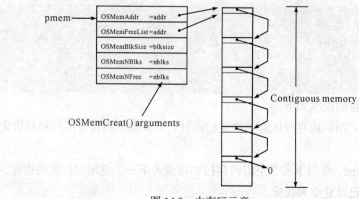

图 14.8　内存区示意

注意：如果在中断服务子程序中调用 OSMemGet 函数，其会立刻返回 NULL 指针，因为此时没有内存块可用。

当用户不再使用该内存块之后，应该调用 OSMemPut 函数将其释放。

如果需要知道一个内存分区的相应状态，则可以使用 OSMemQuery 函数来完成对应的分区信息，包括分区中内存块的大小、可用内存块数目和正在使用的内存块数目等，其返回值是一个名为 OS_MEM_DATA 的数据结构，其组成如应用实例 14.9 所示。

【应用实例 14.9】——内存分区状态返回

```
typedef struct
{
void *OSAddr;           //指向内存分区首地址的指针
void *OSFreeeList;      //指向空闲内存块链表首地址的指针
INT32U OSBlkSize;       //每个内存块所含的字节数
INT32U OSNBlks;         //内存分区总的内存块数
INT32U OSNFree;         //空闲的内存块总数
INT32U OSNUsed;         //正在使用的内存块总数
}OS_MEM_DATA;
```

14.3　μC/OS-Ⅱ 的移植和程序设计

所谓移植是使 μC/OS-Ⅱ 能在某个处理器上运行的过程。为了方便移植，大部分的 μC/OS-Ⅱ 代码是用 C 语言写的；但仍需要用 C 语言和汇编语言写一些与处理器相关的代码，这是因为 μC/OS-Ⅱ 在读写处理器寄存器时只能通过汇编语言来实现。

能正常运行 μC/OS-Ⅱ 操作系统的处理器必须满足如下条件。

- 处理器的 C 编译器能产生可重入代码。
- 用 C 语言就可以打开和关闭中断。
- 处理器支持中断，并且能产生定时中断（通常在 10～100Hz）。
- 处理器支持能够容纳一定量数据（可能是几千字节）的硬件堆栈。
- 处理器有将堆栈指针和其他处理器寄存器读出和存储到堆栈或内存中的指令。

μCOS-Ⅱ 操作系统的核心主要可分为以下三个部分，在移植过程中主要是根据具体的嵌入式处理器对系统架构层中的头文件和汇编文件进行修改的。

- 应用软件层：用户自行设计，实现用户意图的软件代码。
- 内核层：包括 μC/OS-II 内核的 8 个 C 文件：OS_CORE.C（核心管理文件）、OS_MBOX.C（时间管理文件）、OS_MEM.C（内存管理文件）、OS_SEM.C（消息丢列管理文件）、OS_TIME.C（时间管理文件）、uCOS_II.C（信号量处理文件）、OS_Q.C（消息管理文件）和 OS_TASK.C（任务调度文件），这些代码均和具体的处理器无关。
- 系统架构层：系统架构层的代码由头文件 OS_CFG.H 和 INCLUDES.H 组成，其主要功能是用来配置事件控制块的数目以及是否包含消息管理的相关代码等。与处理器相关的移植代码部分包括头文件 OS_CPU.H、汇编文件 OS_CPU_A.ASM 和 C 文件 OS_CPU_C.C。

基于 μC/OS-II 进行应用软件层的代码设计主要包括对底层驱动文件 bsp.c 和任务配置文件 app.c 的修改和设计。

通常来说，μC/OS-II 的用户任务有单次执行的任务、周期执行的任务和事件触发执行的任务三种，它们的处理方法如下。

- 单次执行的任务：其通常来说是独立的任务，不需要和其他任务进行通信，只使用共享资源来获取信息和输出信息，在创建后处于就绪状态并可以进行执行，执行完成之后则自我删除。其通常包括任务准备工作、任务实体和自我删除函数调用这三个步骤。
- 周期执行的任务：其通常采用循环结构，并且在每次完成对应的功能后调用 μC/OS-II 提供的延时函数（OSTimeDlyHMSM()或者 OSTimeDly()）以等待下一次执行，由于这种方式可能会存在一个时钟节拍的延时误差，所以如果需要精确定时则应该使用硬件定时器并在中断服务子程序中完成对应的任务。
- 事件触发执行的任务：其通常等到某些事件（如外部中断）发生后才执行，在事件发生之前任务会被挂起，相关事件发生一次，任务实体代码会执行一次。

14.4 μC/OS-III 和 μC/OS-II

μC/OS-III 诞生于 2009 年，于 2011 年 8 月公开源码，但是在开发者 Jean J.Labrosse 看来其并非完全是 μC/OS-II 的升级，而更多地是一个全新的实时操作系统，这是因为 μC/OS-II 的特性比较符合 8～16 位和低端的 32 位嵌入式处理器，而 μC/OS-III 的特性更加符合高端 32 位嵌入式处理器的特征。这些特征的说明如下。

- μC/OS-III 已经不仅仅是一个 RTOS 内核，而是包含很多与该内核配套的软件开发包。和传统的大型商用实时操作系统类似，其能以传统的 BSP（板级支持包）方式来实现 USB 主机、文件系统、TCP/IP 协议栈及实时操作系统本身的调试工作等。
- μC/OS-III 在功能上得到了全面的扩展和提升。μC/OS-II 最多支持 255 个任务，而 μC/OS-III 可以支持任意数目的任务，实际使用的任务数目仅受嵌入式处理器所能使用的存储空间的限制。
- μC/OS-III 支持任意数目的信号量、事件标志组、消息队列、存储块等内核对象，而且允许用户在程序运行中动态地配置内核资源。
- μC/OS-III 允许嵌套挂起某个任务，嵌套挂起最深可达 250 层。
- μC/OS-III 增加了一个时钟节拍任务来做延时处理和超时判断。通过在任务级代码完成时钟节拍服务，能极大地减少中断延迟时间，并且其使用了哈希散列表机制，进一步降低了延时处理和超时判断的开销，提高了系统的实时性。

- μC/OS-III 增加了时间片轮转调度，允许多个任务有相同的优先级。当多个优先级相同的任务同时就绪并且所属优先级高于其他所有就绪任务时，μC/OS-III 轮转调度这些任务，让每个任务运行一段用户指定的时间片。

- μC/OS-III 允许中断或任务直接给另一个任务发信号或消息，可以在实际应用中提高信号或消息发送的效率。

- μC/OS-III 增加了时间戳功能，可以给信号或消息打上时间戳，从而允许用户获取某个事件发生的时刻，以及信号或消息传递到目标任务所耗费的时间等。

- μC/OS-III 的支持按照嵌入式处理器架构优化，其数据类型可按照嵌入式处理器能适应的最佳位数宽度修改以适应不同位宽的处理器。

- μC/OS-III 增加了中断处理任务，可以把内核对象的处理工作都放到任务级代码中完成，从而允许通过给调度器上锁的方式实现临界段代码的保护，这样就使内核关中断的时钟周期几乎为零。

- μC/OS-III 内置了对系统性能进行测试的代码，能够检测每个任务的执行时间、堆栈使用情况、每个任务运行的次数、嵌入式处理器的利用率、关闭中断和给调度器上锁的时间等。

- μC/OS-III 还支持内核觉察式调试，可以以友好的方式对系统的变量和数据结构进行检查和显示，并且带有 μC/Probe 调试工具，可在程序运行过程中查看和修改变量。

14.5 本章小结

（1）μC/OS-II 是 Jean J.Labrosse 于 20 世纪 90 年代在 PC 上开发的一种基于优先级的抢占式多任务实时操作系统，其包含实时内核、任务管理、时间管理、任务间通信同步（信号量、邮箱、消息队列）和内存管理等功能。

（2）在应用 μC/OS-II 的开发中，应用程序和操作系统是绑在一起编译的，所生成的 system.bin 文件是唯一的可执行文件，其中包括所需要的 μC/OS-II 代码和被用到的驱动程序等函数代码，以及应用程序的代码。

（3）嵌入式处理器的任务本质也是一个无限的循环，每个任务始终都位于休眠态、就绪态、运行态、挂起态和被中断态度中的一种，且可以相互切换。

（4）在多任务操作系统中，内核（Kernel）负责管理各个任务，或者说为每个任务分配处理器使用时间，并且负责任务之间的通信。

（5）任务间或者中断服务和任务之间信息的传递有通过全程变量和发消息给另一个任务两种途径。

（6）μC/OS-II 操作系统的内核结构可以分为任务管理、任务调度、任务切换、时间管理、内存管理、任务间通信和中断服务等模块。

（7）任务控制块（TCB）是一个数据结构 OS_TCB，一旦一个任务创建，就有一个和它关联的 TCB 被赋值。当任务的处理器使用权被剥夺时，它用来保存该任务的状态；当任务重新获得处理器使用权时，可以从 TCB 中获取任务切换前的信息，准确地继续运行。

（8）μC/OS-II 操作系统定义了两个宏（macros）来关中断和开中断，以便避开不同 C 编译器厂商选择不同的方法来处理关中断和开中断。μC/OS-II 中的这两个宏调用分别是 OS_ENTER_CRITICAL（）和 OS_EXIT_CRITICAL（）。

（9）μC/OS-II 总是运行进入就绪态的优先级最高的任务，其任务级调度由 OS_Sched 函数调用任务切换函数 OS_TASK_SW 来完成，中断级的任务调度由 OSIntExt 函数调用任务切换函数 OSIntCtxSw 来完成。

（10）在用户的 ISR 中可以调用 OSIntEnter 函数和 OSIntExit 函数来通知 μC/OS-II 操作系统发生了中断时间，这样可以实现 ISR 返回前的任务调度。

（11）μC/OS-II 的任务是一个无限的循环，任务和普通的 C 语言函数一样，有一个返回类型和一个参数，只是任务从来不会返回。

（12）μC/OS-II 操作系统提供了一个时钟节拍函数 OSTimeTick 用于提供相应的时钟节拍，并且基于该函数提供了相应的时钟管理函数，包括延时管理和系统时钟管理等。

（13）μC/OS-II 使用了一个 8 位的数组 OSEventTbl[]来作为记录等待事件任务的记录表，称为等待任务表。在该数组中，每个任务占 1 位，当该位为"1"时表示该任务处于等待状态。

（14）在 μC/OS-II 操作系统中，大块的内存被划分为不同的分区，每个分区中包含有整数个大小相同的内存块，然后其对 malloc 和 free 函数进行修改，使得它们可以分配和释放固定大小的内存块。

（15）移植是使 μC/OS-II 能在某个处理器上运行的过程。为了方便移植，大部分 μC/OS-Ⅱ代码是用 C 语言写的，但仍需要用 C 语言和汇编语言写一些与处理器相关的代码，这是因为 μC/OS-Ⅱ 在读写处理器寄存器时只能通过汇编语言来实现。

14.6　真题解析和习题

14.6.1　真题解析

【真题 1】μC/OS-II 允许中断嵌套，嵌套层数可达（　　）层。

A．32　　　　　　　B．26　　　　　　　C．128　　　　　　　D．255

【解析】答案：D。

本题主要考查 μC/OS-II 的特点，主要涉及第 14.1.1 小节的内容。μC/OS-II 允许嵌套的中断数是 255。

【真题 2】关于 μC/OS-II 的基本特点，以下说法错误的是（　　）。

A．μC/OS-II 是抢占式实时操作系统内核

B．由于存在内核任务，用户编写的应用程序最多可以有 60 个任务

C．μC/OS-II 不支持时间片轮转调度法

D．μC/OS-II 允许每个任务有不同的栈空间

【解析】答案：B。

本题还是继续考查 μC/OS-II 操作系统的特点，主要涉及第 14.1.1 小节的内容。除了系统保留的 8 个任务之外，用户还可以使用 56 个任务。

【真题 3】μC/OS-II 总是运行处于就绪态任务中优先级最高的那个任务，以下说法错误的是（　　）。

A．真正实现任务切换的函数是 OSCtxSw（）

B．任务级的调度是由函数 OSSched（）完成的

C. 中断级的调度是由函数 OSIntExit（ ）完成的

D. 实现上下文切换的函数是 OSSched（ ）

【解析】答案：D。

本题主要考查 μC/OS-II 对任务切换的管理，主要涉及第 14.1.2 小节的内容。A、B、C 选项都是正确的，而实现上下文切换的函数应该是 OSCtxSw（ ）（完成任务后）和 OSIntCtxSw（ ）（中断后）。

【真题 4】移植 μC/OS-II 到一个嵌入式系统电路板上正常运行，下列选项中不是其必须条件的是（ ）。

A. 处理器的 C 编译器能产生可重入代码，且用 C 语言就可以打开和关闭中断

B. 该电路板的处理器必须具备 MMU（存储管理单元）

C. 处理器支持中断，并且能产生定时中断（通常在 10～100Hz）

D. 处理器支持能够容纳一定量数据（可能是几千字节）的硬件栈区

【解析】答案：B。

本题主要考查 μC/OS-II 的移植，主要涉及第 14.3 节的内容。从中可以知道，μC/OS-II 的运行可以和 MMU 无关，这也是其可以运行在 51 单片机等没有 MMU 单元的嵌入式处理器上的原因。

14.6.2　本章习题

1. μC/OS-II 系统中的每个任务都处在以下 5 种状态之一：休眠态、就绪态、运行态、挂起态（等待某一事件发生）和被中断态，以下说法错误的是（ ）。

A. 任务处于休眠态，相当于该任务驻留在外存中，但还没有交给内核管理

B. 任务处于就绪态，意味着该任务已经准备好，可以运行了，但由于该任务的优先级比正在运行的任务的优先级低，还暂时不能运行

C. 任务处于运行态，是指任务得到了嵌入式处理的控制权正在运行之中

D. 任务处于被中断态，是指发生中断时执行相应的中断服务，原来正在运行的任务暂时停止运行，进入了被中断状态

2. 在 μC/OS-II 中有多种方法可以保护任务之间的共享数据和提供任务之间的通信，其中不能达到保护目的的方法是（ ）。

A. 利用宏 OS_ENTER_CRITICAL（ ）和 OS_EXIT_CRITICAL（ ）来关闭中断和打开中断

B. 利用函数 OSSchedLock（ ）和 OSSchedUnlock（ ）来对任务调度函数上锁和开锁

C. 利用信号量、互斥信号量、邮箱和消息队列进行任务间的通信

D. 利用内存文件进行任务间的大规模数据共享

3. μC/OS-II 的事件控制块有 4 种类型，需要使用 4 个不同的函数来创建。下列选项中用于创建事件控制块的是（ ）。

A. OSTaskCreate（ ）　　　　　　　　B. OSThreadCreate（ ）

C. OSQCreate（ ）　　　　　　　　　　D. OSCtxSw（ ）

4. μC/OS-II 能够提供周期性时钟信号（即时钟节拍），用于实现任务的正确延时和超时确认，节拍率的范围是（ ）。

A. 10～100Hz　　　　　　　　　　　　B. 10～1000Hz

C. 100～1000Hz　　　　　　　　　　　D. 100～10000Hz

## 第15章

嵌入式系统的开发

嵌入式系统的开发是一个综合的过程，要求用户熟悉嵌入式系统中各个硬件模块的基础知识和各种工具软件的使用方法。本章将基于S3C2440嵌入式处理器和嵌入式Linux来介绍嵌入式系统的开发流程。本章的考查重点如下。

- 嵌入式系统的开发过程和工具（开发步骤，交叉开发平台和工具、系统的调试工具等）。
- 系统开发工具软件（ADS和RVDS的特点与使用，GCC的常用命令与参数）。

15.1 嵌入式系统的开发基础

15.1.1 嵌入式系统的开发流程

嵌入式系统的开发是一个软硬件结合的过程，其可以分为图15.1所示的系统总体开发、嵌入式硬件开发和嵌入式软件开发三大步骤。

在嵌入式系统的开发中，由于其基础取决于硬件，往往某些需求只能通过特定的硬件才能实现，因此需要选择合适的硬件模块以更好地满足产品的需求。对于硬件和软件都可以实现的功能，就需要在成本和性能上做出抉择。整体来说，通过硬件实现会增加产品的成本，但能大大提高产品的性能和可靠性。

此外，开发环境的选择对于嵌入式系统的开发也有很大的影响。这里提到的开发环境包括嵌入式操作系统以及开发工具，如对开发成本和进度限制较大的产品可以选择嵌入式Linux，对实时性要求非常高的产品可以选择Vxworks等。

一个完整的嵌入式系统架构如图15.2所示。

本章提到的嵌入式系统开发主要是指嵌入式软件开发，其可以分为需求分析、代码设计、代码生成和代码固化4个阶段。

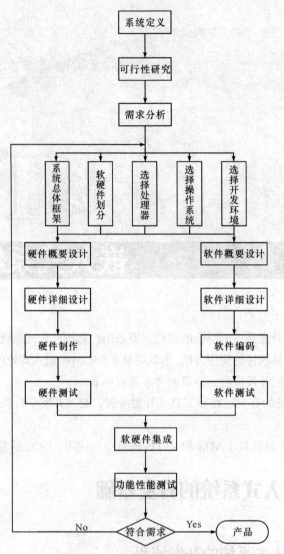

图 15.1　嵌入式系统的开发流程

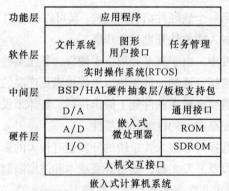

图 15.2　一个完整嵌入式系统架构

1. 需求分析阶段

嵌入式系统应用需求中最为突出的是注重应用的时效性。需求分析阶段的主要任务是对问题的识别和分析、规格说明文档的制订和需求评审。

● 对问题的识别和分析：其对用户提出的问题进行抽象识别用以产生包括功能需求、性能需求、环境需求、可靠性需求、安全需求、用户界面需求、资源使用需求、软件成本与开发进度需求在内的各项需求。

● 制订规格说明文档：经过对问题的识别，产生了系统各方面的需求；通过对规格的说明，文档得以清晰、准确地描述。这些说明文档包括需求规格说明书和初级的用户手册等。

● 需求评审：这是系统进入下一阶段前最后的需求分析复查手段，在需求分析的最后阶段对各项需求进行评估，以保证软件需求的质量。其内容包括正确性、无歧义性、安全性、可验证性、一致性、可理解性、可修改性、可追踪性等多个方面。

2. 代码设计阶段

代码设计阶段的主要任务是系统设计、任务设计和任务的详细设计。由于嵌入式系统中任务的并发性，嵌入式软件开发中可以引入 DARTS（Design Approach for Real-Time System）设计方法，这是结构化分析/结构化设计的扩展，会给出划分任务的方法，并提供定义任务间接口的机制，具体设计步骤如下。

（1）数据流分析。

（2）划分任务。

（3）定义任务间的接口。

3. 代码生成阶段

代码生成阶段需要完成的工作包括代码编程、交叉编译和链接、交叉调试和测试等。在嵌入式软件系统的开发过程中，通常是先在通用电脑上进行编程开发，然后通过交叉编译链接，将程序做成目标平台上可以运行的二进制代码格式，最后将程序下载到目标平台上的特定位置，在目标板上启动运行这段二进制代码（参考 15.4 节）。而嵌入式系统开发的测试与通用软件的测试相似，可以分为单元测试和系统集成测试。

4. 代码固化阶段

代码固化阶段是将设计完成的代码存放到嵌入式系统的阶段。固化后的代码将能脱离开发环境独立运行。

15.1.2　嵌入式系统的软件开发特点

嵌入式系统软件开发和普通系统软件开发相比有一些不同之处，主要集中在开发环境架构、硬件资源受限以及程序固化方式三个方面。

1. 开发环境架构

普通软件系统的开发环境和运行环境通常是一体的，而嵌入式系统的软件开发通常是在普通个人计算上完成的，而其运行环境是嵌入式系统，也就是说形成了宿主机（开发计算机）-目标机（嵌入式系统）的架构。它们的处理器结构、指令系统和操作系统都可能有所差异，所以宿主机必须提供一个能生成目标机运行代码的工具，也即 15.4 节中介绍的交叉编译环境。

2. 硬件资源受限

对于目前的通用计算机来说，其硬件资源对于软件开发来说基本上都是"无限"的（部分涉及数据库、快速计算的软件除外），所以在开发过程中不需要过多地考虑资源是否不够用；而对于嵌入式系统来说，其硬件资源相对减少，如目前许多嵌入式系统的内存还处于 1GBytes 阶段（相对通用计算机的 4GBytes 乃至 16GBytes），有些低端的嵌入式处理器更是只有 256 个字节（如 51 系列单片机等），所以在程序设计的过程中必须充分考虑到硬件资源的受限性。

3. 程序固化方式

通用计算机的应用软件通常是编译后直接运行，也有的是复制或安装（可以看成是一种高级的复制方法）后即可运行；而嵌入式系统的程序通常来说需要使用下载工具或者编程工具将其写入系统上的 EPROM、Flash 等存储器中才能运行。

15.1.3 嵌入式系统的软件开发平台

在嵌入式系统上进行软件开发必须选择合适的嵌入式系统平台，这个平台通常是由如图 15.3 所示的一系列工具组成的，包括嵌入式系统及其操作库（可能无操作系统）、集成开发环境、调试工具以及其他辅助工具。

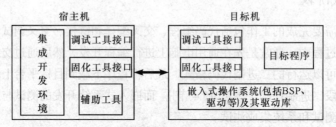

图 15.3　嵌入式系统软件开发平台

15.2 嵌入式系统的软件开发方法

15.2.1 嵌入式系统的软件开发方法分类

嵌入式系统的软件开发方法有基于裸机的开发、为裸机移植操作系统的开发和基于嵌入式操作系统的开发三类。

基于裸机的开发：直接在嵌入式硬件系统中进行软件开发。用户所编写的代码将会直接被编译生成嵌入式处理器可以直接运行的指令，然后通过对应的编程工具烧录进处理器直接运行。在嵌入式系统硬件调试中常常需要使用这种开发环境来确定硬件系统是否存在问题，此外类似 Cortex-M0、Cortex-M3 等不能/通常不运行操作系统的处理器也会直接使用此种裸机开发环境。

为裸机移植操作系统的开发：为将某个操作系统移植到嵌入式系统上而准备必须的软件，通常包括引导程序的开发工具和环境、嵌入式系统的裁剪编译环境、文件系统的裁剪编译环境等。

基于嵌入式操作系统的开发：编写嵌入式操作系统可执行代码的开发环境。

15.2.2　基于裸机的软件开发

裸机开发是指在没有安装操作系统的嵌入式硬件系统上直接编写并且下载用户代码的过程。用于裸机开发的 IDE 通常有 ADS、IAP 和 MDK，配合 IDE 使用的硬件有 JTAG 调试器和 J-Link 等，后者和 MDK 具有良好的接口。

裸机开发的流程通常也包括编码、编译、下载和调试几个部分。

- 编码：用代码编辑器（可以是 IDE 自带的也可以是普通文本编辑器）编写代码的过程。
- 编译：使用代码对应的编译器将用户编写的代码生成嵌入式处理器可执行指令的过程。
- 下载：把可执行的代码下载到嵌入式系统的 Flash 存储器中的过程。如果此时 Flash 存储器是空白的（没有 Bootloader），则可能需要使用一定的工具。例如，可以使用 JTAG 烧录，也可以使用 SD 卡启动或者使用处理器内部自带的 Bootloader 进行下载；如果此时 Flash 存储器里已经有了 Bootloader，则通常可以使用该 Bootloader 通过 USB/串口等方式直接下载。
- 调试：通过 JTAG/串口等硬件接口对当前嵌入式系统的工作状态进行测试并且反馈的过程。

15.2.3　基于嵌入式操作系统的软件开发

和基于裸机的开发不同，在嵌入式操作系统下进行软件开发之前必须先在嵌入式硬件系统上移植对应的操作系统。嵌入式操作系统下的软件开发通常会使用交叉编译环境，在 PC 上完成对应的代码开发，然后通过对应的下载方式下载到嵌入式操作系统下。

操作系统的移植是指当嵌入式硬件开发已经完成且保证没有硬件错误之后将一个目标操作系统移植到硬件系统上并且运行的过程，其目标是在硬件系统上运行一个操作系统。

以 Linux 操作系统为例来介绍在嵌入式操作系统进行开发的方法，大概可以分为以下 5 个步骤。

（1）配置和编译 Bootloader，然后将 Bootloader 下载到开发板，其可以初始化硬件设备，建立内存空间的映射表，对操作系统进行引导。

（2）下载操作系统的源代码，建立交叉编译环境，配置和编译操作系统内核，并且根据硬件系统的特点对其进行相应的裁剪和配置，然后通过 Bootloader 将完成的操作系统下载到目标板上。

（3）为 NAND Flash 移植文件系统，通常来说是 YAFFS2 文件系统，这样才能形成完整的操作系统应用环境。

（4）建立嵌入式系统和开发环境的数据交互通道（可以是 ftp，也可以是根文件映射），以便将在 PC 上编译好的代码下载到嵌入式系统上。

（5）在 PC 上根据嵌入式操作系统的特点编写相应的代码。

15.3 MDK 和 RVDS 的特点和使用

15.3.1 MDK 和 RVDS 的对比

目前最常见的 ARM 嵌入式处理器的开发工具是 RealView MDK 中国版开发套件和 RealView 开发套件（RealView Development Suite，RVDS）。其中，RealView MDK 中国版开发套件由 MDK 开发工具、ULINK2 仿真器和 RealView RL-ARM 组成；RVDS 由 RVDS 开发工具、RVI 仿真器和 RVT 跟踪调试器组成，其是 ARM 公司继 SDT 与 ADS1.2 之后主推的新一代开发工具。MDK 和 RVDS 的对比如表 15.1 所示。

表 15.1   MDK 和 RVDS 的对比

对比项	MDK	RVDS
支持的嵌入式处理器	ARM7、ARM9、Cortex-M1 和 Cortex-M3 等	几乎全部处理器，包括用户自定义
集成开发环境	基于 uVision IDE	基于 Eclipse 开发环境
实时内核库	有	无
多核处理器支持	不支持	支持
DSP 支持	不支持	支持
缓存	不支持	支持
仿真启动代码	支持	不支持
仿真中断	支持	不支持
仿真外设	支持	不支持
逻辑分析仪	支持	不支持

15.3.2 RVDS 的组成和特点

RVDS 是 ARM 公司最新推出的面向 SoC 和大型复杂应用程序的高端开发工具，被业界称为最好的 ARM 开发工具，其由如下 4 个模块组成。

- 集成开发环境（IDE）：其集成了 Eclipse IDE 用于代码的编辑和管理，支持以工程的方式来管理代码，支持语句高亮和多颜色显示，支持第三方 Eclipse 功能插件。
- 编译器 RVCT：这是业界最优秀的编译器，支持全系列的 ARM 和 XSCALE 架构处理器，支持汇编语言、C 语言和 C++语言。
- 调试软件 RVD：这是 RVDS 的调试软件，除了提供多种调试手段和快速错误定位等之外，还支持 Flash 烧写和多核调试。
- 指令集仿真器 RVISS：其支持外设虚拟，可以使软件开发和硬件开发同步进行，同时可以分析代码性能、加快软件开发速度。

RVDS 具有以下特点。

● 代码量小、执行效率高，其支持二次编译和代码数据压缩技术，可以选择多种级别的优化，能生成更小的可执行文件以节省 ROM 空间。

● 支持 Linux 操作系统，可以运行在 Linux 操作系统上，支持 Linux 应用程序的开发和调试，编译代码输出的体积和效率都比 GCC 更佳，并且支持使用 GCC 生成的库或者目标文件。

● 调试功能强大，支持条件断点、数据断点、芯片外设描述文件等功能。

● 在调试的过程中支持 Trace 和 Profile，并且提供配套的硬件仿真器。

15.3.3　MDK 的使用

本小节以在 MDK 中建立一个基于嵌入式处理器 S3C2440 的行列键盘扫描实例来介绍 MDK 开发环境的使用方法，其详细操作步骤说明如下。

（1）在 MDK 中新建一个工程，如图 15.4 所示。

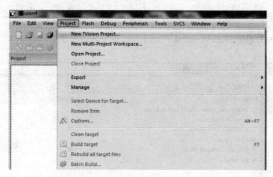

图 15.4　在 MDK 中新建一个工程

（2）建立一个名为"test"的目录，并且新建一个名为"test"的工程文件，如图 15.5 所示。

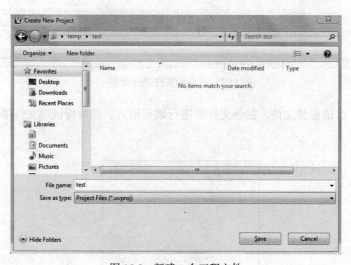

图 15.5　新建一个工程文件

（3）选择项目对应的处理器，此时选择 samsung 公司的 S3C2440 后单击"OK"按钮，并且将"S3C2440.s"启动代码加入工程文件中，如图 15.6 所示。

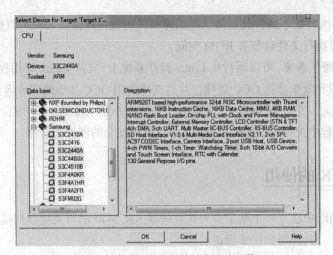

图 15.6　选择工程文件对应的处理器

（4）根据嵌入式系统的实际硬件情况对"S3C2440.s"启动文件进行一定的配置，打开文件后选择编辑界面下方的"Configuration wizard"进行配置，如图 15.7 所示。

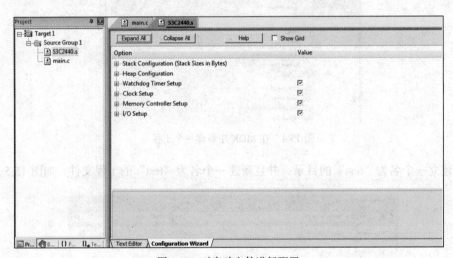

图 15.7　对启动文件进行配置

（5）新建一个 C 语言源文件，在该文件中进行编码输入，然后将该源文件加入项目的工程文件，如图 15.8 所示。

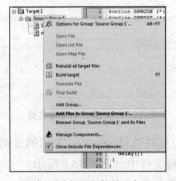

图 15.8　新建 C 语言源文件并且加入工程项目

（6）对工程项目的的目标文件进行配置以供生成.Hex 可执行文件，此时需要修改如图 15.9～图 15.11 所示的部分，包括 Output、将 Utilities 中 UpdateTarget before Debugging 前面的勾去掉、选择编程工具为 J-LINK/J-TRACE ARM，然后进入 Settings，选择要烧到的 Flash 型号的编程算法。

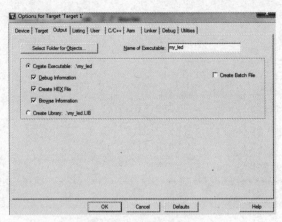

图 15.9 选择 Output 输出文件

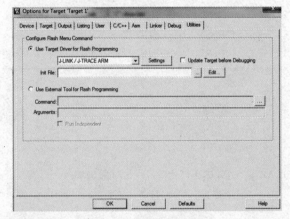

图 15.10 选择编程工具

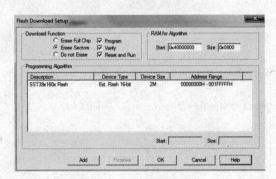

图 15.11 选择 Flash 器件

（7）此时可以进行 Rebuild，然后生成对应的.Hex 文件，连接好 J-LINK，单击 Download 即可进行下载操作。

注意：在实际应用中，常常将可执行文件放入 SDRAM 中运行和调试，MDK 同样支持通过 J-LINK 进行对应的调试操作。

应用实例 15.1 是使用 MDK 编译的按键扫描的 C 语言代码的实例片段。

【应用实例 15.1】——按键扫描的应用代码

```
/*******************************************************************
4 Key Scan
********************************************************************/
#include "def.h"
#include "option.h"
#include "2440addr.h"
#include "2440lib.h"
#include "2440slib.h"
#define LED1     (1<<5)      // rGPB[5] =1 ;
#define LED2     (1<<6)      // rGPB[5] =1 ;
#define LED3     (1<<7)      // rGPB[5] =1 ;
#define LED4     (1<<8)      // rGPB[5] =1 ;
/*******************************************************************
4 个用户按键
```

4 个输入引脚：

```
            EINT0  -----( GPF0  )----INPUT---K1
            EINT2  -----( GPF2  )----INPUT---K2
            EINT11 -----( GPG3  )----INPUT---K3
            EINT19 -----( GPG11 )----INPUT---K4
*******************************************************************/
U8 Key_Scan( void )
{
Delay( 80 ) ;
if(     (rGPFDAT&(1<< 0 ) ) == 0 )
{
    rGPBDAT = rGPBDAT & ~(LED1) ;          //亮 LED1
    return 4;
}
else if( (rGPFDAT&(1<< 2 ) ) == 0 )
{
    rGPBDAT = rGPBDAT & ~(LED2) ;          //亮 LED2
    return 3;
}
else if( (rGPGDAT&(1<< 3 ) ) == 0 )
{
    rGPBDAT = rGPBDAT & ~(LED3) ;          //亮 LED3
    return 2 ;
}
else if( (rGPGDAT&(1<< 11 ) ) == 0 )
{
    rGPBDAT = rGPBDAT & ~(LED4) ;          //亮 LED4
    return 1 ;
}
else
{
    rGPBDAT = rGPBDAT & ~0x1e0|0x1e0;      //LED[8:5] => 1;
    return 0xff;
```

```
}
}
static void __irq Key_ISR(void)
{
U8 key;
U32 r;
EnterCritical(&r);
if(rINTPND==BIT_EINT8_23){
    ClearPending(BIT_EINT8_23);
    if(rEINTPEND&(1<<11)){
    //Uart_Printf("eint11\n");
        rEINTPEND |= 1<< 11;
    }
    if(rEINTPEND&(1<<19)){
    //  Uart_Printf("eint19\n");
        rEINTPEND |= 1<< 19;
    }
}
if(rINTPND==BIT_EINT0){
    //Uart_Printf("eint0\n");
    ClearPending(BIT_EINT0);
}
if(rINTPND==BIT_EINT2){
    //Uart_Printf("eint2\n");
    ClearPending(BIT_EINT2);
}
key=Key_Scan();
if( key == 0xff )
    Uart_Printf( "Interrupt occur... Key is released!\n");
else
    Uart_Printf( "Interrupt occur... K%d is pressed!\n", key);
ExitCritical(&r);
}
void KeyScan_Test(void)
{
Uart_Printf("\nKey Scan Test, press ESC key to exit !\n");
rGPGCON = rGPGCON & (~((3<<22)|(3<<6))) | ((2<<22)|(2<<6));    //GPG11,3 set
EINT
rGPFCON = rGPFCON & (~((3<<4)|(3<<0))) | ((2<<4)|(2<<0));    //GPF2,0  set
EINT
rEXTINT0 &= ~(7|(7<<8));
rEXTINT0 |= (0|(0<<8)); //set eint0,2 falling edge int
rEXTINT1 &= ~(7<<12);
rEXTINT1 |= (0<<12); //set eint11 falling edge int
rEXTINT2 &= ~(0xf<<12);
rEXTINT2 |= (0<<12); //set eint19 falling edge int
rEINTPEND |= (1<<11)|(1<<19);    //clear eint 11,19
rEINTMASK &= ~((1<<11)|(1<<19));//enable eint11,19
```

```
ClearPending(BIT_EINT0|BIT_EINT2|BIT_EINT8_23);
pISR_EINT0 = pISR_EINT2 = pISR_EINT8_23 = (U32)Key_ISR;
EnableIrq(BIT_EINT0|BIT_EINT2|BIT_EINT8_23);
 while( Uart_GetKey() != ESC_KEY ) ;
 DisableIrq(BIT_EINT0|BIT_EINT2|BIT_EINT8_23);
 }
```

15.4　交叉编译环境

在嵌入式系统中的编译过程和普通开发平台的编译过程完全不同：后者有时称为本地编译，即在当前平台编译，编译得到的程序也是在本地执行；而前者称为交叉编译，即在一种平台上编译，并能够运行在另一种体系结构完全不同的平台上。通常来说，用户需要在通用计算机的处理器平台上编译出能运行在嵌入式处理器平台上的程序，这种可以跨平台的编译工具一般被称为交叉编译工具，由于它是由多个程序连接构成的，所以又称为交叉编译工具链。它在不同平台的移植和嵌入式开发时非常有用。如果要得到在目标机上运行的程序，就必须使用交叉编译工具来完成。

15.4.1　交叉编译环境的工具链

交叉开发工具链就是用于编译、链接、处理和调试跨平台体系结构的程序代码。每次执行工具链软件时，通过带有不同的参数，可以实现编译、链接、处理或者调试等不同的功能。从工具链的组成上来说，它一般由多个程序构成，分别对应着各个功能。

工具链一般由编译器、连接器、解释器和调试器组成。在 X86 的 Linux 主机上，交叉开发工具链除了能够编译生成在 ARM、MIPS、PowerPC 等硬件架构上运行的程序之外，还可以为 X86 平台上不同版本的 Linux 提供编译开发的程序功能。所以，可以通过在同一台 Linux 主机上使用交叉编译工具的方式来维护不同版本的 X86 目标机。

Linux 经常使用的工具链软件包括 Binutils、GCC、Glibc 和 Gdb，具体说明如下。

● Binutils 是二进制程序处理工具，包括连接器、汇编器等目标程序处理的工具。

● GCC（GNU Compiler Collection）是编译器，不但能够支持 C/C++语言的编译，而且能够支持 FORTRAN JAVA ADA 等编程语言，不过一般不需要配置其他语言的选项，也可以避免编译其他语言功能而导致的错误。对于 C/C++语言的完整支持，需要支持 Glibc 库，其使用方法可以参考 15.5.2 小节。

● Glibc 是应用程序编程的函数库软件包，可以编译生成静态库和共享库。完整的 GCC 需要支持 Glibc。

● Gdb 是调试工具，可以读取可执行程序中的符号表，对程序进行源码调试，其基本使用方法可以参考 15.5.3 小节。

通过这些软件包，可以生成 gcc、g++、ar、as、ld 等编译链接工具，还可以生成 glibc 库和 gdb 调试器。在生成交叉开发的工具链时，可以在文件名上加一个前缀，用来区别本地的工具链，如 arm-linux-gcc 表示该编译器用于编译在 Linux 系统下 ARM 目标平台上运行的程序。

在裁剪用于嵌入式系统的 Linux 内核时，由于嵌入式系统的存储大小有限，所以需要的链接工具也可根据嵌入式系统的特性进行制作，建立自己的交叉编译工具链。例如，有时为了减小 Glibc 库的大小，可以考虑用 uclibc、dietlibc 或者 newlib 库来代替 Glibc 库，这时就需要自己动手进行交叉编译工具链的构建。由于 Linux 交叉编译工具链使用和 GNU 一样的工具链，而 GNU 的工具和软件都是开放源码的，所以用户只需从 GNU 网站 http://www .gnu.org 或者镜像网站下载源码后，根据需要进行裁剪，然后编译即可。当然，构建交叉编译工具链是一个相当复杂的过程，如果不想经历这一过程，可以在网上下载一些编译好的工具链。

构建交叉编译器的第一个步骤就是确定目标平台。在 GNU 系统中，每个目标平台都有一个明确的格式，这些信息用于在构建过程中识别要使用的不同工具的正确版本。因此，当在一个特定目标机下运行 GCC 时，GCC 便在目录路径中查找包含该目标规范的应用程序路径。GNU 的目标规范格式为 CPU-PLATFORM-OS。例如，X86/I386 目标机名为 i686-pc-linux。

基于 ARM 平台的交叉工具链目标平台的命名为 arm-linux，通常可以采用如下三种方法来获得或者构建交叉编译链。

● 分步编译和安装交叉编译工具链所需要的库和源代码，最终生成交叉编译工具链。该方法相对比较困难，适合想深入学习构建交叉工具链的读者。如果只是想使用交叉工具链，建议使用下列方法构建交叉工具链。

● 直接通过网上下载已经制作好的交叉编译工具链，相对来说该方法非常简单、便捷且稳定性高，缺点是灵活性较差，且不一定适合用户的目标开发系统。

● 通过 Crosstool 脚本工具来实现一次编译，生成交叉编译工具链，该方法相对于第一种方法要简单许多，并且出错的机会也非常少，建议大多数情况下使用该方法构建交叉编译工具链。

15.4.2　安装交叉编译环境

在 Linux 里可以直接安装使用已经制作好的交叉编译环境，其详细安装步骤说明如下（本小节的操作步骤基于 ubuntu 12.04LTS，但是在其他 Linux 发行版中差别不大）。

（1）从 http://www.kegel.com/crosstool/ 下载 arm-linux-gcc-4.3.3.tar.gz 包，这是一个可以对 Linux 内核和应用程序进行编译的工具。

　　　　注意：如果要对 U-Boot 进行编译则需要下载 arm-linux-gcc-3.4.1.tar.gz 包。

（2）对下载包执行 tar xvzf arm-linux-gcc-4.3.3.tar.gz–C 命令，此时 arm-linux-gcc-4.3.3 已经被安装到了/usr/local/arm/4.3.3 目录，此时可以用 ls 命令查看该文件夹，如图 15.12 所示。

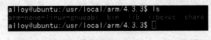

图 15.12　安装好的 arm-linux-gcc 目录

（3）使用 vim 编辑器（具体使用方法参考 15.5.1 小节）或者在 Linux 的图形编辑界面下使用 gedit 等工具对/root/.bashrc 文件进行编辑，给系统添加环境变量。在最后一行添加如下的语句，这是为了在任何目录下都可以调用 arm-linux-gcc 命令，如图 15.13 所示。

```
export PATH=/usr/local/arm/4.3.3/bin:$PATH
```

```
# Alias definitions.
# You may want to put all your additions into a separate file like
# ~/.bash_aliases, instead of adding them here directly.
# See /usr/share/doc/bash-doc/examples in the bash-doc package.

if [ -f ~/.bash_aliases ]; then
    . ~/.bash_aliases
fi

# enable programmable completion features (you don't need to enable
# this, if it's already enabled in /etc/bash.bashrc and /etc/profile
# sources /etc/bash.bashrc).
#if [ -f /etc/bash_completion ] && ! shopt -oq posix; then
#    . /etc/bash_completion
#fi
export PATH=/usr/local/arm/4.3.3/bin:$PATH
```

图 15.13　添加环境变量

（4）重新启动或者登录 Linux 系统，在任意路径下运行 arm-linux-gcc-4.3.3-v，可以看到对应的版本信息，并且如果用 Tab 按键会自动补齐命令行，如图 15.14 所示。

```
alloy@ubuntu:/$ arm-linux-g
arm-linux-g++        arm-linux-gcc-4.3.3  arm-linux-gdb        arm-linux-gprof
arm-linux-gcc        arm-linux-gcov       arm-linux-gdbtui
alloy@ubuntu:/$ arm-linux-g
arm-linux-g++        arm-linux-gcc-4.3.3  arm-linux-gdb        arm-linux-gprof
arm-linux-gcc        arm-linux-gcov       arm-linux-gdbtui
alloy@ubuntu:/$ arm-linux-gcc-4.3.3 -v
Using built-in specs.
Target: arm-none-linux-gnueabi
Configured with: /scratch/mitchell/builds/4.3-arm-none-linux-gnueabi-respin/src/gcc-4.3/configure --build=i6
86-pc-linux-gnu --host=i686-pc-linux-gnu --target=arm-none-linux-gnueabi --enable-threads --disable-libmudfl
ap --disable-libssp --disable-libstdcxx-pch --with-gnu-as --with-gnu-ld --with-specs='%{funwind-tables|fno-u
nwind-tables|mabi=*|ffreestanding|nostdlib:;-funwind-tables}' --enable-languages=c,c++ --enable-shared --en
able-symvers=gnu --enable-__cxa_atexit --with-pkgversion='Sourcery G++ Lite 2009q1-203' --with-bugurl=https:
//support.codesourcery.com/GNUToolchain/ --disable-nls --prefix=/opt/codesourcery --with-sysroot=/opt/codeso
urcery/arm-none-linux-gnueabi/libc --with-build-sysroot=/scratch/mitchell/builds/4.3-arm-none-linux-gnueabi-
respin/lite/install/arm-none-linux-gnueabi/libc --with-gmp=/scratch/mitchell/builds/4.3-arm-none-linux-gnuea
bi-respin/lite/obj/host-libs-2009q1-203-arm-none-linux-gnueabi-i686-pc-linux-gnu/usr --with-mpfr=/scratch/mi
tchell/builds/4.3-arm-none-linux-gnueabi-respin/lite/obj/host-libs-2009q1-203-arm-none-linux-gnueabi-i686-pc
-linux-gnu/usr --disable-libgomp --enable-poison-system-directories --with-build-time-tools=/scratch/mitchel
l/builds/4.3-arm-none-linux-gnueabi-respin/lite/install/arm-none-linux-gnueabi/bin --with-build-time-tools=/
scratch/mitchell/builds/4.3-arm-none-linux-gnueabi-respin/lite/install/arm-none-linux-gnueabi/bin
Thread model: posix
gcc version 4.3.3 (Sourcery G++ Lite 2009q1-203)
```

图 15.14　查看编译器信息

15.5　在 Linux 操作系统下进行软件开发

如果目标机上运行的是嵌入式 Linux 系统，则通常来说宿主机也会使用 Linux 操作系统来构建交叉编译环境。在 Linux 操作系统下进行软件开发需要使用一系列工具，主要会涉及 vim 编辑环境的安装和使用、gcc 编译器的安装和使用以及 gdb 调试器的安装和使用三个方面的内容。

15.5.1　vim 编辑器的安装和使用

在 Linux 中开发 C 语言应用代码，首先需要进行源代码的编写，此时需要一个代码编辑器。在 Linux 中最常见的代码编辑器有 vim、emacs、gedit 等。

注意：代码编辑器其实质是一个文本编辑器，只不过增加了一些代码编辑的辅助功能，如关键字高亮、补齐等。

vim 是 Vimsual Interface 的简称，是 vi 的功能加强升级版，其是 UNIX/Linux 下最基本的文本编辑器。工作在字符模式下时，由于不需要图形界面，所以 vim 成为效率很高的文本编辑器。它在 Linux 上的地位就像 Edit 程序在 DOS 上一样。它可以执行输入、输出、删除、查找、替换、块操作等众多文本操作，而且用户可以根据自己的需要对其进行定制，这是其他编辑程序所没有的。尽管在 Linux 上也有很多图形界面的编辑器可用，但 vim 在系统和服务器管理应用中的功能是那些图形编辑器所无法比拟的。

1.　vim 的启动和退出

在 Linux 终端命令提示符下输入 vim（或 vim 文件名），即可启动 vim 编辑器。如：

```
vim filename
```

或者

```
vim
```

按下 "Enter" 键执行该命令，系统便会自动打开文件名为 "filename" 的文件的 vim 编辑界面，其初始界面如图 15.15 所示。其也可以通过在 X Windows 下的相应操作来打开一个图形化的操作界面。

图 15.15　vim 的操作界面

当使用 "vim + 文件名" 的命令时，若进行编辑的是当前工作目录下已存在的文件，启动 vim 后便可看到该文件中的内容；若进行编辑的是当前工作目录下不存在的文件，则系统首先创建该文件，再使用 vim 进行编辑。

要退出 vim，必须先按下 "Esc" 键回到命令行模式，然后键入 ":"，此时光标会停留在最下面一行（底行模式），再键入 "q"，最后按下 "Enter" 键即可退出。

2.　vim 的工作模式

vim 拥有三种工作模式：命令行模式（command mode）、插入模式（input mode）与底行模式（last line mode）。三种模式下 vim 的功能可描述如下。

● 命令行模式：也叫做 "普通模式"，是启动 vim 编辑器后的初始模式。在该模式下，主要是使用隐式命令（命令不显示）来实现光标的移动、复制、粘贴、删除等操作。但是在该模式下，编辑器并不接受用户从键盘输入的任何字符来作为文档的编辑内容。

● 插入模式：在该模式下，用户输入的任何字符都被认为是编辑到某一个文件的内容，并直接显示在 vim 的文本编辑区。

● 底行模式：在该模式下，用户输入的任何字符都会在 vim 的最下面一行显示，按下 "Enter" 键后便会执行该命令（前提是这是一个正确的命令）。

使用 vim 编辑器，首先必须熟练掌握其在各种工作模式下的功能，以及各种工作模式间的切换。图 15.16 所示为 vim 的三种工作模式间的切换方法。

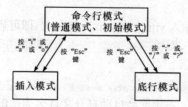

图 15.16　vim 的三种工作模式间的切换

从图 15.16 中可以看到，命令行模式是 vim 编辑器的初始模式，从该模式下可以实现到任何模式的切换。而插入模式和底行模式之间不能相互切换，因为在插入模式下，任何输入的字符都被认为是编辑到某一个文件的内容，而不是命令；而在底行模式下，任何输入的字符都被视为底行命令（尽管可能是不合法的），二者都必须先通过命令行模式才能进入对方，即需要先按下"Esc"键回到初始模式。

命令行模式是进入 vim 后的初始模式，在该模式下主要是使用方向键来移动光标的位置，并通过相应的命令来进行文字的编辑。在插入模式下按"Esc"键，或是在底行模式下按"Esc"键，或是在底行模式下执行了错误的命令，vim 都会自动回到命令行模式。

vim 提供了一系列命令用于快速操作，其具体使用方法可以参考对应的用户手册。

3．vim 的插入模式

插入模式是 vim 编辑器最简单的模式，因为在此模式下没有那些繁琐的命令，用户从键盘输入的任何有效字符都被看成是写进当前正在编辑的文件中的内容，并显示在 vim 的文本编辑区。

也就是说，只有在插入模式下，才可以进行文字的输入操作，在该模式下可以使用"Esc"键回到命令行模式。

4．vim 的底行模式

vim 的底行模式，也叫"最后行模式"，是指可以在界面最底部的一行输入控制操作命令，主要用来进行一些文字编辑的辅助功能，如字串搜寻、替代、保存文件和退出 vim 等。不同于命令行模式，底行模式下输入的命令都会在最底部的一行中显示，按下"Enter"键 vim 便会执行底行的命令。

在命令行模式下输入冒号"："，或者是使用"？"和"/"键，就可以进入底行模式了。

15.5.2　gcc 编译器的安装和使用

arm-linux-gcc（以下简称 gcc，在实际操作中将使用 arm-linux-gcc 命令替代下方实例中的 gcc 命令）对 C 语言的处理需要经过如下 4 个步骤。

（1）预处理：这一步需要分析各种命令，如#define、#include、#if 等。gcc 调用 cpp 程序来进行预处理工作。

（2）编译：这一阶段根据输入文件产生汇编语言，由于通常是立即调用汇编程序，所以其输出一般不保存在文件中。gcc 调用 cc1 进行编译工作。

（3）汇编：这一步将汇编语言用作输入，产生具有.o 扩展名的目标文件。gcc 调用 as 进行汇编工作。

（4）链接：这一阶段中，各目标文件被放在可执行文件的适当位置上，该程序引用的函数也被放在可执行文件中（对使用共享库的程序稍有不同）。gcc 调用链接程序 1d 来完成最终的任务。

和大多数 shell 命令一样，gcc 的基本使用方式如下。

gcc　[选项]文件名

gcc 可以通过选项对程序的生成进行全面的控制，每个选项可以有多种取值，在此只对其中常用部分进行介绍，其余的参数可以参考 gcc 手册或其他专门的资料。gcc 的常用选项如表 15.2 所示。

表 15.2　　　　　　　　　　　　　　　gcc 常用选项说明

选项	说明
-c	仅对源文件进行编译，不链接生成可执行文件。在对源文件进行查错或只需产生目标文件时可以使用该选项
-o filename	将经过 gcc 处理过的结果存为 filename，这个结果文件可以是预处理文件、汇编文件、目标文件或者最终的可执行文件。假设被处理的源文件为 file1，如果这个选项被忽略，那么生成的可执行文件默认名为 a.out；目标文件默认名为 file1.o；汇编文件默认名为 file1.s；生成的预处理文件则发送到标准输出设备 stdout
-g 或-gdb	在可执行文件中加入调试信息，方便进行程序的调试。如果使用-gdb 选项，表示加入 gdb 扩展的调试信息，以便使用 gdb 来进行调试
-O[0、1、2、3]	对生成的代码进行优化，括号中的部分为优化级别，默认的情况为 2 级优化，0 为不优化。优化和调试通常不兼容，同时使用-g 和-O 选项经常会使程序产生奇怪的运行结果。所以不要同时使用-g 和-O 选项
-Dmacro[=def]	将名为 macro 的宏定义为 def，如果括号中的部分缺省，则宏被定义为 1
-Umacro	某些宏是被编译程序自动定义的。这些宏通常可以指定在其中进行编译的计算机系统类型的符号，用户可以在编译某程序时加上-v 选项以查看 gcc 缺省定义了哪些宏。如果用用户想取消其中某个宏定义，用-Umacro 选项，这相当于把#undef macro 放在要编译的源文件的开头
-Idir	将 dir 目录加到搜寻头文件的目录列表中去，并优先于在 gcc 缺省的搜索目录。在有多个-I 选项的情况下，按命令行上-I 选项的前后顺序搜索。dir 可使用相对路径
-Ldir	将 dir 目录加到搜寻-L 选项指定的函数库文件的目录列表中去，并优先于 gcc 缺省的搜索目录。在有多个-L 选项的情况下，按命令行上-L 选项的前后顺序搜索。dir 可使用相对路径
-lname	在链接时使用函数库 name.a，链接程序在-Ldir 选项指定的目录下和/lib、/usr/lib 目录下寻找该库文件。在没有使用-static 选项时，如果发现共享函数库 name.so，则使用 name.so 进行动态链接
-static	禁止与共享函数库链接
-shared	尽量与共享函数库链接，这是链接程序的缺省选项

gcc 的命令选项可以组合使用，不过在使用时，每个命令选项都要有一个自己的连字符"-"。如果采用简写的方式，很可能使命令的含义完全不同。

在 Linux 下生成的可执行文件没有固定的扩展名。任何符合 Linux 要求的文件名，只要文件的访问属性中有可以执行的属性，该文件就是可以执行的。因此，在使用上面介绍的-o filename

参数时,如果是生成链接后的可执行文件,filename 变量可以取任意一个符合 Linux 要求的文件名。

gcc 命令中的第二部分是一个输入给 gcc 命令的文件。gcc 按照命令选项的要求对输入文件进行处理,形成结果输出文件。输入的文件不一定是 C 的源代码文件,还可能是预处理文件、目标文件等。如何确定输入文件的类型,gcc 是通过输入文件的扩展名来确定的。如表 15.3 所示是 gcc 与 C 相关的输入文件扩展名的命名规范。

表 15.3　　　　　　　　　　　　　　gcc 文件扩展名规范

扩展名	类型
.c	C 语言源程序,可以被 gcc 预处理、编译、汇编、链接
.C, .cc, .cp, .cpp, .c++, .cxx	C++语言源程序,可以被 gcc 预处理、编译、汇编、链接
.i	预处理后的 C 语言源程序,可以被 gcc 编译、汇编、链接
.ii	预处理后的 C++语言源程序,可以被 gcc 编译、汇编、链接
.s	预处理后的汇编程序,可以被 as 汇编、链接
.S	未预处理的汇编程序,可以被 as 预处理、汇编、链接
.h	头文件,不进行任何操作
.o	编译后的目标文件,传送给 ld
.a	目标文件库,传送给 ld

15.5.3　gdb 调试器的安装和使用

在实际开发过程中,除了语法之外还必须符合设计者的逻辑意图,如果结果不正确,则可以通过相应的调试环境来跟踪调试。本小节将介绍 Linux 中最常用的 gdb 调试环境。

> 注意:在嵌入式系统的开发中通常会将 arm-linux-gdb 运行在主机平台上成为 gdb 服务器用以远程调试,用户可以参考相应的资料,在此不再多做赘述。

Linux 包含一个 gdb 的调试程序,gdb 是一个用来调试 C 程序的强力调试器,它使得用户可以在程序运行时观察程序的内部结构和内存的使用情况。gdb 提供了以下一些功能。

- 监视程序中变量的值。
- 设置断点以使程序在指定的代码行上停止执行。
- 一行行地执行代码。

在命令行上键入 "gdb" 并按回车键就可以运行 gdb 了,如果一切正常的话,gdb 将被启动并且在屏幕上会看到类似如下的内容。

```
alloy@ubuntu:~/GT2440/work$ gdb
GNU gdb (Ubuntu/Linaro 7.4-2012.04-0ubuntu2.1) 7.4-2012.04
Copyright (C) 2012 Free Software Foundation, Inc.
License GPLv3+: GNU GPL version 3 or later <http://gnu.org/licenses/gpl.html>
This is free software: you are free to change and redistribute it.
There is NO WARRANTY, to the extent permitted by law.  Type "show copying"
and "show warranty" for details.
This GDB was configured as "x86_64-linux-gnu".
For bug reporting instructions, please see:
```

```
<http://bugs.launchpad.net/gdb-linaro/>.
(gdb )
```

1.　gdb 的功能介绍

　　gdb 是功能强大的调试器，支持的调试命令非常丰富，可以实现不同的功能。这些命令包括从简单的文件装入到允许检查所调用的堆栈内容的复杂命令。表 15.4 列出了使用 gdb 调试时会用到的一些命令。如果想了解 gdb 的详细使用，可以参考 gdb 的帮助文档。

表 15.4　　　　　　　　　　　　　　　gdb 的基本命令

命令	说明
file	装入想要调试的可执行文件
kill	终止正在调试的程序
list	列出产生执行文件的源代码的一部分
next	执行一行源代码但不进入函数内部
step	执行一行源代码而且进入函数内部
run	执行当前被调试的程序
quit	退出 gdb
watch	动态监视一个变量的值
make	不退出 gdb 而重新产生可执行文件
call name(args)	调用并执行名为 "name"、参数为 args 的函数
return value	停止执行当前函数，并将 value 返回给调用者
break	在代码里设置断点，使程序执行到此处被挂起

2.　gdb 的调用

　　通常来说，调用 gdb 只需要使用一个参数：

```
gdb <可执行程序名>
```

　　如果程序运行时产生了段错误，则会在当前目录下产生核心内存映象 core 文件，可以在指定执行文件的同时为可执行程序指定一个 core 文件：

```
gdb <可执行文件名> core
```

　　除此之外，还可以为要执行的文件指定一个进程号：

```
gdb <可执行文件名> <进程号>
```

　　当 gdb 运行时，把任何一个不带选项前缀的参数都作为一个可执行文件或 core 文件或要和被调试的程序相关联的进程号。不带任何选项前缀的参数和前面加了 -se 或 -c 选项的参数效果一样。gdb 将第一个前面没有选项说明的参数视为前面加了 -se 选项，也就是需要调试的可执行文件，并从此文件里读取符号表；如果有第二个前面没有选项说明的参数，将被视为跟着 -c 选项后面，也就是需要调试的 core 文件名。

　　如果不希望看到 gdb 开始的提示信息，可以用 gdb-silent 执行调试工作，通过更多的选项，开发者可以按自己的喜好定制 gdb 的行为。

　　输入 gdb-help 或 -h 可以得到 gdb 启动时的所有选项提示。gdb 命令行中的所有参数都被按照

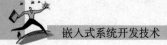

排列的顺序传给 gdb，除非使用了-x 参数。

gdb 的许多选项都可以用缩写形式代表，这可以用-h 查看。在 gdb 中也可以采取任意长度的字符串代表选项，只要保证 gdb 能唯一地识别此参数即可。

表 15.5 列出了 gdb 一些最常用的参数选项。

表 15.5　　　　　　　　　　　　　　gdb 常用的参数选项

选项	说明
-s filename	从 filename 指定的文件中读取要调试的程序的符号表
-e filename	在合适的时候执行 filename 指定的文件，并通过与 core 文件作比较来检查正确的数据
-se filename	从 filename 中读取符号表并作为可执行文件进行调试
-c filename	把 filename 指定的文件作为一个 core 文件
-c num	把数字 num 作为进程号和调试的程序进行关联，与 attach 命令相似
-command filename	按照 filename 指定的文件中的命令执行 gdb 命令，在 filename 指定的文件中存放着一系列的 gdb 命令，就像一个批处理
-d path	指定源文件的路径。把 path 加入到搜索源文件的路径中
-r	从符号文件中一次读取整个符号表，而不是使用默认的方式首先调入一部分符号，当需要时再读入其他一部分。这会使 gdb 的启动较慢，但可以加快以后的调试速度

3.　gdb 运行模式的选择

可以用许多模式来运行 gdb，如批模式或安静模式。这些模式都是在 gdb 运行时在命令行中通过选项来指定的。

表 15.6 列出了 gdb 运行模式的相关选项。

表 15.6　　　　　　　　　　　　　　gdb 运行模式选项

选项	说明
-n	不执行任何初始化文件中的命令(一级初始化文件叫做.gdbinit)。一般情况下，在这些文件中的命令会在所有的命令行参数都被传给 gdb 后执行
-q	设定 gdb 的运行模式为安静模式，可以不输出介绍和版权信息。这些信息在批模式中也不会显示
-batch	设定 gdb 的运行模式为批模式。gdb 在批模式下运行时，会执行命令文件中的所有命令，当所有命令都被成功地执行后，gdb 返回状态 0；如果在执行过程中出错，gdb 返回一个非零值
-cd dir	把 dir 作为 gdb 的工作目录，而非当前目录（一般 gdb 缺省时把当前目录作为工作目录）

15.6　嵌入式系统的调试方法和工具

调试是嵌入式系统开发的一个重要环节，通常来说其也需要软件和硬件的配合，其结构如图 15.17 所示。根据开发过程的实际情况以及系统的复杂程度可以将调试分为在线仿真、JTAG 调试和驻留软件调试三大类，此外还可以使用指令集模拟器在一定程度上实现协同开发。

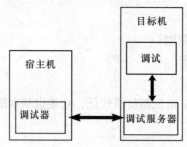

图 15.17　嵌入式系统的调试

15.6.1　在线仿真

在线仿真是使用在线仿真器（In-Circuit Emulator，ICE）进行调试的方法，其具有和目标系统相同的嵌入式处理器，调试时使用在线仿真器取代被调试系统的处理器以及存储器等，这是目前最有效的嵌入式系统调试手段，但是在线仿真器的价格通常来说都较高。

15.6.2　JTAG 调试

JTAG 是 Joint Test Action Group（联合测试组织）的缩写，其是于 1985 年由几家主要电子制造商发起印刷电路板（PCB）和电子元器件（IC）的测试标准，目前已经是国际的测试访问端口和边界扫描结构标准，在其中规定了进行边界扫描所必须的硬件和软件，目前相当部分嵌入式处理器都支持 JTAG 协议。

ARM 嵌入式处理器基本都支持 JTAG 协议，其使用 TCK、TMS、TDI 和 TDO 这 4 根必选信号线和 1 根可选 TRST 复位信号线来完成接口通信，这些信号说明如下。

- TCK：时钟信号，可以提供 10～100MHz 的时钟信号。
- TMS：模式选择信号，和 TCK 配合选择工作状态。
- TDI：数据输入信号，由 TCK 信号驱动。
- TDO：数据输出信号，同样由 TCK 信号驱动。
- TRST：复位信号，可选，如果不使用则可以使用 TMS 信号来进行复位操作。

支持 JTAG 协议的嵌入式处理器内都有一个 TAP 控制器，其中通常包括数据寄存器（DR）和命令寄存器（IR）。用户可以使用 JTAG 适配器来连接目标机和宿主机完成相应的操作。

如图 15.18 所示的 J-Link 是 SEGGER 公司为支持仿真 ARM内核芯片推出的 JTAG 仿真器，和 MDK 集成开发环境连接方便，可以支持 ARM7、ARM9、ARM11、Cortex-M0～Cortex-M4以及 Cortex-A4～Cortex-A8 等内核芯片的仿真。需要注意的是，在 MDK 下使用 J-Link 需要安装相应的驱动，之后系统就可以自动识别，支持 64 位的 Windows 7 操作系统。

图 15.18　J-Link 硬件调试器

JTAG 调试支持以下功能。

- 实时设置基于指令地址值或者数据值的断点。

- 控制程序单步运行。
- 访问并控制嵌入式处理器内核。
- 访问嵌入式系统的存储器。
- 访问 I/O 系统。

相对在线仿真器来说，JTAG 适配器价格较低，功能也基本能满足实际需求，所以其是目前使用最为广泛的调试手段。

15.6.3 驻留软件调试

驻留软件调试是使用 Angel 等固化在目标系统的 ROM 中的驻留监控软件（Resident Monitors）来进行调试的方法。驻留监控软件通过通信接口和宿主机进行数据交互来实现程序的调试，通常来说可以实现以下功能。

- 支持观察存储器和寄存器的状态、断点设置等最基本的调试功能。
- 支持 C 语言库。
- 支持 UART、并行接口和以太网接口等通信接口。
- 支持任务管理和异常中断处理。

驻留软件调试虽然具有调试方便、成本低廉的优势，但是其也具有占用系统资源较多的缺点。其除了会占用目标系统的 RAM、ROM 之外，通常来说还需要使用处理器的异常向量、中断向量、数据堆栈等资源。

15.6.4 指令集模拟器

指令集模拟器（Instruetion Set Simulator, ISS）是用来在一种体系结构的计算机上执行另一种体系结构的计算机软件的程序。它用软件模拟目标机指令集体系结构中所有指令执行的功能，从而达到和在目标机上执行同样功能的结果，其是在宿主机上运行的纯软件工具。使用指令集模拟器在一定程度上可以实现嵌入式系统的软硬件协同开发，最常见的指令集模拟器包括 ARM 公司出品的针对 ARM 处理器的 ARMulator 和支持多种嵌入式处理器（包括 ARM、MIPS、PowerPC、Blackfin、Coldfire 和 SPARC）的 SkyEye。

通常来说，用户可以在目标硬件系统还未设计完成的时候进行软件代码模块的设计和编码，加快开发进度。其把目标机处理器硬件逻辑用变量或数据结构表示，根据目标机指令集的定义生成目标机器指令序列，并仿真运行，可以避免受到硬件错误的影响。但是，由于其并不能完全地模拟出目标系统的硬件环境，所以使用具有一定的局限性。

15.7 本章小结

（1）嵌入式系统的开发是一个软硬件结合的过程，其可以分为系统总体开发、嵌入式硬件开发和嵌入式软件开发三大步骤。

（2）嵌入式软件开发，可以分为需求分析、代码设计、代码生成和代码固化 4 个阶段：需求分析阶段的主要任务是对问题的识别和分析、规格说明文档的制定和需求评审；代码设计阶段的主要任务是系统设计、任务设计和任务的详细设计；代码生成阶段需要完成的工作包括代码编程、交叉编译和链接、交叉调试和测试等；代码固化是将设计完成的代码存放到嵌入式系统的阶段。

（3）嵌入式系统软件开发和普通系统软件开发的差异主要集中在开发环境架构、硬件资源受限以及程序固化方式三个方面。

（4）通常来说，用户需要在通用计算机的处理器平台上编译出能运行在嵌入式处理器平台上的程序，这种可以跨平台的编译工具一般被称为交叉编译工具，由于它是由多个程序连接构成，所以又被称为交叉编译工具链。

（5）vim 拥有三种工作模式：命令行模式（command mode）、插入模式（input mode）与底行模式（last line mode）。

（6）arm-linux-gcc 对 C 语言的处理需要经过预处理、编译、汇编和链接 4 个步骤。

（7）Gdb 是一个用来调试 C 程序的强力调试器，它使得用户可以在程序运行时观察程序的内部结构和内存的使用情况。

（8）根据开发过程的实际情况以及系统的复杂程度可以将调试分为在线仿真、JTAG 调试和驻留软件调试三大类。

15.8 真题解析和习题

15.8.1 真题解析

【真题 1】下面有关嵌入式系统开发过程的描述的语句中，不恰当的是（　　）。

A. 在系统设计阶段应该根据系统需要实现的功能，来综合考虑软硬件功能的划分，确定哪些功能由硬件完成，哪些功能由软件完成

B. 在系统设计阶段不仅需要描述用户的功能需求如何实现，而且需要描述非功能需求（如功耗、成本、尺寸等）如何实现

C. 构件设计阶段，设计者需要设计或选择符合系统结构所需要的具体构件。构件通常是指硬件模块，而不包括软件模块

D. 系统集成与测试阶段，应该每次只对一部分构件或模块所集成的系统进行测试，各部测试完成后，再整体测试

【解析】答案：C。

本题重点考察对嵌入式系统开发流程的了解，主要涉及第 15.1 节的内容。选项 C 的错误在于，对于嵌入式系统来说构件既包括硬件模块，也包括软件模块。

【真题 2】开发嵌入式系统时，需要构建一个宿主机-目标机的开发环境。若目标机是裸机，则为了调试和下载软件需要将调试仿真器连接到目标机的（　　）接口。

A. SPI B. 以太网 C. JTAG D. USB

【解析】答案：C。

本题重点考察对 JTAG 的了解，主要涉及第 15.2.2 和 15.6.2 小节的内容。

【真题 3】嵌入式系统开发时，应该根据应用需求来选择相应的开发工具软件。RVDS 是一个较常用的开发工具软件，下面的有关叙述中错误的是（　　）。

A. RVDS 中包括工程管理器、编译连接器、调试器和指令集仿真器

B. RVDS 只支持 ARM 内核的微处理器芯片

C. RVDS 支持对 Flash 存储器的编程

D. RVDS 编译的代码比 ADS1.2 编译的代码执行效率高

【解析】答案：B。

本题重点考察 RVDS 的特点，主要涉及第 15.3.1 和 15.3.2 小节的内容。选项 B 的错误在于 RVDS 不仅仅支持 ARM 处理器内核的处理器芯片。

【真题4】嵌入式应用程序经过交叉工具链生成映像文件之后，需要下载到_____进行调试。调试完毕后，映像文件必须由专用工具烧写到 ROM 中去，这种烧写工具俗称_____。

【解析】答案：目标机；编程器。

本题重点考查嵌入式系统设计中代码固化阶段的工作，主要涉及 15.1.1 小节的内容。

15.8.2 本章习题

1. 若基于 Linux 操作系统所开发的 ARM 应用程序源文件名为 "test.c"，那么要生成该程序代码的调试信息，编译时使用的 GCC 命令正确的是（　　）。

   A. arm-linux-gcc -c -o test.o test.c　　　　B. arm-linux-gcc -S -o test.o test.c

   C. arm-linux-gcc -o test test.c　　　　　　D. arm-linux-gcc -g -o test test.c

2. 在嵌入式系统开发时，有时会利用指令集模拟器来开发、调试相关的嵌入式应用软件。下面有关指令集模拟器的说法中，错误的是（　　）。

   A. 指令集模拟器只是在宿主机上运行的纯软件工具

   B. 指令集模拟器可以根据目标机指令集的定义生成目标机器指令序列，并仿真运行

   C. 指令集模拟器中将目标机处理器硬件逻辑用变量或数据结构表示

   D. 指令集模拟器只能采用解释型的方式来仿真运行目标机器指令序列

3. 嵌入式系统的开发过程按顺序可以分成_____分析与规格说明、系统设计、_____设计、系统集成与测试 4 个阶段。测试的目的是验证模块/系统的功能和性能，以及发现错误。

4. 嵌入式系统开发时，由于受到目标机资源的限制，需要建立一个_____与目标机组成的调试架构来完成开发工作。若目标机为裸机环境时，通常需要通过_____接口来完成硬件环境测试及初始软件的调试和下载。